Springer

刚体和粒子系统动态仿真指南

[美] 穆里洛·G. 库蒂尼奥（Murilo G. Coutinho）著
姚寿文　姚泽源　舒用杰　译

GUIDE TO DYNAMIC SIMULATIONS OF RIGID BODIES AND PARTICLE SYSTEMS

U0234894

北京理工大学出版社
BEIJING INSTITUTE OF TECHNOLOGY PRESS

版权专有 侵权必究

图书在版编目（CIP）数据

刚体和粒子系统动态仿真指南/(美) 穆里洛·G. 库蒂尼奥（Murilo G. Coutinho）著；姚寿文，姚泽源，舒用杰译. —北京：北京理工大学出版社，2020. 4

书名原文：Guide to Dynamic Simulations of Rigid Bodies and Particle Systems

ISBN 978-7-5682-8175-1

Ⅰ. ①刚… Ⅱ. ①穆…②姚…③姚…④舒… Ⅲ. ①刚体动力学-动态仿真-指南 ②束流动力学-动态仿真-指南 Ⅳ. ①O313. 3-62②TL501-62

中国版本图书馆 CIP 数据核字（2020）第 050796 号

北京市版权局著作权合同登记号 图字 01-2019-5659 号

First published in English under the title
Guide to Dynamic Simulations of Rigid Bodies and Particle Systems
by Murilo G. Coutinho, edition:1
Copyright © Springer-Verlag London, 2013
This edition has been translated and published under licence from
Springer-Verlag London Ltd., part of Springer Nature.

出版发行／北京理工大学出版社有限责任公司
社　　址／北京市海淀区中关村南大街 5 号
邮　　编／100081
电　　话／（010）68914775（总编室）
（010）82562903（教材售后服务热线）
（010）68948351（其他图书服务热线）
网　　址／http：//www. bitpress. com. cn
经　　销／全国各地新华书店
印　　刷／三河市华骏印务包装有限公司
开　　本／787 毫米×1092 毫米 1/16
印　　张／18. 75
字　　数／440 千字
版　　次／2020 年 4 月第 1 版 2020 年 4 月第 1 次印刷
定　　价／90. 00 元

责任编辑／梁铜华
文案编辑／梁铜华
责任校对／杜 枝
责任印制／李志强

图书出现印装质量问题，请拨打售后服务热线，本社负责调换

献给我的家人

Izabella，Leticia 和 Nicholas

CHINESE VERSION PREFACE

中文版序

自从《*Guide to Dynamic Simulations of Rigid Bodies and Particle Systems*》第一版出版以来，随着其在增强现实和虚拟现实最新的应用开发中得到广泛采用，基于物理的建模与仿真变得越来越重要。基于物理的建模可以模拟用户和虚拟物体之间的真实交互行为，提升了在虚拟世界里创建令人信服的沉浸式用户体验的能力。众所周知，沉浸式用户体验是虚拟现实和增强现实应用的关键，因此很多公司和软件服务商都在他们的平台和软件开发工具包（SDK）里嵌入了基于物理的行为。如今，基于物理的建模与仿真还被用来为人工智能（AI）模型提供训练数据。我们可以在仿真中复现所有需要的场景，并将这些数据用于神经网络的训练。在神经网络的推理过程中，这些训练的模型就模拟了真实世界对应系统的预期行为，因此这种人工智能系统通常被用于真实世界中对应系统的控制和监测。

如今，北京理工大学的姚寿文副教授将本书译为中文，将为更多的中国学者和工程技术人员提供全面了解基于物理的刚体和粒子系统的建模与仿真的方法。我衷心希望这将激发你们的创新，开发一些新的应用领域。

Murilo G. Coutinho

美国，得克萨斯州，休斯敦市

序言

PREFACE

在计算机图形和机械工业中，基于物理的建模广泛应用于实现复杂系统逼真的动画和准确的仿真。此类复杂系统通常难以使用脚本进行动画制作，难以使用传统的力学理论进行分析，因此特别适合采用基于物理的建模和仿真技术。

基于物理的建模涵盖广泛的领域，从地板上滚动的球，到汽车发动机的运转，到给虚拟角色穿衣服的建模，可谓包罗万象。该理论涵盖精确的数学方法和特定目的的近似解的各个类型，该近似解在数学角度上是不正确的，但能为特定情境生成逼真的动画。根据情况，近似解可能实现所需的目标，但有时候近似解是不被允许的，因而精确的仿真引擎的应用成了必需。由于需要众多学科的广博知识，而且每个单独的学科又涉及广泛、复杂的内容，因此开发和实现功能强大的基于物理的动态仿真引擎较为困难。

本书力求深入介绍最常见的仿真引擎，而不是罗列基于物理的建模这一广泛领域里所有类型的仿真引擎。本书所介绍的仿真引擎将广义的、基于物理的建模限制、在特定的情况下交互作用的物体作为粒子或刚体。

本书全面介绍了针对粒子和刚体系统产生逼真仿真与动画所需的技术。它关注开发和实现基于物理的动态仿真引擎的理论与实践层面，这些引擎可用于生成包括粒子和刚体这些物理事件的逼真动画，如桥梁的拆除或垃圾四处散落的建筑工地；也可用于机械系统的精确仿真，如自动送料机，传送带上设计了准确定位零件的专用格栅，当零件落在传送带上撞到格栅时，零件将自动定位和对齐。

本书是面向将基于物理的动态仿真特性嵌入各自系统的计算机图形、计算机动画、计算机辅助机械设计和建模软件开发人员而撰写的，旨在将粒子和刚体系统的物理建模原理与方法介绍给熟悉主流计算机图形技术和相关数学知识的广大软件开发人员。

本书主要分为三大主题：粒子系统、刚体系统和铰接式刚体系统。第1章概述，介绍如何利用本书涵盖的所有技术，构建仿真引擎的独立模块。后续的章节和附录详细介绍了每项技术。这些技术可用于创建将粒子、刚体和铰接式刚体组成一个系统的仿真引擎。每章都介绍了多种算法，内容深入浅出，能够让不同水平的读者理解设计和分析方法。我们在不影响内容的深度和数学严谨的基本要求下，力求把知识介绍得通俗易懂。

附录详细介绍了一些复杂的数学算法，目的是让读者专注于了解每个主题的细节，而不会因数学问题而分散注意力。这些数学问题可以被视作含有特定功能的“黑箱”模块，如数值积分或刚体质量特性计算模块。借助本书深入介绍的技术，读者应该能够开发自己的仿真引擎，或者通过网络的多种可用资源来缩短软件开发周期。

致谢

在此要特别感谢我的妻子 Izabella 和我的孩子 Leticia 与 Nicholas，他们的支持、鼓励和友谊是我终身的财富。

Murilo G. Coutinho

于加州洛杉矶

目 录
CONTENTS

第1部分 动态仿真

第2部分 数学工具

第 1 部分　动态仿真

以下 5 章将指导读者从理论和实践方面，实现刚体和粒子系统的实时动态仿真引擎。这些章节将详细介绍鲁棒模拟器软件开发的所有内容。

1

动态仿真

1.1 简　　介

数十年前，当工程师意识到为产品提供可靠的计算机模型的重要性和节约成本时，他们便开始在复杂系统的计算机图形学中追求逼真效果和精确的仿真。远在生产周期开始之前，人们便能够根据多种不同方案分析系统内部工作机制，这一点足以驱使人们投入大量的精力来研究基于物理的仿真和建模。

在此类系统中相互作用的零件之间进行基于物理的建模得到了人们的特别关注，这是因为它们不限于单一领域的分析。相反地，由于可以延伸至系统的多领域分析，因此这种仿真非常有用。例如，用于制造零件材料的热分析和应力实验分析，以及根据机械接触得到作用力的分析。这种情况可用于预测零件产生裂纹之前所能承受的最大作用力。这种研究潜在的受益场合非常广泛，包括飞机和汽车设计、建筑物结构分析、天气仿真和毒烟扩散分析仪，以及视频游戏等。

多领域联合仿真面临的挑战是，通常每个领域的仿真都需要开发专业的数学模型，这些模型能够表达和正确的理论物理行为匹配的细微影响。在许多情况下，此类专业的数学模型是采用不同的数值方法实施的，可能彼此不一定协调。当数值方法协调时，可以轻松合并模型，并快速评估不同领域的耦合效应。然而，多数数值方法并不协调，因此无法进行直接合并。此时，模型通常以交错方式合并。交错方式是每次求解一个方法，并用一组外力和约束条件来表示耦合效应，并应用于从刚求解的系统到下一个待求解的系统中。这样一来，各系统就可采用各自的专业技术实现彼此交互。

研究人员感兴趣的课题是为每个领域生成可靠的模型，因为仿真实验的结论直接依赖于所用模型的精度。这些模型既包括快速评估系统简单的一阶近似，还包括更加逼真的、多角度捕捉系统的高度复杂且准确的理论物理行为模型。选择何种模型取决于所要满足的仿真目标以及计算效率。例如，在视频游戏中，墙壁被炸药摧毁的动态仿真就不需要使用高精度的墙壁内部结构模型，而使用充分展现现场真实感的简单模型即可。不过，在军事行动中，这种情形的动态仿真则需要使用更为准确的墙壁模型，以便选择适用于完成该任务的武器。

尽管我们已有大量可用于基于物理仿真的模型和专用的数学方法，但最常用的多领域仿真引擎仅有两种类型。这两种类型仿真引擎将基于物理建模的一般性限制在特定的场合，即交互作用的物体要么是粒子，要么是刚体。

1.2 粒子和刚体系统

可以说，粒子和刚体系统是基于物理的动态仿真中最重要、最常用的模型。对于捕捉系统观察到的现实世界的真实行为，它们代表了数学复杂度和模型准确性之间一种非常好的折中。

粒子系统包括从使用离散粒子表示气体或流体运动的点－质量系统①的基本应用，到使用计算流体力学模拟气体或流体湍动（如旋转蒸汽、阵风和洪水等）的专业系统。前者对系统中的每个粒子应用经典的牛顿力学，以确定运动状态，而后者使用复杂的数值方法对纳维－斯托克斯体积运动微分方程进行求解。

刚体系统则考虑被仿真物体的形状和质量分布。它们特别适用于模拟可以忽略物体的内部弯曲、扩张或压缩的系统，也就是说，在整个仿真过程中，物体的形状保持不变。刚体假设也简化了计算过程，因为施加到物体任意一点的作用力等效于施加到质心的力－扭矩副，因此很容易计算。

刚体还可组合成铰接式刚体系统，即刚体之间使用铰链连接。连接刚体的铰链种类较多，区别在于允许相对运动的自由度不同。无约束刚体有 6 个自由度，其中 3 个自由度沿坐标轴平移，另外 3 个自由度绕坐标轴旋转。

1.3 仿真概述

本节将探讨非穿透性粒子和刚体系统的动态仿真引擎的一般结构。下一节将阐述每个步骤更详细的解释。图 1.1 所示为动态仿真引擎主循环的方框图。仿真引擎在 t_0 开始，按照时间间隔 Δt 增加，在 $t_1 = t_0 + \Delta t$ 达到一个新的状态。系统新的状态的确定需要执行四个主要步骤。

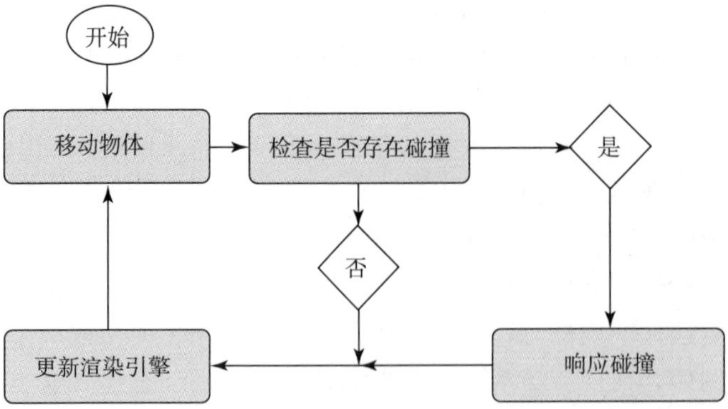

图 1.1 动态仿真引擎主循环的方框图

第一步将所有物体从当前时间间隔的开始时刻移动到末尾时刻，忽略移动过程中可能发生的任何碰撞。这包括确定当前时间间隔开始时系统的动力学状态，以及使用该信息来求解

① 在本书中，我们将粒子系统的研究重点放在点－质量物体近似于粒子的情况。

每个物体的运动常微分方程（ODE）。系统的动力学状态由所有线位置和角位置、速度和加速度，以及施加在系统中每个物体上[1]的净外力－扭矩副给出。由于可从前一时间间隔中获得当前时间间隔一开始时的位置、速度和加速度（与前一时间间隔结束时计算得出的结果一致，只有第一时间间隔例外），因此这里唯一需要计算的变量就是净外力－扭矩副。可能作用于物体的外力包括重力、接触力、当物体是铰接系统的一部分时由铰接形成的约束力，以及环境施加在物体上的任何其他外力。净外力为作用在物体上的各外力的合力。如果物体为刚体，则每个外力被转换为作用在质心的外力－扭矩副上，然后再组合。确定了当前时间间隔开始时刻系统的动力学状态后（如 t_0），利用该信息，对运动微分方程进行数值积分，计算系统在 t_1 时刻每个物体的动力学状态。

第二步检查一个或多个物体在移动过程中可能发生的碰撞。通常，碰撞检测是通过在 t_1 时刻，即当前时间间隔结束时，物体边界表达的几何相交检测完成的。碰撞检测是一项非常耗时的任务，特别是每个物体和所有其他物体的碰撞检测。在实践中，仿真引擎使用一些辅助的结构来加速碰撞检测。

本书考虑的第一个辅助结构用于快速确定哪两个物体之间应该进行碰撞检测，它包括模拟世界的单元分解，确保整个仿真涵盖所有物体。随着物体在模拟世界中的运动，仿真引擎将跟踪那些与物体的边界表达相交的单元，在 t_1 时刻，仅对共享同一单元的物体进行碰撞检测。

本书涉及的第二个辅助结构用于加速物体对之间的碰撞检测。它使用简单结构对每个物体进行层次分解，如四方体、球体或凸多面体，以便快速进行相交检测。层次树是在仿真引擎启动之前的预处理步骤中构建的，这样层次树中所有父节点的相关结构包围它所有子节点的结构。例如，一个物体的层次包围盒模型包括一个包含整个物体的顶层包围盒、多个包含物体子部分的可能重叠的中间层包围盒，直至包含物体一个面或多个面的底层包围盒。目的在于尽可能推迟物体面面之间更加昂贵的碰撞检测，而代之以层次表达之间的碰撞检测，以降低费用。

在 t_1 时刻，当两个物体共享在世界一单元分解中的一个单元时，检查它们的层次结构是否相交，首先检查顶层结构，接着检查中间层结构，最终检查底层结构。处于同一单元但距离较远的两个物体，仅需在顶层表达之间进行相交检测。距离较近的物体可能需要在多个中间层之间进行相交检测。距离非常接近的物体可能需要耗费更高的相交检测，即检测底层面面之间的碰撞（图 1.1），如果未检测到碰撞，则当前时步的物体运动是有效的，新的位置和方向将被发送到渲染引擎，后者负责仿真结果更新。但是，如果检测到碰撞，仿真引擎将跳到第三步。

第三步，也是最困难的一步，是为第二步检测到的所有碰撞和接触建立非穿透约束。这包括两个或多个物体在运动过程中可能发生的碰撞响应。由于碰撞会导致碰撞物体的速度出现不连续，因此有必要在碰撞之前停止常微分运动方程的数值积分，对碰撞进行求解，以得出物体在碰撞之后的新速度，并使用更新的位置和速度，在剩余时间内重新开始数值积分运算。

在实践中，依赖于数值积分的碰撞检测，可以通过图 1.2 和图 1.3 所示的恒定平移和旋

---

[1] 在本书中，我们有时会将物体作为粒子或刚体的同义词。

转的线性运动近似碰撞物体的非线性运动来进行简化。碰撞物体总的平移和旋转改变量可由 t_0 与 t_1 时刻已知的位置和旋向计算。如果我们假定变化率为常数，碰撞物体在任何时刻 t($t_0 \leqslant t \leqslant t_1$) 的位置都可很容易地通过线性插值计算得到。

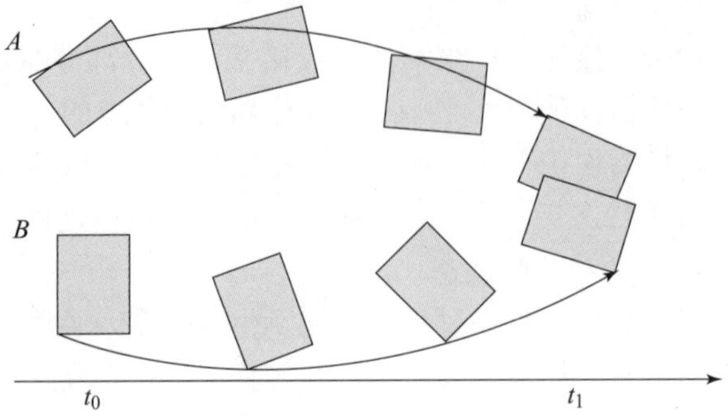

图 1.2　根据数值积分得到的两碰撞物体的非线性轨迹

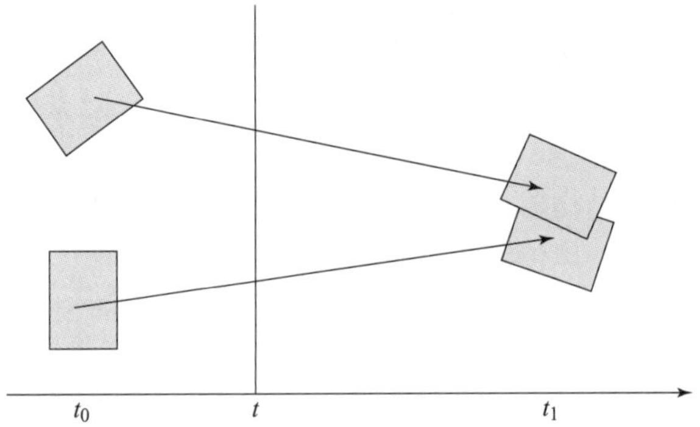

图 1.3　碰撞检测模块用一个恒定平移和旋转轨迹替代非线性轨迹 [在 [t_0, t_1] 的任意时刻 t，物体的位置都能由简单线性插值求得，详见附录 A（第 6 章）第 6.8 节]

一旦在 t_1 时刻检测到相交，碰撞检测算法时间回溯（用线性插值），确定碰撞刚要发生前（碰撞物体相交前）准确时间的足够近似值。碰撞可能涉及两个以上的物体，时间上可能重叠（同时碰撞），也可能位于多个位置（多个碰撞点）。仿真引擎跟踪检测最近的同时碰撞，并按照以下方式进行响应。

根据碰撞物体的相对几何位移，以及物体在碰撞前的动力学状态，检测最近的碰撞，包括碰撞点、碰撞法线和相对速度。这些参数传给碰撞响应算法，视情况计算碰撞冲力和接触力。在碰撞之前，通过测量碰撞物体沿着碰撞法线的相对速度区分接触和碰撞。如果相对速度相等且小于阈值，则碰撞被视为接触。

在区分了最近碰撞检测的所有同时接触与碰撞之后，碰撞响应模块首先计算碰撞冲力，然后使用该信息来更新碰撞物体在碰撞之后的相对速度。这种更新可能会导致部分接触点分离。一旦更新之后接触点的相对速度不同且大于用户定义的阈值，就会发生这种情况。此时，在算出碰撞冲力之后，物体在接触点的相对速度表示物体正在彼此远离，也就是说，接触点分离，因此没有必要考虑与该接触点相关的接触力。对于剩余的接触，需要计算接触力，避免正在接触的物体出现互相穿透。

由于求解碰撞问题需要将碰撞物体时间回溯到碰撞的前一刻，因此仿真引擎需要重新计算碰撞物体在当前时间间隔结束前的剩余时间内的动力学状态。这是通过使用碰撞物体在碰撞后的新动力学状态重新进行数值积分获得的。然后，更新碰撞物体最终的位置和方向，反映碰撞引起的变化。由于这些变化影响物体在时间间隔内的移动路径，仿真引擎需要再次检查是否存在新的碰撞。这一循环持续进行，直至当前时间间隔内不存在碰撞为止。

第四步，也是最后一步，是将系统中各物体的最终位置和方向信息传递给渲染引擎。在本书中，我们假设仿真结果的实际展示是由渲染引擎完成的，后者通过良好定义的接口与仿真引擎通信。

1.4 计算效率的实现

即使动态仿真引擎的一般结构相对易于理解，但实现过程通常是复杂难懂的。尽管可以直接实现，但即使只是对少量的简单刚体和粒子进行仿真，实际操作起来可能会令人沮丧、大失所望。直接实现会产生不必要的耗时计算，因为它们总是忽略时间间隔之间的内在联系，以及交互计算时场景内刚体和粒子的空间分布。这很容易对重要计算机资源的分配，如内存和 CPU（中央处理器）的运行时间产生不利的影响。正因为如此，在动态仿真引擎中使用计算效率高的算法是一种必需，而不是画蛇添足。

本节详细探讨高计算效率的实施可采用的架构设计，适用于非穿透性粒子和刚体系统的动态仿真引擎。在此过程中，我们最感兴趣的是研究能够产生实时或准实时性能的算法。关于本书提出的仿真引擎中的每一步所用的算法的具体描述，以及整个仿真的各构成模块的软件开发的参考，请查阅剩余的章节和附录。本节的主要目的在于说明本书的组织架构，描述实施高效动态仿真引擎所需的关键步骤。

1.4.1 渲染引擎接口

首先需要提到的第一个重要问题是仿真引擎可移植于多个计算平台。在通常情况下，动态仿真结果在计算机显示中的渲染，可使用任意一种市场上可购买的最先进的渲染引擎。此类渲染引擎能够从内部表达所渲染的场景，也包含动态仿真引擎所需的大量信息。起初，人们忍不住要使用与渲染引擎相同的内部表达法，因为可以摒弃大量的源代码开发工作。但是，由于存在多种多样的内部表达法，每种都是利用硬件的潜在功能定制的，因此很难在场景中自主开发所用渲染引擎物体的内部表达。在不影响可移植性前提下，动态仿真引擎实现的方法是在渲染引擎和仿真引擎之间创建一个接口。接口实现方法的数量不宜太多，以避免不必要的冗余。

渲染引擎和仿真引擎之间接口高效实现应至少包含三个基本功能。第一个功能是渲染引擎用仿真引擎注册物体，并根据实际情况更新状态。注册过程包括向仿真引擎传递一些待注册物体的基本信息，并在仿真引擎中接受物体内部表达法的句柄。句柄（唯一识别号）用于将仿真引擎中物体的内部表达法映射到渲染引擎中的内部表达法。

注册对象时，从渲染引擎传递给仿真引擎的基本信息应包括定义边界表达的几何形状①，以及用户可调整的物理属性，如密度（或总质量）、摩擦系数、恢复系数和物体的初始状态（仿真开始前，对象可能已经处于运动状态）。根据应用的不同，如果渲染引擎所用的几何模型可以在仿真引擎注册前进行简化，就可获得显著的性能提升。这种简化包括创建一个低分辨率的对象几何表达或通过一组简单包围盒近似对象的形状。

注册对象后，不管是原几何模型还是简化模型，仿真引擎计算对象的扩展表达，除了包含已经从渲染引擎获得的几何和物理属性信息外，还包含以下信息。

（1）质心和惯性张量。这两个参数用于计算物体以质心为原点，坐标轴和主惯性轴平行的局部坐标系。惯性张量的对称矩阵在局部坐标系中为对角阵，进一步简化了旋转矩阵的计算。

（2）世界坐标系到局部坐标系的几何变换。

（3）面片列表规定了属于一个面的顶点和边。

（4）指向物体外的面片法线矢量。面片顶点按逆时针定义，这样右手法则可用于确定外法线方向。

（5）边列表定义了属于边的顶点以及共享边的面。边顶点用“from”和“to”标记，定义相对左侧面的边的正确方向。左侧面为包含这条边且在面列表中第一个被找到的面。

（6）局部坐标系中对象的分层表达。

（7）边界旋转球。用一个球替换对象的几何形状，这个球包围了对象绕质心的任何可能旋转。球的半径定义为顶点和对象质心（旋转球的中心）之间的最大距离。计算旋转球半径的最简单方法是，首先计算局部坐标系中对象的正则旋转球，然后把球心平移到坐标原点。此时，旋转球的半径为包围球半径和球心与局部坐标系原点距离之和。

（8）（非凸）对象的可选凸分解。

相对于物体的局部坐标系，所有这些信息仅在注册物体时运算一次。随着物体在世界坐标系中的移动，该信息用于整个仿真引擎的多个模块，以便加速运算，优化总体性能。

在每个仿真时间间隔结束时，仿真引擎向渲染引擎返回一个对象句柄列表以及更新的位置和方向信息。渲染引擎使用对象句柄，快速指向对象的内部表达，运用必要的变换，调整场景中对象的位置和旋向。列表并非涵盖注册到仿真引擎的所有对象，而只涉及上个时间间隔中位置和方向变化的物体。从性能的角度而言，在渲染引擎和仿真引擎中实施快速机制，从句柄中（如哈希表）检索对象结构，这一点非常重要。

渲染引擎还应当能够更新注册到仿真引擎的对象的状态。这包括执行各种操作，如从仿真引擎中移除对象，更新当前位置、方向和速度，调整物理属性和仿真状态。仿真状态可能的值有休止、静止、动态和动画。在默认情况下，所有已注册对象的初始设置为休止状态。在该状态中，即使对象在仿真引擎中、在运行执行过程中也会被忽略。另外，在仿真执行过程中会考虑静止的对象，但是被视为场景中的固定对象。只有动态对象的位置和方向是由动态仿真引擎使用基于物理的运算确定的。

物体动画和动态的区别，使得仿真引擎和基于脚本的运动接口成为可能。动画是通过预

① 在本书中，我们假设以物体的边界表达法定义其几何形状，也就是说，由点、边和面定义其几何形状。

定义物体基于脚本的所有运动状态，并根据脚本在每个时间间隔更新物体的位置和速度来实现的。当根据脚本更新动画物体的位置时，我们需要留意防止与任何其他物体重叠或阻挡其他动态物体。在每个时间间隔中，动态仿真引擎对所有已注册的物体强制实施非穿透性约束，如果基于脚本的物体被迫移动到另一个物体的上面，并完全阻止它的运动，则仿真引擎无法正常工作，将对后续时间间隔的仿真产生异常结果。

渲染引擎和仿真引擎之间接口实现的第二个功能是让渲染引擎指定限制动态仿真引擎的场景尺寸，其目的是在仿真引擎内施加物体能够移动的距离边界。落在边界外物体的状态自动设为休止，在随后的仿真中不再执行。所有边界也可以在仿真引擎中表示为静止物体。此时，动态物体可以碰撞，从这些静止的边界弹开，并在后续仿真时间内保持活动。

为了简化操作，场景的大小可由包含整个仿真空间的包围盒坐标确定。包围盒一旦确定，仿真引擎将其分解成多个子区域（或单元），用于加速碰撞检测。仿真空间的分解可以是单层，也可以是多层。如果是单层，则根据包含整个仿真空间的包围盒构建一个均匀的粗网格。每个单元的尺寸结合仿真物体大小确定。如果是多层，则构建多个均匀网格，每层单元的尺寸各不相同，从而构成仿真场景由粗到细的分层。然后，将物体分配到网格中，使单元能够完全包含这些物体。第 2.4.1 节将更详细地介绍仿真场景的分层技术。

最后同样重要的一点是，渲染引擎和仿真引擎之间接口所需的第三个功能是让渲染引擎能指定时间间隔，即动态仿真引擎在两个连续帧之间执行时间量。通常情况下，采样时间设置为所需帧速率的倒数①，以便动态仿真引擎在每个帧结束后返回系统的状态，且渲染引擎可相应地更新计算机显示结果。系统的状态可返回自上次时间间隔以来发生移动的物体列表，以及分别由平移向量和旋转矩阵给出的新的位置与方向信息。

值得注意的是，在仿真引擎中对各个动态物体的运动微分方程进行数值积分的实际步长可能因时间间隔的不同而有所不同。若积分误差估计值不同，则当数值方法中采用自适应时间步长去自动调整当前使用的时间步长时，这种情况最为常见。

1.4.2 移动物体

在每个仿真周期开始时，执行的第一步就是从当前时间间隔的开始到结束时，移动所有的动态物体，忽略移动过程中可能发生的任何碰撞（图 1.1）。首先，数值积分当前使用的时间步长

$$\Delta t = t_1 - t_0$$

必须和当前时间间隔匹配。然而，根据当前时间步长 Δt 的大小和期望计算误差容限不同，数值积分过程中可能需要将 Δt 再分割成小的子步长 Δt_s 以提高计算精度。对于系统中的每个动态物体，仿真引擎执行以下操作来计算每个子步长 Δt_s。

（1）在子步骤开始时，计算作用在物体上的净力 - 扭矩副。每个子步骤中的净力是环境施加在物体上的所有外力之和，如重力、接触力和铰接力。如果对象是刚体或铰接式刚体，则将各外力转换为施加于质心的力 - 扭矩副，然后相加，形成一个净力 - 扭矩副。

（2）假设在整个移动过程中无碰撞，在 Δt_s 时间内，对物体常微分运动方程组进行数值积分。

① $\Delta t = 1/24$，相当于仿真中每秒有 24 帧。

当前步长 Δt 在时间上可细分为固定的 Δt_s 或自适应的 Δt_s 。在固定的时间步长中，积分器将当前步长 Δt 划分为 N 个子步骤，其中 N 是系统中用户调节的参数。在时间上，物体按 N 个子步骤且每个子步骤中 $\Delta t_s = \Delta t/N$ 移动物体。这种方法适用于物体数量少且互相关联性少的简单仿真。然而，这种方法不能应用于物体数量多，且交互更为复杂（如多个物体同时接触和碰撞）的情况。在这种复杂情况下，子步骤数量 N 可能不能满足期望的容许计算误差，数值积分也变得不稳定，很难得到一个满意的结果。固定时间步长的解决办法是重设系统为仿真开始时的动态（把状态回到初始帧），然后在试错基础上用一个更大的 N ，直到数值积分满足所有仿真帧。显然，这种方法明显限制了依赖固定时间步长的应用范围。

由于这个限制，在多数仿真中，自适应时间步长是一个更好的选择。和固定步长类似，积分器也将当前时间步长 Δt 划分为 N 个子步骤。区别在于，N 在仿真过程中自动调节，以适应系统的复杂性。过程如下：在每个子步骤结束时，积分器估计计算误差，并和允许用户调整的误差容限比较。在所有的 N 个子步骤中，如果估计误差比误差容限小，则 Δt 内的积分结果是可接受的。当内部计数器达到用户调整极限①时，子步骤数量 N 减半②，内部计算器重置为 0。然而，在一个子步骤中，如果估计误差比误差容限大，则放弃 Δt 的积分结果。子步骤数量 N 加倍以提高精度，内部计数器设为 0。同样，系统的动力学状态也重设为 t_0 状态，积分器重新积分，时步 Δt 的积分是子步骤的两倍。重复这个过程，直到预估误差小于用户调整的误差容限，时步 Δt 的积分才算完成。

显然，在时间步长自适应调整策略中，用于每个仿真物体的子步骤数量 N 实时变化，在复杂碰撞场景增加，且随着系统的求解逐渐降低。对任一给定的时间间隔，仿真对象可能需要不同的时间步长，以保证积分结果是可接受的。由于仿真引擎的目标是尽可能准时将系统向前更新，每个被仿真对象应该有各自的数值积分器来处理自己的运动。

最后，一旦数值积分完成，就更新仿真场景的单元分解，以便计算在 t_1 时刻物体的新位置。这种更新包括从一个不再相交的单元移出对象，并将它添加到新的相交单元。仿真引擎利用更新的场景 - 单元去构建一个新的潜在碰撞列表。列表中包含在同一单元或一组单元且可能在 t_1 时刻互相碰撞的物体对。

1.4.3 碰撞检测

碰撞检测仅针对潜在碰撞列表中的物体对展开。此时，仿真引擎遍历列表中的每个对象，检测这对物体是否真正发生碰撞。同时，按碰撞时间递增顺序排列，建立整个场景中所有碰撞的全局碰撞列表。整个过程如下：

（1）检查物体的层次表达是否在 t_1 时刻相交。如果没有相交，则物体对被忽略。

（2）如果成功检测到相交，则通过时间回溯近似确定碰撞时间，使碰撞对象回到（用线性插值）碰撞刚要发生的那个时刻，即碰撞物体刚要相交的时刻。

（3）在碰撞时间，将从物体位置和方向获得的碰撞信息（最近特征③和距离）加到全局碰撞列表（按碰撞时间递增排序）。

---

① 一般取 4。

② N 的取值应该被一个最小值限定，否则系统将会在大于 Δt 的时间结束移动。

③ 两个物体间最近的特征是顶点 - 面、面 - 顶点或者边 - 边。

这个过程结束时，潜在碰撞列表被清空，全局碰撞列表可能有或没有物体对。如果没有检测到碰撞，则第 1.4.2 节中计算的系统动态被接受，仿真引擎将当前仿真间隔中物体移动后的新位置和方向传给渲染引擎。否则，仿真引擎利用全局碰撞列表信息处理系统中所有的有效碰撞。这包括识别每个碰撞物体的最早碰撞或同时碰撞。注意，在涉及已经碰撞的物体时，随后检测到的任何碰撞都不考虑，因为最早的碰撞将改变剩余时间间隔中碰撞物体的动力学状态。换句话说，早期碰撞求解后，物体运动的更新不应受后续时间碰撞检测的影响。

在全局碰撞列表中，从第一个对象开始，仿真引擎经过以下步骤计算每个对象的最早碰撞。特别地，若一个物体对同时发生多个碰撞，则多个碰撞被加到一个碰撞组。在不同的时间，即后续时间，碰撞列表中下一个有效碰撞对出现时，碰撞组才进行处理。

（1）在当前的碰撞对，检查是否有包含早期碰撞的任何物体。如果是，忽略这个碰撞对，并移到全局碰撞列表中的下一组物体对。

（2）如果碰撞组为空，则用当前碰撞对进行初始化。移到全局碰撞列表中的下一组物体对。

（3）如果在当前碰撞组中已经有一个或多个碰撞对，则比较和碰撞组有关碰撞对与当前碰撞对的时间。

①如果在用户调整误差范围内，时间相同，则认为这是一个同时碰撞，并把当前碰撞对加到碰撞组，移到全局碰撞列表中的下一组物体对。

②如果当前碰撞对和碰撞组的时间不同，则计算碰撞组中的同时碰撞。结束后，重设碰撞组，使其仅包含当前碰撞对，移到全局碰撞列表中的下一组物体对。

（4）如果碰撞组非空，当到达全局碰撞列表的末尾时，计算碰撞组中的碰撞。

最后，每个碰撞物体的最早碰撞或同时碰撞都已求解完毕（参见第 1.4.8 节中碰撞求解概述）。更新每个物体的最终位置和方向，以反映碰撞导致的物体动态变化。这个变化是通过在碰撞时间和当前时间间隔末的剩余时间重新进行数值积分获得的。

因为碰撞引起的变化影响了物体的轨迹，仿真引擎需要再次检查是否存在新的碰撞。在理论上，这个循环会继续进行直到当前时间间隔内没有任何其他碰撞。事实上，仿真引擎需要有一种机制，这种机制负责处理碰撞迭代次数无限制增加的特殊情形。例如，考虑一个有很多仿真物体的系统，这些物体被许多其他邻近的运动物体包围。在每次迭代中，随着碰撞的求解，物体的新轨迹很有可能与周围其他物体的轨迹相交，在下次迭代中引入新的碰撞。这可能在物体之间产生“反弹”效应，持续地在将来的碰撞检测中引入新的碰撞。很明显，求解这些情况下的所有碰撞都需要大量的碰撞迭代。

为了解决这些不稳定的情况，我们建议创建一个用户定义的参数来限制执行的碰撞迭代次数的最大值。达到这个值后，仿真引擎覆写物体的物性参数，在所有将来的碰撞迭代中只使用非弹性碰撞（恢复系数为零）。这样，每次非弹性碰撞后碰撞物体间的相对运动就变为零，它们也不会发生回弹。这个简单的改变可以显著提高系统整体的性能和稳定性，因为在后续迭代中被引进的新的碰撞数量大大减少了。

总的来说，两物体间碰撞时间的求解依赖于能跟踪未相交时最近点间距离，或者相交时的穿透深度。通常，物体在 t_0 时刻开始于一个未相交位置并且已知将在 t_1 时刻相交。在它们随着时间从 t_0 到 t_1 移动的过程中，最近点间的距离减小直到在碰撞点 t_c 变为 0，其中 $t_0 \leqslant t_c \leqslant t_1$。同样地，随着物体从 t_1 时间回溯到 t_0，它们的穿透深度减小直到在碰撞点变为 0。

无论哪一种方式，碰撞时间的求解都是一个迭代过程，从 t_0 递增或者从 t_1 回溯，直到达到一个用户定义的阈值。当新一次迭代中的最近点信息能从之前迭代中计算的最近点信息中获得时，效率就提高了。计算中实际用到的算法取决于碰撞物体的形状和相对速度。更一般的非凸体形状需要计算量大的算法来计算它们的碰撞时间，而凸体则采用依赖于它们凸性的高效专用算法来正确执行。快速移动和稀疏物体采用连续碰撞检测进行处理，考虑从 t_0 到 t_1 的轨迹，而不只是它们在 t_1 时刻的位置和方向。所有这些方法将会在接下来的章节中详细介绍。

1.4.4 非凸体碰撞时间的计算

在具体的非凸体案例中，当物体之间没有相交时，采用最近点距离计算碰撞时间的最大困难在于，在连续迭代中，最近点信息是以非单调方式变化的，如图 1.4 和图 1.5 所示。

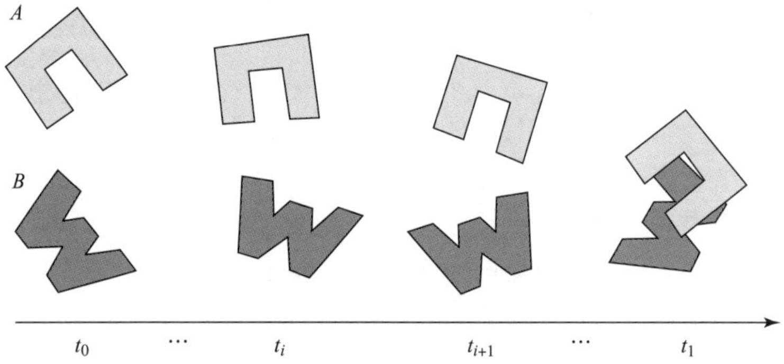

图 1.4　两个非凸物体 A 和 B 在时间间隔［t_0，t_1］移动，并且在 t_1 时刻相交（仿真引擎采用二分法，通过时间回溯计算碰撞时间）

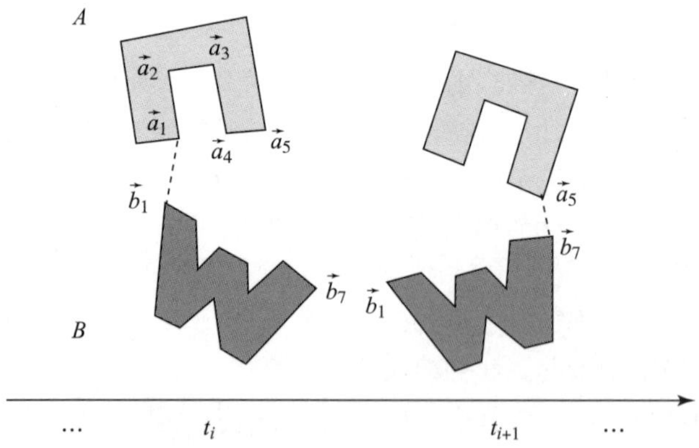

图 1.5　在图 1.4 二分法中采用的中间迭代 t_i 和 t_{i+1}［从 t_i 时刻的最近点（$\vec{a}_1$，$\vec{b}_1$）移动到 t_{i+1} 时刻的最近点（$\vec{a}_5$，$\vec{b}_7$）的过程中距离的变化不是单调的］

随着物体从 t_i 时刻移动到 t_{i+1} 时刻，两个物体之间的最近点的顶点（$\vec{a}_1, \vec{b}_1$）变为顶点（$\vec{a}_5, \vec{b}_7$）。为了从顶点 $\vec{a}_1$ 到达顶点 $\vec{a}_5$，在几何搜索算法中必须跨过顶点 $\vec{a}_2$，$\vec{a}_3$ 和 $\vec{a}_4$，而在 t_{i+1} 时刻到达距离物体 B 最近的顶点 $\vec{a}_5$ 前，这几个顶点都比顶点 $\vec{a}_1$ 距离物体 B 远。换句话说，在 t_i 时刻，从最近点出发，沿着两物体间最近距离增加的方向进行几何搜索，直到到

达在顶点 $\vec{a}_5$ 的新的最小值。这种由最小距离减小而引起的增加，使得应用一种有效搜索方向准则从 t_i 时刻已知的最近点保证找到 t_{i+1} 时刻的最近点变得不切实际。

由于在连续迭代中最近点间移动的距离会有非单调的变化，仿真引擎依赖穿透深度计算来获得非凸物体的碰撞时间。计算物体间每块相交区域的穿透深度，这项计算包括确定每个物体相对于另一个物体的最深内点（每块区域有两个最深内点，每个物体上各一个）。最深点被设置为物体的碰撞点并且它们的距离被设置为相应相交区域的最近距离。当所有相交区域的穿透深度都比用户定义的阈值小时，即到达碰撞时间。第 2. 5. 14 节介绍了寻找一块相交区域的最深穿透点的算法，对每个物体实施一次来确定它在另一个物体内的最深点。

总的来说，从间隔 $[t_0, t_1]$ 开始，仿真引擎按照下列步骤确定两个非凸物体间的碰撞时间。

（1）平分当前时间间隔（将其对半分），并检查物体是否在中间点相交。令当前间隔为 $[t_i, t_{i+1}]$，其中物体在 t_{i+1} 时刻相交，而不是 t_i。那么，中间点为 $t_m = (t_i + t_{i+1})/2$，等分间隔定义为 $[t_i, t_m]$ 和 $[t_m, t_{i+1}]$。

（2）如果物体在 t_m 时刻相交，那么它们在 t_m 时刻已经碰撞，因此舍弃 $[t_m, t_{i+1}]$。根据 t_m 时刻每块相交区域的最深穿透点来更新最近点信息。

（3）如果物体在 t_m 时刻不相交，说明它们在 t_m 时刻还没有碰撞，因此舍弃 $[t_i, t_m]$，不需要更新最近点信息。

（4）此时，已经舍弃了一个等分区间并且更新了最近点信息。有三种终止条件需要考虑。如果这些条件都不满足，则再时间回溯执行下次迭代。

①所有相交区域的穿透深度小于用户定义的阈值。

②当前时间间隔长度小于用户定义的阈值。

③执行的等分迭代次数大于用户定义的阈值。

最终，仿真引擎已经将当前时间间隔缩小到 $[t_c, t_{c+1}]$，其中 t_c 为碰撞时间。

最后，上述碰撞时间算法仍然适用于非凸体在 t_0 时刻已经相交的情形。此时，碰撞时间设置为 t_0，并且从它们的相交区域获得碰撞信息。

1. 4. 5 稀疏或快速移动非凸体碰撞时间的计算

对于稀疏或快速移动的物体，只做 t_1 时刻的相交检测通常是不足以确定物体在整个时间间隔内是否碰撞的。在很多情况下，物体在 t_1 时刻不相交，但是如果它们的轨迹在从 t_0 到 t_1 的运动中互相交叉，则表明物体发生了碰撞。简化这个问题的一种方法就是将时间间隔 $[t_0, t_1]$ 细分成多个更小的间隔，并且在每个子间隔的末尾做相交检测。图 1. 6 展示了这种方法。尽管这在很多情况下有效，但由于检测碰撞的计算代价随着细分的数量线性增加，这种方法并不高效，而且，随着物体变得更稀疏以及运动变得更快，细分的数量也需要变得更大。

处理这个问题的一个可行的方法就是考虑整个时间间隔内物体连续轨迹之间的相交检测，而不只是在时间间隔末尾执行离散的相交检测。这种连续碰撞检测方法需要对用来表示仿真世界和它们的物体的数据结构做一些改变。第一个重要的改变就是物体的层次树表达的构建方式。对于连续碰撞检测，构建的层次树需要包围物体从 t_0 到 t_1 的整个运动过程，而不只是它们在 t_1 时刻的位姿。

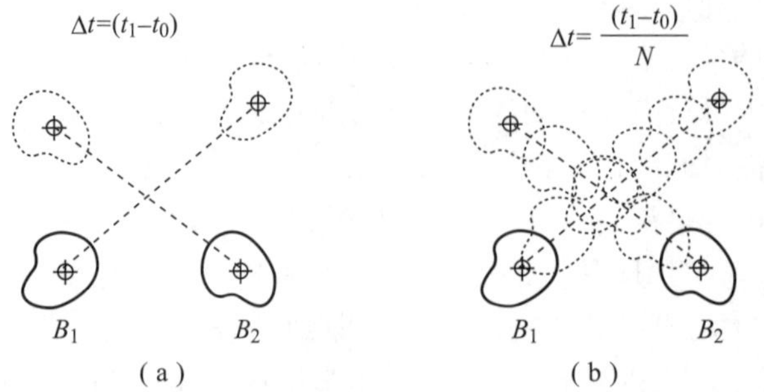

图 1.6 (**a**) 两个非凸物体从 t_0 时刻移动到 t_1 时刻（物体在 t_1 时刻不相交，但是它们的轨迹在运动期间重叠，表明也许发生了碰撞）；(**b**) 用来检测碰撞的初始时间间隔被等分成了 N 个更小的时间间隔，并且物体在每个子间隔的末尾都会受到相交检测

第二个改变与仿真世界的表达方式有关。遗憾的是，当考虑物体的整个运动时，仿真世界基于网格的表达变得不那么高效。这是由于快速移动物体能在它们的运动过程中穿过多个网格单元，造成从共用一个单元获得的潜在碰撞列表中产生一些冗余项。表达用于连续碰撞检测的仿真世界的一个更好的方法就是采用层次树而不是网格。这种层次树的子节点包围它们相应物体的整个运动（详见第 2. 4. 3 节）。因此，潜在碰撞列表可以通过世界树层次自相交获得。自相交的结果是一个物体对列表，这些物体对都有相交的包围的运动。我们仍然需要检测它们的实际轨迹是否相交。正如将在第 4. 6 节中介绍的，当它们的一个或多个图元（面）相交时，非凸体的轨迹就会相交。即非凸体之间的连续碰撞检测可以用它们面之间检测到的最早碰撞来计算，如图 1. 7 所示。

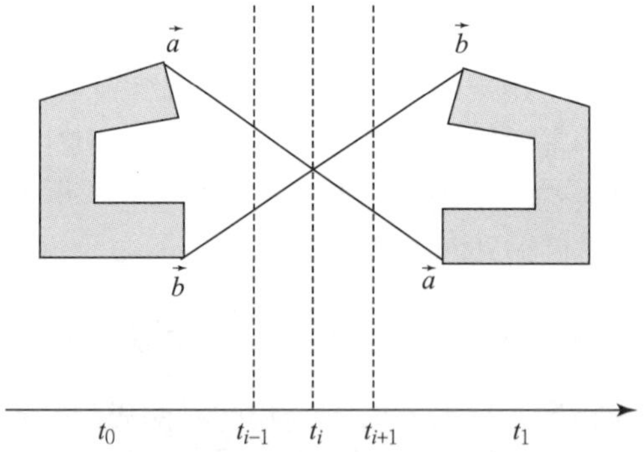

图 1.7 面面连续碰撞的极端情况（碰撞检测的物体之一旋转了 180°。中间是连续的，但不是刚性运动，物体在 t_{i-1} 时刻压缩，在 t_i 时刻几乎成扁平形状，然后在 t_{i+1} 时刻回弹，直到在 t_1 时刻回到正确的形状。因为物体形状已经产生了极端的变形，所以在这种情况下检测到的碰撞是不准确的）

尽管面之间的连续碰撞检测在实际中非常高效，但是它并没有给出刚体间准确的碰撞时间。问题在于面之间的连续碰撞检测用一个简单移动代替了它们的平移和旋转，这个简单移动由 t_0 和 t_1 时刻它们顶点间的直线定义。很明显，中间的面运动连续，但不一定是刚性的，因为面在中间时刻 $t \in [t_0, t_1]$ 可能变形，这取决于它们旋转量。图 1. 7 展示了一个刚体在此时间间隔内的运动过程中旋转 180° 的极端情况。这时，线性轨迹没有完全包围刚体的原始

轨迹，因此碰撞是不准确的。

总的来说，仿真引擎按照下列步骤进行稀疏或快速移动非凸体之间的碰撞检测。

（1）将每个物体的几何形状用它的旋转包围球代替，当物体被注册到仿真引擎时，这些就已经提前计算好了。

（2）用一个世界层次树来表示仿真世界。每个子节点都表示一个包围物体在 t_0 和 t_1 时刻的旋转包围球的轴向包围盒。注意到这是物体轨迹上的一个保守包围。中间的树节点通常包围它们子节点的体积（层次构建详见第 2.2 节）。

（3）通过世界树自相交可找到潜在碰撞对（层次自相交详见第 2.5.2 节）。

（4）对于每一对潜在碰撞，执行连续的球体间的相交检测来确定旋转包围球是否相交。这种相交检测将在第 2.5.16 节中介绍。

（5）如果旋转包围球相交则执行物体面之间的连续碰撞检测（连续三角形间的相交检测详见第 2.5.15 节）。0 ~ 1 之间的最早的面面碰撞时间被设置为物体的碰撞时间。

1.4.6 凸体碰撞时间的计算

对于凸体，碰撞时间的计算仍然是一个迭代的过程。然而，由于在连续迭代中最近点间移动的距离是单调变化的，因此有一个简化的方法。这是很重要的，因为当几何搜索算法沿着物体的边界表达移动并试图找到在 t_{i+1} 迭代时的最近点时，它会舍弃所有与当前值相比增加的搜索方向，这个当前值是在 t_i 迭代获得的最近距离。从 t_i 时刻的最近点开始，几何搜索能快速收敛到凸体在 t_{i+1} 时刻的最近点。因此，当物体还没相交时跟踪凸体间的最近点对于仿真引擎来说是可行的，而不是像非凸体中要求的那样，必须计算每块相交区域的最深穿透点并将它们作为碰撞点的近似。

在凸体中另一个可能的重要优化就是用保守时间推进算法来替代二分法。保守时间推进算法可估计从 t_i 向前移动 Δt 时间的下界，这个下界保证物体在 $t_m = t_i + \Delta t$ 时刻不会相交，而不是将每次迭代的时间间隔对分并检测物体在中间点是否相交（碰撞）。幸运的是，保守时间推进算法收敛到碰撞时间所进行的迭代次数要比使用二分法的迭代次数少得多。事实上，所有用保守时间推进算法计算的中间 t_m 值总是处于不相交（不碰撞）状态，因此用 t_m 值来更新凸体间的最近点信息。

保守时间推进算法背后的主要原理就是，假设凸体在时间间隔内做恒定平移和旋转运动，总能计算凸体上的任意一点沿着向量 $\boldsymbol{n}$ 的方向移动的最大距离的上界。仿真引擎使用保守时间推进算法计算每个凸体上任意一点沿着它们的最近方向①在时间间隔 $[t_i, t_{i+1}]$ 内移动的最大距离的上界。这些上界和凸体在 t_i 时刻的最近距离一起用来估计碰撞时间的下界。这个下界是保守的，即对于任意给定的一个时间 t_m，其中 $t_i < t_m < t_{i+1}$，可以确保物体在 t_m 时刻很近但是还没有相交。保守时间推进算法的细节以及如何计算这些上界参见附录 H（第 13 章）。

从间隔 $[t_i, t_{i+1}]$ 开始，仿真引擎按照下列步骤确定两个凸体间的碰撞时间。

（1）计算 t_0 时刻凸体间的最近点并用它们的距离对最近距离值进行初始化。计算凸体间最近点的高效几何搜索算法将在第 4 章详细介绍。

① 方向是由连接 t_i 时刻最近点的直线定义的。

（2）采用保守时间推进算法计算对应于一个不相交状态的中间时刻 t_m 。计算 t_m 处的最近点信息。第4章介绍的高效几何搜索算法是采用 t_i 时刻的最近点信息作为它们搜索 t_m 时刻的最近点的起始点。t_i 和 t_m 之间运动的时间相干性增加了 t_m 时刻的最近点拓扑在 t_i 时刻的最近点附近的可能性。最近距离的单调性让搜索算法只关注最近距离值减小的方向。

（3）这时，时间间隔减小到 $[t_m, t_1]$，并且最近点信息得到更新。有以下三种要考虑的终止条件。如果下列条件都不满足，算法将继续下一次迭代。

①最近点间的距离比用户定义的阈值小。

②当前时间间隔比用户定义的阈值小。

③执行的迭代次数比用户定义的阈值大。

最后，仿真引擎已经把当前时间间隔缩小到 $[t_c, t_1]$，其中 t_c 为碰撞时间。

1.4.7 稀疏或快速移动凸体碰撞时间的计算

用来计算稀疏或快速移动凸体间碰撞的辅助数据结构与非凸情形中使用的类似。这里，仿真世界还是用层次树（而不是网格）来表达，层次树的子节点包围它相关物体从 t_0 到 t_1 的运动。仿真世界树自相交提供所有可能碰撞的物体对。对于每一对，仿真引擎执行球体间的连续碰撞检测来确定物体的旋转包围球在它们运动过程中是否相交。

只有在物体间相交检测的最后阶段，凸算法和非凸算法才有不同。在非凸算法中，仿真引擎通过将连续物体间的碰撞检测问题简化为一个在运动过程中不执行刚体属性的连续面间的相交问题来计算物体间碰撞时间的近似值。至于凸算法，仿真引擎通过使用与上节中一样的保守时间推进算法来计算物体间的准确碰撞时间。想法是根据物体间的最近距离和它们在 t_0 时刻的动力学状态，计算碰撞时间的下界。如果下界 Δt 使得新的“安全”时间 $t_m = t_0 + \Delta t$ 比 t_1（时间间隔末尾）大，那么可以确保物体不相交。否则，时间间隔更新为 $[t_m, t_1]$，然后算法迭代直到满足下列终止条件之一。

（1）最近点间的距离比用户定义的阈值小。

（2）最近点间的距离开始增加。

由于我们不知道物体是否相交，有可能在某次迭代中它们的最近距离开始增加。这种情况对应于物体在它们运动过程中经过对方但不相交，即它们的最近距离在它们靠近的过程中减小，但是一旦它们开始远离对方就再次增加，在此过程中没有发生碰撞。

（3）当前时间间隔长度小于用户定义的阈值。

（4）执行的迭代次数大于用户定义的阈值。

很明显，附录H（第13章）介绍的保守时间推进算法的使用提供了凸刚体间碰撞检测的一个关键的性能优势，超过了对应的非凸刚体。因此即使以在预处理环节需要增加额外的非凸体的凸分解步骤为代价，也建议在动态仿真引擎的实际应用中尽可能多地使用凸体。

1.4.8 碰撞求解

正如在第1.4.3节中所介绍的，碰撞检测模块遍历全局碰撞列表，检测系统中最近的单个或多个碰撞。这些碰撞被传输到碰撞响应模块以便计算碰撞冲力和防止穿透需要的接触力。

此时，仿真引擎还创建了另一个辅助列表，包括实际接触的碰撞。由于在接触求解之前应先求解碰撞，因此有必要对二者进行区分。换言之，只有在使用碰撞冲力更新系统的动力学状态之后，我们才能够计算在物体之间强制执行非穿透约束条件的接触力。

仿真引擎通过执行以下步骤来求解单或多碰撞。

（1）时间回溯（用线性插值）所有碰撞物体至碰撞的前一刻。

（2）检查碰撞是否只是接触。检测每次碰撞，包括测试碰撞物体在碰撞点沿着碰撞法线的相对速度是否小于阈值。如果小于阈值，则将碰撞判定为接触，并且将其转移到辅助接触列表中。

（3）计算每次碰撞相关的碰撞冲力。正如我们在后续章节中将介绍的，该步骤包括对稀疏线性系统进行求解。

（4）使用步骤（3）计算的碰撞冲力更新系统的动力学状态。这将更新所有碰撞物体的线速度和角速度。

（5）检查接触（若存在）是否仍然有效。对于涉及碰撞的物体，检查每个接触，包括再次检查在接触点沿着接触法线的相对速度是否仍然不使物体分离。由于碰撞物体的动力学状态已经发生变化，涉及它们中任何物体的接触在接触点的相对速度应当也随之发生变化。在有些情况下，在施加碰撞冲力之后接触可能分离，使得处理接触变得没有必要。

（6）计算在每个接触点避免物体互相穿透所需的接触力。接触力计算涉及对系统当前接触配置中获得的线性互补问题（LCP）求解。有关通用 LCP 方程以及对此类系统有效求解的方法，详见附录 G（第 12 章）。

（7）将接触力（以及相关扭矩）添加到施加于物体的净外力 - 扭矩副中。在剩余时间内施加达到当前时间间隔末尾所需的非穿透约束条件。

在求解完所有碰撞和接触之后，仿真引擎计算达到当前采样时间结束时刻所需的剩余时间，并仅对涉及碰撞或接触的物体进行运动常微分方程的数值积分运算。仿真引擎将再次移动这些物体，并忽视在移动过程中可能发生的任何碰撞。由于净作用力和扭矩已更新，在当前剩余时间间隔内可使接触的物体不会出现穿透。

更新与各碰撞物体相关的最终位置和方向，以体现碰撞或接触的影响。在仿真世界列表中，创建新的潜在碰撞列表。然后，仿真引擎将继续检测和求解碰撞，直至当前采样时间结束。

在当前采样时间结束时，仿真引擎向渲染引擎发送自上次更新之后位置或方向发生变化的物体列表，然后继续移动物体，检测并响应碰撞，更新显示结果，直至收到渲染引擎发出的终止指令。

1.5 读者指南

本书根据第 1.4 节所示的高效动态仿真引擎的结构，以及引擎实现所需技术进行内容的组织编排。全书共有 5 章，9 个附录。每章都介绍具有一定深度的许多算法，为了便于不同水平的读者理解其设计和分析方法，在不影响内容的深度和数学严谨性的基础上，尽可能深入浅出。附录详细地描述了更为复杂的数学算法和实现过程，目的是让读者专注于了解相关专题的细节，而不是受到视为特殊功能“黑箱”的数学问题干扰，如数值积分模块或刚体质量特性计算模块。每章的末尾都提供了一组练习，涵盖了从算法改进到替代方法，以补充本书提供的算法。因此，本书强烈建议读者研究这些练习。

第 1 章向读者介绍了计算动力学，描述了适用于非穿透粒子和刚体系统动态仿真引擎的一般结构。它解释了设计和实施高效运算的仿真引擎所需要的条件，为本书的后续章节奠定了基础。后续章节和附录阐述了本章提到的专用工具与技术。

第 2 章关注每个仿真物体以及仿真场景几何描述的层次表达问题。层次表达利用仿真场景中物体的几何形状，加速碰撞检测，以便只对“足够近”的物体执行碰撞检测。碰撞物体的层次分解用于减少不必要的相交检测，快速确定碰撞点，或在未发现相交的情况下放弃碰撞检测。

第 3 章涵盖粒子系统的设计与实现，所谓粒子系统即仿真中相互碰撞的粒子和粒子与其他刚体碰撞的点质量物体的集合。虽然这是可以使用的粒子系统中最简单的模型之一，但粒子系统能够实现的运算效率和逼真度仍然极具吸引力。本章还详细讨论了空间相关作用力用于基于粒子的流体仿真的建模。

第 4 章介绍了设计和实现刚体系统动态仿真的有关理论与实际问题。本章特别关注基于物理的建模中最困难和最难理解的一个话题，即物体之间同时具有多个碰撞和接触的所有碰撞冲力与接触力的计算技术。

第 5 章将技术从刚体扩展到铰接式刚体。本章重点关注用铰链连接的刚体，目的在于展示和实现可用于铰接式刚体的动态仿真技术。这些技术可以很容易地被运用到读者感兴趣的其他铰链类型中，尽管本书没有介绍。

本书的剩余部分为多个附录，介绍了本书所使用的数学算法，每个算法本身都是一个广泛复杂的话题。附录重点介绍仿真引擎使用的工具，不过也提供了参考文献链接，以便感兴趣的读者可以获取有关主题的更多信息。

附录 A（第 6 章）简要地介绍了一些几何构造，这些是在粒子 – 粒子、粒子 – 刚体和刚体 – 刚体碰撞检测算法中实施相交检测的重要组成因素。本附录还探讨了在提供碰撞或接触点和法线向量的情况下，如何得出碰撞或接触切面。

附录 B（第 7 章）讨论了对动态仿真的运动微分方程进行积分运算所使用的最常见的方法。这些方法包括从简单的显式欧拉方程到自适应时间步长调整的更为复杂的龙格 – 库塔法。

附录 C（第 8 章）为使用四元数的旋转矩阵替代表达法。该表达法特别适用于减少在组合旋转矩阵时发现的取整误差问题。同时，表示物体方向的两个四元数之间的插值比使用旋转矩阵更简单。这特别适合时间回溯物体的运动，以便确定碰撞发生的前一刻。

附录 D（第 9 章）展示了有效计算三维多面体属性的算法。三维多面体属性包括总体积、总质量、质心和惯性张量。这些物理量运用于对被仿真世界的物体动态和交互作用进行基于物理的建模。

附录 E（第 10 章）详细介绍了如何计算法线向量、旋转矩阵和四元数的时间导数。第 4 章和第 5 章广泛使用这些时间导数来介绍刚体系统动力学。

附录 F（第 11 章）涉及在动态仿真中使用非凸多面体所面临的技术障碍。最令人感兴趣的被仿真物体通常为非凸体。然而，本书所述的大部分算法都经过专门定制，适用于凸体。因此，通常有必要使用凸分解模块将物体分解成一组不重叠的凸体，对仿真涉及的所有物体进行预处理，然后即可将算法应用于各物体的凸体。

附录 G（第 12 章）介绍了利用有符号距离场算法来创造一个仿真物体的简化的、低解析度的版本。这本书中介绍的高效存储算法用来处理栅格分辨率，以求解沿着每根坐标轴 10^3 数量级栅格单元的有符号距离场；也涉及基于有符号距离场算法的碰撞检测与响应算法。

附录 H（第 13 章）讨论了用来计算凸体间的精确碰撞时间的保守时间推进算法（CTA）。这种算法可以被应用到标准或连续的碰撞检测中。

最后，附录 I（第 14 章）介绍了计算多个同时碰撞的冲力和接触力的线性互补问题（LCP）。本附录还对原始算法进行了扩展，以求解碰撞或接触点的静态和动态摩擦。

1.6 练　　习

1. 当采用不同数量子步长积分时物体间的约束力是怎样处理的？

2. 假设我们需要设计一个没有时间回溯的仿真引擎。我们想用每个仿真间隔末尾的相交信息作为真实的碰撞信息并对其进行求解。

（1）不对运动进行时间回溯的主要优缺点是什么？

（2）碰撞检测和响应算法需要做哪些改进来适应这种方法（提示：基于惩罚的方法）？

3. 另一个提高连续碰撞检测运动线性化品质的方法就是将时间间隔等分成更小的步长，并在每个步长上检测连续的碰撞。设 N 为采用步长的数量。

（1）把 N 作为物体的线速度、角速度和形状的函数，获得一个计算表达式。

（2）设计一个在这 N 个时间间隔中进行碰撞检测的高效算法（提示：碰撞时间取所有有效碰撞的第一个碰撞）。

4. 假设我们在上述练习中对物体采用自适应步长方案。设计一个算法来更新积分时间步长，以便在每次数值误差大于用户定义的误差限值时最多一个子步将被重新执行（而不是返回到仿真间隔开始处重新执行所有的子步）。

2

三维多面体的层次表达

2.1 简　　介

毫无疑问，碰撞检测是动态仿真引擎中最耗时的步骤。理论上，在整个仿真过程中，每个物体都要和其他物体进行碰撞检测。一旦检测到碰撞，仿真引擎就需要将时间回溯到碰撞前的那一刻，并根据碰撞物体的相对几何位移，计算碰撞点和碰撞法线。

在通常情况下，碰撞是通过物体间的几何相交进行检测的。当使用边界表达法定义物体时，可通过每个物体的图元之间的几何相交进行检测，也就是说，在定义的每个物体边界的多边形面之间进行相交检测。很显然，像这样进行物体之间的碰撞检测是很困难的，因此，使用各种中间表达法来加速碰撞检测是实现实时性的关键，特别是针对涉及数千个物体，且每个物体由数百个图元描述的仿真。

本章研究使用物体的层次表达法来加速碰撞检测。我们的目标是在预处理阶段计算各物体相对于局部坐标系的层次体分解。这通常包括关于多种包围盒的树形分层，其中最上层的包围盒包围了整个物体，而树形层次的中间节点包围了父节点包围盒的子部，树形层次的子节点包围了父节点包围盒内部的一个或多个图元。接下来，将物体的层次表达用于碰撞检测，以快速确定物体不相交（不碰撞），或减少碰撞检测所需图元对的数量。例如，如果每个物体的顶层包围盒不相交，那么我们可以肯定物体间没有碰撞。然而，如果顶层包围盒相交，则需将树形层次向下移动一层，以检查子包围盒是否相交。如果没有相交，则物体不会碰撞。否则，将树形层次再向下移动一层至相交父包围盒的子包围盒。这个过程将持续到树形结构的子节点，或检测到物体不相交才停止。如果我们到达树形结构的子节点，则通过进行各相交子节点包围的成对图元相交检测继续执行碰撞检测。

在实践中，当仿真引擎使用层次表达时，有两个要点需要考虑。第一个要点在于包围盒的相交检测应比图元的相交检测快很多。否则，层次表达所需的碰撞检测时间将比物体边界表达的碰撞检测时间长。因此，包围盒的选择仅限于简单的几何形状，即相互之间能够快速进行相交检测的方形体和球体。图元也被限制为凸多边形，甚至是三角形，以便进一步加快图元－图元的相交检测。

第二个要点是当物体在世界坐标系中平移和旋转时层次表达如何更新。如上所述，层次分解的计算是相对物体的局部坐标系，而所有的相交检测都是基于世界坐标系的，因此涉及坐标变换，即将物体从局部坐标系转换为世界坐标系里的位置和方向。该问题的一个解决方法是，在相交检测开始前，将所有物体的整个树形层次转换到世界坐标系。该种方法的缺点是，对只需检测树形层级的最上层或仅是部分内部节点的相交检测将造成时间的实质性浪费。实际上，其余所有不进行相交检测的内部节点是没必要转换到世界坐标系的，这样花在坐标系转换上的时间就可以减少。一个想法是仅对必要的节点进行坐标系转换。我们可以按照以下方法操作。

仿真引擎仅用顶层包围盒来表示世界坐标系中的每个物体，而在物体的局部坐标系中保持整个层次树，以及物体的边界表示。在每个时间间隔，仅在世界坐标系中移动物体的顶层包围盒。这种移动包括根据所使用的数值方法①对物体的位置和方向进行更新，并应用于物体的顶层包围盒。

在碰撞检测阶段，要进行可能碰撞的顶层包围盒之间的几何相交检测。可能碰撞的物体可由仿真环境单元分解结构（world-cell decomposition structure）确定，参见第 2. 4 节，或连续碰撞检测中由环境树状层次结构（world-tree hierarchy）确定，参见第 2. 4. 3 节。当顶层包围盒相交时，仿真引擎仅将它们的下一层包围盒从局部坐标系转换到世界坐标系。如果它们的下一层包围盒不相交，物体便不会碰撞，因此无须再进行转换。否则，仿真引擎仅转换相交包围盒的下一层子包围盒，直至得出结论：物体不会相交，或者有相交的子节点。在此情况下，将与相交子节点相关的各图元从局部坐标系转换为世界坐标系，然后执行资源消耗更高的图元 - 图元相交检测。使用该方法，可确保仿真引擎仅将物体中绝对有必要进行碰撞检测的部分进行坐标转换，从而节省大量的计算时间。

关于该方法观察到另一个有趣的现象，由于本书列出的仿真引擎与渲染引擎是分离的，因此，整个仿真过程中，无须在世界坐标系中设置物体图元的位置和方向。在每个时间间隔之后，仿真引擎只需要设置物体最上层包围盒的位置与方向。当然，它还需要向渲染引擎告知自上次仿真时间间隔以来发生移动的物体的新位置和方向，以便渲染引擎能够自行将物体的图元在正确的位置和方向上放置和渲染。因此，就仿真引擎而言，移动一个不会与同一情景中其他任何物体相交的含有数千个面的物体所需的成本，与移动该物体相关最上层包围盒所需的一样。这样一来，仿真引擎的执行时间会进一步缩短。

2. 2 物体的层次表达

本书考虑的层次表达仅限于方形包围盒或球包围盒。此外，假设物体的图元为三角形。该假设不仅是为了加快第 2. 5 节介绍的图元 - 图元相交检测，同时也简化了方向包围盒（OBB）的树结构，参见第 2. 2. 2 节介绍。轴向包围盒（AABB）和包围球（BS）的表达不受该假设的影响。第 2. 2. 1 节和第 2. 2. 3 节分别详细介绍了这两种表达法。

一般而言，由于碰撞检测高度依赖于待考虑物体的相对位移，因此尚不清楚哪种层次表达最好。例如，如果物体彼此的距离足够近，OBB 表达法的效果通常比其他的方法更好，因为它的紧密贴合，能够大量减少图元 - 图元相交检测的数量。另外，如果物体距离较远，AABB 和 BS 表达法提供的包围盒相交检测资源消耗较少，是层次表达的更好选择。现代方法采用混合层次结构，基于内部节点和子节点的接近度，其内部节点具有不同的表示。例如，在混合层次结构中，顶层内部节点采用 AABB 包围盒，粗略剔除非碰撞区域，在子节点

① 这将在附录 B（第 7 章）中详细讨论。

和底层内部节点采用 OBB 包围盒，实现改进的和更精确的非碰撞区域剔除。

无论使用哪种层次表达，都可以通过自顶向下或自底向上的方法构建层次结构树。在自顶向下的方法中，物体的初始图元是最上层包围盒，根据某些分割规则，以递归的方法分解为子包围盒，直至每个子包围盒只有一个图元或一组图元为止。在自底向上的方法中，当且仅当图元组无法再根据分割规则被进一步细分时，细分过程终止。自顶向下方法的例子将在第 2. 2. 1 节和第 2. 2. 2 节中详细讨论。在自底向上方法中，为每个图元单独分配一个初始包围盒。接下来，依照某些合并规则，将包围盒合并，直至层次结构树中仅有一个包含所有图元的最上层包围盒。

包围盒可分割为两个或更多子包围盒，或者合并两个或更多子包围盒，所以构造层次结构树的方法有多种。分割方法包括二叉树（一个父节点有两个子节点），四叉树（一个父节点有四个子节点）和八叉树（一个父节点有八个子节点）。本书的分析仅限于使用自顶向下的方法构建二叉树的最常用方法。第 2. 6 节提供了详细介绍其他分割方法的参考文献。

2. 2. 1　轴向包围盒

在轴向包围盒（AABB）中，使用和图元相关且包围图元的包围盒构建层次结构树，即包围盒的轴线与物体的局部坐标系轴线对齐。针对一个简单的二维物体，图 2. 1 描述了使用自顶向下方法构建的轴向包围盒二叉树。

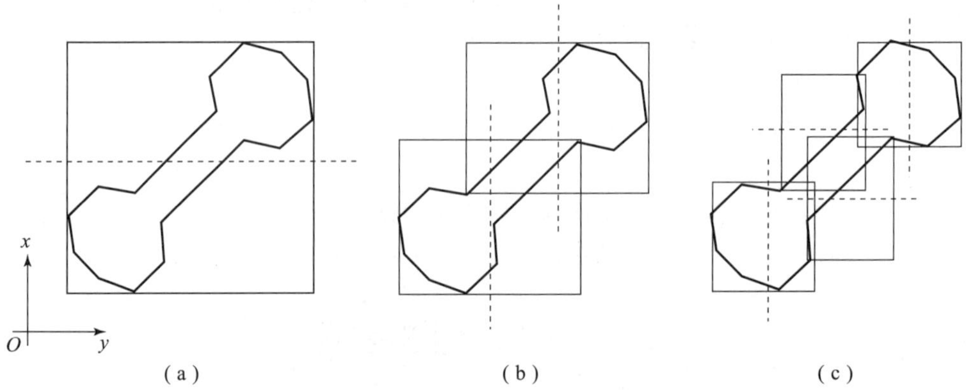

图 2. 1　二维物体的轴向包围盒二叉树（每个中间层的包围盒均与物体局部坐标系的轴线对齐，虚线表示各层使用的分割平面）

首先，依次通过所有图元的顶点构建最上层的包围盒，在物体局部坐标系下，计算沿轴线方向的最大值和最小值。最大值和最小值分别定义顶层包围盒的左下角与右上角。

接下来，选择分割平面，沿着最长轴，将顶层包围盒分割成两个区域。分割平面和最长轴交点的选择原则是两个区域尽可能保持均衡，也就是说，分配到各子区域的图元数量相差无几。本书的细分规则是分割平面经过所有图元顶点的中值点，这些图元与顶层包围盒相关；然后，将图元分配到中值点所在的区域。

在随后各层次中，根据中间包围盒相关的图元，构建中间包围盒，并创建新的分割平面，将包围盒分成两个区域。接下来，将图元分配到每个区域，该过程以递归的方式继续，直至各子区域只包含一个图元。

如果所有图元被分配到一个区域（或子区域不均衡），则用另一个分割平面将第二长轴分割成经过中值点的两个区域。如果新的分割平面仍然将所有图元分配到一个区域，那么使用分割最后轴线的分割平面进行最后一次尝试。有一种很少见的情况，即三种分割平面都将图元组仅分配到一个区域，这时称该图元组不可分割，那么构成该图元组的当前包围盒被称为层次结构树的子节点。但是，最常见的情况是，图元被平均分割到两个子区域，最终层次结构树的子节点只拥有一个图元。

2.2.2 方向包围盒

在方向包围盒（OBB）表达法中，使用包围盒构建层次结构树，图元和包围盒紧密贴合。在此情况下，在物体的局部坐标系中，每个中间包围盒都有不同的方向，因为它们的方向取决于图元的几何位移。针对 AABB 情况下的同样二维物体，图 2.2 描述了使用自顶向下方法构建的方向包围盒二叉树。

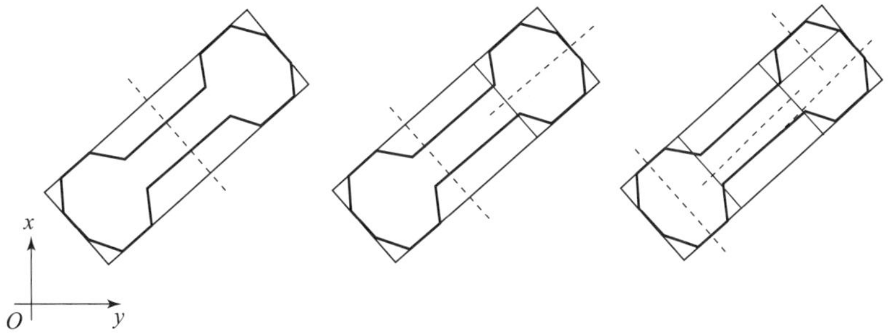

图 2.2 方向包围盒二叉树的二维示例（各中间层的包围盒紧密贴合图元，虚线表示各层使用的分割平面）

与 AABB 层次结构树相比，OBB 层次结构树提供了更加紧密的层次表达。通常，紧密的层次表达可以减少图元测试数量。因此当在彼此靠近的物体之间进行碰撞检测时，OBB 层次结构显然优于 AABB 层次结构。但是，这导致在 OBB 树形结构的每个中间层执行资源消耗更大的重叠测试，详情请参见第 2.5 节。

OBB 层次结构树构造比单一的 AABB 层次结构树构造更加复杂，因为每个中间包围盒的方向都需要利用与包围盒相关的图元集进行计算。本节介绍的 OBB 层次结构树的构造算法中假设物体的图元均为三角形，也就是说，物体的边界表达通过三角面片描述。这种假设特别适合开发第 1 章描述的仿真引擎，因为在物体向仿真引擎注册时，凸分解已经完成［参见附录 F（第 11 章）］，此时构成物体的每个凸多面体的面均为三角面片。在仿真引擎中，物体的最终内部表达仅包含三角面片。

在计算 OBB 包围盒时，最主要的难题在于确定轴线方向，以便包围盒可以紧密贴合相关三角形图元的顶点。这可通过计算三角形图元的平均向量和协方差矩阵来实现。每个三角形图元 T_k 的平均向量由下列方程得出：

$$\vec{\mu}_k = \frac{1}{3}(\vec{v}_1 + \vec{v}_2 + \vec{v}_3)$$

其中，$\vec{v}_1$，$\vec{v}_2$ 和 $\vec{v}_3$ 为定义三角形的顶点。向量 $\vec{v}_r$ 由 $(\vec{v}_r)_x$，$(\vec{v}_r)_y$ 和 $(\vec{v}_r)_z$ 分量进行描述。顶点集合的平均向量则为

$$\vec{\mu} = \frac{1}{n}\sum_{k=1}^{n} \vec{\mu}_k$$

其中，n 为计算 OBB 包围盒时的总三角形数量。

每个三角形 T_k 的 3×3 协方差矩阵元素可计算如下：

$$(C_1)_{ij} = \frac{1}{3}[(\bar{p}_1)_i(\bar{p}_1)_j + (\bar{p}_2)_i(\bar{p}_2)_j + (\bar{p}_3)_i(\bar{p}_3)_j]$$

其中，$i,j \in \{x,y,z\}$，$\bar{p}_i = (\vec{p}_i - \vec{\mu})$，$i \in 1,2,3$。顶点集的协方差矩阵为

$$\boldsymbol{C}_{ij} = \frac{1}{n}\sum_{k=1}^{n}(C_k)_{ij}$$

其中，$(C_k)_{ij}$ 为第 k 个三角面片的协方差矩阵的 $\{ij\}$ 元素。

由于协方差矩阵是一个实对称矩阵，所以特征向量两两正交。此外，在它的三个特征向量中，有两个特征向量是和顶点坐标的最大方差与最小方差对应的轴。因此，如果将协方差矩阵的特征向量作为基，则可以将所有顶点进行基变换，通过计算变换后顶点的 AABB 包围盒，获得一个紧密贴合的包围盒。换言之，OBB 包围盒的方向为特征向量基，且大小包围了变换后顶点的最大坐标和最小坐标。

值得注意的是，协方差矩阵的特征向量方向不仅受到定义最大坐标和最小坐标的顶点影响，而且还受到所有考虑的顶点影响。虽然内顶点不影响包围盒的计算，但影响特征向量的方向，因此内顶点可能引发一些问题。例如，大量内顶点集中在一个小区域时，可能导致特征向量与之对齐，而不是与边界顶点对齐，从而创建一个低质量的 OBB 包围盒，如图 2.3 所示。

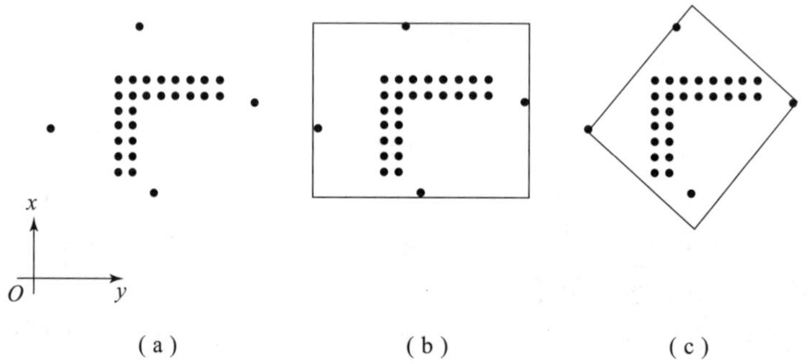

图 2.3　内顶点降低 OBB 包围盒质量的二维示例：(a) 初始点集合；(b) 考虑所有点创建的 OBB 包围盒；(c) 仅考虑凸包点创建的 OBB 包围盒

因此，协方差矩阵的计算应仅考虑顶点集合的边界顶点；同时，也应对边界顶点簇不敏感，因为它们影响特征向量的方向，就如同内顶点簇对方向的影响一样。

如果仅考虑顶点集合①中凸包上的点，则可以避免内顶点。如果仅计算凸包表面（而不是凸包顶点）的平均向量和协方差矩阵，边界顶点簇则可以被忽略。计算过程如下。凸包上每个三角面片 T_k 的面积 A_k 可直接由顶点计算：

$$A_k = \frac{1}{2}|(\vec{v}_2 - \vec{v}_1) \times (\vec{v}_3 - \vec{v}_2)|$$

① 顶点集合的凸包计算详见第 2.2.4 节。

则凸包的总面积 A_t 为

$$A_t = \sum_{k=1}^{n_k} A_k$$

其中，n_k 为凸包三角面片的总数量。

用凸包总面积加权计算与凸包相关的平均向量 $\vec{\mu}_t$：

$$\vec{\mu}_t = \frac{\sum_{k=1}^{n_k} A_k \vec{\mu}_k}{\sum_{k=1}^{n_k} A_k} = \frac{\sum_{k=1}^{n_k} A_k \vec{\mu}_k}{A_t}$$

用总凸包面积加权计算各三角面片 T_k 的 3×3 协方差矩阵元素 $(C_k)_{ij}$：

$$(C_k)_{ij} = \frac{A_k}{12A_t}[9(\mu_k)_i(\mu_k)_j + (v_1)_i(v_1)_j + (v_2)_i(v_2)_j + (v_3)_i(v_3)_j]$$

最后，通过各三角面片的协方差矩阵元素 $(C_k)_{ij}$，计算与凸包相关的 3×3 协方差矩阵元素 $(C_t)_{ij}$：

$$(C_t)_{ij} = \left(\sum_{k=1}^{n_k}(C_k)_{ij}\right) - (\mu_t)_i(\mu_t)_j$$

在确定协方差矩阵之后，选用一种可行的实对称矩阵特征值和特征向量的计算方法，计算协方差矩阵的特征向量。第 2.6 节提供了介绍这些方法的参考文献。OBB 轴与特征向量的方向一致，包围盒大小由沿各轴的最大顶点计算。

2.2.3 包围球

在包围球（BS）表达法中，层次结构树由封闭图元的最小半径的包围球构建。图 2.4 描述了用自顶向下的方法构建的二叉树包围球的过程，图中的二维物体和 AABB、OBB 方法中的一致。

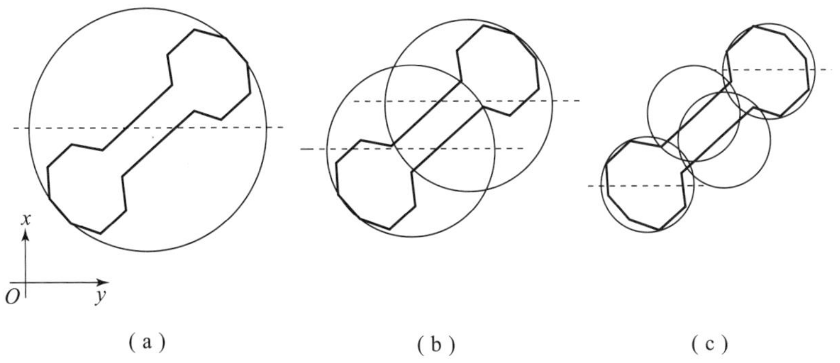

图 2.4 二叉树包围球的二维示例（虚线表示各层使用的分割平面）

就分层的紧密性而言，BS 层次结构树的质量通常比 OBB 和 AABB 层次结构树差。不过，它的相交检测无疑是最容易和最快速的（参见第 2.5 节），因此该表达法在快速剔除测试中比其他方法更优越。

本节将介绍如何从相关图元集合中得到近似最佳的包围球。用该方法计算的包围球通常略大于最小半径包围球，但是该方法的效率很高，弥补了精度问题。

包围球的计算是通过两次遍历与包围球相关的所有图元顶点列表来实现的。第一次遍历是用于估算球体的初始中心和半径，第二次遍历是检查列表中的每个顶点是否属于包围球。如果某顶点未被包含，则放大球体直至包含该顶点。最后，便可得到近似最佳包围球的中心和半径。

第一次遍历：我们循环遍历所有顶点的列表，获得以下六个点。

（1）x 最大的点。

（2）x 最小的点。

（3）y 最大的点。

（4）y 最小的点。

（5）z 最大的点。

（6）z 最小的点。

从上述六个点中选择两个距离最远的点。这两个点将确定包围球直径的第一个近似值。假设球心位于两点的中间。

第二次遍历：再次循环遍历所有顶点的列表，对比每个顶点和球心距离的平方值与包围球当前半径的平方值。如果距离小于半径，则顶点位于球体内，我们继续计算列表中的下一个顶点。否则，我们按以下方法调整包围球的半径和中心。

令 $\vec{v}_i$ 为当前用于检测包围球的顶点，且位于球体外部。令 $\vec{c}$ 为包围球的中心，r 为半径，$\vec{p}$ 为位于球体上且相对于 $\vec{v}_i$ 在直径方向上的点［图 2.5（a）］。

令 d 为 $\vec{v}_i$ 与 $\vec{c}$ 之间的距离，则

$$d = \sqrt{((v_i)_x - c_x)^2 + ((v_i)_y - c_y)^2 + ((v_i)_z - c_z)^2}$$

根据当前球体计算放大的球体，以便 $\vec{v}_i$ 与 $\vec{p}$ 构成新的直径，如图 2.5（b）所示。放大后球体的新中心 $\vec{c}_n$ 和半径 r_n 由以下公式得出

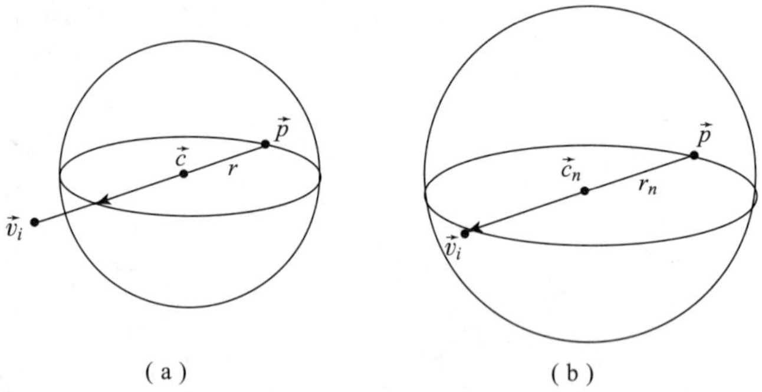

图 2.5　给定顶点集合的一种高效、增量式包围球计算方法：（a）顶点 $\vec{v}_i$ 位于球体之外，需要放大球体，直至包含顶点；（b）放大球体，新的直径由 $\vec{v}_i$ 与 $\vec{p}$ 定义

$$r_n = \frac{r + d}{2}$$

$$\vec{c}_n = \frac{r\,\vec{c} + (d - r)\,\vec{v}_i}{d}$$

持续该过程，直至检测完所有顶点是否都包含在包围球中。

顶层包围球确定之后，经过与包围球相关的所有图元的所有顶点的中值点作分割平面。

分割平面将包围球分为两个区域，并依照 AABB 和 OBB 相同的规则，将图元分配给每个区域，也就是说，图元与包含中值点的区域相关。持续进行分割过程，直至每个包围球只含一个图元，或者图元无法再分割，此时，这个图元组将被分配给包围球。

2.2.4 凸包

凸包不仅可以将物体的图元层次表达为凸多面体的树结构，还可以作为计算其他类型表达法的中间步骤，如第 2.2.2 节已经介绍的 OBB 树结构。

给定顶点集合 S 的凸包被定义为包含 S 的最小凸集。有多种算法和方法可用于计算二维、三维或高维的凸包。本节将重点介绍“卷包裹法”。这种方法直观，易于三维可视化，操作简单，适用于高维空间。

卷包裹法的基本思想是假想在考虑的图元周围折纸。首先从确定为凸包内的一个面开始，然后遍历每条边，确定凸包内的各邻接面。接下来，算法继续遍历邻接面的各边，直至找到所有面，则完全确定了凸包。当待检测的边列表为空时，则表示找到了所有面。

给定一个顶点集合 $S = \{\vec{v}_1, \vec{v}_2, \cdots, \vec{v}_n\}$ 时，假设由 $(\vec{v}_1, \vec{v}_2, \vec{v}_3)$ 定义的三角面 f_1 确定是凸包的第一个面。根据上一段所述算法的抽象描述，我们需要遍历三角面 f_1 的各边，确定相关的邻接面也在凸包中。如果一个面的顶点，都不在集合 S 的所有顶点中，且位于这个面定义的平面同侧，则这个平面在凸包上。由于我们的仿真引擎使用右手坐标系，所以我们希望 S 集合的所有顶点都位于平面的内部区域。更具体地说，我们希望凸包的每个面的法线始终朝外，如图 2.6 所示。

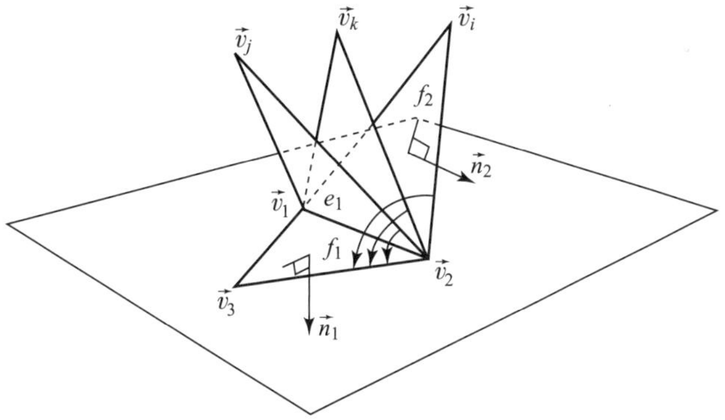

图 2.6 确认与 f_1 具有共用边 e_1 的邻接面［选定的顶点 $\vec{v}_i$ 将定义一个与 f_1 构成最大凸二面角的面 f_2；以新面的法向量始终朝向物体的外部定义顶点顺序；由于我们使用右手坐标系，正确的顺序为 $(\vec{v}_1, \vec{v}_i, \vec{v}_2)$］

例如，我们考虑确定与 f_1 共边 $e_1 = (\vec{v}_1, \vec{v}_2)$ 的邻接面 f_2。我们需要找到顶点 $\vec{v}_i \in S$，其中 $i \neq 1, 2$，以便 $(\vec{v}_1, \vec{v}_i, \vec{v}_2)$ 定义的三角面 f_2 在 e_1 边构成最大的凸内二面角。图 2.7 描述了如何计算内二面角。

令 θ_i 为与 e_1 边顶点 $\vec{v}_i$ 相关的内二面角。假设 $\vec{n}_1$ 和 $\vec{n}_2$ 为面 f_1 与面 f_2 的法向量。通过作图，各面的法线均朝外，法线点积为 $(\pi - \theta_i)$ 的余弦值（图 2.8）。二面角可由以下方程直接计算：

$$\theta_i = \pi - \arccos(\vec{n}_1 \cdot \vec{n}_2)$$

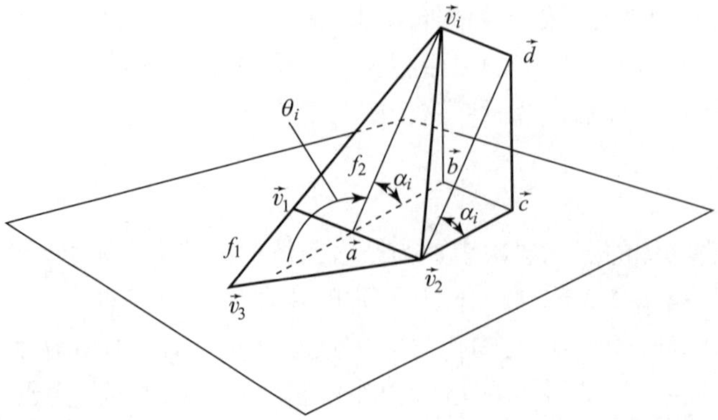

图 2.7　顶点（$\vec{v}_1$，$\vec{v}_2$）定义的边 e_1 与顶点$\vec{v}_i$ 有关的内二面角 θ_i，表示为三角形（$\vec{a}$，$\vec{b}$，$\vec{v}_i$）在顶点$\vec{a}$的外角（注意：顶点$\vec{b}$是$\vec{v}_i$ 在面 f_1 平面上的投影）

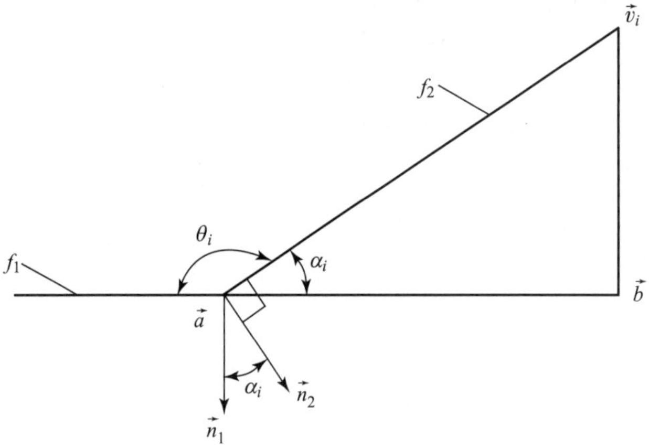

图 2.8　用面 f_1 和面 f_2 的面法线$\vec{n}_1$与$\vec{n}_2$的点积计算的顶点$\vec{a}$的内角 α_i

对应于最大 θ_i，选择顶点 $\vec{v}_1$，将面 f_2 添加到凸包面列表。新面的顶点顺序按新面的法向量始终指向物体的外部定义。由于我们使用的是右手坐标系，正确的顺序为（$\vec{v}_1,\vec{v}_i,\vec{v}_2$）。接下来，将面 f_2 各边添加到需要检测的边列表，以便计算与面 f_2 具有共用边的凸包面。值得留意的是，该算法假设每条边都由两个面共用。因此，当新的边加入待检测的边列表时，我们应首先检测此边是否已经在列表中。如果已经在列表中，则包含这条边的一个面已经在上一个步骤中找到，包含这条边的另一个面刚被找到。在此情况下，由于共用这条边的两个面已经包含在凸包中，因此无须对这条边进行检测。因此，这条边可从列表中移除，否则，应将此边添加到列表中。

到目前为止，我们已经假设确实存在位于凸包内的一个起始面，并根据这个面确定了所有其他面。我们还需要介绍的唯一步骤就是如何计算凸包的起始面。起始面的顶点采用渐进方法计算，即每次计算一个顶点。首先从位于凸包内的一个顶点开始，然后计算第二个顶点，从而构成起始面的一条边。由这条边计算组成起始面的第三个顶点。有了起始面之后，我们就可按照前述方法计算凸包的其他所有面。

凸包的起始面计算如下：考虑所有点在 xy 平面上的投影，如图 2.9 所示。令 $\vec{a}_1$ 为 y 坐标投影值最小的顶点，该顶点确定位于凸包内。这是因为顶点集合的所有其他点位于过顶点 $\vec{v}_1$ 且和 y 轴正交平面（平行于 xz 平面）所定义的同一个半空间内。因此，顶点 $\vec{v}_1$ 是起始面的一个顶点。

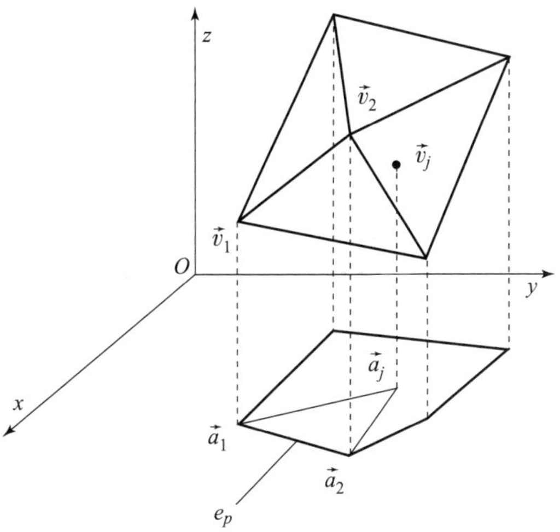

图 2.9　起始面的第一条边由顶点在 xy 平面的投影计算（此时的问题已经简化为二维问题）

依次通过投影顶点，选择顶点 $\vec{a}_2$，以便所有其他投影顶点位于边 $e_p = (\vec{a}_1, \vec{a}_2)$ 的左侧，从而找到起始面的第二个顶点。通过考虑 $(\vec{a}_1, \vec{a}_2, \vec{a}_j)$ 所定义的三角形面积的符号，我们可以确定投影顶点 $\vec{a}_j$ 位于边 e_p 的左侧或右侧。如果该面积为正，则顶点为逆时针顺序，投影顶点 $\vec{a}_j$ 位于边 e_p 的左侧。否则，投影顶点 $\vec{a}_j$ 位于边 e_p 的右侧。

可由顶点坐标快速计算投影三角形 $(\vec{a}_1, \vec{a}_2, \vec{a}_j)$ 的面积 A：

$$A = \frac{1}{2}\begin{vmatrix} (\vec{a}_1)_x & (\vec{a}_2)_x & (\vec{a}_j)_x \\ (\vec{a}_1)_y & (\vec{a}_2)_y & (\vec{a}_j)_y \\ 1 & 1 & 1 \end{vmatrix}$$

最后，在三维空间内考虑顶点 $(\vec{v}_1, \vec{v}_j, \vec{v}_2)$ 定义的三角面 f_j，可以得出起始面的第三个顶点。定义三角面 f_j 的顶点顺序为法线朝向凸包外部①。此时，选择第三个顶点 $\vec{v}_3$，以便所有其他顶点位于包含三角面 $(\vec{v}_1, \vec{v}_3, \vec{v}_2)$ 的平面所定义的负半空间里（图 2.10）。

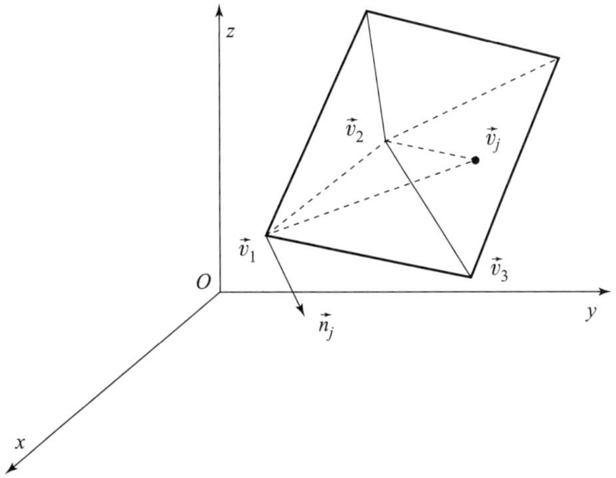

图 2.10　通过将第三个顶点与起始边相连获得起始面，这样所有其他顶点都位于包含这个面的平面定义的负半平面内

① 请牢记：我们使用的是右手坐标系。

令 $\vec{n}_j$ 为三角面 $(\vec{v}_1, \vec{v}_j, \vec{v}_2)$ 定义的平面的法线，令 d_j 为平面常数，计算方法为

$$d_j = \vec{n}_j \cdot \vec{v}_1$$

如果 $(\vec{n}_j \cdot \vec{v}_p) < d_j$，则顶点 $\vec{v}_p$ 将位于平面的负半空间内。

在得到第一个面之后，我们继续按照上文所述的方法计算多面体所有其他凸包的面。

2.3 连续碰撞检测的层次表达

通常，在一个时间间隔 $[t_0, t_1]$ 内物体间的碰撞检测是通过 t_1 时刻物体的成对的相交检测来进行的。取决于物体的形状和速度，有可能尽管一些物体对的轨迹在运动过程中互相穿过，但它们在 t_1 时刻没有相交。这通常发生在稀疏或快速移动的物体上，如图 2.11 所示。

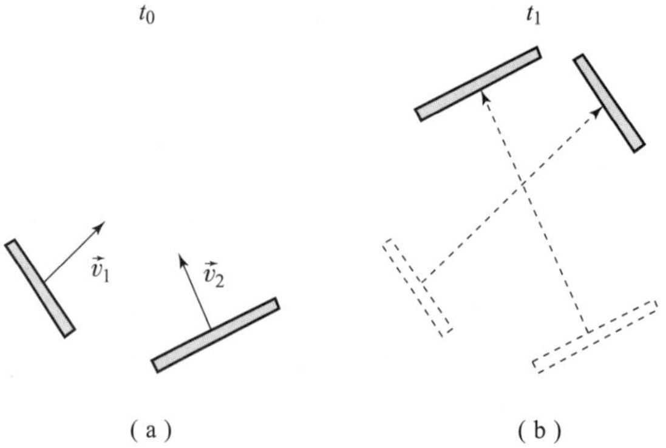

图 2.11 (a) t_0 时刻两个快速移动的物体；(b) 尽管它们在 t_1 时刻没有碰撞，但是在 t_0 到 t_1 的运动过程中它们确实互相穿过

连续碰撞检测适合处理这些特殊情况，因为它把物体从 t_0 到 t_1 时刻的整个运动都考虑了进来，而不只是 t_1 时刻的位置和方向。它仍然使用物体的层次表达法来加速计算，但是需要做一些改进以包含在世界坐标系下从 t_0 到 t_1 时刻的整个运动。标准的流程是，当物体被注册到仿真引擎内时，就在局部坐标系中构建层次，并且当对它们的节点在世界空间中进行碰撞检测时，就逐渐地将它们从局部坐标系转换到世界坐标系。在连续碰撞检测中，世界坐标系中层次的构建需要考虑世界坐标系中物体的运动。理论上，除了在 t_0 和 t_1 两个时刻处把每个图元用包含其世界坐标系下位置的包围盒替换以外，还需要在每个时间间隔采用在第 2.1 节介绍的自顶向下的方法重新构建层次。然而，在每个时间间隔的仿真中构建层次结构树受到的显著影响使得这个方法不实用，尤其是仿真物体的数量很大的时候（数以千计）。

本书中采用的更高效的一个方法就是调整它们在局部坐标系中初始创建的层次结构树，但是要用世界空间中的运动信息。高效性来源于调整层次结构树保持了层次结构树初始创建时的父子关系，因此所有确定自顶向下方法中内节点包围盒的中间计算都完成了。当调整层次结构树时，首先要更新子节点使之包围它们的图元从 t_0 到 t_1 的运动，然后更新它们的父（内）节点使之包围它们的子节点所在的区域。只有在子节点更新后，一个内节点才更新，这一点是很重要的。当第一次构建层次结构树时这一点尤其注意，确保内节点是按照相对于它们深度（它们与根节点的距离）递减的顺序存储的。图 2.13 展示了图 2.12 中层次结构树

所有内节点按照深度递减顺序进行的一种排列表达。一个位于第 k 个条目的节点，它的父节点位于条目 j，其中 $j>k$，即通过利用它们在有序排列中的顺序，我们能够保证子节点总是在它们的父节点之前更新。

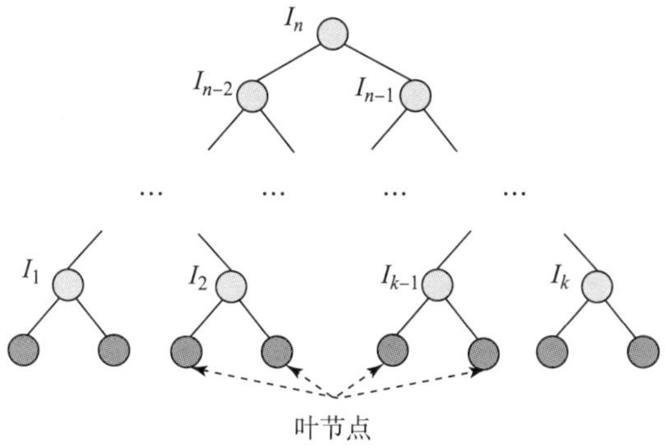

图 2.12　一个物体的层次结构树表达

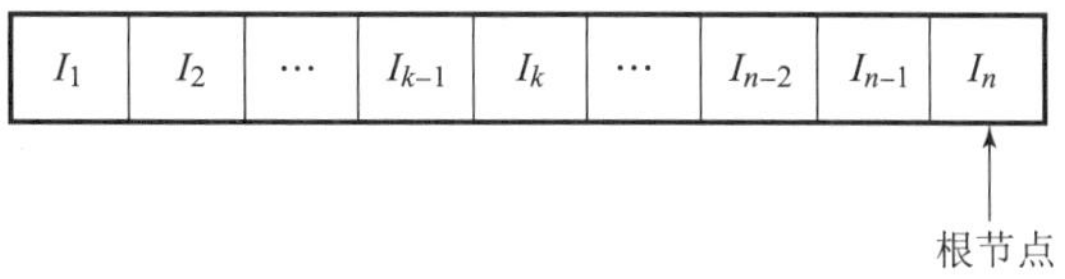

图 2.13　图 2.12 内节点按深度递减（即距根节点的距离）的阵列表示。唯一没有父节点的根节点位于阵列的末尾

就性能而言，调整层次结构树比重建它快一个数量级。有关调整层次结构树的优缺点的更详细的介绍可参阅第 2.6 节中的参考文献。

2.4　被仿真世界的层次表达

尽管使用层次表达法确实加速了碰撞检测过程，但它本身并不会提供任何机制来充分利用仿真中连续帧之间的时间相干性。例如，两个以上的物体彼此分离时，其最上层包围盒不会相交。这一事实应在后续仿真时间间隔中加以运用，从而避免在这些物体之间执行不必要的碰撞检测。由于在相互检测最上层包围体之后，碰撞检测通常不再考虑，因此，层次表达法确实最大限度地减少了不必要的碰撞检测所耗费的时间。但是，当仿真包含数百个物体时，这些不必要的检测仍将耗费大量的时间。

我们的观点是将被仿真世界分割成多个单元格，将物体分配至这些单元格，使其最上层包围盒相交。被分配到同一单元格的物体可能发生碰撞，因此需要进行其层次表达之间的几何相交检测。另外，没有共用单元格的物体很显然彼此距离遥远，根本无须检测其碰撞可能性。

本书考虑的被仿真世界被假设为四方体，该四方体定义了沿着各坐标轴的最大跨度和最小跨度。单元格分解是将该四方体分割为多个子体积，这些子体积在仿真过程中不一定包含任何物体。

在将仿真世界分解成多个单元格时，需要考虑两个重要因素。首先，单元格分解应简单明了，即具有简单的几何形状，相较于物体层次表达之间的碰撞检测成本，可以忽略用于更新与各移动物体相交的单元格的成本。第 2.4.1 节将仿真世界细分为多个大小均匀的四方体，并详细介绍了这个问题。其次，各单元格的大小直接影响到分解的效率。例如，如果尺寸太小，将出现多个单元格被分配给一个物体的情况，导致在每个仿真时间间隔之后，更新被占用单元格列表的消耗非常大。另外，如果尺寸太大，将会出现多个物体被分配给同一个单元格的情况，则可能需要在物体的层次表达之间执行大量不必要的碰撞检测。第 2. 4. 2 节将第 2. 4. 1 节介绍的均匀网格方法延伸为多层网格，更适合被仿真物体尺寸各异的情况。

2. 4. 1 均匀网格

顾名思义，均匀网格分解将仿真世界的包围四方体细分为沿着世界坐标系各轴的大小一致的立方单元格。图 2. 14 是假想世界中一种简单的均匀网格分解。

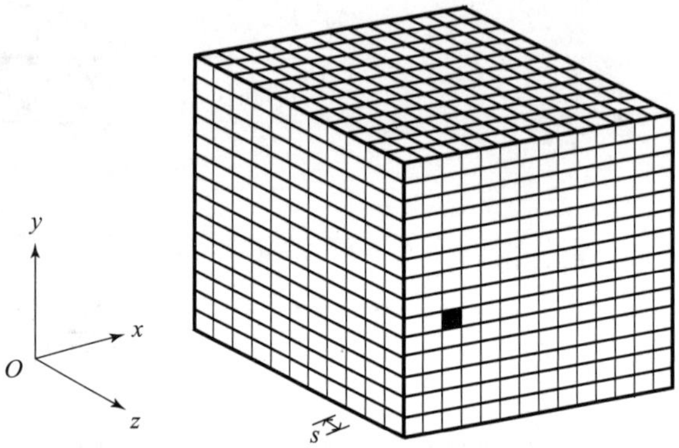

图 2. 14 对假想的仿真世界的均匀网格简单分解，每个维度的四方体数量均为 14，各单元格均由其左下角顶点的索引进行识别［例如，第一个单元格的索引为 cell（0，0，0），阴影单元格索引为 cell（2，5，13）］

在均匀网格分解中，立方单元格的尺寸对于最大限度地减少被分配到单元格的物体数量起着至关重要的作用，同时对于最大限度地提高仿真的整体效率也十分关键。直观上，各单元格的大小应当满足以下条件：

（1）足够大，允许物体在不离开单元格的情况下旋转和平移一段时间，从而最大限度地减少要被分配到每个单元格的物体的动态更新。

（2）足够小，以便尽量多的物体能被分配到不同的单元格，从而最大限度地减少物体层次表达之间的成对碰撞检测。

令 d_i 为物体 i 最上层包围盒的最大直径。举个例子，如果包围盒为四方体，则最大直径为定义四方体的两个斜角相对的顶点之间的距离。如果包围盒为球体，则最大直径等于球体的直径。被仿真物体的平均最大直径为

$$\bar{d} = \frac{1}{n}\sum_{i=0}^{n} d_i$$

其中，n 为物体①的总数量。在均匀网格分解中，各单元格的尺寸 b 由单元格的最大直径确定，并可以按照以下方程关联到被仿真物体的平均最大直径：

$$\frac{\bar{d}}{b} = k \tag{2.1}$$

其中，$k \geqslant 1$ 。变量 k 用于根据被仿真物体的平均最大直径来调整单元格的大小。通常来说，

① 如第 3 章所述，通常情况下粒子被视为质点，计算时并未考虑粒子系统中粒子的大小。

我们建议 $k = 2$，即均匀网格中各单元格的大小是平均最大直径的 2 倍，理由如下：如果所有物体的大小为平均水平，则每个单元格最多可以有 8 个物体（两个物体沿着各维度彼此接触），为同一单元格内部移动的另一个物体提供一些空间。此外，彼此之间距离大于平均尺寸两倍的物体确保不会处于同一个单元格内。总的来说，如果物体的大小接近于平均值，这个选择有利于在分配至各单元格的物体数量和各时间间隔执行的成对碰撞检测数量之间取得平衡。但是，如果物体的尺寸因数量级而有所不同，则应使用如第 2.4.2 节介绍的更为复杂的方法。

在选择分解中四方体的大小之后，下一步就是提供一种有效的机制，只追踪至少分配到一个物体的单元格，而不是将所有内存分配给所有单元格。很显然，当各单元格的大小比被仿真世界小得多时，不建议采用后者。这是因为沿着各轴的单元格数量可能很大，需要细分含有 n 个单元格的内存将达到 n^3。此处，我们建议使用哈希表来追踪已被占用的单元格。有多种方法可以构建此类单元格哈希表，有些方法效率更高，取决于正在考虑的仿真的具体情况。但是，通常情况下，我们建议使用大小为 n 的哈希表，其中的关键在于沿着各轴的索引之和。这将影响到网格分解的一个剖切面（平面）被分配到一条哈希表条目。

有效使用哈希表的更新机制来检测成对的可能碰撞物体。起初，使用单元格分解来检查各物体的最上层包围盒。与物体的包围盒相交的每个单元格被添加到单元格哈希表中。如果单元格已经被添加到哈希表中，则至少有两个物体被添加到该单元格，且有一个指向该单元格的指针被添加到需要检测碰撞的单元格列表中。最后，在使用单元格分解来检测所有物体之后，根据需要检测碰撞的单元格列表来创建潜在碰撞物体列表。第一个列表包含占用同一个单元格的物体对。对于每对物体，使用层次表达法来完成消耗更大的碰撞检测。

如果在世界坐标系中考虑物体包围体为 AABB 包围盒，则可高效地确定与物体包围盒相交的均匀网格分解的单元。请注意，这种选择与物体的层次结构树无关。AABB 包围盒与世界坐标系对齐，均匀网格分解中的所有立方单元格也是如此。轴对齐的四方体之间的相交检测速度极快，可用于确定分解中需要检测与物体包围盒是否存在相交关系的实际立方单元格。图 2.15 描述了使用包围球表达法的物体。包围球的 AABB 包围盒用于有效定位分解中需要检测与物体包围球是否存在相交关系的单元格，而不是检测每个单元格与物体包围球的相交关系。

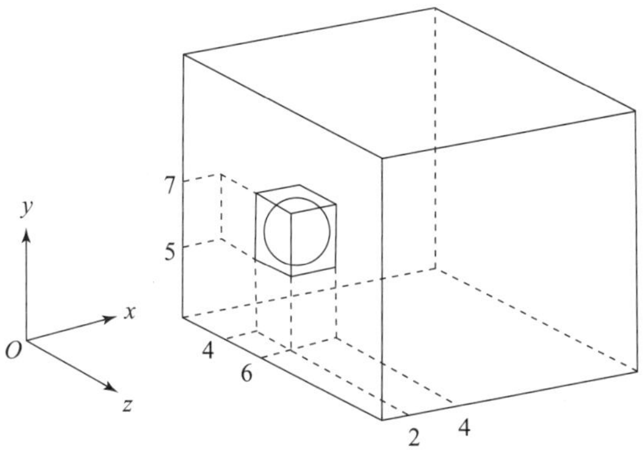

图 2.15　使用物体包围球的 AABB 包围盒快速确定分解中需要与包围球进行相交检测的单元格［在此情况下，将再次检测包围球是否与 cell（2，5，4），（2，6，4），（3，5，4），（3，6，4），（2，5，5），（2，6，5），（3，5，5），（3，6，5）相交］

由于物体在仿真过程中平移和旋转，它们的最上层包围盒将移动，可能导致包围盒与分配到部分单元格的物体不再相交，还可能与列表中未包含该物体的新单元格相交。因此，在每个仿真时间间隔之后，需要更新分配到每个单元格的物体列表，以体现这些变化。使用仿真时间间隔之间的相干性可以有效进行更新，详见下文介绍。

在整个仿真过程中，各物体追踪与包围盒相交的单元格索引。在每个时步，生成与物体包围盒相交的单元格索引的新列表。对比新旧列表发现，如果新列表与旧列表相同，则物体单元格分配与上一个时步保持相同，无须执行任何操作；如果新列表比旧列表新增了一些单元格，则需要在单元格哈希表中搜索这些单元格。若在哈希表中找到所需单元格，则为该物体添加参照，并提高单元格的内部计数器。否则，在哈希表中创建该单元格的条目，将其内部计数器置为 1。最后，如果旧列表有一些四方体不在新列表中，则应从哈希表的单元格条目中删除关于该物体的参照，并将内部计数器减 1。

使用单元格的内部计数器来追踪当前与该单元格相交的物体的数量。当计数器第一次被置为 2 时，该单元格的参照就被添加到可能碰撞物体的单元格列表中。计数器可以被置为大于 2 的值，但只要至少为 2，则该单元格的参照就被保持在列表中。当计数器第一次从 2 减少为 1 时，要从列表中删除该单元格的参照。当计数器被置为 0 时，从单元格哈希表中删除该单元格。

2.4.2 多层网格

如果仿真的物体大小的数量级有所不同，则将均匀网格延伸为多层网格，这样可以提高均匀网格方法的效率。将具有相同数量级大小的物体分在同一层中，并确保每层本身都能被视为均匀网格，这样做的好处是，由于均匀网格拥有大小相似的物体，因此每层都试图最大限度地提高均匀网格的效率。在使用该方法时，有几个重要事项需要注意：

（1）对于给定的物体集合，应选择多少层？

（2）每一层的单元格大小如何？

（3）为了有效检测分配到不同层之间的物体碰撞，这些层的关联性如何？

在均匀网格方法中，由于使用单一层，所以根据方程（2.1）可得出单元格的大小，即仿真中物体的最大直径的平均值倍数。在多层网格方法中，如果

$$k_{\min} \leqslant \frac{d_i}{L_j} \leqslant k_{\max} \tag{2.2}$$

则物体 i 被分配至 j 层。其中，d_i 为物体 i 最上层包围盒的最大直径；$k_{\min}$ 和 $k_{\max}$ 为用户定义的常数；L_j 为第 j 层单元格的大小。当 $1 \leqslant j \leqslant m$ 时，满足

$$0 < L_1 < L_2 < \cdots < L_j < \cdots < L_m$$

将物体 i 分配至最大层 j，可以满足方程（2.2）。换言之，将最大的物体分配至最大的四方体（最大层），位于（$j+1$）层的物体直径大于位于 j 层的物体直径。$k_{\min}$ 和 $k_{\max}$ 常数用于关联不同层的单元格大小，它们必须满足

$$0 < k_{\min} < 1$$

$$k_{\max} \geqslant 1$$

令 $d_{\min}$ 和 $d_{\max}$ 为仿真中所有物体的最小直径和最大直径。很显然，与 $d_{\min}$（最小物体）相关的物体应被分配至 1 层（最底层）。将 $d_{\min}$ 和 L_1 代入方程（2.2），即

$$k_{\min} \leqslant \frac{d_{\min}}{L_1} \leqslant k_{\max}$$

如果使 $k_{\min} = \frac{d_{\min}}{L_1}$，则可通过方程（2.3）得出最底层单元格的大小：

$$L_1 = \frac{d_{\min}}{k_{\min}} \tag{2.3}$$

与 $d_{\max}$ 相关的物体应被分配至最大层 m。将 $d_{\max}$ 和 L_m 代入方程（2.2），使

$$\frac{d_{\max}}{L_m} = k_{\max}$$

即

$$L_m = \frac{d_{\max}}{k_{\max}} \tag{2.4}$$

由于我们希望连续地进行层分配，所以需要确保第 j 层最大值等于第（$j+1$）层的最小值，即

$$k_{\max} L_j = k_{\min} L_{j+1} \tag{2.5}$$

方程（2.5）涉及两个连续层的单元格大小。我们可使用该方程，以递归的方式，将第 j 层单元格大小作为1层单元格大小的函数，计算第 j 层单元格大小，如方程（2.6）所示：

$$\begin{aligned} L_2 &= \frac{k_{\max}}{k_{\min}} L_1 \\ L_3 &= \frac{k_{\max}}{k_{\min}} L_2 = \left(\frac{k_{\max}}{k_{\min}}\right)^2 L_1 \\ &\cdots \\ L_j &= \left(\frac{k_{\max}}{k_{\min}}\right)^{j-1} L_1 \end{aligned} \tag{2.6}$$

由于第一层 L_1 和最大层 L_m 四方体的大小分别由方程（2.4）和方程（2.5）给出，所以我们可以将这两个等式代入方程（2.6），以 $k_{\min}$，$k_{\max}$，$d_{\min}$ 和 $d_{\max}$ 的函数计算所需的层数 m，即

$$\frac{d_{\max}}{k_{\max}} = \left(\frac{k_{\max}}{k_{\min}}\right)^{m-1} \frac{d_{\min}}{k_{\min}}$$

可以得出：

$$m = \log_{\left(\frac{k_{\max}}{k_{\min}}\right)} \left(\frac{d_{\max}}{d_{\min}}\right) \tag{2.7}$$

图2.16所示为多层网格分配的一个示例。在每层 j，被仿真的世界被细分为均匀网格，四方体大小为 L_j。

因此，多层网格具有针对每层的一个单元格哈希表，各单元格的大小由方程（2.6）给出。各哈希表的更新机制与均匀网格的一致，这是因为每层都是均匀网格。举个例子，假设物体包围球的中心为（5，5，5），最大直径 $d=9.7$（图2.17）。对于图2.16所示的仿真世界的多层网格而言，根据方程（2.2），物体应被分配至层2。在层2内，使用图2.15所示均匀网格相同的方法来计算与物体包围盒相交的单元格。

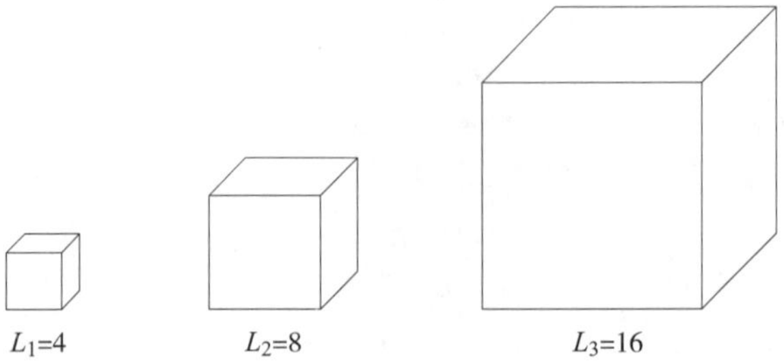

图 2.16　当 $k_{max}=1$、$k_{min}=0.5$、$d_{max}=16$ 且 $d_{min}=2$ 时多层网格分配的一个示例［可直接根据式（2.7）和式（2.6）分别计算可用的最大层数及其大小；此示例，$m=3$，$L_1=4$，$L_2=8$，$L_3=16$］

唯一剩下的问题是，如何应用这一方案有效检测分配至网格不同层的物体间可能发生的碰撞。解决这个问题的办法是通过将物体的参照添加至与处于物体同一层的物体相交的单元格，以及在大于物体所在层的其他层与物体相交的所有其他单元格。举个例子，分配至层 j 的物体的参照将添加至在层 $j,(j+1),\cdots,m$ 与物体包围盒相交的所有单元格中。根据图 2.17 所示的情况，与物体包围盒相交的层 2 和层 3 的单元格将保持该物体的参照（图 2.18 和图 2.19）。使用该方案，当且仅当层 $\max(L_{b1},L_{b2})$ 至少有一个单元格，且 $\max(L_{b1},L_{b2})$ 具有两个物体的参照时，分配至层 L_{b1} 和层 L_{b2} 的两个物体 b_1 与 b_2 可能碰撞。这种情况如图 2.20 所示。

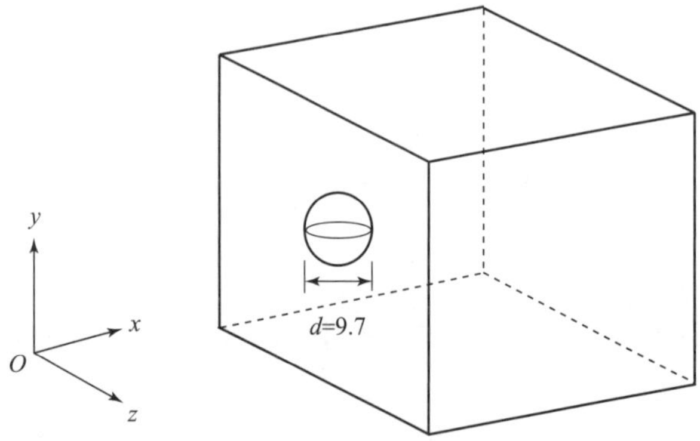

图 2.17　在图 2.16 所示的共含有三层的被仿真世界中使用多层网格方法将物体分配至层 2

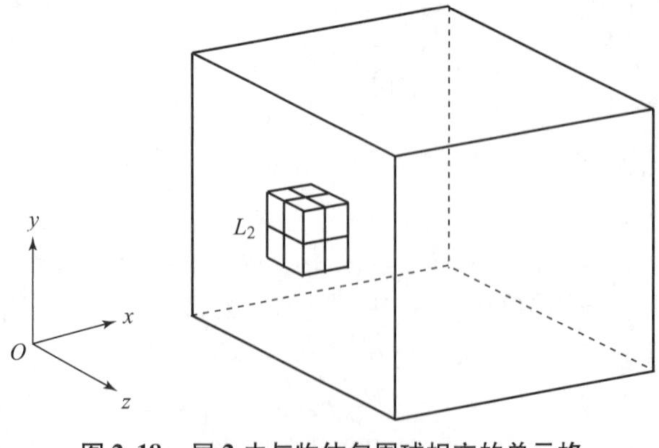

图 2.18　层 2 中与物体包围球相交的单元格

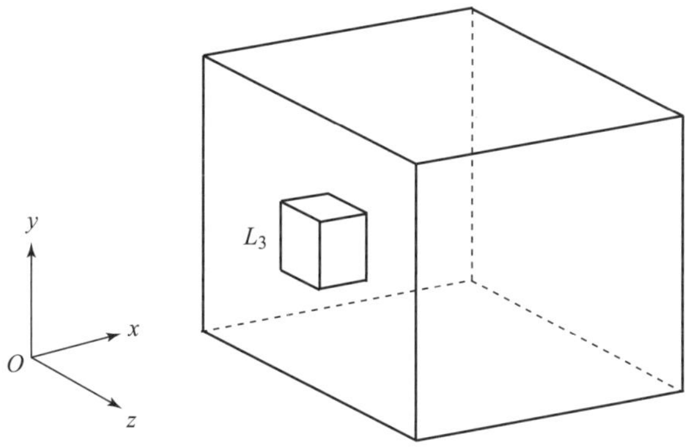

图 2.19 多层网格分配使得有必要确定层 3 中与物体相交的单元格，以便检测该物体和仅分配在层 3 的其他物体之间的潜在碰撞

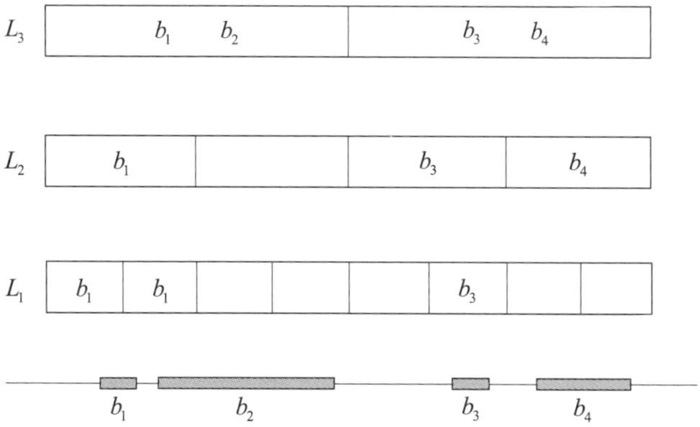

图 2.20 说明如何检测分配到不同层的物体之间的潜在碰撞的一维示例

在本例中，物体 b_1 和 b_2 被分别分配至层 L_1 和 L_3 。由于层 $m = \max(L_1, L_3) = L_3$ 中有一个四方体包含了两个物体的参照，因此，将物体添加到可能碰撞物体列表中。另外，物体 b_3 和 b_4 被分别分配至层 L_1 和 L_2 。由于层 $m = \max(L_1, L_2) = L_2$ 不存在包含两个物体参照的四方体，所以无须考虑将其列于可能碰撞物体列表中，即使层 L_3 有一个单元格含有对两个物体的参照。

通常情况下，建议使用 $k_{\min}$ 和 $k_{\max}$，使

$$\frac{k_{\max}}{k_{\min}} = 2$$

这意味着单元格大小将是最小直径 $d_{\min}$ 的 2 倍。完成选择之后，在把物体分配至层 j 时，可以很直接明了地确认哪些单元格与层 $(j+1), \cdots, m$ 的物体相交。

2.4.3 连续碰撞检测的包围盒

当考虑物体的整个运动时，基于网格仿真世界的表达在连续碰撞检测中变得不那么高效。这是因为物体在运动过程中可能穿过很多网格，从而在由共用一个网格物体的可能碰撞列表中创建一些冗长的条目。表达用于连续碰撞检测的仿真世界的更好的一个方法就是采用包围整个运动的叶节点的层次结构树表达。这和在第 2.3 节中讨论的物体层次表达非常类

似，即叶节点包含图元在整个间隔中的运动。

图 2. 21 展示了一个三个物体系统的示例。它们当前间隔的运动被轴向包围盒包围，该包围盒被用来作为系统仿真世界树表达的叶节点。可能碰撞对列表通过使树自相交获得，即检测在运动过程中所有互相穿过对方轨迹的物体对。

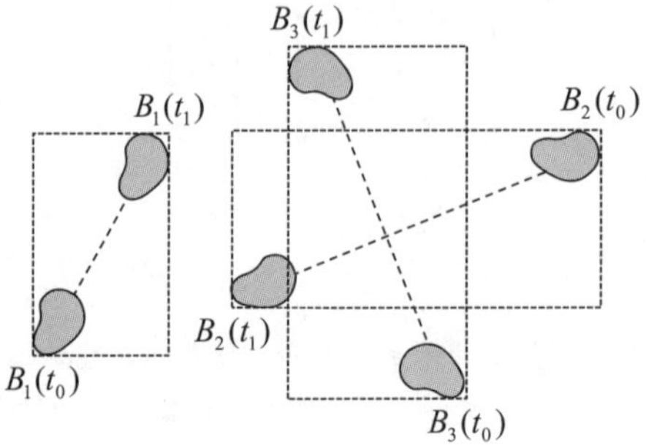

图 2. 21　一个含有三个物体的简单仿真系统［它们的运动被轴向包围盒包围，该包围盒被用作仿真世界层次结构树表达的叶节点。通过世界树自相交获得可能的碰撞对。在这个例子中，物体对（B_2，B_3）是这个时间间隔的一个可能碰撞对］

2. 5　不同层次表达之间的碰撞检测

到目前为止，我们已经描述了多种可用于加速仿真引擎中物体间碰撞检测的层次表达法，以及如何使用简单的图元构建这些表达法。本节将介绍一些有效的算法，帮助你快速确定两个层次或两个图元是否相交。

本书涉及的图元表达法是指树形层次的四方体和球体，以及物体表面的三角形。因此，我们需要用算法来检查此类图元的各种成对组合是否存在相交关系。此外，对于三角形之间的相交检测，我们需要多执行一步操作，保存指向相交三角形的指针。碰撞响应模块将使用该信息来估算物体之间的碰撞（或接触）点，确定避免互穿所需的碰撞冲力（或接触力）。

2. 5. 1　层次间相交检测

设 H_1 和 H_2 为当前进行碰撞检测的两个物体的层次表达。现在，使用层次来帮助加速所有可能碰撞的图元对间的检测，而不会引起检测一个物体的每个图元与另一个物体的所有图元 $O(n^2)$ 的消耗。

层次间的相交检测通过自顶向下的方式进行，按照需要在它们的内节点间执行成对的相交检测。使用一个优先级队列 Q 来跟踪所有仍需要进行相交检测的内节点。这个队列初始化为包含每个层次根节点的节点对。在相交检测的每次迭代中，我们移除 Q 中前面的元素并检测它相应的节点对是否相交。如果不相交，那么接下来执行下一次迭代，即队列中的下一个元素。否则，将相交节点的子节点的成对组合添加到队列 Q 的后面，这样也能对它们进行相交检测。相交节点没有子节点，即它们是层次的叶节点的特殊情况下，则将它们相应的图元添加到可能碰撞对列表中。这个递归的过程总结如下：

（1）获得（和移除）Q 中的第一个元素。设 $n_1 \in H_1$ 和 $n_2 \in H_2$ 为对应这个元素的节点。

（2）检测节点是否相交。如果它们不相交，删除这一对，然后移至队列中的下一个元素。

（3）节点在这个点相交。这时，检测是否两个节点都是它们的树的叶节点。如果它们两个都是叶节点，那么就将它们的图元添加到碰撞候选列表中。删除这一对，然后移至队列中的下一个元素。

（4）检查是否至少有一个节点是叶节点。如果某个节点确实是叶节点，则将其假设为 n_1，接下来执行以下步骤：

①将节点对（n_1，$(n_2)_{left}$）添加到优先级队列中，其中 $(n_2)_{left}$ 是节点 n_2 的左子节点。

②将节点对（n_1，$(n_2)_{right}$）添加到优先级队列中，其中 $(n_2)_{right}$ 是节点 n_2 的右子节点。

（5）这时，节点 n_1 和 n_2 都是它们层次的内节点。将下列节点对添加到优先级队列中以便进行碰撞检测：

- $((n_1)_{left},(n_2)_{left})$
- $((n_1)_{left},(n_2)_{right})$
- $((n_1)_{right},(n_2)_{left})$
- $((n_1)_{right},(n_2)_{right})$

在这个过程的最后，我们有了一个包含需要进行碰撞检测的图元对的可能碰撞对列表。通常要对这个列表中的所有元素执行资源消耗更高的图元－图元相交检测。如果可能碰撞对列表为空，或者没有可能碰撞图元对最终相交，那么层次就不相交。

层次在当前时间间隔末尾不相交不能保证物体不碰撞。这取决于物体的动力学状态以及采用的时间间隔的大小，有可能一个物体已经完全移动到另一个物体内了。为了检测这种情况，我们需要对每个物体的一个顶点与另一个物体执行一次额外的点在物体内检测。这项检测将在第 2.5.13 节中详细介绍。

2.5.2 层次自相交检测

层次自相交算法与第 2.5.1 节中介绍的不同层次相交非常类似。我们仍要保留节点对的优先级队列，但是在这种情况下节点属于相同的层次。优先级队列初始化为与自身进行检测的根节点。层次自相交的迭代过程总结如下：

（1）获得（和移除）队列中的第一个元素。设 $n_1 \in H_1$ 和 $n_2 \in H_1$ 对应这个元素的节点。

（2）如果 $n_1 \neq n_2$，那么检测节点是否相交。如果它们不相交，则删除这一对，然后移至队列中的下一个元素。

（3）检测两个节点是否都是树的叶节点。如果它们都是叶节点，那么将它们的图元添加到可能碰撞对列表中。删除这一对，然后移至队列中的下一个元素。

（4）检查是否至少有一个节点是叶节点。如果某个节点确实是叶节点（假设为 n_1）那么接下来执行以下步骤：

①将节点对（n_1，$(n_2)_{left}$）添加到优先级队列中，其中 $(n_2)_{left}$ 是节点 n_2 的左子节点。

②将节点对（n_1，$(n_2)_{right}$）添加到优先级队列中，其中 $(n_2)_{right}$ 是节点 n_2 的右子节点。

（5）这时，节点 n_1 和 n_2 都是内节点。将下列节点对添加到优先级队列进行进一步相交检测：

- $((n_1)_{\text{left}}, (n_2)_{\text{left}})$
- $((n_1)_{\text{left}}, (n_2)_{\text{right}})$
- $((n_1)_{\text{right}}, (n_2)_{\text{right}})$
- 如果 $n_1 \neq n_2$，那么添加节点对 $((n_1)_{\text{right}}, (n_2)_{\text{left}})$。

这个算法和第 2.5.1 节中介绍的算法的主要不同在于，在将子节点添加到优先级队列之前确保它们是不同的，避免冗长的计算。注意到

$$((n_1)_{\text{left}}, (n_2)_{\text{right}}) = ((n_1)_{\text{right}}, (n_2)_{\text{left}})$$

其中，$n_1 = n_2$。最后，我们有了一个包含需要进行相交检测的图元对的可能碰撞对列表。如果这个列表为空或者没有图元对相交，那么层次不自相交。

2.5.3 四方体间相交检测

两个四方体间的相交检测基于分离轴定理。根据该定理，当且仅当存在一个分离面，且四方体 A 和 B 位于该平面的不同侧时，四方体 A 和 B 不相交。

令$\vec{n}$为平面 P 的法线，令 d 为其距离原点的非负数距离。当

$$\vec{n} \cdot \vec{a} + d \leqslant 0, \forall \vec{a} \in A \tag{2.8}$$

且

$$\vec{n} \cdot \vec{b} + d > 0, \forall \vec{b} \in B \tag{2.9}$$

时，也就是说，当 A 和 B 沿着法线的投影位于平面的两侧时，平面 P 是四方体 A 和 B 的分离面。方程（2.8）和方程（2.9）可以合并为

$$\vec{n} \cdot \vec{a} < \vec{n} \cdot \vec{b}, \forall \vec{a} \in A, \forall \vec{b} \in B \tag{2.10}$$

根据方程（2.10）可知，如果 P 是四方体 A 和 B 的分离面，则在轴向投影图中，它们的图像与平面法线$\vec{n}$平行的轴线不相交。换言之，$\vec{n}$是 A 和 B 的分离轴。可以看出，面 A 和面 B 的法线可能作为分离轴，平面法线由 A 的一条边和 B 的一条边定义。这样一来，共有 15 种潜在情形需要测试：每个四方体有 3 条不同的面法线以及各条边的 9 对组合。如果这些可能的分离轴并未实际分离四方体，则可以确定四方体是重叠的。

首先考虑简单相交的情形。此时，四方体彼此对齐，并平行于世界坐标系的轴线。这种情形发生在被仿真世界的层次表达中，其中均匀网格和多层网格中的所有四方体相对于世界坐标系的方向相同。在此情况下，由于各四方体的面法线相同，各条边的成对组合为另一条边，因此，15 种潜在情形被减少为仅 3 种，也就是说，这 3 种可能的分离轴是世界坐标系的轴线。

如图 2.22 所示，用最大顶点和最小顶点表示每个四方体。

令 $[(A_{\min})_i, (A_{\max})_i]$ 和 $[(B_{\min})_i, (B_{\max})_i]$ 为四方体 A 和 B 沿坐标轴 i 的投影，其中 $i = \{x, y, z\}$。如果至少一条投影轴 $i \in \{x, y, z\}$，当且仅当

$$((A_{\max})_i < (B_{\min})_i) \cup ((B_{\max})_i < (A_{\min})_i) \tag{2.11}$$

时，四方体 A 和 B 不重叠。该投影轴即为四方体分离轴。另外，如果所有投影轴不能满足方程（2.11），则确定四方体是重叠的。

在考虑简单的轴平行情形之后，我们接下来考虑更加复杂的情形，即四方体彼此朝向任意方向的情形。这种情况出现在检测 AABB 或 OBB 层次表达的四方体时，因为它们通常在世界坐标系里的方向各不相同。

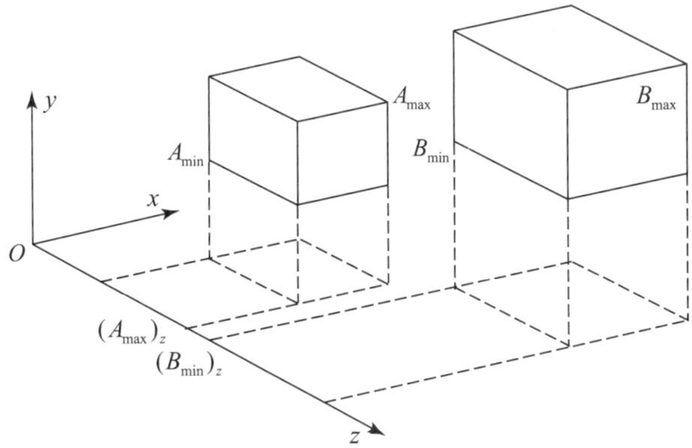

图 2.22　轴平行四方体的相交检测（各四方体由其最大顶点和最小顶点定义。通过检测各顶点沿坐标轴的投影是否重叠，执行相交检测；在该情形下，z 轴是分离轴，物体不会重叠）

令 $\vec{T}_A$ 和 $\boldsymbol{R}_A$ 为从 A 的局部坐标系到世界坐标系的平移向量与旋转矩阵，则在世界坐标系里，A 轴由 $\boldsymbol{R}_A$ 的各列得出，即 $(R_A)_x$，$(R_A)_y$ 和 $(R_A)_z$。即

$$\boldsymbol{R}_A = (\vec{R}_A)_x \mid (\vec{R}_A)_y \mid (\vec{R}_A)_z = \begin{pmatrix} (\vec{R}_A)_{xx} & (\vec{R}_A)_{yx} & (\vec{R}_A)_{zx} \\ (\vec{R}_A)_{xy} & (\vec{R}_A)_{yy} & (\vec{R}_A)_{zy} \\ (\vec{R}_A)_{xz} & (\vec{R}_A)_{yz} & (\vec{R}_A)_{zz} \end{pmatrix}$$

相似地，令 $\vec{T}_B$ 和 $\boldsymbol{R}_B$ 为从 B 的局部坐标系到世界坐标系的平移向量与旋转矩阵，则在世界坐标系里，B 轴为 $(R_B)_x$，$(R_B)_y$ 和 $(R_B)_z$。令 $\vec{d}$ 为世界坐标系中两四方体中心的距离向量。当且仅当四方体 A 和 B 的半边沿着可能的分离轴 $\vec{n}$ 的投影之和小于沿着 $\vec{n}$ 的距离向量 $\vec{d}$ 投影时，四方体 A 和 B 不相交，即

$$|\vec{r}_A \cdot \vec{n}| + |\vec{r}_B \cdot \vec{n}| < |\vec{d} \cdot \vec{n}| \tag{2.12}$$

其中，$\vec{r}_A$ 和 $\vec{r}_B$ 分别为四方体 A 和 B 的半边。图 2.23 描述了这个情况。

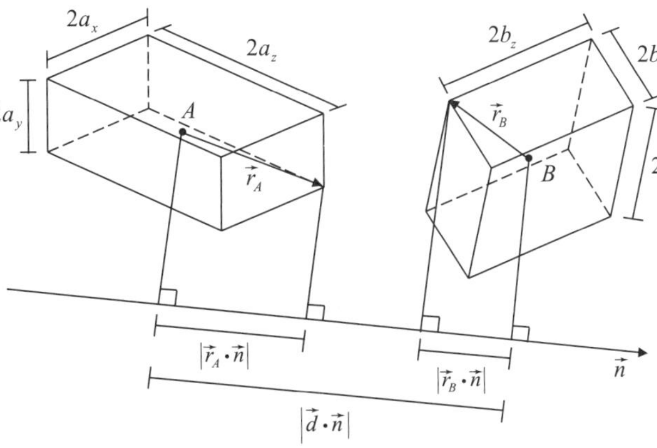

图 2.23　任意朝向的四方体间相交检测（如果四方体中心之间距离的轴向投影大于其半边的轴向投影之和，则四方体不相交；有 15 种可能的轴向待检测）

四方体 A 和 B 距离世界坐标系原点的距离由 $\vec{T}_A$ 与 $\vec{T}_B$ 给出。因此，可直接通过以下方程计算二者的距离向量：

$$\vec{d} = |\vec{T}_B - \vec{T}_A| \tag{2.13}$$

根据四方体中转换为世界坐标系的最大顶点和最小顶点来计算每个四方体的半边。令 a_x，a_y 和 a_z 为四方体 A 沿轴线 $(R_A)_x$，$(R_A)_y$ 和 $(R_A)_z$ 的半边。类似地，令 b_x，b_y 和 b_z 为四方体 B 沿轴线 $(R_B)_x$，$(R_B)_y$ 和 $(R_B)_z$ 的半边。四方体 A 和 B 沿 $\vec{n}$ 的半边投影之和为

$$\begin{aligned}\vec{r}_A\cdot\vec{n} &= a_x|(R_A)_x\cdot\vec{n}| + a_y|(R_A)_y\cdot\vec{n}| + a_z|(R_A)_z\cdot\vec{n}|\\ \vec{r}_B\cdot\vec{n} &= b_x|(R_B)_x\cdot\vec{n}| + b_y|(R_B)_y\cdot\vec{n}| + b_z|(R_B)_z\cdot\vec{n}|\end{aligned} \tag{2.14}$$

将方程（2.14）和方程（2.13）代入方程（2.12），当且仅当 $\vec{n}$ 的 15 种可能的组合满足

$$\begin{aligned}&(a_x|(R_A)_x\cdot\vec{n}| + a_y|(R_A)_y\cdot\vec{n}| + a_z|(R_A)_z\cdot\vec{n}| + b_x|(R_B)_x\cdot\vec{n}| +\\ &b_y|(R_B)_y\cdot\vec{n}| + b_z|(R_B)_z\cdot\vec{n}|) < |(\bar{T}_B - \bar{T}_A)\cdot\vec{n}|\end{aligned} \tag{2.15}$$

即在 $i,j \in \{x,y,z\}$ 且 $i \neq j$ 时，$\vec{n} = (R_A)_i$，$\vec{n} = (R_B)_i$ 或 $\vec{n} = (R_A)_i \times (R_B)_i$，则 $\vec{n}$ 为分离轴。

如果在 A 的局部坐标系而不是世界坐标系中执行运算，则可以简化方程（2.15）。通过将所有点平移 $-\vec{T}_A$，并旋转 $\boldsymbol{R}_A^{-1} = \boldsymbol{R}_A^{\mathrm{T}}$，即可实现这一目的。得出以下结果：

$$\begin{aligned}\vec{T}_A &= (\vec{T}_A - \vec{T}_A) = (0,0,0)\\ \boldsymbol{R}_A &= \boldsymbol{R}_A^{\mathrm{T}}\boldsymbol{R}_A = \boldsymbol{I}_3\\ \vec{T}_B &= \boldsymbol{R}_A{}^{\mathrm{T}}(\vec{T}_B - \vec{T}_A)\\ \boldsymbol{R}_B &= \boldsymbol{R}_A{}^{\mathrm{T}}\boldsymbol{R}_B\end{aligned} \tag{2.16}$$

其中，$\boldsymbol{I}_3$ 为 3×3 单位矩阵。将方程（2.16）代入方程（2.15），即可显式导出适用于所有 15 种检测的方程，相对于 A 的局部坐标系找到四方体 A 和 B 的分离轴。具体结果如表 2.1 所示。

表 2.1　15 种可能的分离轴以及它们相对于 A 局部坐标系的相关检测

（当且仅当所有的检测都不成立时四方体相交）

分离轴 $\vec{n}$	简化的重叠检测
$(\vec{R}_A)_x$	$\|(T_B)_x\| > (a_x + b_x\|(R_B)_{xx}\| + b_y\|(R_B)_{xy}\| + b_z\|(R_B)_{xz}\|)$
$(\vec{R}_A)_y$	$\|(T_B)_y\| > (a_y + b_x\|(R_B)_{yx}\| + b_y\|(R_B)_{yy}\| + b_z\|(R_B)_{yz}\|)$
$(\vec{R}_A)_z$	$\|(T_B)_z\| > (a_z + b_x\|(R_B)_{zx}\| + b_y\|(R_B)_{zy}\| + b_z\|(R_B)_{zz}\|)$
$(\vec{R}_B)_x$	$\|(T_B)_x(R_B)_{xx} + (T_B)_y(R_B)_{yx} + (T_B)_z(R_B)_{zx}\| > (b_x + a_x\|(R_B)_{xx}\| + a_y\|(R_B)_{yx}\| + a_z\|(R_B)_{zx}\|)$
$(\vec{R}_B)_y$	$\|(T_B)_x(R_B)_{xy} + (T_B)_y(R_B)_{yy} + (T_B)_z(R_B)_{zy}\| > (b_y + a_x\|(R_B)_{xy}\| + a_y\|(R_B)_{yy}\| + a_z\|(R_B)_{zy}\|)$
$(\vec{R}_B)_z$	$\|(T_B)_x(R_B)_{xz} + (T_B)_y(R_B)_{yz} + (T_B)_z(R_B)_{zz}\| > (b_z + a_x\|(R_B)_{xz}\| + a_y\|(R_B)_{yz}\| + a_z\|(R_B)_{zz}\|)$
$(\vec{R}_A)_x \times (\vec{R}_B)_x$	$\|(T_B)_z(R_B)_{yx} - (T_B)_y(R_B)_{zx}\| > (a_y\|(R_B)_{zx}\| + a_z\|(R_B)_{yx}\| + b_y\|(R_B)_{xz}\| + b_z\|(R_B)_{xy}\|)$

续表

分离轴 $\vec{n}$	简化的重叠检测
$(\vec{R}_A)_x \times (\vec{R}_B)_y$	$\lvert(T_B)_z(R_B)_{yy}-(T_B)_y(R_B)_{zy}\rvert > (a_y\lvert(R_B)_{zy}\rvert + a_z\lvert(R_B)_{yy}\rvert + b_x\lvert(R_B)_{xz}\rvert + b_z\lvert(R_B)_{xx}\rvert)$
$(\vec{R}_A)_x \times (\vec{R}_B)_z$	$\lvert(T_B)_z(R_B)_{yz}-(T_B)_y(R_B)_{zz}\rvert > (a_y\lvert(R_B)_{zz}\rvert + a_z\lvert(R_B)_{yz}\rvert + b_x\lvert(R_B)_{xy}\rvert + b_y\lvert(R_B)_{xx}\rvert)$
$(\vec{R}_A)_y \times (\vec{R}_B)_x$	$\lvert(T_B)_x(R_B)_{zx}-(T_B)_z(R_B)_{xx}\rvert > (a_x\lvert(R_B)_{zx}\rvert + a_z\lvert(R_B)_{xx}\rvert + b_y\lvert(R_B)_{yz}\rvert + b_z\lvert(R_B)_{yy}\rvert)$
$(\vec{R}_A)_y \times (\vec{R}_B)_y$	$\lvert(T_B)_x(R_B)_{zy}-(T_B)_z(R_B)_{xy}\rvert > (a_x\lvert(R_B)_{zy}\rvert + a_z\lvert(R_B)_{xy}\rvert + b_x\lvert(R_B)_{yz}\rvert + b_z\lvert(R_B)_{yx}\rvert)$
$(\vec{R}_A)_y \times (\vec{R}_B)_z$	$\lvert(T_B)_x(R_B)_{zz}-(T_B)_z(R_B)_{xz}\rvert > (a_x\lvert(R_B)_{zz}\rvert + a_z\lvert(R_B)_{xz}\rvert + b_x\lvert(R_B)_{yy}\rvert + b_y\lvert(R_B)_{yx}\rvert)$
$(\vec{R}_A)_z \times (\vec{R}_B)_x$	$\lvert(T_B)_y(R_B)_{xx}-(T_B)_x(R_B)_{yx}\rvert > (a_x\lvert(R_B)_{yx}\rvert + a_y\lvert(R_B)_{xx}\rvert + b_y\lvert(R_B)_{zz}\rvert + b_z\lvert(R_B)_{zy}\rvert)$
$(\vec{R}_A)_z \times (\vec{R}_B)_y$	$\lvert(T_B)_y(R_B)_{xy}-(T_B)_x(R_B)_{yy}\rvert > (a_x\lvert(R_B)_{yy}\rvert + a_y\lvert(R_B)_{xy}\rvert + b_x\lvert(R_B)_{zz}\rvert + b_z\lvert(R_B)_{zx}\rvert)$
$(\vec{R}_A)_z \times (\vec{R}_B)_z$	$\lvert(T_B)_y(R_B)_{xz}-(T_B)_x(R_B)_{yz}\rvert > (a_x\lvert(R_B)_{yz}\rvert + a_y\lvert(R_B)_{xz}\rvert + b_x\lvert(R_B)_{zy}\rvert + b_y\lvert(R_B)_{zx}\rvert)$

2.5.4 球体间相交检测

球体间相交检测是本章最简单的内容。当且仅当球心间的距离大于半径之和时，两个球体不相交，如图 2.24 所示。

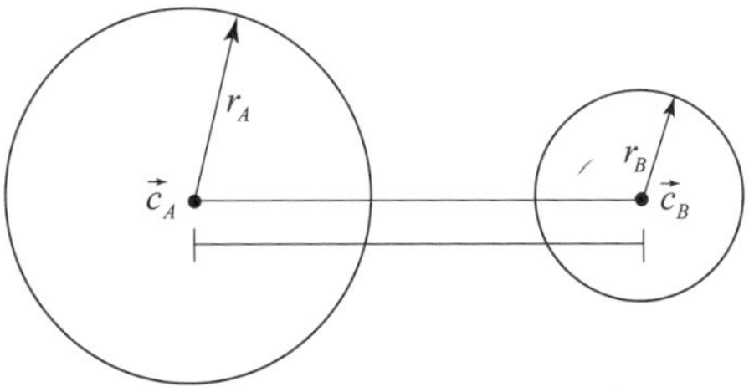

图 2.24 通过对比两球心间的距离与其半径之和可以快速执行球体间相交检测

令 r_A 和 $\vec{c}_A$ 分别为球体 A 的半径和球心。相似地，令 r_B 和 $\vec{c}_B$ 为球体 B 的半径和球心。当且仅当 $\lvert\vec{c}_A-\vec{c}_B\rvert > (r_A+r_B)$ 时，球体不重叠。

2.5.5 三角形间相交检测

由于三角形实际上是仿真中各物体的面，因此三角形相交检测被视为图元 - 图元相交检测。令三角形 A 和 B 分别由顶点 $\vec{a}_1,\vec{a}_2,\vec{a}_3$ 和 $\vec{b}_1,\vec{b}_2,\vec{b}_3$ 定义。相交检测的第一步是执行快速的剔除检测。检测包括确定是否一个三角形的所有顶点均位于由另一个三角形定义的平面的同一侧。令 P_a 和 P_b 分别为三角形 A 和 B 定义的平面。令 $\vec{n}_a$ 和 $\vec{n}_b$ 为平面 P_a 和 P_b 的法向量。可从顶点列表直接计算法线：

$$\vec{n}_a = (\vec{a}_2 - \vec{a}_1) \times (\vec{a}_3 - \vec{a}_2)$$
$$\vec{n}_b = (\vec{b}_2 - \vec{b}_1) \times (\vec{b}_3 - \vec{b}_2)$$

当且仅当

$$\begin{aligned}&\vec{n}_a \cdot (\vec{b}_1 - \vec{a}_1)\\&\vec{n}_a \cdot (\vec{b}_2 - \vec{a}_1)\\&\vec{n}_a \cdot (\vec{b}_3 - \vec{a}_1)\end{aligned} \tag{2.17}$$

不为0，且符号相同时，三角形 B 的顶点位于平面 P_a 的同一侧。如果它们的符号不同，则发生以下情形。

情形1：

方程（2.17）定义的三个方程中有两个符号相同，第三个值为0，设与 $\vec{b}_2$ 对应的为0。在此情形中，三角形 B 和平面 P_a 的相交部分是一个点，也就是顶点 $\vec{b}_2$（图2.25）。三角形间相交检测则简化为检测 $\vec{b}_2$ 是否位于三角形 A 的内部。考虑连接 $\vec{b}_2$ 和 A 中心的线段，即可快速完成点在三角形内的检测。如果线段与三角形 A 的一条边相交，则 $\vec{b}_2$ 位于三角形 A 外。否则 $\vec{b}_2$ 位于三角形 A 内，三角形 B 与三角形 A 相交。有关如何执行点在三角形内的检测的更多信息，请参见第2.5.12节的介绍。

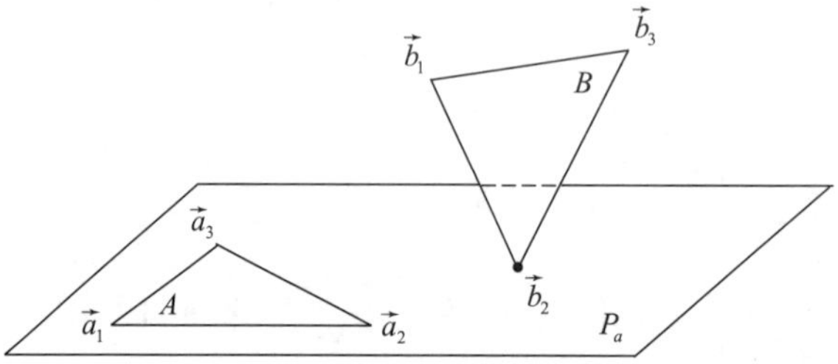

图2.25　三角形 B 只有一个顶点与含有三角形 A 的平面 P_a 相交
（$\vec{b}_2$ 位于 A 之外，两个三角形不相交）

情形2：

方程（2.17）定义的三个方程中有两个值为0，设与 $\vec{b}_1$ 和 $\vec{b}_2$ 对应的为0。在此情形中，三角形 B 和平面 P_a 的相交部分为（$\vec{b}_1,\vec{b}_2$）定义的线段（图2.26）。接下来应用第2.5.12节中提供的边-边相交检测来检测线段（$\vec{b}_1,\vec{b}_2$）与三角形 A 的每条边（$\vec{a}_1,\vec{a}_2$），（$\vec{a}_2,\vec{a}_3$）和（$\vec{a}_3,\vec{a}_1$）是否相交。如果 $\vec{b}_1$ 或 $\vec{b}_2$ 位于三角形 A 之内，则三角形 B 与三角形 A 相交。如果没有检测到相交，我们仍然需要检测线段（$\vec{b}_1,\vec{b}_2$）是否完全位于三角形 A 内。这需要对 $\vec{b}_1$ 或 $\vec{b}_2$ 进行一次附加的点在三角形内的检测。

情形3：

方程（2.17）定义的三个方程的值全部为0。在此情形下，三角形 A 和 B 共面（图2.27）。通过考虑将三角形 B 的三条边与三角形 A 的三条边进行检测，相交检测可以简化为

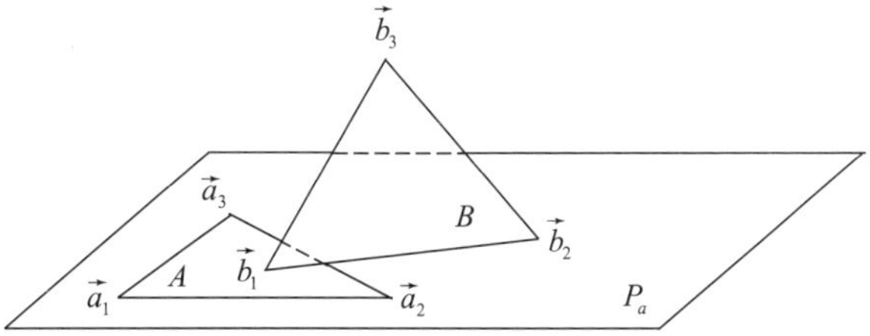

图 2.26 三角形 B 的一条边与三角形 A 共面（顶点$\vec{b}_1$ 和 $\vec{b}_2$ 分别位于三角形 A 之内和之外，两个三角形相交）

九次边－边检测。如果 B 的边至少有一条与 A 的一条边相交，那么三角形相交。但是，如果所有的边－边检测都失败，仍有可能 A 完全在 B 内，反之亦然。因此，执行额外两次点在三角形内检测：一次在 A 的一个顶点与 B 之间，另一次在 B 的一个顶点与 A 之间。

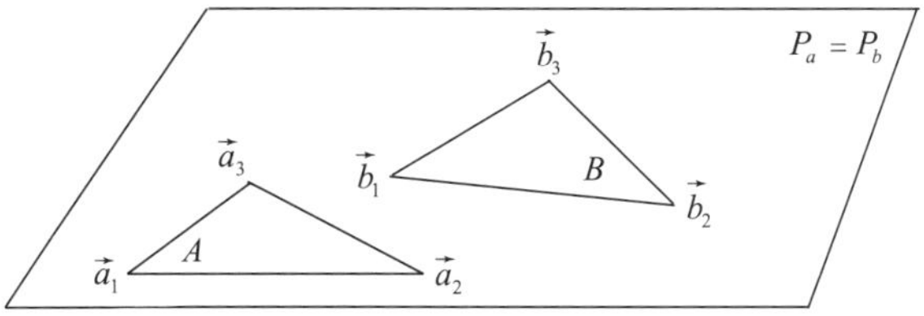

图 2.27 当三角形 A 和 B 共面时，三角形 B 的顶点位于三角形 A 之外，两个三角形不相交

情形 4：

方程（2.17）定义的三个方程中没有一个值为 0。在此情形下，三角形 B 的两个顶点位于平面 P_a 的一侧，第三个顶点位于平面 P_a 的另一侧，如图 2.28 所示。

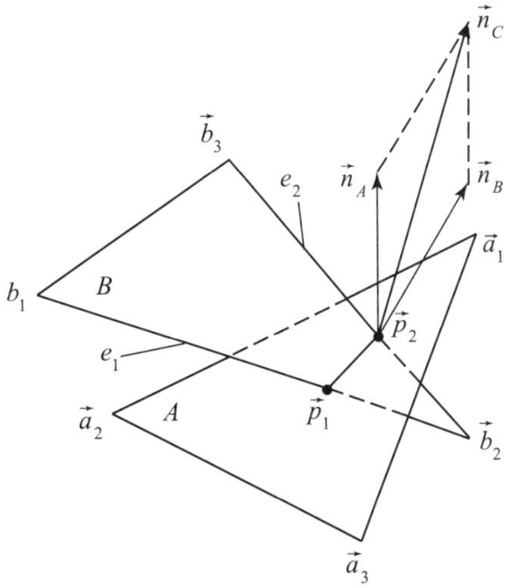

图 2.28 当三角形 B 没有顶点与三角形 A 共面时进行三角形间的相交检测（相对于三角形 A 定义的平面，三角形 B 的一个顶点将位于其他两个顶点的相对面）

令顶点 $\vec{b}_2$ 位于平面 P_a 另一侧，则三角形 B 与平面 P_a 相交，交点为在三角形 A 的平面上两个点 $\vec{p}_1$ 和$\vec{p}_2$ 定义的线段。这些点计算方法如下。考虑参数方程

$$\vec{p} = \vec{b}_1 + t(\vec{b}_2 - \vec{b}_1) \tag{2.18}$$

得出的边 $e_1 = (\vec{b}_1, \vec{b}_2)$，其中，$0 \leqslant t \leqslant 1$ 且 $\vec{p}$ 为边上的一个点。P_a 的平面方程如下：

$$\vec{n}_a \cdot \vec{p} = d \tag{2.19}$$

其中，$\vec{p}$ 为平面上的任一点；d 为平面常数，由

$$d = \vec{n}_a \cdot \vec{a}_1 = \vec{n}_a \cdot \vec{a}_2 = \vec{n}_a \cdot \vec{a}_3$$

得出边 e_1 与平面 P_a 相交，交点为 $\vec{p}_1$，$\vec{p}_1$ 满足方程（2.18）和方程（2.19）。将方程（2.18）代入方程（2.19），我们可以计算与交点 $\vec{p}_1$ 相对应的 t 值，即

$$t_p = \frac{d - \vec{n}_a \cdot \vec{b}_1}{\vec{n}_a \cdot (\vec{b}_2 - \vec{b}_1)} \tag{2.20}$$

将方程（2.20）重新代回方程（2.18），即可找到交点 $\vec{p}_1$。可以使用相似的算法找到边 $e_2 = (\vec{b}_2, \vec{b}_3)$ 和平面 P_a 之间的交点 $\vec{p}_2$。

可检测线段 $(\vec{p}_1, \vec{p}_2)$ 是否与三角形 A 相交。我们可以在 $(\vec{p}_1, \vec{p}_2)$ 和三角形 A 的边之间进行边－边相交检测。如果检测到相交，那么三角形 B 与三角形 A 相交。否则，我们仍需要检测边 $(\vec{p}_1, \vec{p}_2)$ 是否完全位于三角形 A 内。这需要对 $\vec{p}_1$ 或 $\vec{p}_2$ 进行一次额外的点在三角形内的检测。

2.5.6 四方体－球体相交检测

考虑四方体边框上距离球体最近的一个点，检测其到球心的距离是否大于球体的半径，以此来检测四方体和球体是否相交。如果距离小于或等于球体半径，则四方体与球体相交。

令 $\vec{p}$ 为四方体的一个点，$\vec{c}$ 和 r 为球心和半径（图 2.29）。令 $x_{\min}$，$x_{\max}$，$y_{\min}$，$y_{\max}$，$z_{\min}$ 和 $z_{\max}$ 定义四方体沿着各坐标轴的边界的最大值和最小值。

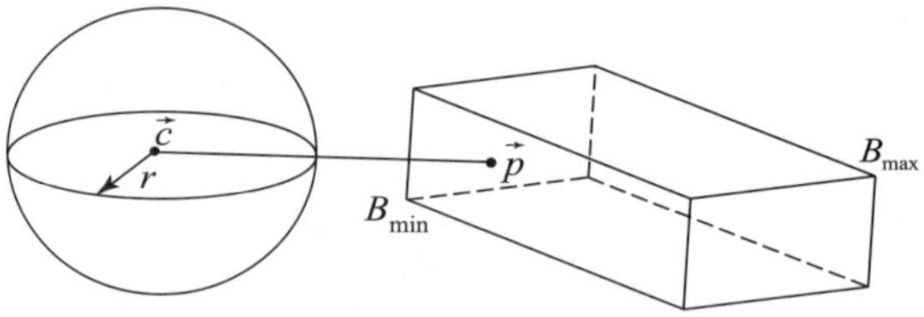

图 2.29　四方体边界上距离球体最近的点［根据方程（2.21）使点到球心的距离最小］

根据以下方程计算 $\vec{p}$ 到 $\vec{c}$ 的距离平方值：

$$d^2 = (c_x - p_x)^2 + (c_y - p_y)^2 + (c_z - p_z)^2 \tag{2.21}$$

点 $\vec{p}$ 是四方体距离球体最近的点，在以下约束条件下，方程（2.21）的值最小：

$$x_{\min} \leqslant p_x \leqslant x_{\max}$$
$$y_{\min} \leqslant p_y \leqslant y_{\max}$$
$$z_{\min} \leqslant p_z \leqslant z_{\max}$$

请注意，方程（2.21）的每一项都非负数，可单独求最小。例如，如果 $x_{\min} \leqslant c_x \leqslant x_{\max}$，则 $p_x = c_x$ 使 $(c_x - p_x)^2$ 项最小。但是，如果 $c_x < x_{\min}$ 或 $c_x > x_{\max}$，则 $p_x = x_{\min}$ 或 $p_x = x_{\max}$ 分别使 $(c_x - p_x)^2$ 项最小。使用相似的分析方法，找到使对应的二次项最小的 p_y 和 p_z 值。

在确定距离球体最近的点的坐标之后，我们只需将 $\vec{p}$ 的坐标代入式（2.21），检测并确认

$$d^2 \leqslant r^2 \tag{2.22}$$

对比点到球心的距离与球体半径，当且仅当满足式（2.22）时，四方体与球体相交。

2.5.7 四方体－三角形相交检测

最多需要三个步骤即可快速执行四方体－三角形的相交检测。第一步，检测三角形的顶点是否均位于四方体之内。如果至少有一个顶点位于四方体之内，则三角形与四方体相交，如图 2.30 所示。

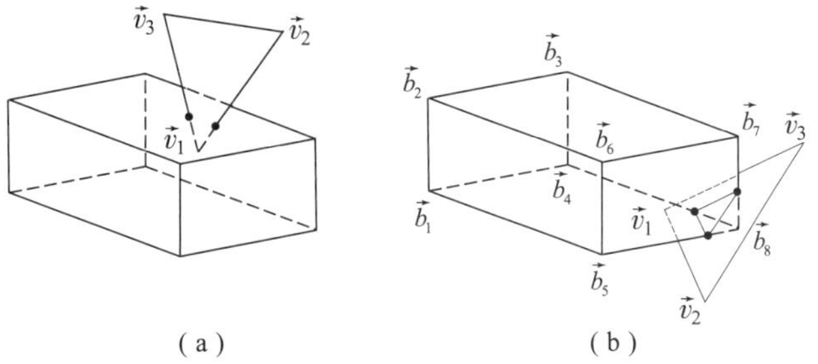

图 2.30 （a）当三角形有一个顶点位于四方体之内时，三角形与四方体相交；（b）含有三角形的平面与四方体相交（四方体的边有顶点位于平面异侧，在此情况下，需要检测边 $\overline{b_5b_8}$、$\overline{b_4b_8}$ 和 $\overline{b_7b_8}$ 是否与三角形相交）

令四方体由其最大顶点和最小顶点定义，令 $\vec{v}_1, \vec{v}_2$ 和 $\vec{v}_3$ 为三角形的顶点［图 2.30（a）］。当且仅当

$$\begin{aligned} x_{\min} &\leqslant (v_i)_x \leqslant x_{\max} \\ y_{\min} &\leqslant (v_i)_y \leqslant y_{\max} \\ z_{\min} &\leqslant (v_i)_z \leqslant z_{\max} \end{aligned} \tag{2.23}$$

时，顶点 $\vec{v}_i$ 位于四方体之内。

如果 $\vec{v}_1, \vec{v}_2$ 和 $\vec{v}_3$ 至少有一个顶点满足方程（2.23），则三角形与四方体相交。否则我们执行第二步。

在第二步中，我们检测含有三角形的平面是否与四方体相交。检测四方体的八个顶点是否都位于平面的同一侧［图 2.30（b）］。令 $\vec{n}$ 为三角形法线，d 为平面常数，当 $i \in \{1,2,3\}$ 时，

$$d = \vec{n} \cdot \vec{v}_i$$

相对于含有三角形的平面，对点 $\vec{p}$ 进行分类：

$$\begin{aligned} &\text{如果}\quad \vec{n} \cdot \vec{p} - d > 0\text{，则 } \vec{p} \text{ 位于正半平面。} \\ &\text{如果}\quad \vec{n} \cdot \vec{p} - d = 0\text{，则 } \vec{p} \text{ 位于平面上。} \\ &\text{如果}\quad \vec{n} \cdot \vec{p} - d < 0\text{，则 } \vec{p} \text{ 位于负半平面。} \end{aligned} \tag{2.24}$$

使用方程（2.24），根据四方体各顶点相对于平面的相对位置，对每个顶点进行分类。如果所有顶点位于同一个半空间，则可立即得出结论：四方体与三角形不相交。否则，我们

需要考虑四方体中与平面相交的边，即顶点位于平面异侧，或者一个顶点位于平面上而另一个顶点位于另一侧的边。这些边定义线段。对这些线段执行线段 - 三角形相交检测，详细信息请参见第 2.5.10 节。

2.5.8 球体 - 三角形相交检测

球体 - 三角形需要执行更多步骤才能确定球体是否与三角形相交，因此从这个角度来讲，球体 - 三角形相交检测比四方体 - 三角形相交检测更复杂。

第一步是检测含有三角形的平面是否与球体相交。对比平面到球心的距离与球体的半径，可以实现这个目的。令 r_A 和 $\vec{c}_A$ 为球体的半径和球心。令 $\vec{v}_1,\vec{v}_2,\vec{v}_3$ 为定义平面 P 的三角形顶点（图 2.31）。令 $\vec{n}$ 和 d_n 为平面法线和平面常数。平面 P 和球心的距离为

$$d_A = |\vec{n} \cdot \vec{c}_A - d_n|$$

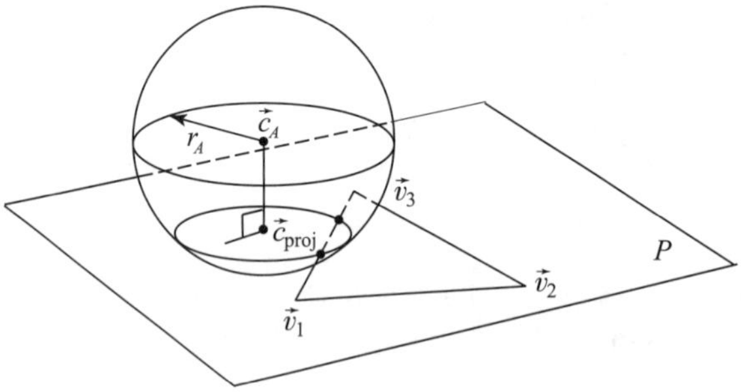

图 2.31　当三角形的一个顶点位于球体之内时，即当三角形的一个顶点到球心的距离小于或等于球体的半径时，三角形与球体相交

当 $d_A \leqslant r_A$ 时，包含三角形的平面与球体相交。

如果是，则检测三角形的顶点是否都位于球体之内，继续执行球体 - 三角形相交检测。如果至少有一个顶点位于球体之内，则三角形与球体相交。令 $\vec{d}_i$ 为顶点 $\vec{v}_i$ 到球心的距离，即 $d_i = |\vec{v}_i - \vec{c}_A|$。

如果至少一个顶点 $\vec{v}_i$，有

$$d_i \leqslant r_A \tag{2.25}$$

则球体与三角形相交（图 2.31）。如果情况并非如此，我们继续执行球体 - 三角形相交检测的第三步。在该步骤中，将球体投影到含有三角形的平面中，检测球心投影是否位于三角形之内。根据 $\vec{c}_{\text{proj}} = \vec{c}_A - d_n \vec{n}$，得出球心投影 $\vec{c}_{\text{proj}}$。

我们可以使用第 2.5.12 节介绍的点在三角形内的检测，查看球心投影是否位于三角形之内。如果球心投影 $\vec{c}_{\text{proj}}$ 位于三角形之内，则球体与三角形相交（图 2.31）。否则，我们还需要再执行一个检测，以检测三角形各边是否与球体相交，详见下一节介绍。

2.5.9 线段 - 球体相交检测

令 $\vec{p}_1$ 和 $\vec{p}_2$ 定义线段 S，$\vec{c}_A$ 和 r_A 为球心和半径。考虑经过 $\vec{c}_A$ 垂直于线段 S 的直线 L（图 2.32）。

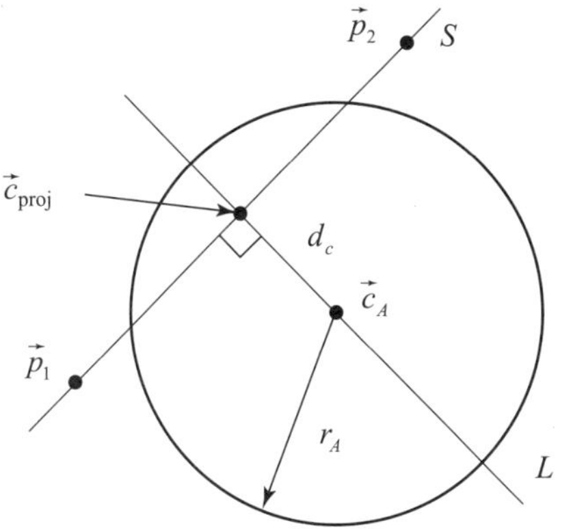

图 2.32 球体和线段之间的相交检测（我们只考虑由球心、线段端点所定义的平面和球体相交而得出的圆与线段相交）

直线 L 与线段 S 相交于$\vec{c}_{proj}$，则 $\vec{c}_{proj} = \vec{p}_1 + t(\vec{p}_2 - \vec{p}_1)$，其中 t 由以下方程得出：

$$t = \frac{(\vec{p}_2 - \vec{p}_1)\cdot\vec{c}_A - (\vec{p}_2 - \vec{p}_1)\cdot\vec{p}_1}{(\vec{p}_2 - \vec{p}_1)\cdot(\vec{p}_2 - \vec{p}_1)}$$

即$\vec{c}_{proj}$为球心投影到线段支撑线的投影。投影点$\vec{c}_{proj}$到球心的距离可直接通过以下方程得出：

$$d_c^2 = (\vec{c}_{proj} - \vec{c}_A)\cdot(\vec{c}_{proj} - \vec{c}_A)$$

在得出投影点$\vec{c}_{proj}$及其到球心的距离平方值 d_c^2 后，会出现以下三种情形的一种。

（1）如果 $d_c^2 > r_A^2$，则球体与三角形不相交。

（2）如果 $d_c^2 = r_A^2$，则支撑线与球体相切。如果投影点$\vec{c}_{proj}$位于线段上，即，如果 $0 \leqslant t \leqslant 1$，则线段与球体相交。

（3）如果 $d_c^2 < r_A^2$，则支撑线与球体相交。如果投影点$\vec{c}_{proj}$位于线段上，则线段与球体相交。否则，如果距离 $\vec{c}_{proj}$ 最近的端点位于球体内，则出现相交。如果 $t \leqslant 0$，则最近的端点为 $\vec{p}_1$；如果 $t \geqslant 1$，则最近的端点为 $\vec{p}_2$。

2.5.10 线段 – 三角形相交检测

线段 S 与三角形 A 的相交检测可以被视为两个三角形之间相交检测的子集。令线段由顶点 $\vec{s}_1$ 和 $\vec{s}_2$ 定义，三角形由顶点 $\vec{a}_1$,$\vec{a}_2$ 和$\vec{a}_3$ 定义。

首先，检测定义线段的顶点是否位于包含三角形的平面的同一侧（图 2.33）。如果是，则可快速得出结论：线段与三角形不相交。否则，将出现以下三种情形之一。

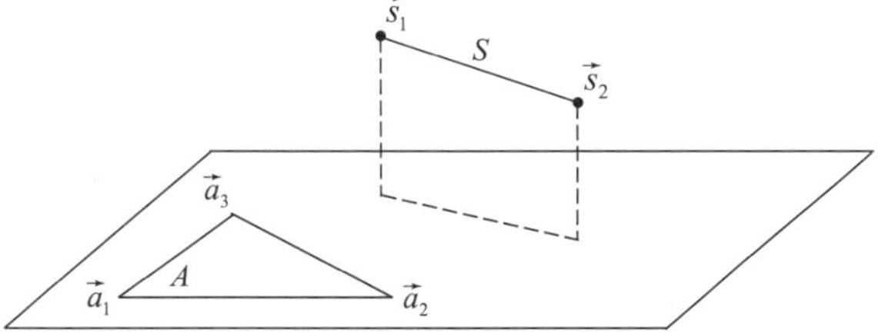

图 2.33 定义线段的顶点位于包含三角形 *A* 的平面的同一侧，线段与三角形不相交

情形 1：

线段的一个顶点，例如 $\vec{s}_2$，位于包含三角形的平面中，另一个位于某一侧（图 2. 34）。在此情形下，使用点在三角形内的检测来检查 $\vec{s}_2$ 是否位于三角形 A 之内。仅当 $\vec{s}_2$ 位于三角形 A 之内时，线段与三角形相交。

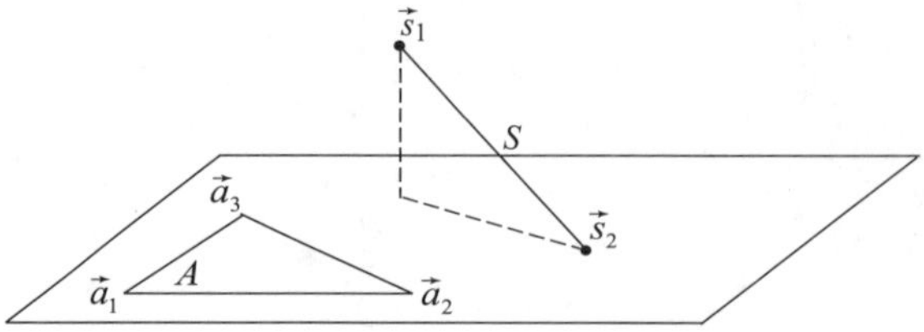

图 2. 34　线段的一个顶点与三角形 A 共面
（顶点 $\vec{s}_2$ 位于三角形之外，线段与三角形不相交）

情形 2：

线段的两个顶点都位于包含三角形 A 的平面中（图 2. 35）。同样地，我们使用边边检测来确定线段和三角形 A 的边是否相交。仅当线段穿过三角形的一条边，或者当两个顶点位于三角形之内时，线段与三角形相交。

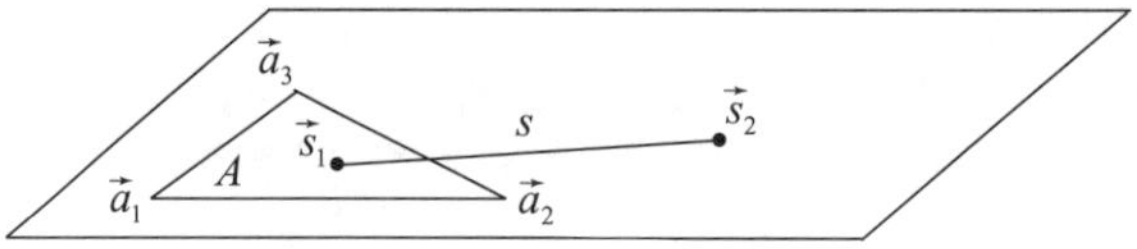

图 2. 35　线段与三角形 A 共面（在所示情况下，顶点 $\vec{s}_1$ 和 $\vec{s}_2$
分别位于三角形 A 之内和之外，线段与三角形相交）

情形 3：

线段顶点位于包含三角形的平面的不同侧（图 2. 36）。令 $\vec{p}_1$ 为线段与包含三角形的平面之间的交点。使用点在三角形内的检测，可以确定 $\vec{p}_1$ 是否位于三角形之内。

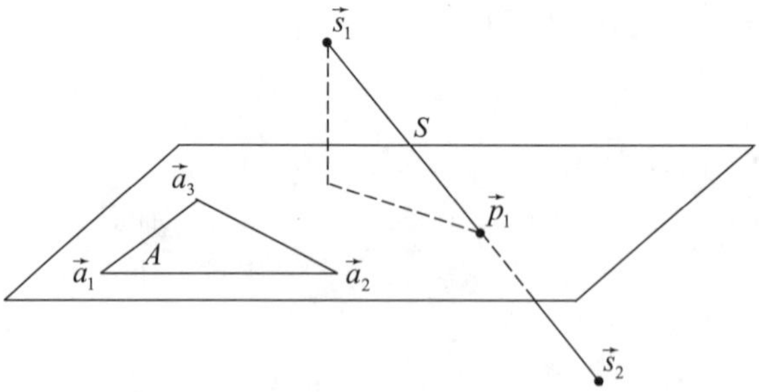

图 2. 36　定义线段的顶点位于包含三角形 A 的平面的不同侧
（线段与平面的交点 $\vec{p}_1$ 位于三角形之外，线段与三角形不相交）

2. 5. 11　线段 - 四方体相交检测

如果线段的顶点之一在四方体内，或者如果它穿过了定义四方体的一个面，则线段与轴向四方体相交。在方向四方体中，可以在它的局部坐标系执行相同的检测。

假设四方体由它的最小顶点和最大顶点$\vec{b}_{\text{lower}}$和$\vec{b}_{\text{upper}}$定义。假设（$\vec{s}_1, \vec{s}_2$）定义进行相交检测的线段。正如在第 2.5.7 节中解释的，直线端点 $\vec{s}_i$（其中 $i \in 1$，2），如果满足方程(2.23)，则位于四方体内。如果是，则线段确实与四方体相交。否则，我们需要检测它是否与四方体的一个面相交。这个相交检测可以通过线段的方向辨别六个面中的哪三个需要考虑进行优化，如图 2.37 所示。

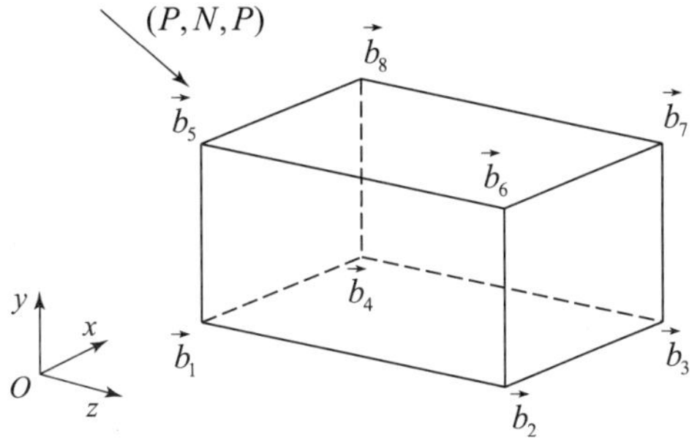

图 2.37 线段的方向通过它在各个坐标轴上投影的符号来确定［在这种情况下，线段方向为（*P*，*N*，*P*），即 *x* 轴正向，*y* 轴负向和 *z* 轴正向。我们只需要对六个面中的三个进行相交检测，即（$\vec{b}_1$，$\vec{b}_4$，$\vec{b}_8$，$\vec{b}_5$）、（$\vec{b}_5$，$\vec{b}_6$，$\vec{b}_7$，$\vec{b}_8$）和（$\vec{b}_1$，$\vec{b}_2$，$\vec{b}_6$，$\vec{b}_5$）］

假设 $\vec{d}$ 是由

$$\vec{d} = \vec{s}_2 - \vec{s}_1 = (d_x, d_y, d_z)$$

给出的线段方向。

根据分量 d_i 的符号确定如下所述方向：

$$(d_x < 0),(d_y < 0),(d_z < 0) \to (N,N,N)$$
$$(d_x < 0),(d_y < 0),(d_z \geqslant 0) \to (N,N,P)$$
$$(d_x < 0),(d_y \geqslant 0),(d_z < 0) \to (N,P,N)$$
$$(d_x < 0),(d_y \geqslant 0),(d_z \geqslant 0) \to (N,P,P)$$
$$(d_x \geqslant 0),(d_y < 0),(d_z < 0) \to (P,N,N)$$
$$(d_x \geqslant 0),(d_y < 0),(d_z \geqslant 0) \to (P,N,P)$$
$$(d_x \geqslant 0),(d_y \geqslant 0),(d_z < 0) \to (P,P,N)$$
$$(d_x \geqslant 0),(d_y \geqslant 0),(d_z \geqslant 0) \to (P,P,P)$$

其中 *N* 和 *P* 分别表示正和负。提前给每种不同的类型分配一个包含三个面的集合，然后将需要检测的线段与这些中的每个面进行相交检测。按照图 2.37 中四方体 - 顶点赋值的符号所确定的与每种分类相关的三个面的集合如表 2.2 所示。表 2.3 总结了每个面相应的顶点分配。

表 2.2 根据线段方向的类型确定与线段进行相交检测的三个面的集合

种类	面的集合
(*N*,*N*,*N*)	上，前，右
(*N*,*N*,*P*)	上，后，右
(*N*,*P*,*N*)	下，前，右

续表

种类	面的集合
(N,P,P)	下，后，右
(P,N,N)	上，前，左
(P,N,P)	上，后，左
(P,P,N)	下，前，左
(P,P,P)	下，后，左

表 2.3　面法线朝外的面、顶点分配

面	面顶点
上	$(\vec{b}_5,\vec{b}_6,\vec{b}_7,\vec{b}_8)$
下	$(\vec{b}_1,\vec{b}_4,\vec{b}_3,\vec{b}_2)$
前	$(\vec{b}_2,\vec{b}_3,\vec{b}_7,\vec{b}_6)$
后	$(\vec{b}_1,\vec{b}_5,\vec{b}_8,\vec{b}_4)$
左	$(\vec{b}_1,\vec{b}_2,\vec{b}_6,\vec{b}_5)$
右	$(\vec{b}_3,\vec{b}_4,\vec{b}_8,\vec{b}_7)$

算法的性能可以通过在计算线段与四方体面的实际交点前执行快速的抑制检测来进一步提高。这个快速抑制检测考虑了当沿着直线方向查看四方体时，由三个面集合组成的轮廓，如图 2.38 所示。

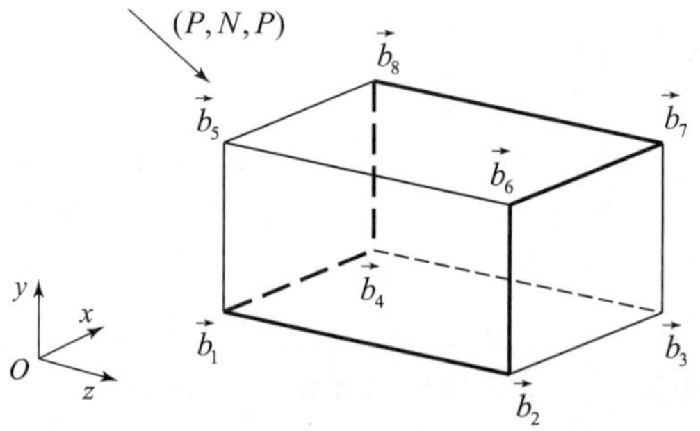

图 2.38　当直线方向为（P，N，P）类型时加粗的四方体轮廓
（注意：轮廓总是恰好包含四方体的六条边）

如果我们用一条源于 $\vec{s}_1$ 并且方向为 $\vec{d}$ 的射线来代替线段，我们能检测射线是否穿过轮廓的内部区域。如果射线没有穿过轮廓的内侧，那么线段不与四方体相交。注意到轮廓总是由六条边组成。如果我们考虑射线关于每条边的相对位置，只有当它位于每条边的内侧时才会穿过轮廓。射线相对于四方体的一条边的相对方向通过

$$\mathrm{side}(\mathrm{ray},\mathrm{edge}) = -(\vec{d}\cdot\vec{n})$$

来获得，其中 $\vec{n}$ 是 $\vec{s}_1$（射线的起点）和边 $(\vec{b}_i,\vec{b}_j)$ 定义平面的法向量，即

$$\vec{n} = (\vec{b}_i - \vec{s}_1)\times(\vec{b}_j - \vec{s}_1)$$

如图 2.39 所示。

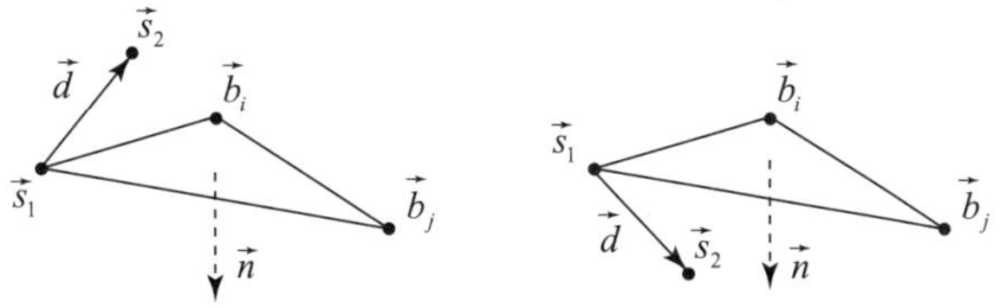

(a)　　　　　　　　(b)

图 2.39　根据射线方向$\vec{d}$与由点$\vec{s}_1$，$\vec{b}_i$和$\vec{b}_j$定义的面法线$\vec{n}$的点积的符号来确定射线和四方体边的相对方向：（a）$\vec{d}$指向远离法线方向的情形，side（ray，edge）>0；（b）$\vec{d}$指向沿着法线的情形，side（ray，edge）<0

表 2.4 展示了需要对每种射线类别进行的单侧性检测。如果四方体是轴平行的，这将显著简化 side（ray，edge）的最后表达式，如表 2.5 所示。

表 2.4　每种类别的单侧性关系的符号（如果某种关系是正确的，则不相交）

种类	快速剔除测试
(N,N,N)	$(\vec{s}_1)_x < (\vec{b}_{\text{lower}})_x \cup (\vec{s}_1)_y < (\vec{b}_{\text{lower}})_y \cup (\vec{s}_1)_z < (\vec{b}_{\text{lower}})_z \cup \text{side}(\vec{b}_3,\vec{b}_4) < 0 \cup \text{side}(\vec{b}_6,\vec{b}_5) > 0 \cup \text{side}(\vec{b}_2,\vec{b}_6) > 0 \cup \text{side}(\vec{b}_4,\vec{b}_8) < 0 \cup \text{side}(\vec{b}_8,\vec{b}_5) < 0 \cup \text{side}(\vec{b}_3,\vec{b}_2) > 0$
(N,N,P)	$(\vec{s}_1)_x < (\vec{b}_{\text{lower}})_x \cup (\vec{s}_1)_y < (\vec{b}_{\text{lower}})_y \cup (\vec{s}_1)_z > (\vec{b}_{\text{upper}})_z \cup \text{side}(\vec{b}_3,\vec{b}_4) < 0 \cup \text{side}(\vec{b}_6,\vec{b}_5) > 0 \cup \text{side}(\vec{b}_3,\vec{b}_7) > 0 \cup \text{side}(\vec{b}_1,\vec{b}_5) < 0 \cup \text{side}(\vec{b}_4,\vec{b}_1) < 0 \cup \text{side}(\vec{b}_7,\vec{b}_6) > 0$
(N,P,N)	$(\vec{s}_1)_x < (\vec{b}_{\text{lower}})_x \cup (\vec{s}_1)_y > (\vec{b}_{\text{upper}})_y \cup (\vec{s}_1)_z < (\vec{b}_{\text{lower}})_z \cup \text{side}(\vec{b}_2,\vec{b}_1) < 0 \cup \text{side}(\vec{b}_7,\vec{b}_8) > 0 \cup \text{side}(\vec{b}_2,\vec{b}_6) > 0 \cup \text{side}(\vec{b}_4,\vec{b}_8) < 0 \cup \text{side}(\vec{b}_7,\vec{b}_6) < 0 \cup \text{side}(\vec{b}_4,\vec{b}_1) > 0$
(N,P,P)	$(\vec{s}_1)_x < (\vec{b}_{\text{lower}})_x \cup (\vec{s}_1)_y > (\vec{b}_{\text{upper}})_y \cup (\vec{s}_1)_z > (\vec{b}_{\text{upper}})_z \cup \text{side}(\vec{b}_2,\vec{b}_1) < 0 \cup \text{side}(\vec{b}_7,\vec{b}_8) > 0 \cup \text{side}(\vec{b}_3,\vec{b}_7) > 0 \cup \text{side}(\vec{b}_1,\vec{b}_5) < 0 \cup \text{side}(\vec{b}_3,\vec{b}_2) < 0 \cup \text{side}(\vec{b}_8,\vec{b}_5) > 0$
(P,N,N)	$(\vec{s}_1)_x > (\vec{b}_{\text{upper}})_x \cup (\vec{s}_1)_y < (\vec{b}_{\text{lower}})_y \cup (\vec{s}_1)_z < (\vec{b}_{\text{lower}})_z \cup \text{side}(\vec{b}_7,\vec{b}_8) < 0 \cup \text{side}(\vec{b}_2,\vec{b}_1) > 0 \cup \text{side}(\vec{b}_1,\vec{b}_5) > 0 \cup \text{side}(\vec{b}_3,\vec{b}_7) < 0 \cup \text{side}(\vec{b}_8,\vec{b}_5) < 0 \cup \text{side}(\vec{b}_3,\vec{b}_2) > 0$
(P,N,P)	$(\vec{s}_1)_x > (\vec{b}_{\text{upper}})_x \cup (\vec{s}_1)_y < (\vec{b}_{\text{lower}})_y \cup (\vec{s}_1)_z > (\vec{b}_{\text{upper}})_z \cup \text{side}(\vec{b}_7,\vec{b}_8) < 0 \cup \text{side}(\vec{b}_2,\vec{b}_1) > 0 \cup \text{side}(\vec{b}_4,\vec{b}_8) > 0 \cup \text{side}(\vec{b}_2,\vec{b}_6) < 0 \cup \text{side}(\vec{b}_4,\vec{b}_1) < 0 \cup \text{side}(\vec{b}_7,\vec{b}_6) > 0$
(P,P,N)	$(\vec{s}_1)_x > (\vec{b}_{\text{upper}})_x \cup (\vec{s}_1)_y > (\vec{b}_{\text{upper}})_y \cup (\vec{s}_1)_z < (\vec{b}_{\text{lower}})_z \cup \text{side}(\vec{b}_6,\vec{b}_5) < 0 \cup \text{side}(\vec{b}_3,\vec{b}_4) > 0 \cup \text{side}(\vec{b}_1,\vec{b}_5) > 0 \cup \text{side}(\vec{b}_3,\vec{b}_7) < 0 \cup \text{side}(\vec{b}_7,\vec{b}_6) < 0 \cup \text{side}(\vec{b}_4,\vec{b}_1) > 0$
(P,P,P)	$(\vec{s}_1)_x > (\vec{b}_{\text{upper}})_x \cup (\vec{s}_1)_y > (\vec{b}_{\text{upper}})_y \cup (\vec{s}_1)_z > (\vec{b}_{\text{upper}})_z \cup \text{side}(\vec{b}_6,\vec{b}_5) < 0 \cup \text{side}(\vec{b}_3,\vec{b}_4) > 0 \cup \text{side}(\vec{b}_4,\vec{b}_8) > 0 \cup \text{side}(\vec{b}_2,\vec{b}_6) < 0 \cup \text{side}(\vec{b}_3,\vec{b}_2) < 0 \cup \text{side}(\vec{b}_8,\vec{b}_5) > 0$

表 2.5　当四方体与坐标轴平行时，每种 side（ray，edge）关系的简化表达
［由$\vec{d}=\vec{s}_2-\vec{s}_1$确定射线方向，然后由$\vec{b}_l=(\vec{b}_{\text{lower}}-\vec{s}_1)$和$\vec{b}_u=(\vec{b}_{\text{upper}}-\vec{s}_1)$计算辅助向量］

单侧性关系	简化检测
side［ray，$(\vec{b}_3,\vec{b}_4)$］	$d_x(\vec{b}_l)_y-d_y(\vec{b}_u)_x$
side［ray，$(\vec{b}_6,\vec{b}_5)$］	$d_x(\vec{b}_u)_y-d_y(\vec{b}_l)_x$
side［ray，$(\vec{b}_2,\vec{b}_6)$］	$d_x(\vec{b}_u)_z-d_z(\vec{b}_l)_x$
side［ray，$(\vec{b}_4,\vec{b}_8)$］	$d_x(\vec{b}_l)_z-d_z(\vec{b}_u)_x$
side［ray，$(\vec{b}_8,\vec{b}_5)$］	$d_y(\vec{b}_l)_z-d_z(\vec{b}_u)_y$
side［ray，$(\vec{b}_3,\vec{b}_2)$］	$d_y(\vec{b}_u)_z-d_z(\vec{b}_l)_y$
side［ray，$(\vec{b}_3,\vec{b}_7)$］	$d_x(\vec{b}_u)_z-d_z(\vec{b}_u)_x$
side［ray，$(\vec{b}_1,\vec{b}_5)$］	$d_x(\vec{b}_l)_z-d_z(\vec{b}_l)_x$
side［ray，$(\vec{b}_4,\vec{b}_1)$］	$d_y(\vec{b}_l)_z-d_z(\vec{b}_l)_y$
side［ray，$(\vec{b}_7,\vec{b}_6)$］	$d_y(\vec{b}_u)_z-d_z(\vec{b}_u)_y$
side［ray，$(\vec{b}_2,\vec{b}_1)$］	$d_x(\vec{b}_l)_y-d_y(\vec{b}_l)_x$
side［ray，$(\vec{b}_7,\vec{b}_8)$］	$d_x(\vec{b}_u)_y-d_y(\vec{b}_u)_x$

2.5.12　点在三角形内和边 – 边相交检测

所有点在三角形内的检测都可转换为共面线段间相交检测。可以使用以下方法有效执行检测。令$s_1=(\vec{p}_1,\vec{p}_2)$和$s_2=(\vec{q}_1,\vec{q}_2)$为待相交检测的线段，令$\vec{n}$为包含两条线段的平面法向量。线段的参数方程如下：

$$\vec{p}=\vec{p}_1+t(\vec{p}_2-\vec{p}_1)$$
$$\vec{q}=\vec{q}_1+m(\vec{q}_2-\vec{q}_1)$$

其中，$0\leqslant t\leqslant 1$，$0\leqslant m\leqslant 1$。相交检测的第一步是执行快速的剔除检测。该检测包括检测线段是否平行，即检测是否

$$(\vec{p}_2-\vec{p}_1)\times(\vec{q}_2-\vec{q}_1)=\vec{0}$$

如果线段不平行，当且仅当$t=t_p$且$m=m_q$时，满足

$$\vec{p}_1+t_p(\vec{p}_2-\vec{p}_1)=\vec{q}_1+m_q(\vec{q}_2-\vec{q}_1) \tag{2.26}$$

线段相交，其中$0\leqslant t_p\leqslant 1$且$0\leqslant m_q\leqslant 1$。如果根据

$$\begin{aligned}\vec{k}_p&=\vec{n}\times(\vec{p}_2-\vec{p}_1)\\ \vec{k}_q&=\vec{n}\times(\vec{q}_2-\vec{q}_1)\end{aligned} \tag{2.27}$$

得出两个辅助向量$\vec{k}_p$和$\vec{k}_q$，则可以使用方程（2.26）求出t_p和m_q。也就是说，$\vec{k}_p$和$\vec{k}_q$分别是垂直于$(\vec{p}_2-\vec{p}_1)$和$(\vec{q}_2-\vec{q}_1)$的非零向量。如果在方程（2.26）两边分别点乘$\vec{k}_p$，则乘以t_p的项的值为0，因此可以得出

$$m_q = \frac{\vec{k}_p \cdot (\vec{p}_1 - \vec{q}_1)}{\vec{k}_p \cdot (\vec{q}_2 - \vec{q}_1)}$$

如果 $m_q < 0$ 或 $m_q > 1$，则交点位于线段 s_2 之外，线段之间不相交。否则，我们在方程（2.21）两边分别点乘 $\vec{k}_q$ 得到

$$t_p = \frac{\vec{k}_p \cdot (\vec{q}_1 - \vec{p}_1)}{\vec{k}_q \cdot (\vec{p}_2 - \vec{p}_1)}$$

同样地，如果 $t_p < 0$ 或 $t_p > 1$，则交点位于线段 s_1 之外，线段之间不相交。否则，将 t_p 或 m_q 代入方程（2.21），计算相交于交点的线段。

2.5.13 点在物体内检测

确定一个点是否在一个物体①内可以通过利用六条源于这个点并且方向分别平行于世界坐标系正负坐标轴的辅助射线有效完成。当且仅当所有六条射线都从内侧与物体相交时，点才在物体内，如图 2.40 所示。

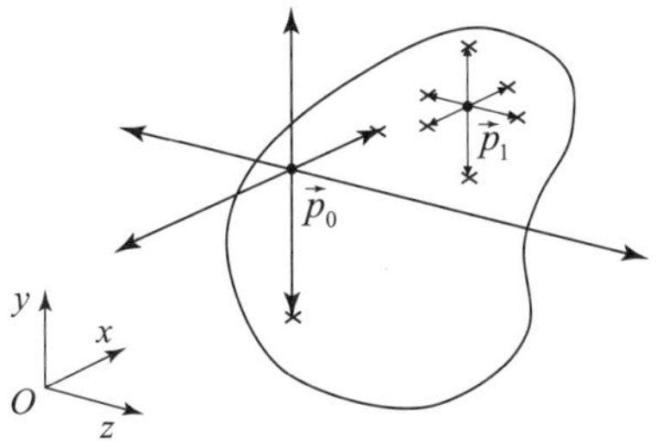

图 2.40　用六条辅助射线来检测一个点是在物体内部还是外部（在这个例子中，所有发射于点 $\vec{p}_1$ 的射线都从内侧与物体的几何表面相交，因此确定点在物体内部。如果任何一条射线没有与物体相交或者从外侧与物体相交，比如从点 $\vec{p}_0$ 射出的一些射线，那么就认为点在物体外）

射线－物体相交检测可以采用物体的层次表达快速进行。在一个自顶向下的递归算法中，我们首先让射线与层次的根包围体相交。如果射线错过了根包围体，那么点一定在物体外。否则，我们重复地在射线和它的子节点间进行相交检测，直到射线错过了所有子节点或者穿过一个子节点。当到达一个子节点时，我们执行相应的射线－图元相交检测来确定交点。我们还需要检测射线是否从内侧穿过图元，即射线在交点处从物体出来。这可在计算交点前，确保射线方向和图元法线的标量积为正，快速完成。

2.5.14 顶点在物体内检测

当两个非凸物体相交时，我们需要确定第一个物体中的哪一个顶点在第二个物体内，反之亦然。利用这个信息来计算每个彼此不相邻相交区域的穿透深度，如图 2.41 所示。

---

① 本书中我们假设物体由封闭网格表示。

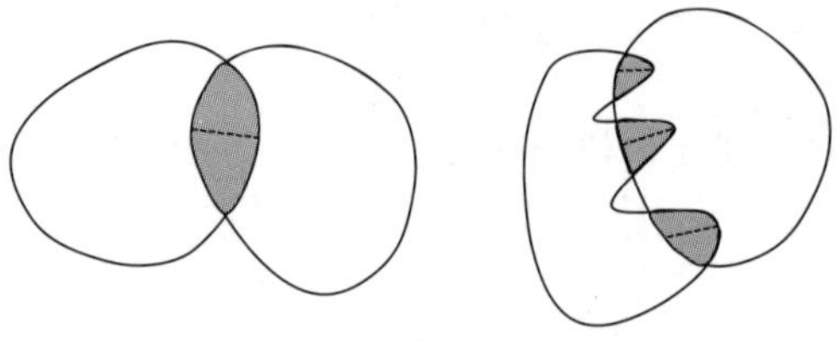

图 2.41 （a）只在一个区域重叠的凸体；（b）非凸物体能在多个不相邻的区域重叠（每个区域的穿透深度都用它们最深顶点的距离来近似）

相交区域的穿透深度用它最深顶点间的距离来近似。为了确定一个物体在另一个物体内的最深顶点，我们首先需要计算所有与相交区域相关的内部顶点，然后从这个集合中选择最深的那一个。这可以按照下列方法进行。

每个相交区域都有一条相应的相交曲线。相交曲线由图元间相交检测计算出的线段组成。因此，每条相交曲线都与一组图元对相关，这组图元对在曲线的某条线段处相交。此外，每条交线把一个物体相对于另一个物体分割成两个不相交的区域。第一块区域在另一个物体内而第二块区域在另一个物体外。因此，与交线相关的图元对的顶点也被分成两组，即在另一个物体内侧的组和外侧的组。这种分割可以通过对相交图元对的每个顶点执行第 2.5.13 节中的点在物体内检测来进行，以确定在另一个物体内的顶点。这种分割的一个简单的二维示例如图 2.42 所示。

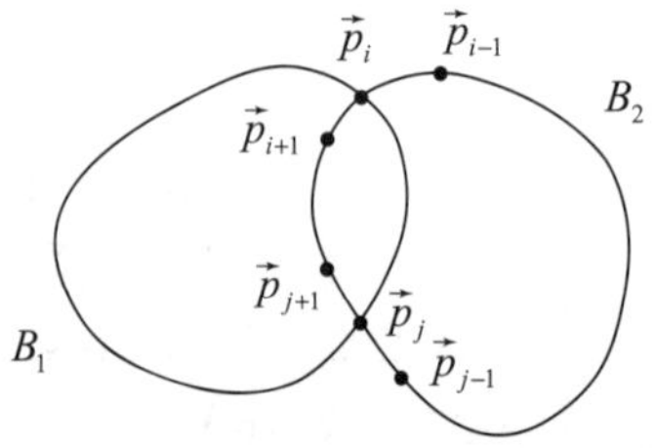

图 2.42 如何使用相交信息来快速辨认所有内侧顶点的简单二维示例（物体 B_1 和 B_2 在点 $\vec{p}_i$ 和 $\vec{p}_j$ 处相交，然后我们需要确定在 B_1 内的 B_2 的顶点。采用从 B_2 的网格中获得的边关联信息，我们可以对 $\vec{p}_i$ 的所有邻点执行点在物体内检测。在这个例子中，顶点 $\vec{p}_{i-1}$ 在 B_1 外，而顶点 $\vec{p}_{i+1}$ 在 B_1 内。我们采用递归方法对 $\vec{p}_{i+1}$ 的所有邻点执行内部检测，直到找到所有内部顶点）

从在第二个物体内的第一个物体的顶点列表 L_1 开始，我们持续搜索也在第二个物体中的邻点，直到找到所有的内部顶点。执行这个搜索的最简单方法就是创建一个辅助列表 L_a，这个列表中的邻点都是已经找到但是仍然需要与第二个物体执行内部检测的点。这个辅助列表依次通过 L_1 的顶点进行初始化，然后把它们所有还没有被检测的邻点添加进去。然后，对于每个在 L_a 中的顶点，我们采用点在物体内检测来确定顶点是否在第二个物体内。如果它在物体外，我们就舍弃它。否则，把这个顶点添加到 L_1 并且把还没有被检测的邻点添加到 L_a。重复这个过程直到列表 L_a 为空，此时我们在 L_1 中已经求出了第一个物体中所有在第二个物体中的顶点。执行同样的步骤来构建第二个物体中所有在第一个物体内的顶点列表 L_2。用 L_1 和 L_2 中最深顶点间的距离计算穿透深度。

2.5.15 连续三角形间相交检测

连续三角形间相交检测把三角形在整个时间间隔［t_0，t_1］的运动都考虑了进来。这要求通过假设三角形在整个时间间隔内以恒定速度运动，对通过数值积分获得的三角形的实际非线性运动进行线性化。即每个三角形顶点的轨迹都用它们在 t_0 和 t_1 时刻位置的连线来近似。尽管这个简化实际应用起来非常高效，但是它存在理论上的缺陷。如图 2.43 所示，三角形在中间过程的运动是连续的，但是不一定是刚性的，这取决于三角形转动速度的大小。因此，有可能线性化的轨迹没有完全包围原始的轨迹，从而错过碰撞。

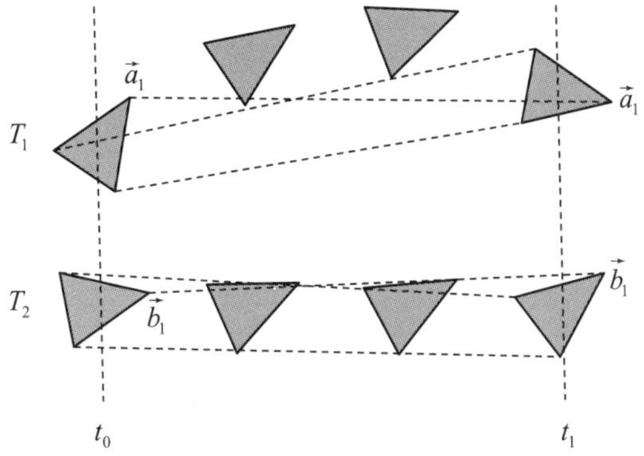

图 2.43 对通过数值积分得到的三角形 T_1 和 T_2 的非线性运动进行线性化来检测连续碰撞（假设顶点分别沿着它们在 t_0 和 t_1 时刻位置的连线运动。注意：线性化的质量随着三角形转动速度的增加而降低。例如，与三角形 T_1 的结果相比，T_2 的线性运动更好地近似了它的实际运动，因为三角形 T_1 有比较大的旋转运动分量）

假设 T_1 和 T_2 是进行连续碰撞检测的三角形。为了简化，将时间参数从［t_0，t_1］正规化为［0，1］，其中 0 对应 t_0，1 对应 t_1。如果存在一个时刻 $t_c \in$［0，1］，则下列两种情况之一将会发生：

（1）一个三角形的一个顶点在 t_c 时刻从另一个三角形定义的平面的正面移动到背面，并且平面上的交点在三角形内。这通常叫作顶点－面相交检测。

（2）一个三角形的一条边在 t_c 时刻穿过另一个三角形的一条边，并且它们的交点在这两条边的端点内。这就是所谓的边－边相交检测。

在顶点－面情况下，我们需要把 T_1 的每个顶点与 T_2 进行检测，反之亦然。由于每个三角形有三个顶点，我们总共需要进行 6 次顶点－面相交检测。至于边－边情形，我们需要把 T_1 的一条边与 T_2 的所有其他边进行检测，反之亦然。由于每个三角形有三条边，我们总共需要进行 9 次边－边检测。因此，连续三角形间相交检测总共需要 15 次，每次包含 4 个顶点。这些检测可以按照不同方式进行，取决于：

（1）三角形的运动不共面。

（2）三角形的运动共面，但是被检测顶点的运动不共线。

（3）三角形的运动共面，且被检测三角形的顶点共线。

在上述每种情形中，被考虑的 4 个顶点的坐标通过一个时间的线性函数描述。顶点碰撞所需要的几何关系可以写成时间 t_c 的多项式的形式。这样确定碰撞时间的问题就被转化成了对这个多项式进行求根的问题。碰撞时间 t_c 被置为所有 15 个检测中在 0 ~ 1 的最小实根。如果在 0 ~ 1 不存在实根，那么三角形不相交。

情况 1：

运动不共面。当三角形的运动不共面时，一个必要的相交条件就是进行相交检测的四个顶点在 t_c 时刻共面。否则，它们之间肯定不会相交。因此，在这种情况下，它们的共面是确定碰撞时间 t_c 的关键几何条件。

假设三角形 T_1 和 T_2 由它们的顶点 $\vec{a}_i(t)$ 和 $\vec{b}_i(t)$ 定义，其中 $i \in 1, 2, 3$ 并且 $t \in [0, 1]$，这样

$$\begin{aligned}\vec{a}_i(t) &= \vec{a}_i(0) + t(\vec{a}_i(1) - \vec{a}_i(0))\\ \vec{b}_i(t) &= \vec{b}_i(0) + t(\vec{b}_i(1) - \vec{b}_i(0))\end{aligned} \tag{2.28}$$

首先，考虑图 2.44 所示的顶点 - 面相交检测。在这种情况下，面法线作为包含所有四个顶点的平面的法线使用，即

$$\vec{n}(t) = (\vec{a}_2(t) - \vec{a}_1(t)) \times (\vec{a}_3(t) - \vec{a}_2(t))$$

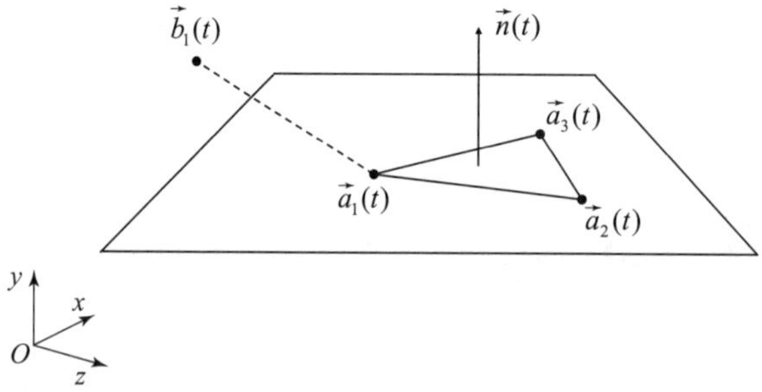

图 2.44 顶点与面相交检测［在时刻 t，检测三角形（$\vec{a}_1(t)$，$\vec{a}_2(t)$，$\vec{a}_3(t)$）与顶点 $\vec{b}_1(t)$ 是否共面，其中三角形的法线作为平面法线］

考虑连接顶点 $\vec{a}_1(t)$ 和 $\vec{b}_1(t)$ 的向量，并且注意到它必须与四个顶点共面的面法线垂直，即

$$\vec{n}(t) \cdot (\vec{b}_1(t) - \vec{a}_1(t)) = 0 \tag{2.29}$$

将方程（2.29）中的项展开成在方程（2.28）中给出的顶点坐标的函数，我们得到关于 t 的三次多项式：

$$f_3 t^3 + f_2 t^2 + f_1 t + f_0 = 0 \tag{2.30}$$

其中，多项式系数 f_i 由

$$\begin{aligned} f_3 &= \vec{k}_1 \cdot \vec{k}_2\\ f_2 &= \vec{k}_3 \cdot \vec{k}_2 + \vec{k}_1 \cdot \vec{k}_4\\ f_1 &= \vec{k}_3 \cdot \vec{k}_4 + \vec{k}_1 \cdot \vec{k}_5\\ f_0 &= \vec{k}_3 \cdot \vec{k}_5 \end{aligned} \tag{2.31}$$

计算，辅助向量 $\vec{k}_i$ 由顶点在 0 和 1 的坐标得到，即

$$\vec{k}_1 = (\vec{b}_1(1) - \vec{b}_1(0)) - (\vec{a}_1(1) - \vec{a}_1(0))$$

$$\vec{k}_2 = ((\vec{a}_2(1) - \vec{a}_2(0)) - (\vec{a}_1(1) - \vec{a}_1(0))) \times ((\vec{a}_3(1) - \vec{a}_3(0)) - (\vec{a}_2(1) - \vec{a}_2(0)))$$

$$\vec{k}_3 = \vec{b}_1(0) - \vec{a}_1(0)$$

$$\vec{k}_4=(\vec{a}_2(0)-\vec{a}_1(0))\times((\vec{a}_3(1)-\vec{a}_3(0))-(\vec{a}_2(1)-\vec{a}_2(0)))+$$
$$((\vec{a}_2(1)-\vec{a}_2(0))-(\vec{a}_1(1)-\vec{a}_1(0)))\times(\vec{a}_3(0)-\vec{a}_2(0))$$
$$\vec{k}_5=(\vec{a}_2(0)-\vec{a}_1(0))\times(\vec{a}_3(0)-\vec{a}_2(0))$$

有一些计算方程（2.30）中多项式根的其他方法，从闭式公式法到高级迭代法。读者可以在第2.6节中找到介绍这些不同解决方法的参考文献。这里，我们假设采用一种这样的方法计算根：

对于每个在［0，1］区间的实根 t_r，我们需要验证相交确实发生了。这通过确定 t_r 时刻四个顶点的位置以及执行点在三角形内检测来确保顶点 $\vec{b}_1(t_r)$ 在三角形 $(\vec{a}_1(t_r),\vec{a}_2(t_r),\vec{a}_3(t_r))$ 内。如果顶点在三角形外，那么点在 t_r 时刻共面但不相交，这样这个根就要舍弃。否则，如果 $t_r\leq t_c$，则更新当前碰撞时间 t_c 为 t_r。碰撞点和法线分别置为 $\vec{b}_1(t_r)$ 和 $\vec{n}(t_r)$。

现在，考虑图2.45所示的边－边相交情形。这种情况和顶点－面情况的主要区别是计算面法线的方法。由于我们不再有一个可以将它的法线向量作为平面法线的实际的面，并且平面法线需要与两条边都垂直，我们采用边的叉积作为平面法线，即

$$\vec{n}(t)=(\vec{a}_2(t)-\vec{a}_1(t))\times(\vec{b}_2(t)-\vec{b}_1(t))$$

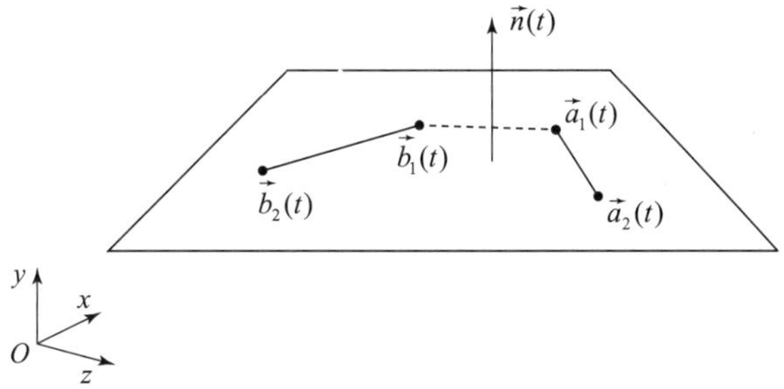

图2.45　边和边相交检测［检测边（$\boldsymbol{a}_1(t)$，$\boldsymbol{a}_2(t)$）和边（$\boldsymbol{b}_1(t)$，$\boldsymbol{b}_2(t)$）的共面性。平面法线为两边的叉积，且必须和两边垂直］

其次，连接顶点 $\vec{a}_1(t)$ 和 $\vec{b}_1(t)$ 的向量必须与平面法线垂直以保证所有四个顶点共面，即

$$\vec{n}(t)\cdot(\vec{b}_1(t)-\vec{a}_1(t))=0 \tag{2.32}$$

边－边情形中的多项式系数 f_i 和式（2.31）中的一样，但是辅助向量更新为

$$\vec{k}_1=(\vec{b}_1(1)-\vec{b}_1(0))-(\vec{a}_1(1)-\vec{a}_1(0))$$
$$\vec{k}_2=((\vec{a}_2(1)-\vec{a}_2(0))-(\vec{a}_1(1)-\vec{a}_1(0)))\times((\vec{b}_2(1)-\vec{b}_2(0))-(\vec{b}_1(1)-\vec{b}_1(0)))$$
$$\vec{k}_3=\vec{b}_1(0)-\vec{a}_1(0)$$
$$\vec{k}_4=(\vec{a}_2(0)-\vec{a}_1(0))\times((\vec{b}_2(1)-\vec{b}_2(0))-(\vec{b}_1(1)-\vec{b}_1(0)))+$$
$$((\vec{a}_2(1)-\vec{a}_2(0))-(\vec{a}_1(1)-\vec{a}_1(0)))\times(\vec{b}_2(0)-\vec{b}_1(0))$$
$$\vec{k}_5=(\vec{a}_2(0)-\vec{a}_1(0))\times(\vec{b}_2(0)-\vec{b}_1(0))$$

最后，对于每个在［0，1］区间的实根 t_r，我们需要确定那个时刻两条边的位置，并进行边－边相交检测来确保边 $(\vec{a}_1(t_r),\vec{a}_2(t_r))$ 和边 $(\vec{b}_1(t_r),\vec{b}_2(t_r))$ 确实相交。如果边是平行的或者在它们的端点之外相交，那么它们是共面的但是不相交，这样根 t_r 就要被舍弃。否则，如果 $t_r<t_c$，则更新当前碰撞时间 t_c 为 t_r。碰撞点和碰撞法线分别置为 t_r 时刻边的交点和 $\vec{n}(t_r)$。

至于稳健性，在顶点－面相交检测中获得的碰撞法线通常比在边－边相交检测中获得的碰撞法线更加稳定。在第一种情况下，碰撞法线是面法线本身而在第二种情况下碰撞法线来自边的叉积。如果两条边是平行的或者近似平行的，那么叉积将会是零或者非常接近零，这样计算出来的法线向量就不那么可靠了。因此，当碰撞时间相同时，顶点－面情形的碰撞信息总是比关于边－边情形的碰撞信息更加重要。这就是为什么我们使用条件 $t_r \leq t_c$ 来更新顶点－面情况的碰撞时间，而使用 $t_r < t_c$ 来更新边－边情形的碰撞时间。

情况 2：

运动共面但是不共线。对于整个时间间隔内三角形的运动都共面的特殊情形，由于所有的系数 f_i 都是零，多项式方程（2.30）退化。但是，当在平面上移动时，三角形仍然有可能相交。这种共面的情况如图 2.46 所示。

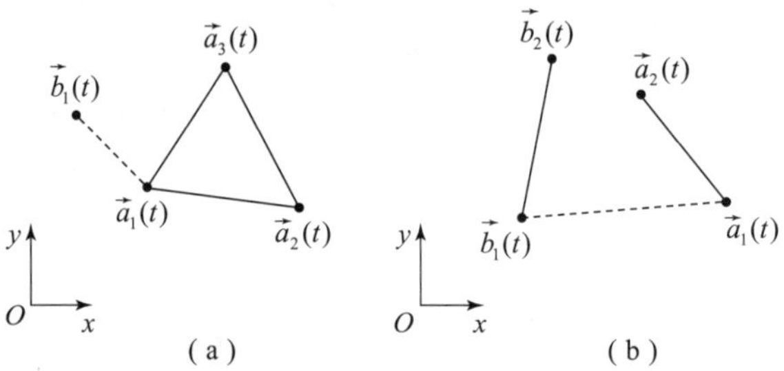

图 2.46 （a）顶点－面共面检测包括检测是否存在一个时刻 t 使得顶点 $\vec{b}_1(t)$ 和三角形的一条边共线；（b）在边－边情形中，我们需要检测一条边的顶点是否与另一条边共线，反之亦然［注意：在这两种情况下，平面法线都与 z 轴正向（指向读者）平行］

每个共面的顶点－面相交检测都可以用三个顶点－边相交检测代替，其中对一个三角形的一个顶点与另一个三角形的一条边进行共线检测。由于我们有 6 个顶点－面检测需要执行，我们最终总共要进行 18 次顶点－边共线检测。类似地，每个共面的边－边相交检测可以用 4 个顶点－边检测代替，其中对一条边的一个顶点与另一条边进行共线检测。幸运的是，所有的关于边－边情形的顶点－边共线检测是在顶点－面情形中的检测子集，所以它们没有增加，总共需要进行 18 次检测。

共线性检测最好在含有与一条坐标轴平齐的面法线的局部坐标系上进行，例如，正局部 z 轴。考虑一个原点 $\vec{b}_1(0)$ 的世界到局部转换矩阵以及一个使得世界坐标系中的面法线在局部坐标系中是正 z 轴的旋转分量。假设世界坐标系中的顶点 $\vec{a}_i(t)$ 和 $\vec{b}_i(t)$ 在世界到局部转换下变成了局部坐标系中的 $l\vec{a}_i(t)$ 和 $l\vec{b}_i(t)$。由于顶点－面和边－边检测都被顶点－边检测的组合替代，假设顶点 $l\vec{b}_1(t)$ 与边 $(l\vec{a}_1(t), l\vec{a}_2(t))$ 进行共线检测。当

$$(l\vec{a}_2(t) - l\vec{a}_1(t)) \times (l\vec{b}_1(t) - l\vec{a}_2(t)) = 0 \tag{2.33}$$

时，顶点共线。

将方程（2.33）中的项展开成关于转换后的顶点坐标的函数，我们得到下列关于 t 的二次多项式

$$f_2 t^2 + f_1 t + f_0 = 0 \tag{2.34}$$

其中系数 f_i 由

$$f_2 = \vec{k}_1 \times \vec{k}_2$$

$$f_1 = \vec{k}_3 \times \vec{k}_2 + \vec{k}_1 \times \vec{k}_4$$
$$f_0 = \vec{k}_3 \times \vec{k}_4 \tag{2.35}$$

确定，辅助向量 $\vec{k}_i$ 由转换后顶点 0 和 1 的坐标获得，即

$$\vec{k}_1 = (l\vec{a}_2(1) - l\vec{a}_2(0)) - (l\vec{a}_1(1) - l\vec{a}_1(0))$$
$$\vec{k}_2 = l\vec{b}_1(1) - (l\vec{a}_2(1) - l\vec{a}_2(0))$$
$$\vec{k}_3 = l\vec{a}_2(0) - l\vec{a}_1(0)$$
$$\vec{k}_4 = - l\vec{a}_2(0)$$

方程（2.34）中多项式的根可以通过解析法求得。对于每个实根 $t_r \in [0, 1]$，我们需要确定那个时刻顶点和边的位置并且进行点在边上相交检测来确保顶点在边的端点内。如果顶点在外，则顶点和边是共线的但是不相交，并舍弃根 t_r。否则，如果 $t_r \leqslant t_c$，则更新当前碰撞时间 t_c 为 t_r，并由当前顶点－边位置获得碰撞点和法线。

情况 3：

运动共面且共线。在这种少见但是仍然可能的情形中，上述情形中的顶点和边在整个运动过程中都是共线的，方程（2.34）中的所有多项式系数都为零。在这种情况下，只有当顶点 $l\vec{b}_1(t)$ 在运动过程中穿过边的端点时，顶点 $l\vec{b}_1(t)$ 才会和边 $(l\vec{a}_1(t), l\vec{a}_2(t))$ 相交。这个条件等价于下列两个关于 t 的一次多项式方程

$$l\vec{b}_1(t) = l\vec{a}_1(t)$$
$$l\vec{b}_1(t) = l\vec{a}_2(t) \tag{2.36}$$

将方程（2.36）中的项展开为转换后的顶点坐标的函数，我们得到下列两个可能的相交时刻

$$t_r = \frac{l\vec{b}_1(0) - l\vec{a}_i(0)}{(l\vec{a}_i(1) - l\vec{a}_i(0)) - (l\vec{b}_1(1) - l\vec{b}_1(0))}$$

其中 $i \in 1, 2$。根如果小于 0 或者大于 1 就会被舍弃。如果 $t_r \leqslant t_c$，则将当前碰撞时间 t_c 更新为剩下的最小根 t_r，并且由当前顶点－边位置得到碰撞点和碰撞法线。

2.5.16　连续球体间相交检测

连续球体间相交检测包括确定球心间距离小于它们半径和的最早时刻 $t \in [0, 1]$。假设球由它们的球心 $\vec{a}(t)$ 和 $\vec{b}(t)$ 以及半径 r_a 和 r_b 定义，如图 2.47 所示。t 时刻球心的坐标由

$$\vec{a}(t) = \vec{a}(0) - t(\vec{a}(1) - \vec{a}(0))$$
$$\vec{b}(t) = \vec{b}(0) - t(\vec{b}(1) - \vec{b}(0)) \tag{2.37}$$

得出。

我们首先检测在 $t = 0$ 时球体是否已经相交，即检测是否

$$(\vec{a}(0) - \vec{b}(0)) \cdot (\vec{a}(0) - \vec{b}(0)) \leqslant (r_a + r_b)^2 \tag{2.38}$$

如果方程（2.38）满足，则将相交时间置为 t_0 并且将球心的连线作为碰撞法线。否则，我们需要找到最小的 $t \in [0, 1]$，如果存在，满足条件

$$(\vec{a}(t) - \vec{b}(t)) \cdot (\vec{a}(t) - \vec{b}(t)) \leqslant (r_a + r_b)^2 \tag{2.39}$$

将方程（2.37）代入方程（2.39）整理之后，我们得到下列关于 t 的二次多项式

$$f_2 t^2 + f_1 t + f_0 = 0 \tag{2.40}$$

其中多项式系数 f_i 由

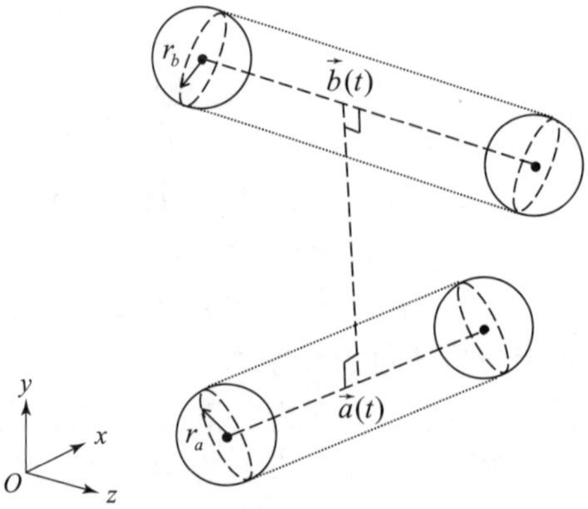

图 2.47　两个进行连续碰撞检测的球体（我们需要找到它们中心距离小于它们半径之和的最早时刻 *t*）

$$
\begin{aligned}
f_2 &= ((\vec{a}(1)-\vec{a}(0))-(\vec{b}(1)-\vec{b}(0)))\times((\vec{a}(1)-\vec{a}(0))-(\vec{b}(1)-\vec{b}(0)))\\
f_1 &= 2(\vec{a}(0)-\vec{b}(0))\cdot((\vec{a}(1)-\vec{a}(0))-(\vec{b}(1)-\vec{b}(0)))\\
f_0 &= (\vec{a}(0)-\vec{b}(0))\cdot(\vec{a}(0)-\vec{b}(0))-(r_a+r_b)^2
\end{aligned}
\tag{2.41}
$$

计算。

方程（2.40）中多项式的根可以通过解析法找到。只有当存在［0，1］的根时，球体才会相交。这些根中的最小值将被置为球体的碰撞时间，且碰撞法线置为当前球心的连线。

2.5.17　连续四方体间相交检测

连续四方体间相交检测与上一节中介绍的连续球体间相交检测类似。四方体将在它们中心间的距离比它们沿着每根轴的半径的一半之和小的最早时刻 $t\in[0,1]$ 相交。由于这个条件可以沿着每根轴单独执行，连续四方体间相交检测可以分解为三个一维检测。

假设四方体分别由它们的中心点 $\vec{a}(t)$ 和 $\vec{b}(t)$ 以及半径的一半 r_a 和 r_b 定义，如图 2.48 所示。t 时刻中心的坐标由

$$
\begin{aligned}
\vec{a}(t) &= \vec{a}(0)-t(\vec{a}(1)-\vec{a}(0))\\
\vec{b}(t) &= \vec{b}(0)-t(\vec{b}(1)-\vec{b}(0))
\end{aligned}
\tag{2.42}
$$

给出。

我们首先在 $t=0$ 时检测四方体是否已经相交，即下列三个条件是否同时满足：

$$
\begin{aligned}
(\vec{a}(0)-\vec{b}(0))_x &\leqslant (r_a+r_b)_x\\
(\vec{a}(0)-\vec{b}(0))_y &\leqslant (r_a+r_b)_y\\
(\vec{a}(0)-\vec{b}(0))_z &\leqslant (r_a+r_b)_z
\end{aligned}
$$

如果满足，则将相交时间置为 t_0，由四方体中心点的连线计算碰撞法线。否则，我们需要找到最小的 $t\in[0,1]$，如果存在，能同时满足条件：

$$
\begin{aligned}
(\vec{a}(t)-\vec{b}(t))_x &\leqslant (r_a+r_b)_x\\
(\vec{a}(t)-\vec{b}(t))_y &\leqslant (r_a+r_b)_y
\end{aligned}
\tag{2.43}
$$

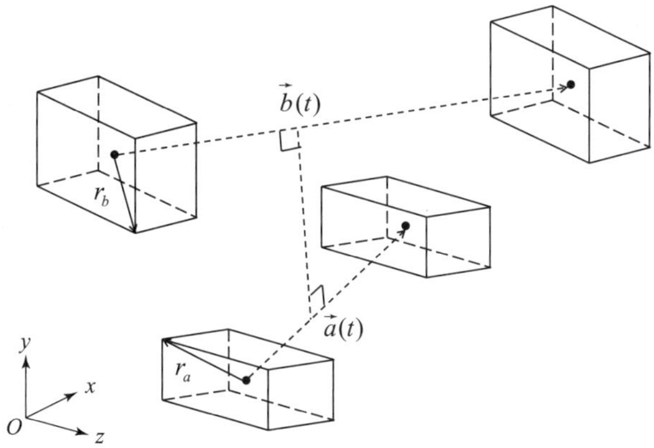

图 2.48　两个从 t_0 移动到 t_1 的四方体（它们的连续碰撞检测可以分解为三个沿着每根坐标轴的一维相交检测）

$$(\vec{a}(t)-\vec{b}(t))_z \leqslant (r_a+r_b)_z$$

将方程（2.42）代入方程（2.43），我们得到三个关于 t 的必须同时满足的二次多项式方程，即

$$(f_2)_x t^2+(f_1)_x t+(f_0)_x=0$$
$$(f_2)_y t^2+(f_1)_y t+(f_0)_y=0$$
$$(f_2)_z t^2+(f_1)_z t+(f_0)_z=0$$

其中多项式系数由

$$(f_2)_i=((\vec{a}(1)-\vec{a}(0))_i-(\vec{b}(1)-\vec{b}(0))_i)^2$$
$$(f_1)_i=2(\vec{a}(0)-\vec{b}(0))_i((\vec{a}(1)-\vec{a}(0))_i-(\vec{b}(1)-\vec{b}(0))_i)$$
$$(f_0)_i=(\vec{a}(0)-\vec{b}(0))_i^2-(r_a+r_b)_i^2$$

得出，其中 $i\in\{x, y, z\}$ 表示相交检测所沿着的轴。对于每个多项式在［0，1］的每个根，我们确定四方体在根时刻的位置并且验证物体是否真的相交，即它们的中心距离是否比它们的半径一半之和小。满足这些条件的最小时刻 t_c 被置为四方体间的相交时间。

2.6　注释和评论

关于层次分解法的参考文献范围广泛，在多个研究领域都有相关出版物，如计算几何学、计算机图形学、机器人科学和分子模拟。本章还介绍了关于该技术的其他几种表达法和变体，特别是在执行方面。

自 Gottschalk 等［GLM96，Got96］引入分离轴定理，在任意朝向的四方体之间快速执行干涉检测以来，OBB 树形结构表达法已成为人们的一个选择。Bergen［vdB97］提出了使用 AABB 树形结构表达法的改良干涉检测方法，该方法在查找分离轴时，只考虑四方体每个面的法线。由于省略了成对边方向测试，所以降低了该检测的复杂度，但是结果准确性降低了 6%。

由于实施简便，使用包围球（而非包围盒）的方法也颇受欢迎。如果使用四叉树或八叉树（而不是二叉树），包围球表达法的效率将得到进一步提升。Samet［Sam89］很好地介绍了四叉树和八叉树表达法。使用包围球表达法的难点在于找到最接近原多面体的分割方式。Hubbard［Hub96］使用基于3D维诺图的复杂技术，在分解法的每个中间层构建球体，从而开发一种模拟3D多面体的碰撞检测算法，它采用了包围球的八叉树表达法。

Preparata 等［PS85］、Edelsbrunner［Ede87］以及其他许多关于计算几何学的书籍都提到了3D凸包计算。在OBB结构中，同样有必要确定凸包顶点的协方差矩阵的特征向量。Strang［Str91］、Golub［GL96］、Horn［HJ91］和Press等［PTVF96］详细介绍了特征向量及其相关的特征值。

第2.4.2节介绍的多层网格结构分析来源于Mirtich［Mir96b］。第2.5节介绍的部分图元-图元检测是由Gottschalk［Got96］（四方体间），Arvo［Arv90］和Larsson等［LML07］（四方体-球体），Ritter［Rit90］（球体间），Karabassi等［KPTB99］（球体-三角形）和Mahovsky等［MW04］（射线-四面体）得出的。第2.5.5节介绍的三角形间相交检测是三种不同相交检测的组合，分别由Held［Hel97］、Möller［Möl97］和Glaeser［Gla94］提出。其他有趣的图元间检测可以在Held［Hel97］和Ericson［Eri05］中找到。

连续时间三角形间相交最初是由Provot［Pro97］在布料仿真的背景下介绍的。Redon等［RKC02，RL06］采用了螺旋运动的概念来对进行碰撞检测的时间间隔内的平移和旋转进行线性化。他们也提出了一种考虑了舍入误差的区间算法，用于计算三次多项式的根。根的闭式计算可参阅Schwarze［Sch93］。

2.7 练　　习

1. 如果我们有关于层次的内节点的包围盒的信息，在层次间相交检测中怎样提高剔除效率？

2. 推导出一个算法对第2.5.2节中介绍的层次自相交的并行处理算法，算法的预计执行时间为多长？

3. 考虑一个世界空间的点集和一个开始于它们中点的世界到局部转换以及与相关点的协方差矩阵的特征向量平行的局部坐标轴。考虑两个包围球，一个在世界空间中计算，然后另一个在局部空间中采用上述的世界到局部转换计算。判断哪个包围球与周围的点有更加紧密的贴合并解释原因。

4. 可以采用很多种方法优化在第2.5.15节中介绍的连续三角形间的相交检测。

（1）如果顶点的运动在包含三角形平面的同一侧，推导一个针对顶点-面情形的方程来执行剔除检测；同时推导一个针对边-边情形的等价方程。

（2）在一个三角形网格中，一条边被两个面共有，而一个顶点平均被六个面共有。当碰撞在一条边或者顶点处发生时，碰撞检测将对相同的碰撞报告多个面-面碰撞候选对象。实际上，如果碰撞发生在一条边上，它将会得到两个面-面碰撞候选对象，而如果碰撞发生在顶点处，将会出现和共顶点面同样多的面-面候选对象。每个面-面候选对象都需要进行相交检测，得到相同相交结果。设计一个内存高效的数据结构，它足够智能地在一个顶点或一条边处只进行一次碰撞，从而避免不必要的、浪费时间的和多余的工作。

5. 我们可以借助Sturm定理，找到在第2.5.15节、第2.5.16节和第2.5.17节中介绍的连续碰撞中获得的多项式在［0，1］区间内实根的数量。想法是执行快速剔除检测并且避免在这个区间没有实根的情况下求解多项式方程。

（1）推导二次和三次多项式的斯图谟链方程。

（2）如果链中的一个元素是零，快速剔除检测还有必要吗?

6. 在计算多项式根的背景下，考虑在［0，1］内有一个二重实根的特殊情况。假设由于计算过程中的数值舍入误差而未得到根，我们怎样提高求根过程的稳健性以不错过这样的相交情况?（提示：鞍点）

参考文献

[Arv90] Arvo, J.: A simple method for box-sphere intersection testing. In: Graphics Gems I, pp. 335 – 339 (1990).

[Ede87] Edelsbrunner, H.: Algorithms in combinatorial geometry. Springer, Berlin (1987).

[Eri05] Ericson, C.: Real – time collision detection. Kaufmann, Los Altos (2005).

[GL96] Golub, G. H., Van Loan, C. F.: Matrix computations. Johns Hopkins University Press, Baltimore (1996).

[Gla94] Glaeser, G.: Fast algorithms for 3D – graphics. Springer, Berlin (1994).

[GLM96] Gottschalk, S., Lin, M. C., Manocha, D.: Obbtree: a hierarchical structure for rapid interference detection. Comput. Graph. (Proc. SIGGRAPH) 30, 171 – 180 (1996).

[Got96] Gottschalk, S.: The separating axis test. Technical Report TR – 96 – 24, University of North Carolina, Chapel Hill (1996).

[Hel97] Held, M.: Erit—a collection of efficient and reliable intersection tests. J. Graph. Tools 2 (4), 25 – 44 (1997).

[HJ91] Horn, R. A., Johnson, C. R.: Matrix analysis. Cambridge University Press, Cambridge (1991).

[Hub96] Hubbard, P. M.: Approximating polyhedra with spheres for time-critical collision detection. ACM Trans. Graph. 15 (3), 179 – 210 (1996).

[KPTB99] Karabassi, E. – A., Papaioannou, G., Theoharis, T., Boehm, A.: Intersection test for collision detection in particle systems. J. Graph. Tools 4 (1), 25 – 37 (1999).

[LML07] Larsson, T., Möller, T., Lengyel, E.: On faster sphere-box overlap testing. J. Graph. Tools 12 (1), 3 – 8 (2007).

[Mir96b] Mirtich, B. V.: Impulse-based dynamic simulation of rigid body systems. PhD Thesis, University of California, Berkeley (1996).

[Möl97] Möller, T.: A fast triangle-triangle intersection test. J. Graph. Tools 2 (2), 25 – 30 (1997).

[MW04] Mahovsky, J., Wyvill, B.: Fast ray-axis aligned bounding box overlap tests with Plücker coordinates. J. Graph. Tools 9 (1), 35 – 46 (2004).

[Pro97] Provot, X.: Collision and self-collision handling in cloth model dedicated to design garments. In: Proceedings Graphics Interface, pp. 177 – 189 (1997).

[PS85] Preparata, F. P., Shamos, M. I.: Computational geometry: an introduction. Springer, Berlin (1985).

[PTVF96] Press, W. H., Teukolsky, S. A., Vetterling, W. T., Flannery, B. P.: Numerical recipes in C: the art of scientific computing. Cambridge University Press, Cambridge (1996).

[Rit90] Ritter, J.: An efficient bounding sphere. In: Graphics Gems I, pp. 301 – 303 (1990).

[RKC02] Redon, S., Kheddar, A., Coquillart, S.: Fast continuous collision detection between rigid bodies. Proc. EUROGRAPHICS 21 (2002).

[RL06] Redon, S., Lin, M. C.: A fast method for local penetration depth computation. J. Graph. Tools 11 (2), 37 – 50 (2006).

[Sam89] Samet, H.: Spatial data structures: quadtree, octrees and other hierarchical methods. Addison-Wesley, Reading (1989).

[Sch93] Schwarze, J.: Cubic and quartic roots. In: Graphics Gems I, pp. 404 – 407 (1993).

[Str91] Strang, G.: Linear algebra and its applications. Academic Press, San Diego (1991).

[vdB97] van den Bergen, G.: Efficient collision detection of complex deformable models using AABB trees. J. Graph. Tools 2 (4), 1 – 13 (1997).

3

粒子系统

3.1 简　　介

粒子是动态仿真中最简单、最通用的物体。它们的质量集中在一个点上（质心），因此大大简化了控制它们运动的动力学方程。它们之间的所有相互作用力以及与仿真中的其他物体的相互作用力均施加于代表每个粒子的点，由于未定义点的转动，因此可以忽略。动力学方程的复杂度降低，因此可以对更多的粒子进行仿真，而且不会显著影响仿真引擎的运行效率。对于需要大量物体且这些物体可以近似于点－质量物体集合的系统，由于上述简化过程，粒子系统成为颇受欢迎的一个选择。此类系统包括分子、烟、火、云、液体，甚至是布料和毛发。

当今使用的粒子系统多种多样，最大的差异在于所考虑的相互作用力类型，以及用于运动方程求解的数值积分方法。由于粒子系统通常需要大量粒子才能实现所需的效果，因此，计算粒子、其他物体和被仿真环境之间的相互作用力的复杂程度对整体仿真效率起到关键的作用。运算成本巨大的相互作用力包括依赖于空间的作用力，即强度因粒子之间的距离而异的作用力。这种作用力可能严重影响直接实现的效率。例如，考虑分子动力学仿真，其中兰纳－琼斯势能作用力在代表原子的粒子对之间发生作用。对于含有 n 个粒子的粒子系统而言，确定所有粒子对之间的势能作用力的运算成本为 $O(n^2)$ 。很显然，即使对于粒子数量中等（如 $n=1\ 000$）的粒子系统而言，势能作用力的直接计算也会产生令人望而却步的极高成本。

数值积分方法在整体仿真准确性和稳健性中发挥着至关重要的作用。粒子的实际运动是通过数值积分模块的数值结果得出的。快速但不准确的方法可能产生令人不满的结果，这些结果无法体现粒子在系统中的期望行为。另外，准确的数值方法可能导致性能不如人意，无法实现交互仿真速度。在大多数情况下，模型的运算准确性与仿真的效率之间有一个平衡点。使用粒子运动的准确模型来获得交互速度通常要求具备高性能计算机的计算能力，如多核或多 GPU 计算机或并行计算机网络。

本书侧重于能够作为经典多体系统进行分析的粒子系统，即各粒子质心的运动符合经典力学定律。这种粒子系统能够较好地模拟各类点－质量系统，如尘、雪和雨。然而，动态仿真和动画还广泛使用了其他类型的点－质量系统，需要专业的运动和相互作用力方程来描述系统的精确物理行为。此类粒子系统包括湍流气体（需要对体积微分纳维－斯托克斯方程进行求解）、轻原子或分子仿真（当考虑平移、振动和旋转运动时，可能需要考虑量子效应)、炸药爆炸（要求使用查普曼 - 朱格特理论，可能还需要使用实验结果推导的起爆粒子状态方程)。有关描述此类专业系统的准确行为所需的理论框架的详细介绍不在本书讨论范围之内。感兴趣的读者可参阅第 3.9 节的参考文献说明，以了解有关此类技术的深入介绍。

我们处理此类粒子系统的方法与大部分动画环境中使用的方法相同。这些软件包通常使用具有一组用户可调整参数的专业粒子系统，这些参数能够用于捕捉经典力学推导的标准粒子系统模型中不会考虑到的现象。我们的做法是模拟系统行为，而无须对复杂（而且需要大量运算）的运动方程进行求解。第 3.7 节提供了动画软件包常用的部分专业粒子系统。请注意，这是本书中唯一未考虑在数学上准确的动力学建模的章节。本书包含此节内容的目的在于展示粒子系统在动力学仿真和动画中的多样性与建模能力。

从用户的角度而言，粒子系统由粒子发射器和粒子本身定义。顾名思义，粒子发射器是用于创建粒子、将其释放到仿真环境的源头。它可以附加到仿真中的其他物体上，其本身也可以被视为一个物体，在此情况下，发射器显示为默认方体（参见第 3.7.1 节)。粒子发射器的设置用来控制被发射粒子的动态行为。这些设置定义粒子的大小、质量、初始速度和移动方向，以及其他许多用户可调整的参数，详见第 3.7.2 节。粒子一旦被释放，其运动便受到由经典力学理论推导的动力学方程的控制。在控制运动时，粒子参数提供了更高的灵活性，增加了实现本书所述专业系统所需的功能。此类参数包括粒子的分裂时间、寿命、颜色属性和碰撞检测选项。

3.2 粒子动力学

在标准粒子系统中控制粒子运动的动力学方程与在经典力学中控制点 - 质量物体运动的方程相同。令点 - 质量对象由质量 m 表示，位置为 $\vec{p}(t)$，位置作为时间的函数发生变化。计算位置相对于时间的导数，可获得点的速度，即

$$\vec{v}(t) = \frac{\mathrm{d}\vec{p}(t)}{\mathrm{d}t}$$

加速度通过以下方程得出：

$$\vec{a}(t) = \frac{\mathrm{d}\vec{v}(t)}{\mathrm{d}t} \tag{3.1}$$

令 $\vec{F}(t)$ 为 t 时刻施加于粒子的外部净作用力。根据牛顿定律，我们得出：

$$\vec{F}(t) = \frac{\mathrm{d}\vec{L}(t)}{\mathrm{d}t} \tag{3.2}$$

其中，$\vec{L}(t)$ 为粒子的线动量，计算方法为

$$\vec{L}(t) = m\vec{v}(t) \tag{3.3}$$

将方程（3.3）代入方程（3.2），使用方程（3.1）可以得出：

$$\vec{F}(t) = \frac{\mathrm{d}[m\vec{v}(t)]}{\mathrm{d}t} = m\frac{\mathrm{d}\vec{v}(t)}{\mathrm{d}t} = m\vec{a}(t) \tag{3.4}$$

令 $\vec{y}(t)$ 表示粒子在时间 t 的动力学状态，即 $\vec{y}(t)$ 是一个向量，包含用于定义粒子在仿真过程中任何时间点的动力学状态所需的所有变量。此时，选择粒子的位置和线动量来定义

其动力学状态，即

$$\vec{y}(t)=\begin{pmatrix}\vec{p}(t)\\ \vec{L}(t)\end{pmatrix}$$

当时间 $t=t_0$ 时，粒子的动力学状态由粒子的位置 $\vec{p}(t_0)$ 及其线动量 $\vec{L}(t_0)$ 定义，线动量为 $m\vec{v}(t_0)$。

动力学状态参量的时间导数定义了粒子的动力学状态如何随着时间推移发生变化，由以下方程得出：

$$\frac{\mathrm{d}\vec{y}(t)}{\mathrm{d}t}=\begin{pmatrix}\mathrm{d}\vec{p}(t)/\mathrm{d}t\\ \mathrm{d}\vec{L}(t)/\mathrm{d}t\end{pmatrix}=\begin{pmatrix}\vec{v}(t)\\ \vec{F}(t)\end{pmatrix}$$

因此，当时间 $t=t_0$ 时，动力学状态的时间导数由粒子的速度 $\vec{v}(t_0)$［计算为 $\vec{L}(t_0)/m$］和施加于粒子的净作用力 $\vec{F}(t_0)$ 定义。

对于含有 N 个粒子的系统，我们可以将各自的动力学状态整合为一个系统级的动力学状态向量：

$$\vec{y}(t)=\begin{pmatrix}\vec{p}_1(t)\\ \vec{L}_1(t)\\ \cdots\\ \vec{p}_N(t)\\ \vec{L}_N(t)\end{pmatrix}$$

其对应的时间导数为

$$\frac{\mathrm{d}\vec{y}(t)}{\mathrm{d}t}=\begin{pmatrix}\vec{v}_1(t)\\ \vec{F}_1(t)\\ \cdots\\ \vec{v}_N(t)\\ \vec{F}_N(t)\end{pmatrix}\tag{3.5}$$

粒子系统的动态仿真运行方法如下。在仿真的最初阶段，相对于世界参考坐标系来定义每个粒子的动力学状态，即位置和线动量。接下来，每个仿真时间间隔将使用粒子在最初时刻的状态作为数值积分的初始条件，对方程（3.5）进行数值积分运算。可使用多种方法对方程（3.5）进行数值积分运算。例如，欧拉法仅使用时间间隔初始的状态信息来预测最后时刻的系统状态，从而快速得出时间导数的近似值，但准确性较低。其他方法，如龙格库塔法的一些改良方法采用更为复杂的方案，即在时间间隔结束时的状态按照系统包含的多个中间位置的状态加权和计算。附录 B（第 7 章）详细探讨了这些方法和其他的常用方法。

将施加于粒子的所有外部作用力相加，计算在数值积分的每个中间步骤中施加于每个粒子的净外部作用力。本书考虑的外部作用力类型包括简单的全局作用力（如重力）、点 - 点作用力（例如，弹力），以及需要更多计算的空间作用力（例如，刮风地区）。有关如何确定各作用力对粒子净外部作用力影响的详细信息，请参见第 3.3 节。

起初，在计算当前时间间隔结束时各粒子的状态时，并未考虑粒子与仿真环境中其他物体可能出现的碰撞问题。使用有关各粒子初始和最终状态的信息，检测粒子之间以及粒子与仿真环境中其他刚体是否存在碰撞（参见第 3.4 节）。当检测到碰撞时，将碰撞粒子的轨迹时间回溯至碰撞前一刻。接下来，根据碰撞粒子的相对位移计算碰撞点和碰撞法线。仅当此时，碰撞响应模块被激活，计算待施加的适当冲力或接触力，以改变碰撞粒子的运动方向。如果是一个粒子－粒子碰撞或一个粒子－刚体碰撞，则计算过程略有不同（详见第3.5节和第3.6节）。

接下来，在剩余的时间内，对涉及碰撞的所有粒子的动力学方程进行数值积分计算，即从碰撞时间开始至当前时间间隔结束。这一新的数值积分计算将更新当前粒子的轨迹以考虑所有碰撞力。请注意，这还要求对与涉及碰撞的一个或多个粒子连接的所有其他粒子的动力学方程进行数值积分运算，因为连接通常暗示粒子间存在分力。例如，考虑由四个粒子 O_1, O_2, O_3, O_4 构成的粒子系统，假设 O_1 和 O_2 之间由弹簧连接。

起初，对系统从 t_0（当前时间间隔开始）到 t_1（当前时间间隔结束）的动力学状态方程进行数值积分计算。现在，假设碰撞检测模块在 t_c 时刻检测到粒子 O_2 和 O_3 之间的碰撞，其中，$t_0 < t_c < t_1$（图3.1）。碰撞粒子时间回溯至碰撞前一刻（回溯至 t_c），计算碰撞冲力，以避免互穿。在将碰撞冲力施加到两个粒子之后，在剩余时间内对粒子的轨迹进行数值积分计算，即从 t_c 到 t_1。请注意，如果我们只是时间回溯 O_2 和 O_3 的轨迹，在剩余时间内进行数值积分计算时，粒子 O_1 和 O_2 之间的弹簧力计算将出错。问题在于，粒子 O_1 不涉及任何碰撞，其状态与时间 t_1 对应，而粒子 O_2 的状态与时间 t_c 对应。因此，如果 O_1 不进行时间回溯，弹簧力计算将使用 O_1 在时间 t_1 的位置，而实际上，它应该使用 O_2 在同一仿真时间的信息，即 t_c（图3.2）。换言之，对所有互连粒子的动力学状态方程进行的数值积分计算应当同步，以便描述正确的系统行为（图3.3）。另外，不相连的粒子在同一仿真时间间隔内应当异步移动。这适用于图3.3所示的粒子 O_4，因为在剩余时间对 O_2 和 O_3 进行数值积分计算不会影响已经计算得到的状态。

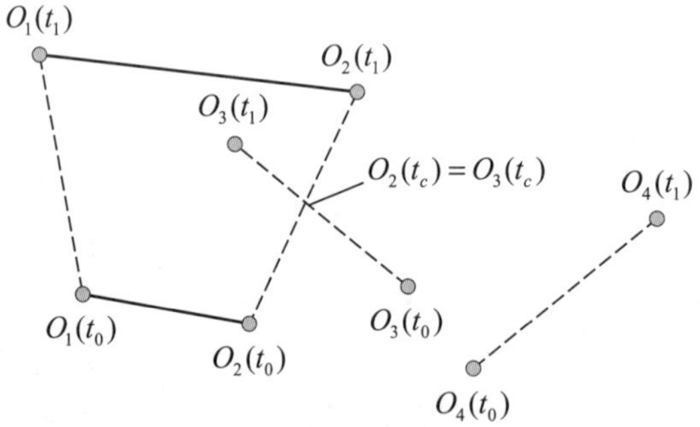

图3.1　包含四个粒子的简单粒子系统（对系统从 t_0 到 t_1 的状态进行数值积分计算。在时间 t_c 检测到粒子 O_2 和 O_3 之间存在碰撞）

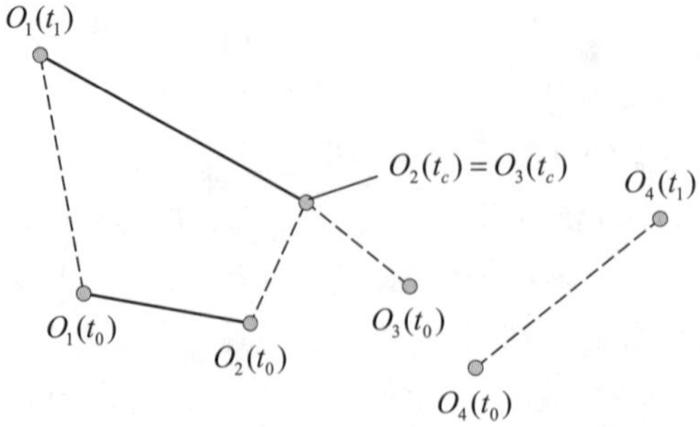

图3.2　粒子 O_2 和 O_3 时间回溯至碰撞时刻

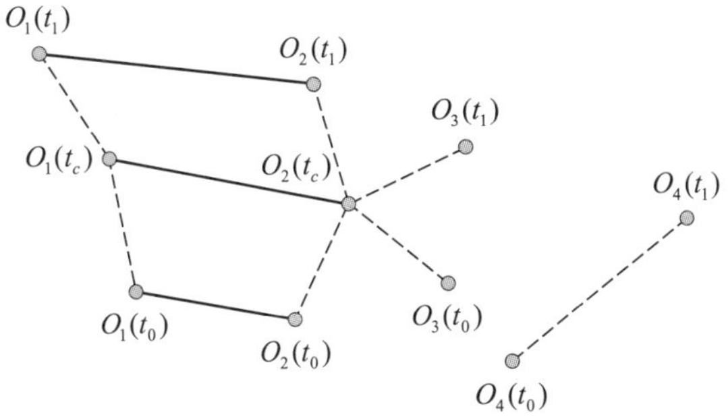

图 3.3　在使用数值积分重新计算粒子 O_1，O_2 和 O_3 的轨迹之前，将粒子 O_1 时间回溯至 t_c（请注意，粒子 O_4 不受碰撞的影响，因此在整个碰撞检测和响应阶段保持不变）

就实现而言，该方法需要采用一些记录机制，确定哪些粒子与其他粒子和刚体连接。相对于将所有粒子，甚至是与碰撞无关的粒子时间回溯至最近一次碰撞的时刻，这种方法的好处在于效率得到大幅提升。

使用每个粒子在更新轨迹上的初始和最终状态的信息再次检测仿真中所有其他粒子与刚体之间的碰撞。理论上，重复这一过程直至在当前时间段内检测到的粒子间和粒子 - 刚体碰撞已经得到解决。实际上，使用一个用户定义的参数来限制迭代的次数，当达到这个值的时候，仿真引擎覆盖所有粒子的物理参量，使得碰撞是非弹性的（恢复系数为零）。这样做，在碰撞完之后粒子会粘在一起，从而大大减少在下一轮迭代中引入的新的碰撞数量。

很显然，碰撞检测是一个非常复杂的过程，占用很多计算时间，特别是在直接实现中。我们建议使用粒子系统的层次包围盒来加速粒子间连续碰撞检测。随着系统的变化，更新粒子系统的层次表达来包围每个粒子的整个运动。自相交层次结构提供所有相交轨迹的粒子信息。这些粒子对定义的碰撞候选对象要执行资源消耗更高的球体间连续碰撞检测，参见第 2.5.16 节。

通过对粒子系统的层次表达与刚体的层次表达进行相交检测来检测粒子 - 刚体碰撞。通常这些碰撞不需要更高的刚体连续碰撞的精度，并且同样地，刚体的层次表达可以更新用于反映其在每个时间间隔末尾的位置和方向，而不是时间间隔的整个运动。相交结果提供了关于所有在时间间隔末尾粒子的轨迹与三角形面相交的粒子和三角形面对（假设刚体由三角形网格表示）。执行线段 - 三角形检测以验证粒子确实与三角形相交。

3.3　基本交互作用力

大部分粒子系统仿真中所使用的交互作用力可被分为三种不同类型。第一种为全局交互作用力，即独立施加于系统中的所有粒子。此类作用力包括重力和黏性阻力（用于模拟空气阻力）。它们是仿真环境中可用的运算成本最低的交互作用力，与本书提出的其他类型的交互作用力相比，它们所需的运算成本可以忽略不计。

第二种为特定数量的粒子之间的交互作用力。阻尼弹簧是给定粒子之间交互作用力的典型例子。但是请注意，粒子可以连接到多个粒子上，每次连接可能使用不同的交互作用力。

例如，可将弹簧多次连接至粒子对，创建一个模拟布料的粒子网（弹簧 - 质量系统）。

交互式用户操作也被构建为当前鼠标位置和选定粒子之间的点到点作用力模型。使用鼠标和选定粒子之间的假想交互作用力的目的在于避免由于鼠标的突然移动造成不稳定的配置，如第 3.3.5 节所述。

第三种为依赖于空间的作用力。这包括取决于粒子位置的作用力，无论是相对于彼此或是被模拟的环境。例如，地心引力场取决于粒子的相对位置，在某种意义上，它对附近粒子运动的影响将大于对远处粒子运动的影响。另一个例子是通过定义被模拟环境的刮风区域而创建的交互作用力。在计算位于刮风区域或经过刮风区域的粒子的净外部作用力时，需要将风力考虑在内，而处于刮风区域之外的粒子则可忽略该作用力。

依赖于空间的作用力是粒子系统仿真中考虑的运算成本最高的交互作用力。通常使用近似法截断力场对距离超过 1 个阈值的粒子的影响。这种截断技术详见第 3.3.4 节介绍。

3.3.1 重力

可直接通过以下等式计算由于被地面（地球）吸引而施加于每个粒子的重力：

$$\vec{F} = m\vec{g}$$

其中，$\vec{g}$ 为重力加速度；m 为粒子质量（图 3.4）。在多数情况下，假设重力加速度大小恒定为 9.81 m/s^2，方向向下（朝向地面）。

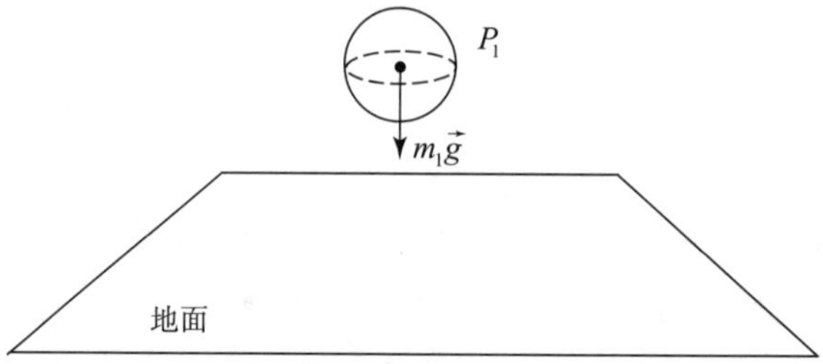

图 3.4　重力将质量为 m_1 的粒子 P_1 拉向地面

3.3.2 黏性阻力

在粒子系统的动态仿真中，黏性阻力的最常见用途是构建空气对粒子运动的阻力。目标是确保当没有外部作用力施加于粒子时，它们最终将静止。图 3.5 描述了这种情形。黏性阻力的分力计算为

$$\vec{F} = -k_d\vec{v}$$

其中，$\vec{v}$ 为粒子的速度向量；k_d 为阻力系数。

除了避免粒子速度过快导致所使用的数值积分方法出现不稳定情况外，黏性阻力还可用于控制粒子的加速速率。例如，模拟烟雾的粒子系统可使用的黏性系数远大于模拟雨的粒子系统。这样一来，烟雾粒子增加和扩散到附近区域的速度会变缓慢，而雨滴也可以合理的速度降落。

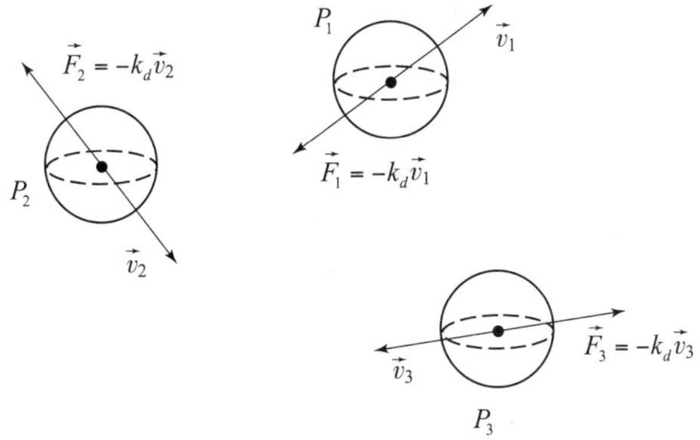

图 3.5 一组在任意方向移动、遇到空气阻力的粒子 P_i，建立的黏性阻力 $\vec{F}_i$ 模型

3.3.3 阻尼弹簧

在大部分情况下，使用弹簧将粒子对之间的距离保持在已知数值上。当粒子被推开或聚合在一起时，弹簧力施加到两个粒子上，大小相等，方向相反。

令 P_1 和 P_2 为使用静止长度为 r_0 的弹簧连接的两个粒子。令 $\vec{r}_1$，$\vec{v}_1$，$\vec{r}_2$ 和 $\vec{v}_2$ 分别为粒子 P_1 与 P_2 的线位置和速度。施加于两个粒子的弹簧分力可通过以下方程得出：

$$\vec{F}_2=-\left[k_s(|\vec{r}_2-\vec{r}_1|-r_0)+k_d(\vec{v}_2-\vec{v}_1)\frac{(\vec{r}_2-\vec{r}_1)}{|\vec{r}_2-\vec{r}_1|}\right]\frac{(\vec{r}_2-\vec{r}_1)}{|\vec{r}_2-\vec{r}_1|} \tag{3.6}$$

$$\vec{F}_1=-\vec{F}_2$$

其中，$\vec{F}_i$ 为施加于粒子 P_i 的弹簧作用力，$i\in\{1,2\}$；k_s 为弹簧常数；k_d 为阻尼常数（图 3.6）。方程（3.6）的阻尼项用于避免震荡，不会影响所连接粒子的质心运动。

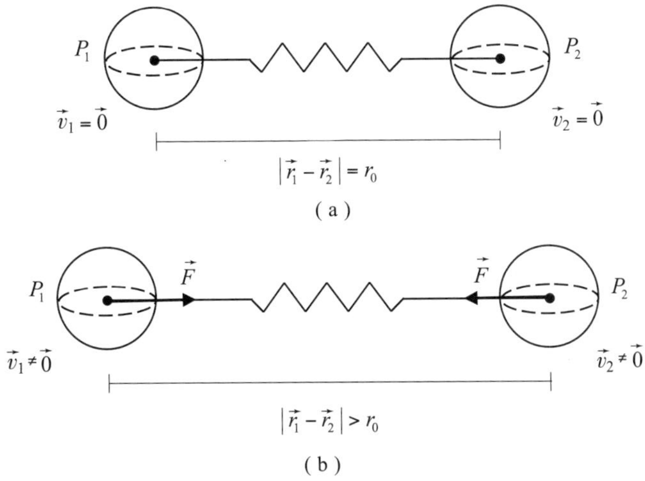

图 3.6 使用阻尼弹簧连接粒子 P_1 和 P_2：(a) 粒子处于静止位置；(b) 当粒子被拉开时，施加于粒子的弹簧作用力

根据所使用的 k_d 值，弹簧系统可以为欠阻尼、过阻尼或临界阻尼。仅当系统为欠阻尼时，才会发生震荡。感兴趣的读者可以查阅第 3.9 节的参考文献，其中介绍了计算欠阻尼、过阻尼和临界阻尼的弹簧系统的 k_d 值。

3.3.4 依赖于空间的作用力

本书考虑两种依赖于空间的作用力。第一种称为“约束力场”，涉及被仿真环境的一个区域中所定义的力场。此类作用力仅与位于影响区域内的粒子发生交互作用。第二种称为“无约束力场”，涉及所有粒子之间的交互作用力，取决于粒子的相对位置。

1）约束力场

约束力场由其影响区域、作用力强度和下降率定义。顾名思义，影响区域是指在被仿真世界中，作用力场受到约束的一个区域。影响区域的边界可使用被仿真环境的多面体来描述(图3.7)。位于多面体之内的粒子轨迹受到强度的影响。为了提高效率，影响区域应被表示为简单的多面体，如四方体或球体，以便使用第2.5节介绍的算法高效执行粒子包含检测。

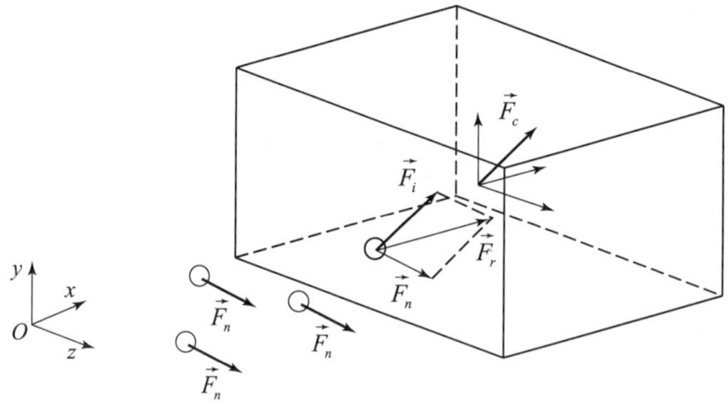

图3.7 模拟环境中一个定义为四方体的刮风区域［位于四方体之外的粒子不受风力影响，在考虑到由方程（3.7）算出的风力$\vec{F}_i$之后，位于四方体之内的粒子的净作用力向量$\vec{F}_n$被调整为$\vec{F}_r$］

作用力强度在影响区域的中心定义。随着我们离开中心，力场的强度根据其与中心的距离越来越远而不断下降。因此，靠近影响区域中心的粒子受到力场的影响大于靠近影响区域边界的粒子。利用这一规律，在粒子进入和离开影响区域时，实现动力学状态的平稳过渡（即避免间断)。

下降率计算方法如下。如果影响区域为球体，则球体内部点 $\vec{p}_i$ 的力场强度为

$$\vec{F}_i = \left(1 - \frac{|\vec{r}_i|}{R}\right)\vec{F}_c$$

其中，R 为球体的半径；$\vec{r}_i$ 为从点 $\vec{p}_i$ 到球心 $\vec{c}$ 的距离向量；$\vec{F}_c$ 为 $\vec{c}$ 处的力场强度［图3.8(a)]。当影响区域为四方体，中心点位于 $\vec{c}$，尺寸为 $B = (b_x, b_y, b_z)$ 时，四方体内部点 $\vec{p}_i$ 的强度为

$$\begin{aligned}
(\vec{F}_i)_x &= \left(1 - \frac{|(r_i)_x|}{b_x}\right)(\vec{F}_c)_x \\
(\vec{F}_i)_y &= \left(1 - \frac{|(r_i)_y|}{b_y}\right)(\vec{F}_c)_y \qquad (3.7) \\
(\vec{F}_i)_z &= \left(1 - \frac{|(r_i)_z|}{b_z}\right)(\vec{F}_c)_z
\end{aligned}$$

其中，$\vec{r}_i$ 为点 $\vec{p}_i$ 到四方体中心的距离向量。图 3.8（b）描述了这种情形。

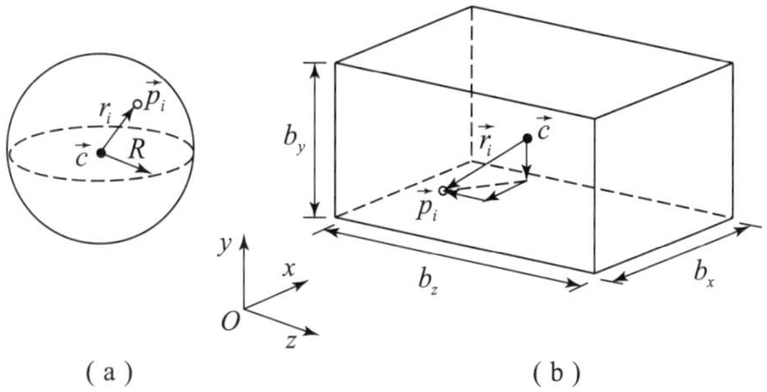

图 3.8　考虑下降率，计算影响区域内点 $\vec{p}_i$ 的力场强度［影响区域由（a）球体和（b）四方体定义］

在预处理阶段，每个约束力场的影响区域与被仿真世界的单元分解有关。这样一来，仿真引擎将知道哪些单元格完全位于影响区域内部，哪些是局部覆盖，哪些是位于外部。这大大加速了运行时的粒子包含检测，因为仅需要对影响区域局部覆盖的单元格相关的粒子执行这些检测。

2）无约束力场

无约束力场用于确定在系统所有粒子之间的长程交互作用力情况。每个粒子都会影响同一系统中的所有其他粒子，在大多数情况下，影响的大小取决于它们的相对位移。粒子之间的距离越远，影响其运动的交互作用力越弱。此类力场包括以下几种。

（1）两个粒子 P_1 和 P_2 之间的引力势，计算方法如下：

$$\vec{F}_1 = G\frac{m_1 m_2}{|\vec{r}_1 - \vec{r}_2|^2}\frac{(\vec{r}_1 - \vec{r}_2)}{|\vec{r}_1 - \vec{r}_2|}$$

$$\vec{F}_2 = -\vec{F}_1$$

其中，m_1，$\vec{r}_1$，m_2 和 $\vec{r}_2$ 分别为粒子 P_1 与 P_2 的质量和位置；$G = 6.672 \times 10^{-11}\ \mathrm{Nm^2/kg^2}$ 为万有引力常数。

（2）兰纳－琼斯势，通常用来计算分子动力学仿真模型的非边界势：

$$\vec{F}_1 = \frac{48}{|\vec{r}_1 - \vec{r}_2|^2}\left(\frac{1}{|\vec{r}_1 - \vec{r}_2|^{12}} - \frac{0.5}{|\vec{r}_1 - \vec{r}_2|^6}\right)$$

$$\vec{F}_2 = -\vec{F}_1$$

（3）库仑势，当粒子为带电荷粒子时，相当于引力势：

$$F_1 = K\frac{q_1 q_2}{|\vec{r}_1 - \vec{r}_2|^2}\frac{(\vec{r}_1 - \vec{r}_2)}{|\vec{r}_1 - \vec{r}_2|}$$

$$\vec{F}_2 = -\vec{F}_1$$

其中，q_1 和 q_2 为粒子的带电电荷；K 为库仑常数，等于 $8.987\,5 \times 10^9\ \mathrm{Nm^2/C^2}$。在此种情况下，粒子可能相互排斥或吸引，具体取决于它们的电荷符号是相同还是相反。

很显然，计算含有 n 个粒子的粒子系统的无约束力具有 $O(n^2)$ 计算时间复杂度，这使得交互式仿真变得不切实际，甚至对于中等数量的粒子（$n \geq 1\,000$）而言也是这样。幸运的是，该限制条件有一个解决方法，即将粒子交互作用力的计算截断为位于待考虑粒子截止距离内的粒子，从而可将计算复杂度降低为 $O(n)$。如果细分被仿真世界的底层单元格，则可有效实现。

如第 3. 2 节所述，仿真引擎将粒子动态分配至其所在的单元格。每个粒子将与同一单元格内的其他粒子，以及与含有粒子的单元格保持截止距离的邻接单元格内的其他粒子发生交互。图 3. 9 介绍了如何确定二维单元格分解的邻接单元格。

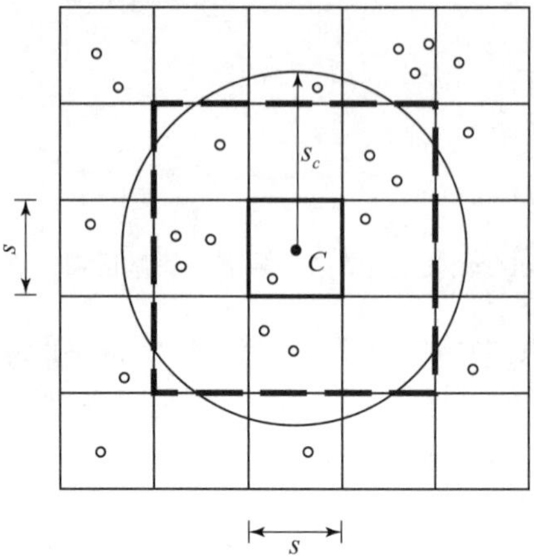

图 3.9　单元格 C 内的粒子将仅与 C 内的其他粒子，以及距 C 的截止距离 s_c 内的邻接单元格中的粒子发生交互

邻接单元格的实际数量取决于每个单元格的大小和截止距离。令 s 为单元格在世界坐标系[①]各轴线上的尺寸，令 s_c 为定义的截止距离。假设我们正在计算包含在单元格 $C=(c_x, c_y, c_z)$ 中粒子的作用力交互情况。现在，想象一个截止四方体，其中心与单元格 C 中心一致，边长等于截止距离。图 3. 10 描述了这种情形。

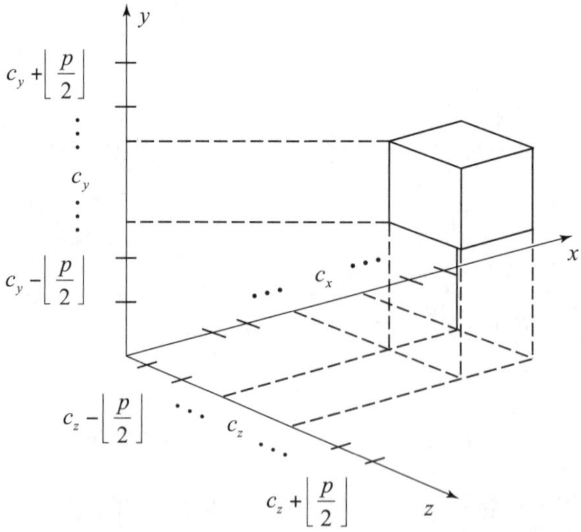

图 3.10　对单元格 $C=(c_x, c_y, c_z)$ 内的粒子交互作用力的计算限制在索引为 $\left\lfloor \frac{p}{2} \right\rfloor$ 以内的单元格

① 请注意第 2. 4 节单元格分解定义了被仿真世界具有统一的细分。

截止四方体将与细分的单元格相交：

$$p = \left[\frac{s_c}{s}\right], p \in N$$

在满足以下条件时，单元格 $C = (c_x, c_y, c_z)$ 的粒子将与分配到单元格 $C = (i, j, k)$ 的粒子相互作用：

$$0 \leqslant \left(c_x - \left[\frac{p}{2}\right]\right) \leqslant i \leqslant \left(c_x + \left[\frac{p}{2}\right]\right) \leqslant c_n$$

$$0 \leqslant \left(c_y - \left[\frac{p}{2}\right]\right) \leqslant j \leqslant \left(c_y + \left[\frac{p}{2}\right]\right) \leqslant c_n$$

$$0 \leqslant \left(c_z - \left[\frac{p}{2}\right]\right) \leqslant k \leqslant \left(c_z + \left[\frac{p}{2}\right]\right) \leqslant c_n$$

其中，c_n 为单元格索引最大值，参见第 2.4 节的介绍。

3.3.5 用户交互作用力

将用户交互作用力构建为阻尼弹簧模型，该弹簧将鼠标当前位置连接到待拖拽的粒子位置。使用该假想弹簧的目的是避免由于鼠标突然移动导致施加于选定粒子上的外部作用力不切实际地增加。外部作用力的增大可能导致描述粒子运动的动力学方程变得刚性。刚性系统对于舍入误差更为敏感，通常需要使用更加详尽和耗时的数值积分方法，如附录 B（第 7 章）介绍的隐式欧拉法。

第 3.3.3 节介绍的阻尼弹簧与此处使用的假想弹簧之间的主要差异在于假想弹簧的静止长度应当为零，这表示只有当选定的粒子位置与鼠标位置相同时，粒子的运动才会稳定。因此，如果用户四处拖动粒子，则当前鼠标位置用于更新粒子和鼠标之间的实际距离。将该距离代入方程（3.6）即可计算出待施加的相应弹簧作用力。

3.4 碰撞检测

即使将粒子构建成点 – 质量物体模型，它们也通常用简单的几何形状表示，如立方体或球体，这些形状可以大量渲染，但是不会对渲染引擎的总体性能造成太大影响。粒子的形状可用于检测粒子和被仿真环境的其他粒子之间的碰撞。

当考虑粒子之间的碰撞时，我们认为粒子系统具有内部碰撞。如果考虑粒子与其他粒子系统定义的其他粒子之间的碰撞，我们认为粒子系统还具有外部碰撞。刚体和粒子之间的碰撞将被称为复合碰撞。

本书关注具有内部、外部和复合碰撞的粒子系统。同时，我们假设系统中的所有粒子均为球体，各球体的半径可能各不相同。进行这种假设的主要原因在于提高效率。由于粒子为点 – 质量物体，它们在两个连续时步之间的轨迹定义了一条直线线段。当考虑其形状时，其轨迹将跨越三维空间的一个体积。在此情况下，可使用快速有效的连续碰撞检测来执行粒子和被仿真环境中其他物体之间的碰撞检测。

碰撞粒子或刚体的相对位移用于确定碰撞法线和碰撞点的切面。根据我们是否考虑粒子间或粒子 – 刚体间碰撞，碰撞法线的实际计算略有不同。以下章节会加以详细介绍。另外，在确定碰撞法线之后，严格根据该法线来计算切面。第 6.6 节提供在给定碰撞法线向量 $\vec{n}$ 之后，如何完整地推导出切面。自此以后，我们认为对向量 $\vec{t}$ ，$\vec{k}$ 以及 $\vec{n}$ 的计算共同构成了计算碰撞和接触力的局部坐标系是理所当然的。

3.4.1 粒子间碰撞

粒子间的碰撞检测通常通过检测粒子轨迹是否相交来完成。如果我们考虑粒子系统的层次表达，其中每个叶节点都与一个粒子相关，则相交性检测可以得到高效执行。根据对系统中粒子的预计数目（几十万的粒子），将一小组粒子而不是一个粒子与一个叶节点关联起来是可能的。引进一个用户定义的常数来指定构建层次结构时每个叶节点使用的粒子数量。

图 3.11 将粒子系统层次表达的构建很好地表达了出来。在这个例子中，包含四个粒子的粒子系统从 t_0 移动到 t_1。起初，粒子系统的层次表达是只采用粒子在 t_1 时刻的位置构建的，即使用它们在时间间隔末尾的位置。正如在第 2 章详细介绍的，可以通过自顶向下的方法使用包含所有粒子的根节点来构建层次树，其转而又会按照一些分割规则被递归地分解为内节点，直到每个叶节点只分配了一个粒子或一组粒子。这个递归的过程如图 3.12 所示。等效的层次树表达如图 3.13 所示。

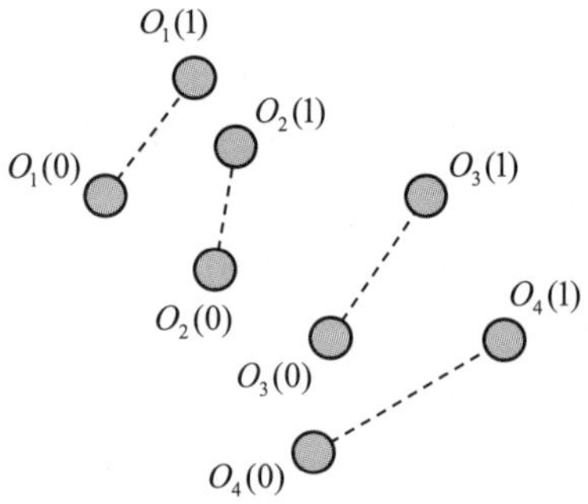

图 3.11　包含四个粒子的粒子系统从 t_0 移动到 t_1 时刻示例

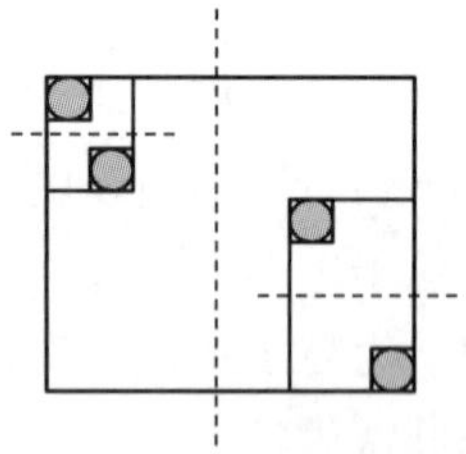

图 3.12　t_1 时刻图 3.11 中粒子系统的轴向包围盒层次表达

（三个层次中每层的分离轴用虚线表示）

由粒子在 t_1 时刻的位置构建了层次树之后，下一步包括更新层次树以考虑粒子从 t_0 到 t_1 时刻整个的运动。想法是调整层次树使其也包含粒子在 t_0 时刻的位置。调整过程维持了层次树中当前的父子关系，并更新了它的节点包围盒以包围粒子的整个运动。首先，所有叶节点的包围盒都更新成包围它们的粒子在 t_0 和 t_1 时刻的位置。然后，更新内节点的下一级以包围其叶节点的体积，持续这个过程直至根节点（图 3.14）。第 2.3 节详细介绍了调整

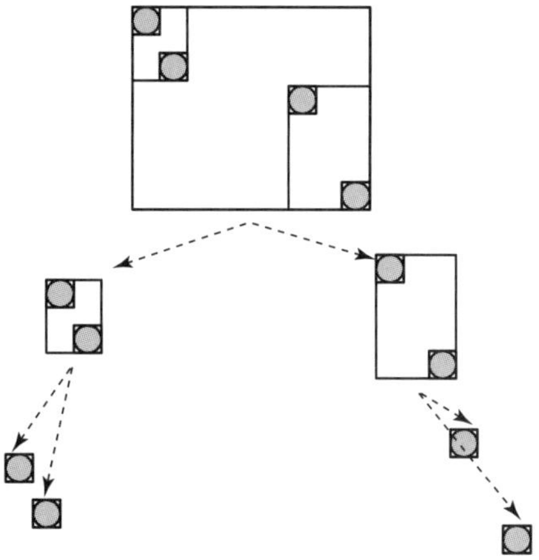

图 3.13　图 3.12 中的轴向包围盒层次的树状表达（在 t_1 时刻每个叶节点都包围其相应的粒子，内部节点包围其子节点）

过程。我们可以采用包围球层次结构（在第 2.2.3 节中讨论的）或者轴向包围盒层次结构（在第 2.2.1 节中讨论的）来表达粒子系统的连续移动。注意：不推荐使用方向包围盒层次结构，因为层次结构的调整还需要对每个节点的方向包围盒进行重建，计算量消耗大。

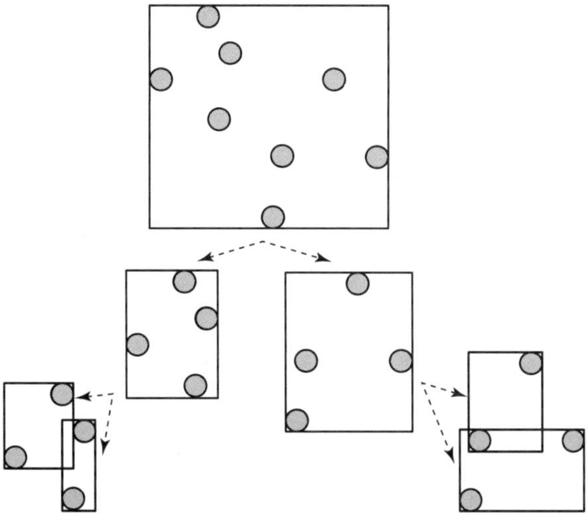

图 3.14　轴向包围盒的层次调整过程（每个叶节点更新为包围相应粒子的整个运动，内部节点包围其子节点。注意：在调整过程中父子关系被完整地保留下来）

粒子间的相交检测可以通过粒子系统的层次树表达自相交来获得。这种算法已在第 2.5.2 节中详细讨论。自相交导致每对粒子都有重叠的包围运动。这些定义了需要进一步采用第 2.5.16 节介绍的连续球体间的碰撞检测算法进行相交检测的碰撞候选对列表。这个算法将球体间的相交检测转化成寻找一个关于 t 的二次多项式的根的问题。0 ~ 1 的最小根视为粒子间的碰撞时间 t_c。碰撞信息通过确定碰撞粒子在 t_c 时刻的位置获得，并且将它们的最近点作为碰撞点，将连接中心的直线作为碰撞法线。仿真引擎采用一个按照最早碰撞时间排序的全局碰撞列表来对碰撞粒子进行所有有效的单个或多个同时碰撞的检测。第 1.4.3 节中描述了这个过程。

最后，如果有多个粒子系统仿真并且相交，那么它们的层次表达也需要相交，并且在一个碰撞时间之前针对每个碰撞粒子，通过将它们各自的自相交合并计算出结果。第 2.4.3 节中讨论的关于连续碰撞的仿真世界表达可以提供需要进行碰撞检测的粒子系统中的候选粒子对。

计算出所有的碰撞粒子后，借助于另一个粒子或者刚体（将在下一节讨论），就可将碰撞响应冲量计算出来并且施加给每个粒子。新的粒子轨迹通过对在它们碰撞时间和当前时间间隔末尾的剩余时间的运动方程进行数值积分求得。一旦积分完成，粒子系统的层次表达就被再次调整以反映所有碰撞粒子位置的改变。新一轮的碰撞检测在这时开始。理论上，这个迭代的过程将持续到所有粒子碰撞都被求解出来。实际上，仿真引擎依赖一个用户定义的参数来限制使用的碰撞迭代次数的最大值，在这之后，所有的粒子碰撞的恢复系数都被改写为零（非弹性碰撞），这样在将来的迭代中碰撞的粒子才会撞在一起或者和它们的刚体撞在一起。这个调整在相当程度上减少了在下一次迭代中引进的新的碰撞数量，并且加快了系统对所有碰撞的求解进程。

3.4.2 粒子 - 刚体碰撞

粒子和刚体之间的碰撞检测比仅涉及粒子的情况更加复杂，这是因为使用了刚体的层次表达，如第 2 章所述。这里，我们考虑两种粒子 - 刚体进行碰撞检测的方法，即简单的和复杂的方法。方法的选择取决于应用。

在简单方法中，刚体在当前仿真时间间隔中的轨迹是被忽略的，并且碰撞检测采用的是刚体在时间间隔末尾已经确定的位置来执行的。然而，仍然基于粒子在整个时间间隔中的轨迹来构建粒子系统层次。因此，这两个层次树之间的相交会及时产生一个粒子 - 三角形对列表，这个列表中粒子的轨迹在某些点穿过三角形的平面。这个列表定义了需要进一步进行碰撞检测的碰撞候选对象。对每个粒子 - 三角形对的碰撞检测都采用相同的方法进行，如第 2.5.15 节中介绍的在连续三角形间相交背景下的顶点 - 面连续碰撞检测。这里，暂时忽略粒子的几何形状，并且粒子的运动也用它中心点的轨迹来近似。这种情况如图 3.15（a）所示。

在这个例子中，粒子 O_1 和 O_2 的轨迹都与刚体 B_1 相交。然而，如果我们只依靠顶点 - 面连续碰撞检测的结果，则只有粒子 O_1 被报告与 B_1 碰撞。这是因为粒子 O_2 的轨迹的中心点不穿过 B_1 的表面，并且顶点 - 面碰撞检测返回了一个关于 O_2 的非碰撞状态，尽管它的几何表达确实与物体的表面相交。很明显，这种对粒子的轨迹的近似导致在使用一个快速的顶点 - 面碰撞检测算法和让粒子以一个最大到它们的半径的距离穿透刚体之间的权衡取决于应用，这种速度与准确性之间的权衡是可以接受的。然而，如果不是这样，我们考虑通过平均粒子半径［图 3.15（b）］来延伸物体的几何形状，算法的准确性可以被进一步提高。这种延伸可以在仿真开始前的预处理阶段进行，因为在那时我们通常知道粒子系统的半径。

至于复杂碰撞检测方法，刚体的层次表达是基于它在时间间隔内的整个运动构建的，与粒子系统的层次构建方法类似。这些层次树之间的相交会及时生成一个粒子 - 三角形对列表，这个列表中粒子的轨迹在某些点穿过三角形的轨迹。此外，采用与连续三角形间相交中

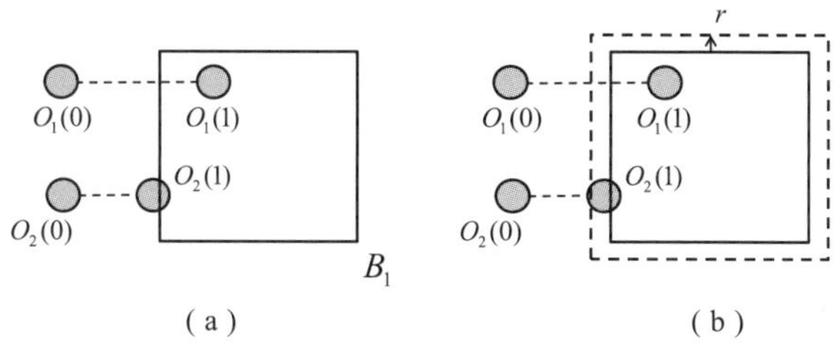

图 3.15 （a）两个朝刚体 B_1 移动的粒子（碰撞检测模块没有返回与 B_1 相交粒子 O_2，因为它的中心点没有在物体内，而 O_1 是这种情况）；（b）这种碰撞丢失可以通过按粒子半径扩展物体的几何表达来消除

相同的顶点 - 面碰撞检测来执行粒子 - 三角形相交检测。这里的不同是，与采用简单方法获得的粒子 - 三角形对的数量相比，测试的粒子 - 三角形碰撞候选对象要多得多。额外数量的碰撞候选对象是由于在时间间隔末尾三角形穿过了空间而不是被“固定”住。

不管使用哪种方法，在不同的碰撞时间粒子都会与多个三角形相交。对于每个粒子，我们必须跟踪所有单个或多个与在［0，1］的最早碰撞时间的连续碰撞。碰撞信息从碰撞时间粒子和三角形的相对位置获得。更准确地说，碰撞点被设为表示粒子的球体的中心，碰撞法线可以是顶点法线、边法线或者面法线，它们分别取决于粒子与一个顶点、一条边还是一个三角形的内点更近。

由碰撞粒子的冲力或接触力引起的刚体运动的响应只会被应用到后续的仿真时间间隔中。也就是说，尽管刚体在当前时间间隔被视为“固定”物体，但由与之碰撞的粒子施加的力和冲量也累积成在下次对动力学方程积分时对刚体运动造成影响的外力与冲量。例如，考虑图 3.16 中所示的情形，其中一些粒子朝着静止的四方体移动。

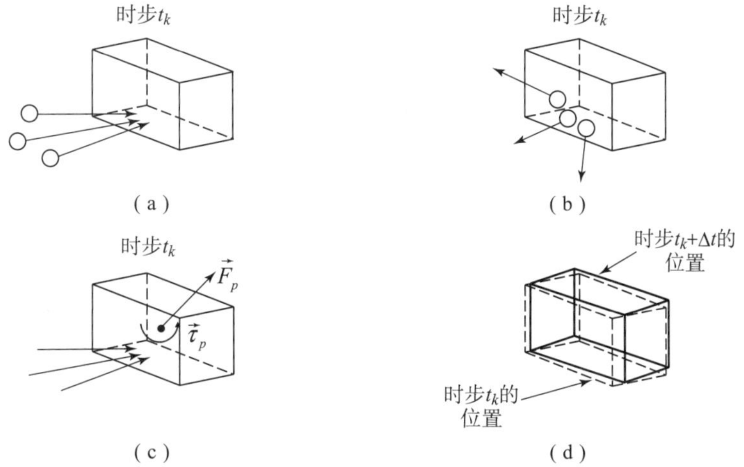

图 3.16 （a）在时间 $t=t_k$ 多个与静止的四方体碰撞的粒子；（b）按照由碰撞产生的冲力更新粒子的轨迹；（c）由粒子碰撞产生的交互作用力被作用在四方体质心的净力 - 力矩对替代；（d）在随后的仿真时间 $t=(t_k+\Delta t)$ 中净力 - 力矩对被用来更新四方体的位置和方向

碰撞检测模块将对粒子的轨迹与四方体［图 3.16（a）］的几何相交进行检测。接下来碰撞响应模块将会被激活来求解所有检测到的碰撞（详见第 3.6 节）。碰撞粒子按照由碰撞

响应模块计算的冲力更新它们的轨迹，以避免在移动过程中与四方体和其他粒子的穿透［图 3.16（b）］。对每个粒子的碰撞的响应冲力求和并将其作为作用在四方体上的外部冲力 – 力矩对加以储存［图 3.16（c）］。这个外部冲力 – 力矩对接下来将会被用来更新四方体在下个仿真时间间隔中的运动［图 3.16（d）］。

采用上述简化最主要的缺点就是所有刚体间的碰撞必须在所有粒子间和粒子 – 刚体间碰撞之前进行，这是必要的，因为刚体间的碰撞需要将碰撞刚体时间回溯到它们碰撞前一刻。另外，冲量和接触力会被立即施加并且在剩下的时间内它们的轨迹将会被持续更新。所以，如果我们在处理刚体间碰撞之前计算出了所有的粒子间和粒子 – 刚体间的碰撞，那么由于和其他刚体的一些碰撞，有可能一些刚体将会修改它们在当前时间间隔末尾的位置。这需要对所有的粒子 – 刚体碰撞以及包含与在刚体间碰撞前就已经更新了轨迹的刚体进行碰撞粒子的粒子间碰撞进行重新计算。

最后，我们仍需要考虑粒子在 t_0 时刻发现它自己在刚体内这样一种特殊情况，即在当前时间间隔开始时它就已经在刚体内了。这种情形可以以几种不同的方式产生。例如，一个刚体可能位于发射面的上面，这样新产生的粒子就位于刚体内，并且，使用的碰撞检测软件的实施问题可能引进运行陷阱，这种运行陷阱允许粒子移动到刚体内产生不被检测到的碰撞。无论在哪种情况下，我们都要设计一种策略来处理这些不符合物理规律的情况。

在我们看来，处理内部粒子问题的最好方法就是把粒子从仿真中完全移除。这对已经进行的其他碰撞没有任何副作用，并且能很容易和快速地实现。它不影响仿真的效率，并且如果在被移除的粒子周围有大量粒子，那么可能在不被察觉的情况下进行。然而，从系统中移除粒子可能不是一个当时应用的可行选择，在这种情况下，我们建议按照下列方法稳健地处理刚体内的粒子。

在刚开始一个新的仿真时间间隔之前，仿真引擎在上一个时间间隔中对所有与所有刚体进行碰撞的粒子系统进行内部检测。在开始帧没有可以参考的上一帧的特殊情况下，仿真世界的层次表达可以用来确定候选的粒子系统和刚体对，它们的层次在其根节点处已经相交了，因此需要进行内部检测。对于每个在时间间隔开始时被检测到在刚体内的粒子，我们把这些粒子移动到它们在刚体的表面上最近的点，但是按照原来的样子保持粒子的动力学状态。换句话说，粒子的坐标会突然地移动以与它们在刚体表面的最近的点坐标匹配，但是粒子的速度、外力和约束力保持不变。再一次，我们使用粒子系统和刚体的层次表达来加速确定哪些粒子在刚体内。首先，我们需要构建两种层次结构来反映在新的时间间隔开始时它们相应的物体的坐标。注意，在新的时间间隔开始时的坐标与上一个时间间隔末尾时的坐标是一致的，毕竟所有碰撞都已经进行了。这个观察到的非常重要的现象是我们总是在碰撞检测模块采用物体在 t_1 而不是 t_0 时刻的坐标构建层次的主要原因。甚至对于连续碰撞检测情况也是这样，我们用 t_1 时刻的坐标构建层次，然后用 t_0 时刻的坐标对它们进行调整。所以，与在新的时间间隔开始重建层次相比，我们只需要在上个时间间隔调整它们来反映由于求解出的碰撞引起的坐标的改变。这个方法比通过在每个仿真时间间隔开始时重建层次要高效得多。

在新的时间间隔开始时用它们的物体的坐标更新了层次之后，我们可以通过执行一个在第 2.5.1 节中介绍的层次结构树表达算法的一个改进版本来确定在刚体内的粒子。这个改进包含以下内容。当两个内部节点被发现不相交时，不是像我们在第 2.5.1 节中的算法那样舍弃它们，我们执行一个额外的包含测试来检测与粒子系统层次对应的内节点是否完全在与刚体层次对应的内节点中（图3.17）。如果内节点不是完全在另一个节点内，那么它一定在外面并且所有与之相关的粒子也都在刚体外面。在这种情况下需要舍弃这个节点。然而，如果内节点实际上在另一个节点内，那么所有与之相关的粒子都被添加到一个候选粒子列表中，这些粒子需要被进一步检测是否被刚体包含。与内节点相关的粒子可以通过跟随它们的子节点的链环，直到到达它们所有的叶节点这种方法来检索。正如第3.4.1节中提到的，每个叶节点都与一定数量的粒子相关，这个数量是用户定义的。相交算法一完成，我们就有了一个最可能在刚体内的候选粒子列表。现在，对于这些粒子中的每个而言，我们执行第2.5.13节中介绍的点在物体内算法来检测粒子是否真的在刚体内。如果在，我们计算在下个时间间隔开始时粒子将会被移动到的物体表面最近的点。

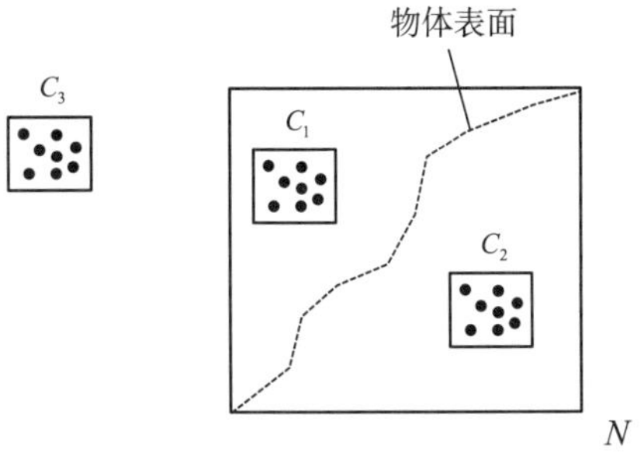

图3.17 被用来与粒子系统层次的内节点 C_1，C_2 和 C_3 进行相交检测的刚体层次中的一个内节点 N（这些节点不相交，但是执行了一个额外的四方体间包含检测。节点 C_3 位于 N 外并且被舍弃。节点 C_1 和 C_2 在 N 内，它们的粒子被添加到候选粒子列表中，这些粒子需要采用第2章中讨论的点在物体内算法进一步检测。在这个例子中，只有与 C_2 相关的粒子将会被检测到在刚体内。在下个时间间隔开始时它们将会被移动到其在物体表面最近的点上）

3.5 粒子间的碰撞响应

当检测到粒子间碰撞时，调用碰撞响应模块，计算可避免碰撞粒子互穿的适当碰撞冲量或接触力。如第3.4节所述，将碰撞粒子的轨迹时间回溯至碰撞前一刻。根据几何位移，确定碰撞点和法线。

如果出现粒子间碰撞，碰撞点即为粒子的实际位置的中点，因为粒子被视为点－质量物体，所有碰撞作用力都直接施加于每个粒子的球心。粒子的形状仅用于计算碰撞法线的方向。如图3.18所示，连接粒子球心，即可确定碰撞法线。

为碰撞粒子任意分配下标1和2。选择法线方向时，使粒子沿着法线的相对速度（$\vec{v}_1 - \vec{v}_2$）在碰撞前一刻为负，即在碰撞之前，$\vec{n}$ 满足：

$$(\vec{v}_1 - \vec{v}_2) \cdot \vec{n} < 0 \tag{3.8}$$

这种分配是至关重要的，因为根据牛顿的作用力和反作用力原理，粒子间的碰撞冲量和接触力大小相等、方向相反。按照惯例，对下标为1的粒子施加正的冲量，对下标为2的粒子施加负的冲量。因此，追踪分配到每个粒子的下标，便于向每个粒子施加正确方向（符号正

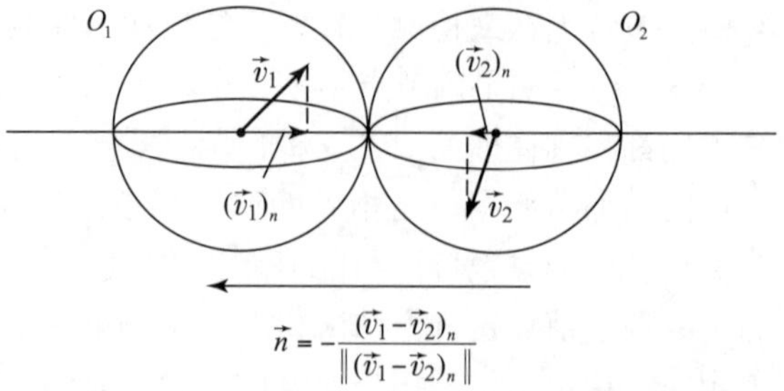

图 3.18　将粒子 O_1 和 O_2 时间回溯至碰撞前一刻，碰撞法线$\vec{n}$由连接球心的直线定义，其方向应当与粒子沿着法线的相对速度（$\vec{v}_1-\vec{v}_2$）相反

确）的碰撞冲量和接触力，这一点非常重要。此外，请注意，如果是多个粒子间碰撞的情况，则粒子在每个碰撞中所分配到的下标会有所不同。

根据沿着碰撞法线的相对速度模块，即可在碰撞点区分碰撞和接触。如果在碰撞前一刻，粒子沿着法线的相对速度小于阈值，则视粒子为接触，计算接触力，避免互相穿透。反之，则视粒子为碰撞，施加冲力，即刻改变粒子的运动方向，避免即将到来的互相穿透。

可能有多个粒子涉及多个碰撞和接触。如是，碰撞响应模块应首先同时计算所有冲力，求解所有碰撞。在确定所有冲力之后，碰撞响应模块继续对相应粒子施加冲力。在施加冲力时，部分接触可能分离，具体情况取决于粒子沿着接触法线在接触点的相对加速度是正值、零还是负值。接下来，同时计算沿着接触法线、相对速度为负值的所有接触的接触力。

3.5.1　计算单一碰撞的冲力

首先开始检测发生一次或多次同时碰撞，且分别涉及两个不同粒子的情形。此时，每个碰撞都可以分别独立处理，因为它们没有共同的粒子。

令涉及粒子 O_1 和 O_2 的碰撞 C 由碰撞法线 $\vec{n}$ 和切线轴 $\vec{t}$ 、$\vec{k}$ 定义，如图 3.19 所示。令 $\vec{v}_1=((v_1)_n,(v_1)_t,(v_1)_k)$，$\vec{v}_2=((v_2)_n,(v_2)_t,(v_2)_k)$ 为碰撞前一刻粒子的速度，$\vec{V}_1=((V_1)_n,(V_1)_t,(V_1)_k)$ 和 $\vec{V}_2=((V_2)_n,(V_2)_t,(V_2)_k)$ 为碰撞之后的速度。我们需要计算碰撞之后的速度，以及冲力 $\vec{P}=(P_n,P_t,P_k)$。这样一共会产生九个未知的数据（$\vec{P},\vec{V}_1$ 和$\vec{V}_2$），因此需要使用九个方程对系统进行求解。

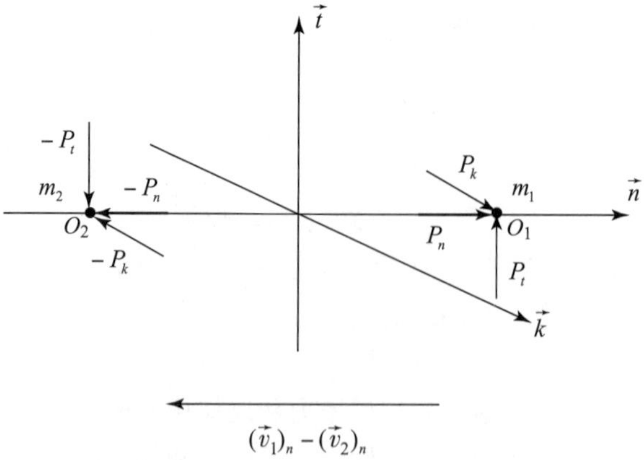

图 3.19　碰撞前的粒子 O_1 和 O_2（对每个粒子施加大小相同、方向相反的冲力）

沿着三条碰撞轴线，对每个粒子运用冲量和动量原理之后，得出所需九个方程中的六个：

$$m_1(V_1)_n - m_1(v_1)_n = P_n \tag{3.9}$$

$$m_1(V_1)_t - m_1(v_1)_t = P_t \tag{3.10}$$

$$m_1(V_1)_k - m_1(v_1)_k = P_k \tag{3.11}$$

$$m_2(V_2)_n - m_2(v_2)_n = -P_n \tag{3.12}$$

$$m_2(V_2)_t - m_2(v_2)_t = -P_t \tag{3.13}$$

$$m_2(V_2)_k - m_2(v_2)_k = -P_k \tag{3.14}$$

接下来的方程通过经验关系式获得，该关系式涉及回弹系数和粒子在碰撞法线方向上的相对速度。令 e 表示法线方向上的回弹系数，得出

$$(V_1)_n - (V_2)_n = -e((v_1)_n - (v_2)_n) \tag{3.15}$$

剩下的两个方程通过碰撞点的库仑摩擦关系获得。如果粒子在碰撞前沿着 $\vec{t}$ 和 $\vec{k}$ 的相对运动为0，即如果

$$(v_1)_t - (v_2)_t = 0$$

$$(v_1)_k - (v_2)_k = 0$$

则它们在碰撞之后的相对运动仍然保持为0。更具体地说，我们将

$$(V_1)_t = (V_2)_t \tag{3.16}$$

$$(V_1)_k = (V_2)_k \tag{3.17}$$

作为剩余的两个方程来对系统求解。但是，如果相对运动不为0，则粒子沿着 $\vec{t}$ 和 $\vec{k}$ 在碰撞点滑动。碰撞冲量将作用于运动的反方向，试图阻止滑动。如果成功，则应使用方程（3.16）和方程（3.17）。否则，粒子继续在整个碰撞过程中滑动。那么我们就将

$$P_t = (\mu_d)_t P_n \tag{3.18}$$

$$P_k = (\mu_d)_k P_n \tag{3.19}$$

作为剩余的两个方程来对系统求解。请注意，$(\mu_d)_t$ 和 $(\mu_d)_k$ 分别是沿着 $\vec{t}$ 和 $\vec{k}$ 轴的动态库仑摩擦系数。由于 P_t 和 P_k 始终与滑动运动相反，所以摩擦系数用正或负来反映实际情况。系数的实际符号取决于粒子在碰撞之前沿着相关轴线的相对速度。可根据下列方程直接计算符号：

$$\operatorname{sign}((\mu_d)_t) = \frac{(v_2)_t - (v_1)_t}{(v_2)_n - (v_1)_n} \tag{3.20}$$

$$\operatorname{sign}((\mu_d)_k) = \frac{(v_2)_k - (v_1)_k}{(v_2)_n - (v_1)_n} \tag{3.21}$$

定向摩擦模型是一种广泛使用的泛化模型，它仅使用一个全向摩擦系数 μ_d 将切向冲量和法向冲量关联在一起，如方程（3.22）所示：

$$P_{tk} = \mu_d P_n \tag{3.22}$$

其中，P_{tk} 为切面冲量，由以下方程得出：

$$P_{tk} = \sqrt{P_t^2 + P_k^2}$$

例如，如果摩擦是各向同性的，即与方向无关，则对于角度 ϕ，我们可以得出：

$$(\mu_d)_t = \mu_d \cos\phi$$

$$(\mu_d)_k = \mu_d \sin\phi$$

因此，

$$\begin{aligned} P_{tk} &= \sqrt{P_t^2 + P_k^2} \\ &= \sqrt{(\mu_d)^2 P_n^2 \cos\phi^2 + (\mu_d)^2 P_n^2 \sin\phi^2} \\ &= \mu_d P_n \end{aligned}$$

该结果与方程（3.22）全向摩擦模型获得的结果一致。使用定向摩擦模型的主要优点在于，当粒子在碰撞点不滑动时，需要执行非线性方程

$$|P_{tk}| = \sqrt{P_t^2 + P_k^2} \leqslant \mu_d P_n$$

可被以下两个线性方程取代：

$$|P_t| \leqslant \mu_t P_n$$

$$|P_k| \leqslant \mu_k P_n$$

当摩擦为各向同性时，上述两个方程等同于非线性方程。最重要的是，它们可以方便地以矩阵形式进行处理。我们稍后将会介绍。

因此，就摩擦而言，我们需要考虑两种可能的情形。在第一种情形中，我们假设粒子在碰撞之后，继续在切面滑动，使用方程（3.9）~方程（3.15）以及方程（3.18）和方程（3.19）来计算碰撞之后的碰撞冲量和速度。在第二种情形中，粒子在碰撞之后，不会在切面滑动，我们使用方程（3.9）~方程（3.15）以及方程（3.16）和方程（3.17）。目前关注与第一种情形相关的求解方法。稍后，我们考虑应对第二种情形所需的必要修改。

将方程（3.9）和方程（3.12）、方程（3.10）和方程（3.13）、方程（3.11）和方程（3.14）求和，得到：

$$m_1(V_1)_n + m_2(V_2)_n = m_1(v_1)_n + m_2(v_2)_n \tag{3.23}$$

$$m_1(V_1)_t + m_2(V_2)_t = m_1(v_1)_t + m_2(v_2)_t \tag{3.24}$$

$$m_1(V_1)_k + m_2(V_2)_k = m_1(v_1)_k + m_2(v_2)_k \tag{3.25}$$

成对减去相同的方程，得到：

$$P_n = \frac{(m_1(V_1)_n - m_2(V_2)_n) - (m_1(v_1)_n - m_2(v_2)_n)}{2} \tag{3.26}$$

$$P_t = \frac{(m_1(V_1)_t - m_2(V_2)_t) - (m_1(v_1)_t - m_2(v_2)_t)}{2} \tag{3.27}$$

$$P_k = \frac{(m_1(V_1)_k - m_2(V_2)_k) - (m_1(v_1)_k - m_2(v_2)_k)}{2} \tag{3.28}$$

将方程（3.26）~方程（3.28）代入方程（3.18）和方程（3.19），得出：

$$\begin{aligned} &(\mu_d)_t m_1(V_1)_n - m_1(V_1)_t - (\mu_d)_t m_2(V_2)_n + m_2(V_2)_t = \\ &(\mu_d)_t m_1(v_1)_n - m_1(v_1)_t - (\mu_d)_t m_2(v_2)_n + m_2(v_2)_t \end{aligned} \tag{3.29}$$

$$\begin{aligned} &(\mu_d)_k m_1(V_1)_n - m_1(V_1)_k - (\mu_d)_k m_2(V_2)_n + m_2(V_2)_k = \\ &(\mu_d)_k m_1(v_1)_n - m_1(v_1)_k - (\mu_d)_k m_2(v_2)_n + m_2(v_2)_k \end{aligned} \tag{3.30}$$

使用变量

$$(U_i)_j = m_i((V_i)_j - (v_i)_j),\ i = \{1,2\},j = \{n,t,k\}$$

替换，则方程（3.23）~方程（3.25）、方程（3.15）、方程（3.29）和方程（3.30）定义的系统可以写为

$$(U_1)_n + (U_2)_n = 0$$
$$(U_1)_t + (U_2)_t = 0$$
$$(U_1)_k + (U_2)_k = 0$$
$$\frac{(U_1)_n}{m_1} - \frac{(U_2)_n}{m_2} = -(1+e)((v_1)_n - (v_2)_n)$$
$$(\mu_d)_t(U_1)_n - (U_1)_t - (\mu_d)_t(U_2)_n + (U_2)_t = 0$$
$$(\mu_d)_k(U_1)_n - (U_1)_k - (\mu_d)_k(U_2)_n + (U_2)_k = 0$$

求解 $(U_i)_j$，得出：

$$(U_1)_n = m_1((V_1)_n - (v_1)_n) = m_{12}(1+e)((v_2)_n - (v_1)_n) \tag{3.31}$$
$$(U_1)_t = m_1((V_1)_t - (v_1)_t) = (\mu_d)_t m_{12}(1+e)((v_2)_n - (v_1)_n) \tag{3.32}$$
$$(U_1)_k = m_1((V_1)_k - (v_1)_k) = (\mu_d)_k m_{12}(1+e)((v_2)_n - (v_1)_n) \tag{3.33}$$
$$(U_2)_n = m_2((V_2)_n - (v_2)_n) = -m_{12}(1+e)((v_2)_n - (v_1)_n) \tag{3.34}$$
$$(U_2)_t = m_2((V_2)_t - (v_2)_t) = -(\mu_d)_t m_{12}(1+e)((v_2)_n - (v_1)_n) \tag{3.35}$$
$$(U_2)_k = m_2((V_2)_k - (v_2)_k) = -(\mu_d)_k m_{12}(1+e)((v_2)_n - (v_1)_n) \tag{3.36}$$

其中，$m_{12} = \dfrac{m_1 m_2}{m_1 + m_2}$。

粒子在碰撞之后的速度 $\vec{V}_1$ 和 $\vec{V}_2$ 直接从方程（3.31）~方程（3.36）得出。将它们的值代入方程（3.26）~方程（3.28），我们立即得出冲量 $\vec{P}$。

到目前为止，所有推导均考虑碰撞粒子在碰撞过程中继续滑动的情形。如果粒子在碰撞之后不再滑动，无论是由于它们在碰撞之前已经不再滑动，还是在碰撞过程中停止了滑动，应使用方程（3.16）和方程（3.17），而不是方程（3.18）和方程（3.19）。为了方便，我们在此重复一次：

$$(V_1)_t = (V_2)_t$$
$$(V_1)_k = (V_2)_k$$

请注意，切面的滑动运动直接受到回弹系数和摩擦系数，以及粒子在碰撞之前的相对速度的影响。直观地说，对于给定的回弹系数和相对速度，如果摩擦系数较小，滑动将继续；如果摩擦系数足够大，则滑动停止。因此，存在一个与给定回弹系数和粒子相对速度相关的临界摩擦系数值。如果实际摩擦系数小于临界摩擦系数，则在整个碰撞过程中持续滑动，应考虑与第一种情形相关的系统方程。但是，如果实际摩擦系数大于或等于临界摩擦系数，则滑动会在碰撞过程的某处停止，应考虑与第二种情形相关的系统方程。

接下来推导出用于计算临界摩擦系数的表达式。如果将方程（3.32）、方程（3.33）、方程（3.35）和方程（3.36）获得的 $(V_1)_t$，$(V_1)_k$，$(V_2)_t$ 和 $(V_2)_k$ 分别代回方程（3.18）和方程（3.19），则得出：

$$\frac{(v_1)_t + (\mu_d)_t m_{12}(1+e)((v_2)_n - (v_1)_n)}{m_1} = \frac{(v_2)_t - (\mu_d)_t m_{12}(1+e)((v_2)_n - (v_1)_n)}{m_2}$$

$$\frac{(v_1)_k + (\mu_d)_k m_{12}(1+e)((v_2)_n - (v_1)_n)}{m_1} = \frac{(v_2)_k - (\mu_d)_k m_{12}(1+e)((v_2)_n - (v_1)_n)}{m_2}$$

求出 $(\mu_d)_t$ 和 $(\mu_d)_k$，得到：

$$(\mu_d)_t = (\mu_d)_t^c = \frac{1}{(1+e)}\frac{((v_2)_t - (v_1)_t)}{((v_2)_n - (v_1)_n)} \tag{3.37}$$

$$(\mu_d)_k = (\mu_d)_k^c = \frac{1}{(1+e)}\frac{((v_2)_k - (v_1)_k)}{((v_2)_n - (v_1)_n)} \tag{3.38}$$

其中，$(\mu_d)_t^c$ 和 $(\mu_d)_k^c$ 为摩擦系数的临界值，可使滑动在碰撞结束时刻停止。

实际操作如下。首先，使用方程（3.37）和方程（3.38）计算临界摩擦系数。接下来，将实际摩擦系数 $(\mu_d)_t$ 和 $(\mu_d)_k$ 与其相关的临界值对比。如果 $(\mu_d)_t < (\mu_d)_t^c$，则滑动继续沿着 $\vec{t}$ 进行，我们使用方程（3.18）。否则，如果 $(\mu_d)_t \geqslant (\mu_d)_t^c$，则在碰撞过程中，滑动沿着 $\vec{t}$ 停止，我们使用方程（3.16）。相同的分析方法用于对比 $(\mu_d)_k$ 和 $(\mu_d)_k^c$，并选择相应的系统方程。

同时，请注意，当滑动在碰撞过程中停止时，无须对系统方程推导出一组新的解。我们只需在已经得到的求解等式中，使用摩擦系数临界值，而不是实际摩擦值。请记住，如果设 $(\mu_d)_t = (\mu_d)_t^c$，即可立即得出所需的条件 $(V_1)_t = (V_2)_t$。以此类推，如果设 $(\mu_d)_k = (\mu_d)_k^c$，即可得到 $(V)_k = (V_2)_k$。

参考文献中常见计算碰撞冲量的系统方程被替代为分块矩阵表达。在单一碰撞情形中，因为我们可以计算冲量和最终速度，所以该表达不是特别有用，但是在多个同时碰撞情形中，该表达特别有用。现在，我们将关注单一碰撞的分块矩阵表达。第 3.5.2 节会扩展到多个碰撞的情形。

如上所述，当粒子在碰撞之后继续在切面上滑动时，使用方程（3.9）~方程（3.15）以及方程（3.18）和方程（3.19）。此时，系统方程可以转换为以下矩阵格式：

$$\begin{pmatrix} 0 & 0 & 0 & 1 & 0 & 0 & -1 & 0 & 0 \\ -(\mu_d)_t & 1 & 0 & 0 & 0 & 0 & 0 & 0 & 0 \\ -(\mu_d)_k & 1 & 0 & 0 & 0 & 0 & 0 & 0 & 0 \\ -1 & 0 & 0 & m_1 & 0 & 0 & 0 & 0 & 0 \\ 0 & -1 & 0 & 0 & m_1 & 0 & 0 & 0 & 0 \\ 0 & 0 & -1 & 0 & 0 & m_1 & 0 & 0 & 0 \\ 1 & 0 & 0 & m_2 & 0 & 0 & 0 & 0 & 0 \\ 0 & 1 & 0 & 0 & m_2 & 0 & 0 & 0 & 0 \\ 0 & 0 & 1 & 0 & 0 & m_2 & 0 & 0 & 0 \end{pmatrix} \begin{pmatrix} (P_{1,2})_n \\ (P_{1,2})_t \\ (P_{1,2})_k \\ (V_1)_n \\ (V_1)_t \\ (V_1)_k \\ (V_2)_n \\ (V_2)_t \\ (V_2)_k \end{pmatrix} = \begin{pmatrix} -e((v_1)_n - (v_2)_n) \\ 0 \\ 0 \\ m_1(v_1)_n \\ m_1(v_1)_t \\ m_1(v_1)_k \\ m_2(v_2)_n \\ m_2(v_2)_t \\ m_2(v_2)_k \end{pmatrix} \tag{3.39}$$

其中，$\vec{P}_{1,2} = ((P_{1,2})_n, (P_{1,2})_t, (P_{1,2})_k)$ 为粒子 O_1 和 O_2 之间的碰撞冲量。

如果沿着 $\vec{t}$ 方向的滑动在碰撞结束时停止，则我们需要使用方程（3.16），而不是方程（3.18）。相应地，这样的效果等同于将

$$(0 \quad 0 \quad 0 \quad 0 \quad 1 \quad 0 \quad 0 \quad -1 \quad 0)$$

代入系统矩阵第二行。

反之，如果沿着 $\vec{k}$ 方向的滑动在碰撞结束时停止，则我们需要将

$$(0 \quad 0 \quad 0 \quad 0 \quad 0 \quad 1 \quad 0 \quad 0 \quad -1)$$

代入系统矩阵第三行。

系统的分块矩阵表达可直接由方程（3.39）获得，用以下方程表示：

$$\begin{pmatrix} \boldsymbol{A}_{1,2} & \boldsymbol{B}_{1,2} & -\boldsymbol{B}_{1,2} \\ -\boldsymbol{I} & m_1\boldsymbol{I} & \boldsymbol{0} \\ \boldsymbol{I} & \boldsymbol{0} & m_2\boldsymbol{I} \end{pmatrix}\begin{pmatrix} \vec{P}_{1,2} \\ \vec{V}_1 \\ \vec{V}_2 \end{pmatrix} = \begin{pmatrix} \vec{d}_{1,2} \\ m_1\vec{v}_1 \\ m_2\vec{v}_2 \end{pmatrix} \tag{3.40}$$

其中，$\boldsymbol{I}$ 为 3×3 单位矩阵，$\boldsymbol{0}$ 为 3×3 零矩阵，且

$$\vec{d}_{1,2} = \begin{pmatrix} -e((v_1)_n - (v_2)_n) \\ 0 \\ 0 \end{pmatrix}$$

根据在碰撞结束后，滑动是否继续沿着切面滑动，选择矩阵 $\boldsymbol{A}_{1,2}$ 和 $\boldsymbol{B}_{1,2}$。有四种可能的情形需要考虑。

（1）如果 $(\mu_d)_t < (\mu_d)_t^c$ 且 $(\mu_d)_k < (\mu_d)_k^c$，则

$$\boldsymbol{A}_{1,2} = \begin{pmatrix} 0 & 0 & 0 \\ -(\mu_d)_t & 1 & 0 \\ -(\mu_d)_k & 1 & 0 \end{pmatrix} \text{且} \ \boldsymbol{B}_{1,2} = \begin{pmatrix} 1 & 0 & 0 \\ 0 & 0 & 0 \\ 0 & 0 & 0 \end{pmatrix}$$

（2）如果 $(\mu_d)_t \geqslant (\mu_d)_t^c$ 且 $(\mu_d)_k < (\mu_d)_k^c$，则

$$\boldsymbol{A}_{1,2} = \begin{pmatrix} 0 & 0 & 0 \\ 0 & 0 & 0 \\ -(\mu_d)_k & 1 & 0 \end{pmatrix} \text{且} \ \boldsymbol{B}_{1,2} = \begin{pmatrix} 1 & 0 & 0 \\ 0 & 1 & 0 \\ 0 & 0 & 0 \end{pmatrix}$$

（3）如果 $(\mu_d)_t < (\mu_d)_t^c$ 且 $(\mu_d)_k \geqslant (\mu_d)_k^c$，则

$$\boldsymbol{A}_{1,2} = \begin{pmatrix} 0 & 0 & 0 \\ -(\mu_d)_t & 1 & 0 \\ 0 & 0 & 0 \end{pmatrix} \text{且} \ \boldsymbol{B}_{1,2} = \begin{pmatrix} 1 & 0 & 0 \\ 0 & 0 & 0 \\ 0 & 0 & 1 \end{pmatrix}$$

（4）如果 $(\mu_d)_t \geqslant (\mu_d)_t^c$ 且 $(\mu_d)_k \geqslant (\mu_d)_k^c$，则 $\boldsymbol{A}_{1,2} = \boldsymbol{0}$ 且 $\boldsymbol{B}_{1,2} = \boldsymbol{I}$。

请注意，方程（3.40）所示的分块矩阵的第一行包含回弹系数和摩擦方程，与状态变量 $\vec{P}_{1,2}$ 相关。第二行和第三行分别包含与最终速度 $\vec{V}_1$ 和 $\vec{V}_2$ 相关的线动量守恒方程。这种次序非常重要，因为它能显著简化应用于多个碰撞情形时的更新。

3.5.2 计算多个同时碰撞的冲力

在仿真中，可能有时会出现三个或更多个粒子同时彼此碰撞的情形。在这些情形中，仿真引擎不是一次求解一个碰撞，而不考虑其他碰撞的存在，相反，它需要将多个粒子组合成至少共享一个碰撞的簇。每个簇内部的碰撞将被同时求解，与其他簇无关（图 3.20）。

考虑计算与簇 G_1 相关的碰撞冲力，如图 3.20 所示。令碰撞 C_1 和 C_2 分别为碰撞（$O_1 - O_2$）和（$O_2 - O_3$）。就 O_2 而言，由两次碰撞引起的线动量方程变成：

$$m_2(\vec{V}_2 - \vec{v}_2) = -\vec{P}_{1,2} + \vec{P}_{2\to1,3\to2} \tag{3.41}$$

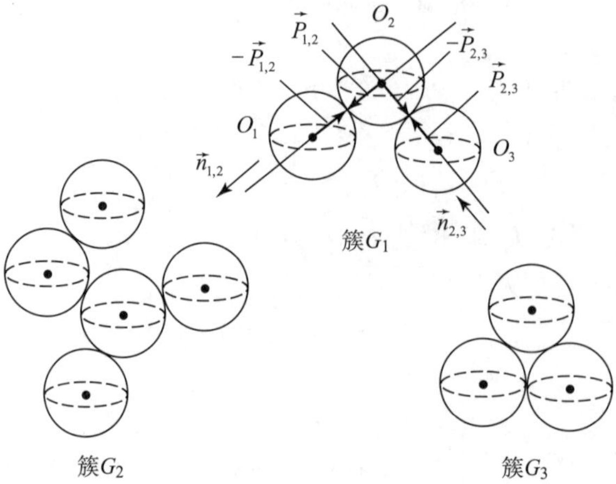

图 3.20　多粒子碰撞被分割成的三个簇（如果粒子 O_i 与已经存在于簇 G_j 的至少一个粒子碰撞，则将粒子 O_i 添加到簇 G_j。碰撞响应模块并行对各个簇求解，因为它们没有共同的碰撞，可以被视为独立的碰撞组）

其中，$\vec{P}_{2\to1,3\to2}$ 为碰撞 C_2 的冲力 $\vec{P}_{2,3}$，用与碰撞 C_1 相关的局部坐标系①表示。$\vec{P}_{1,2}$ 的负号表示粒子 O_2 相对于碰撞 C_1 的下标为 2。

很显然，由碰撞 C_2 引起的冲力还将影响到计算由碰撞 C_1 引起的冲力，反之亦然。因此，计算碰撞冲力的正确方法是在对方程系统求解时，同时考虑两个碰撞。请记住，我们在第 3.5.1 节采用的惯例是，对下标为 1 的粒子施加正冲力，对下标为 2 的粒子施加负冲力。下标的选择与粒子沿着碰撞法线的相对速度有关，以便在碰撞前一刻满足方程（3.8）。

如果一个粒子涉及多个碰撞，那么可能在每次碰撞中得到不同的下标。对于簇 G_1 这种特定情形，粒子 O_2 在其与粒子 O_1 碰撞时的下标为 2，在与粒子 O_3 碰撞时的下标为 1。这也影响到在合并系统方程的多个碰撞冲力时，要选择哪个符号［方程（3.41）中 $\vec{P}_{1,2}$ 的负号，$\vec{P}_{2\to1,3\to2}$ 的正号］。此外，在每次碰撞中，碰撞法线和切面是不同的。因此，在合并之前，我们还需要在碰撞冲力之间执行基变换［方程（3.41）使用的向量 $\vec{P}_{2\to1,3\to2}$］。

应对多个碰撞的最佳方法是以分块矩阵的形式表达与每个簇相关的系统方程：

$$\boldsymbol{A}\vec{x} = \vec{b}$$

其中，状态向量 $\vec{x}$ 包含需要确定的变量。如果是单一碰撞，状态向量由碰撞粒子的碰撞冲力和最终速度定义。但是，如果是多个碰撞，状态向量可被视为多个单一碰撞的状态向量串联，但更加复杂，因为所有变量都不能被多次计入。例如，图 3.21（a）显示了与图 3.20 所示的簇 G_1 相关的多个碰撞的状态向量直接串联。

由于粒子 O_2 涉及两个碰撞，其最终速度 $\vec{V}_2$ 被计入两次。创建状态向量的正确方法是追踪已经添加的变量，对已经添加一次以上的变量标注为“共用”，如图 3.21（b）所示。

在确定与簇相关的状态向量后，下一步是填充矩阵 $\boldsymbol{A}$ 和向量 $\vec{b}$ 的各行。考虑与状态向量各个变量的第一个链接相关的方程，即可完成这个目标。例如，对于图 3.20 所示的簇 G_1，状态向量的第一个变量是 $\vec{P}_{1,2}$。该变量被链接回（$O_1 - O_2$）碰撞中。其相关的方程为回弹系

① 局部坐标系由碰撞法线和切面定义。

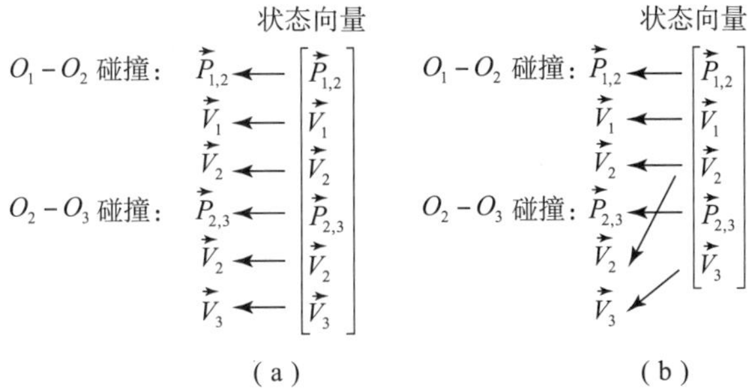

图 3.21 （a）直接串联形成的粒子最终速度的多个记录，这些粒子涉及多个碰撞；（b）状态向量变量应可以链接回各自的碰撞中。多个链接用于多个碰撞中，如 $\vec{V}_2$ 的情形所示

数和摩擦方程。因此，矩阵 $\boldsymbol{A}$ 和向量 $\vec{b}$ 的第一行是

$$\begin{pmatrix} \boldsymbol{A}_{1,2} & \boldsymbol{B}_{1,2} & -\boldsymbol{B}_{1,2} & \boldsymbol{0} & \boldsymbol{0} \\ x & x & x & x & x \\ x & x & x & x & x \\ x & x & x & x & x \\ x & x & x & x & x \end{pmatrix}\begin{pmatrix} \vec{P}_{1,2} \\ \vec{V}_1 \\ \vec{V}_2 \\ \vec{P}_{2,3} \\ \vec{V}_3 \end{pmatrix} = \begin{pmatrix} \vec{d}_{1,2} \\ x \\ x \\ x \\ x \end{pmatrix}$$

状态向量的第二个变量为 $\vec{V}_1$ 。该变量也链接回（O_1-O_2）碰撞中。其相关方程为粒子 O_1 的线动量守恒方程。因此，矩阵 $\boldsymbol{A}$ 和向量 $\vec{b}$ 的第二行是

$$\begin{pmatrix} \boldsymbol{A}_{1,2} & \boldsymbol{B}_{1,2} & -\boldsymbol{B}_{1,2} & \boldsymbol{0} & \boldsymbol{0} \\ -\boldsymbol{I} & m_1\boldsymbol{I} & \boldsymbol{0} & \boldsymbol{0} & \boldsymbol{0} \\ x & x & x & x & x \\ x & x & x & x & x \\ x & x & x & x & x \end{pmatrix}\begin{pmatrix} \vec{P}_{1,2} \\ \vec{V}_1 \\ \vec{V}_2 \\ \vec{P}_{2,3} \\ \vec{V}_3 \end{pmatrix} = \begin{pmatrix} \vec{d}_{1,2} \\ m_1\vec{v}_1 \\ x \\ x \\ x \end{pmatrix}$$

对其他所有状态向量执行相同的操作，得出：

$$\begin{pmatrix} \boldsymbol{A}_{1,2} & \boldsymbol{B}_{1,2} & -\boldsymbol{B}_{1,2} & \boldsymbol{0} & \boldsymbol{0} \\ -\boldsymbol{I} & m_1\boldsymbol{I} & \boldsymbol{0} & \boldsymbol{0} & \boldsymbol{0} \\ \boldsymbol{I} & \boldsymbol{0} & m_2\boldsymbol{I} & \boldsymbol{0} & \boldsymbol{0} \\ \boldsymbol{0} & \boldsymbol{0} & \boldsymbol{B}_{2,3} & \boldsymbol{A}_{2,3} & -\boldsymbol{B}_{2,3} \\ \boldsymbol{0} & \boldsymbol{0} & \boldsymbol{0} & \boldsymbol{I} & m_3\boldsymbol{I} \end{pmatrix}\begin{pmatrix} \vec{P}_{1,2} \\ \vec{V}_1 \\ \vec{V}_2 \\ \vec{P}_{2,3} \\ \vec{V}_3 \end{pmatrix} = \begin{pmatrix} \vec{d}_{1,2} \\ m_1\vec{v}_1 \\ m_2\vec{v}_2 \\ \vec{d}_{2,3} \\ m_3\vec{v}_3 \end{pmatrix} \tag{3.42}$$

请注意方程（3.42）所示的系统矩阵的第 1 行和第 4 行之间的差别。由于 $\vec{V}_2$ 是（O_1-O_2）和（O_2-O_3）碰撞共用的，重新排列矩阵 $\boldsymbol{A}_{2,3}$ 和 $\boldsymbol{B}_{2,3}$，以便正确乘以其相关的状态向量变量。正确的次序是 $\boldsymbol{B}_{2,3}$ 乘以下标为 1 的粒子的线速度，$\boldsymbol{A}_{2,3}$ 乘以与碰撞（O_2-O_3）相关的冲力，（$-\boldsymbol{B}_{2,3}$）乘以下标为 2 的粒子的线速度。由于碰撞（O_2-O_3），粒子 O_2 与下标 1 相关，粒子 O_3 与下标 2 相关，方程（3.42）的第 4 行的这些分块矩阵的排列与第 1 行的不同。

同样地，注意方程（3.42）是仅依照每个状态向量变量的第一个链接构建的。现在，我们需要更新具有多个碰撞项的方程（3.42）。可以考虑具有多个相关链接的状态变量。第一个链接用于定义行。接下来的链接使用多个碰撞项来更新行的部分元素。

总体而言，如果粒子 O_i 涉及多个碰撞，则与 $\vec{V}_i$ 相关的行，即与最终速度相关的行，需要更新。假设粒子 O_i 有第二个链接，可链接到 O_j 。令 $\vec{P}_{i,j}$ 为与碰撞相关的冲力对应的状态向量变量。因此，状态向量中 $\vec{V}_i$ 的下标定义了待更新的系统矩阵的行，状态向量中 $\vec{P}_{i,j}$ 的下标定义了待更新的系统矩阵的列。因此，我们需要更新方程（3.42）中给出的系统矩阵的元素：

$$[\vec{V}_i \text{ 的下标}][\vec{P}_{i,j} \text{ 的下标}]$$

实际更新包括计算与粒子 O_i 相关的线动量方程的 $\vec{P}_{i,j}$ 。使用与状态变量 $\vec{V}_i$ 的第一个链接对应碰撞的局部坐标系来表达 $\vec{P}_{i,j}$ ，即可进行计算。

假设状态变量 $\vec{V}_i$ 的第一个链接与涉及粒子 O_i 和 O_m 的碰撞 C_m 相关。令碰撞（$O_m - O_i$）的局部坐标系 $\mathscr{F}_{m,i}$ 由向量 $\vec{n}_{m,i}$ ，$\vec{t}_{m,i}$ 和 $\vec{k}_{m,i}$ 定义。

状态变量 $\vec{V}_i$ 的第二个链接与涉及粒子 O_i 和 O_j 的碰撞 C_j 相关。令碰撞（$O_i - O_j$）的局部坐标系 $\mathscr{F}_{i,j}$ 由向力 $\vec{n}_{i,j}$ ，$\vec{t}_{i,j}$ 和 $\vec{k}_{i,j}$ 定义。局部坐标系 $\mathscr{F}_{i,j}$ 定义的碰撞冲力 $\vec{P}_{i,j}$ 在局部坐标系 $\mathscr{F}_{m,i}$ 被表达为

$$\vec{P}_{i\to m,j\to i} = M_{i\to m,j\to i}\vec{P}_{i,j}$$

其中，

$$M_{i\to m,j\to i} = \lambda\begin{pmatrix} \vec{n}_{i,j}\cdot\vec{n}_{m,i} & \vec{n}_{i,j}\cdot\vec{t}_{m,i} & \vec{n}_{i,j}\cdot\vec{k}_{m,i} \\ \vec{t}_{i,j}\cdot\vec{n}_{m,i} & \vec{t}_{i,j}\cdot\vec{t}_{m,i} & \vec{t}_{i,j}\cdot\vec{k}_{m,i} \\ \vec{k}_{i,j}\cdot\vec{n}_{m,i} & \vec{k}_{i,j}\cdot\vec{t}_{m,i} & \vec{k}_{i,j}\cdot\vec{k}_{m,i} \end{pmatrix}$$

其中，变量 λ 可以是 1 或 −1，具体取决于 O_i 在碰撞 O_j 中所分配到的下标是 2 还是 1，则必要的多个碰撞项更新为

$$[\vec{V}_i \text{ 的下标}][\vec{P}_{i,j} \text{ 的下标}] = \vec{P}_{i\to j,i\to m}$$

举例而言，将多个碰撞项更新应用到图 3.21 所示的簇 G_1 。在本例中，$\vec{V}_2$ 的第二个链接指向粒子 O_2 与粒子 O_3 的碰撞。因此，我们需要在方程（3.42）的系统矩阵中更新元素：

$$[\vec{V}_2 \text{ 的下标}]\ [\vec{P}_{2,3} \text{ 的下标}] = [3,4]$$

在

$$\boldsymbol{M}_{2\to 1,3\to 2} = \lambda\begin{pmatrix} \vec{n}_{2,3}\cdot\vec{n}_{1,2} & \vec{n}_{2,3}\cdot\vec{t}_{1,2} & \vec{n}_{2,3}\cdot\vec{k}_{1,2} \\ \vec{t}_{2,3}\cdot\vec{n}_{1,2} & \vec{t}_{2,3}\cdot\vec{t}_{1,2} & \vec{t}_{2,3}\cdot\vec{k}_{1,2} \\ \vec{k}_{2,3}\cdot\vec{n}_{1,2} & \vec{k}_{2,3}\cdot\vec{t}_{1,2} & \vec{k}_{2,3}\cdot\vec{k}_{1,2} \end{pmatrix} \tag{3.43}$$

中，将使用实际更新来取代位置［3，4］的当前 **0** 元素，其中，坐标系 $\mathscr{F}_{1,2}$ 由向量 $\vec{n}_{1,2}$ ，$\vec{t}_{1,2}$ 和 $\vec{k}_{1,2}$ 定义，坐标系 $\mathscr{F}_{2,3}$ 由向量 $\vec{n}_{2,3}$ ，$\vec{t}_{2,3}$ 和 $\vec{k}_{2,3}$ 定义。同样地，由于粒子 O_2 在与粒子 O_3 的碰撞中得到的下标为 1（图 3.20），所以我们应在方程（3.43）中使用 $\lambda = +1$ 。也就是说，我们需要设置

$$\text{元素}[3,4] = \boldsymbol{M}_{2\to 1,3\to 2}$$

则在该示例情况下，最终系统矩阵为

$$\begin{pmatrix} \boldsymbol{A}_{1,2} & \boldsymbol{B}_{1,2} & -\boldsymbol{B}_{1,2} & \boldsymbol{0} & \boldsymbol{0} \\ -\boldsymbol{I} & m_1\boldsymbol{I} & \boldsymbol{0} & \boldsymbol{0} & \boldsymbol{0} \\ \boldsymbol{I} & \boldsymbol{0} & m_2\boldsymbol{I} & \boldsymbol{M}_{2\to 1,3\to 2} & \boldsymbol{0} \\ \boldsymbol{0} & \boldsymbol{0} & \boldsymbol{B}_{2,3} & \boldsymbol{A}_{2,3} & -\boldsymbol{B}_{2,3} \\ \boldsymbol{0} & \boldsymbol{0} & \boldsymbol{I} & \boldsymbol{I} & m_3\boldsymbol{I} \end{pmatrix}\begin{pmatrix} \vec{P}_{1,2} \\ \vec{V}_1 \\ \vec{V}_2 \\ \vec{P}_{2,3} \\ \vec{V}_3 \end{pmatrix} = \begin{pmatrix} \vec{d}_{1,2} \\ m_1\vec{v}_1 \\ m_2\vec{v}_2 \\ \vec{d}_{2,3} \\ m_3\vec{v}_3 \end{pmatrix}$$

综上所述，对于包含多个链接的每个状态向量变量，我们需要更新与每个碰撞对应的系统矩阵的元素。当所有元素已经更新之后，我们使用（例如）高斯消元法对得到的线性系统进行求解。还有一种选择，就是使用专用的方法来对稀疏线性系统进行求解，因为系统矩阵通常都是稀疏的。这个解便是碰撞响应模块待使用的状态向量变量的正确值。

3.5.3 计算单一接触的接触力

当两个粒子沿着碰撞法线的相对速度为 0 或小于阈值时，两个粒子被视为接触。此时，应施加接触力，而不是第 3.5.1 节介绍的冲力。

接触力计算与冲力计算截然不同。对于冲力计算，我们使用线动量守恒方程、摩擦系数和回弹系数来定义系统方程。在这里，我们需要根据接触几何[①]和每个粒子的动态，推导出其他的条件，才能计算接触力。

第一个条件指出，假设负值表示粒子正在朝着彼此的方向加速运动，则在接触点、沿着接触法线的粒子相对加速度应大于或等于 0。在此情形中，如果计算得出的接触力使在接触点、沿着接触法线的相对加速度为 0，则粒子保持接触。但是，如果它们的相对加速度大于 0，则接触即将分离。

第二个条件指出，若沿着接触法线的接触分力大于或等于 0，则表明粒子正被排斥，彼此远离。接触力不能有负值，即不能使粒子彼此连接以避免它们分离。

第三个，也就是最后的条件指出，如果粒子之间的接触即将分离，则接触力应设为 0。换言之，如果在接触点、沿着接触法线的相对加速度大于 0，则接触即将分离，接触力应设为 0。

将这三个条件转换为算法方程，用来计算接触力。图 3.22 所示为一种典型情形，即粒子 O_1 和 O_2 在接触前一刻已经接触，如果不施加接触力，则彼此互穿。

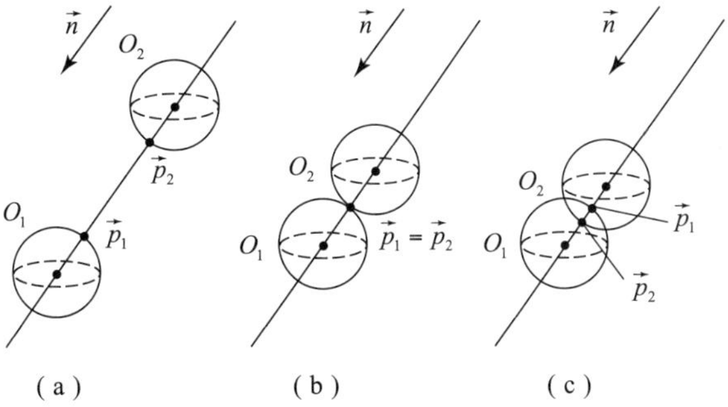

图 3.22 （a）粒子 O_1 和 O_2 即将在点 $\vec{p}_1$ 和 $\vec{p}_2$ 彼此接触；（b）当 $\vec{p}_1 = \vec{p}_2$ 时发生接触；（c）如果 $(\vec{p}_1 - \vec{p}_2) \cdot \vec{n} < 0$，则发生互穿，其中，$\vec{n}$ 为接触法线

令 $\vec{p}_1(t)$ 和 $\vec{p}_2(t)$ 为粒子 O_1 和 O_2 即将接触的位置，则向量 $\vec{q}(t)$ 被定义为

① 当碰撞变成接触时，碰撞法线将被视为接触法线。

$$\vec{q}(t) = \begin{pmatrix} q_n(t) \\ q_t(t) \\ q_k(t) \end{pmatrix} = \begin{pmatrix} (\vec{p}_1(t) - \vec{p}_2(t)) \cdot \vec{n}(t) \\ (\vec{p}_1(t) - \vec{p}_2(t)) \cdot \vec{t}(t) \\ (\vec{p}_1(t) - \vec{p}_2(t)) \cdot \vec{k}(t) \end{pmatrix} \tag{3.44}$$

其中，$\vec{n}(t)$ 为从粒子 O_2 指向粒子 O_1 的接触法线；向量 $\vec{t}(t)$ 和 $\vec{k}(t)$ 定义接触时的切面。很显然，$q_n(t)$ 定义点 $\vec{p}_1(t)$ 和 $\vec{p}_2(t)$ 之间沿着接触法线的距离，是时间的函数；如果粒子分离，则 $q_n(t) > 0$；如果粒子接触，则 $q_n(t) = 0$；如果粒子互穿，则 $q_n(t) < 0$（图 3.22）。令 t_c 为发生接触的时刻，即

$$\vec{q}(t_c) = \vec{0}$$

第一个条件指出，在接触点、沿着接触法线的相对加速度应大于或等于 0。这相当于执行

$$\left.\frac{\mathrm{d}^2 q_n(t)}{\mathrm{d}t^2}\right|_{t=t_c} \geqslant 0 \tag{3.45}$$

如果令 $\vec{a}(t) = (a_n(t), a_t(t), a_k(t))$ 为接触点的相对加速度，则我们可以将方程 (3.45) 重写为

$$a_n(t_c) \geqslant 0 \tag{3.46}$$

分量 $a_t(t)$ 和 $a_k(t)$ 定义了接触切面的接触点的相对加速度。仅当在接触点考虑静态或动态摩擦时才能使用这些分量。具体情况我们将在本节后文详述。

第二个条件指出，沿着接触法线的接触分力应为非负值，即

$$F_n \geqslant 0 \tag{3.47}$$

其中，$\vec{F} = (F_n, F_t, F_k)$ 为待确定的接触力。如果考虑摩擦，则根据库仑摩擦模型，计算接触力的切面分力 F_t 和 F_k。具体而言，如果点 $\vec{p}_1$ 和 $\vec{p}_2$ 沿着 $\vec{t}$ 的相对速度为 0 或小于阈值，则在接触点无滑动。在此情况下，根据相对加速度分量 $a_t(t)$ 为正或负，假设分力 F_t 处于以下范围：

$$-(\mu_s)_t F_n \leqslant F_t \leqslant (\mu_s)_t F_n$$

换言之，F_t 将通过始终与相对加速度 $a_t(t)$ 方向相反，尽力避免粒子在接触点发生滑动①。另外，如果沿着 $\vec{t}$ 的相对加速度大于阈值，则粒子在接触点滑动。根据相对加速度 $a_t(t)$ 为负或正，有

$$F_t = +(\mu_d)_t F_n \text{ 或 } F_t = -(\mu_d)_t F_n$$

此时，$(\mu_d)_t$ 为沿着 $\vec{t}$ 方向的动态摩擦系数。相似的分析方法也适用于 $\vec{k}$。

第三个，也就是最后的条件指出，如果接触分离，即如果沿着接触法线的相对加速度为正，则接触力为 0。同样，我们得出：

$$F_n a_n(t_c) = 0 \tag{3.48}$$

这表明，如果 F_n 大于 0，则粒子接触，相对加速度为 0。否则，如果 a_n 大于 0，则接触即将分离，接触力应为 0。汇总起来，我们得知，接触力的计算涉及对以下方程组求解：

$$\begin{aligned} a_n(t_c) &\geqslant 0 \\ F_n &\geqslant 0 \\ F_n a_n(t_c) &= 0 \end{aligned} \tag{3.49}$$

① 请注意，如果 $a_t(t)$ 为 0，则 F_t 为 0。

此时，我们采用的惯例是，对粒子 O_1（下标为 1 的粒子）施加正接触力 $+\vec{F}$，对粒子 O_2（下标为 2 的粒子）施加负接触力 $-\vec{F}$。

根据方程（3.45），对方程（3.44）进行两次时间微分计算，即可得出沿着接触法线的相对加速度 $a_n(t)$。这样一来，我们根据方程（3.44）的一阶时间导数得出：

$$\frac{\mathrm{d}q_n(t)}{\mathrm{d}t}=\left(\frac{\mathrm{d}\vec{p}_1(t)}{\mathrm{d}t}-\frac{\mathrm{d}\vec{p}_2(t)}{\mathrm{d}t}\right)\cdot\vec{n}(t)+(\vec{p}_1-\vec{p}_2)\cdot\frac{\mathrm{d}\vec{n}(t)}{\mathrm{d}t} \tag{3.50}$$

或等价于

$$v_n(t)=(\vec{v}_1(t)-\vec{v}_2(t))\cdot\vec{n}(t)+(\vec{p}_1-\vec{p}_2)\cdot\frac{\mathrm{d}\vec{n}(t)}{\mathrm{d}t} \tag{3.51}$$

其中，$\vec{v}_1(t)$ 和 $\vec{v}_2(t)$ 为点 $\vec{p}_1(t)$ 和 $\vec{p}_2(t)$ 的速度向量。这样就能够以速度和碰撞法线为函数，得出点 $\vec{p}_1(t)$ 和 $\vec{p}_2(t)$ 沿着接触法线的相对速度表达式 $v_n(t)=\mathrm{d}q(t)/\mathrm{d}t$。碰撞法线的时间导数表示其方向变化率，是时间的函数。

再次针对方程（3.50）对时间求导：

$$\frac{\mathrm{d}^2q_n(t)}{\mathrm{d}t^2}=\left(\frac{\mathrm{d}^2\vec{p}_1(t)}{\mathrm{d}t^2}-\frac{\mathrm{d}^2\vec{p}_2(t)}{\mathrm{d}t^2}\right)\cdot\vec{n}(t)+2\left(\frac{\mathrm{d}\vec{p}_1(t)}{\mathrm{d}t}-\frac{\mathrm{d}\vec{p}_2(t)}{\mathrm{d}t}\right)\cdot\frac{\mathrm{d}\vec{n}(t)}{\mathrm{d}t}+(\vec{p}_1-\vec{p}_2)\cdot\frac{\mathrm{d}^2\vec{n}(t)}{\mathrm{d}t^2} \tag{3.52}$$

或等价于

$$a_n(t)=(\vec{a}_1(t)-\vec{a}_2(t))\cdot\vec{n}(t)+2(\vec{v}_1(t)-\vec{v}_2(t))\cdot\frac{\mathrm{d}\vec{n}(t)}{\mathrm{d}t}+(\vec{p}_1-\vec{p}_2)\cdot\frac{\mathrm{d}^2\vec{n}(t)}{\mathrm{d}t^2} \tag{3.53}$$

其中，$\vec{a}_1(t)$ 和 $\vec{a}_2(t)$ 分别为点 $\vec{p}_1(t)$ 和 $\vec{p}_2(t)$ 的加速度向量。这样就能够以加速度、速度、接触法线和接触法线方向变化率为函数，得出点 $\vec{p}_1(t)$ 和 $\vec{p}_2(t)$ 沿着接触法线的相对加速度表达式 $a_n(t)=\mathrm{d}^2q_n(t)/\mathrm{d}t^2$。

在接触时刻 $t=t_c$，点 $\vec{p}_1(t)$ 和 $\vec{p}_2(t)$ 位置一致，即

$$\vec{p}_1(t_c)=\vec{p}_2(t_c) \tag{3.54}$$

将方程（3.54）代入方程（3.53），得出在接触时刻沿着接触法线的相对加速度表达式：

$$a_n(t_c)=(\vec{a}_1(t_c)-\vec{a}_2(t_c))\cdot\vec{n}(t_c)+2(\vec{v}_1(t_c)-\vec{v}_2(t_c))\cdot\frac{\mathrm{d}\vec{n}(t_c)}{\mathrm{d}t} \tag{3.55}$$

根据方程（3.55），在接触时刻的相对加速度有两项。第一项取决于接触点的加速度，与使用牛顿定律计算出的接触力相关；第二项取决于接触点的速度，以及碰撞法线方向的变化率。

目前，假设接触时无摩擦①，即

① 本节后文会弱化该假设条件，以显示如何扩展无摩擦情形中使用的方程组来处理有摩擦的情形。

$$\vec{F} = F_n \vec{n}$$

如果将取决于接触力的项与不取决于接触力的项分离，我们可以将方程（3.55）重写为

$$a_n(t_c) = (a_{11})_n F_n + b_1 \tag{3.56}$$

将方程（3.56）代入方程（3.49），得出

$$\begin{gathered} ((a_{11})_n F_n + b_1) \geqslant 0 \\ F_n \geqslant 0 \\ F_n((a_{11})_n F_n + b_1) = 0 \end{gathered} \tag{3.57}$$

因此，在无摩擦的情况下，接触力计算将涉及对方程（3.57）定义的方程组进行求解，该方程组是 F_n 的二次方程。求解的一个方法是使用二次规划法。但是这种方法难以实施，通常需要使用复杂的数值软件包。

幸运的是，方程（3.57）定义的方程组与著名的数值规划方法具有相同的形式，这种方法称为线性互补。执行线性互补方法比执行二次规划法更加简单。我们将在附录 I（第 14 章）详细介绍。我们将首先介绍无摩擦情形的求解方法，并说明如何调整这些方法，以处理接触点的静态和动态摩擦。对这些求解方法的调整需要扩展方程（3.56），以便将相对加速度和接触切面的接触分力之间的关系考虑在内。

当考虑摩擦时，方程组变为

$$\begin{pmatrix} a_n(t_c) \\ a_t(t_c) \\ a_k(t_c) \end{pmatrix} = \begin{pmatrix} (a_{11})_n & (a_{12})_t & (a_{13})_k \\ (a_{21})_n & (a_{22})_t & (a_{23})_k \\ (a_{31})_n & (a_{32})_t & (a_{33})_k \end{pmatrix} \begin{pmatrix} F_n \\ F_t \\ F_k \end{pmatrix} + \begin{pmatrix} (b_1)_n \\ (b_1)_t \\ (b_1)_k \end{pmatrix} = \boldsymbol{A}\vec{F} + \vec{b} \tag{3.58}$$

其中，

$$a_t(t_c) = (\vec{a}_1(t_c) - \vec{a}_2(t_c)) \cdot \vec{t}(t_c) + 2(\vec{v}_1(t_c) - \vec{v}_2(t_c)) \cdot \frac{\mathrm{d}\vec{t}(t_c)}{\mathrm{d}t} \tag{3.59}$$

$$a_k(t_c) = (\vec{a}_1(t_c) - \vec{a}_2(t_c)) \cdot \vec{k}(t_c) + 2(\vec{v}_1(t_c) - \vec{v}_2(t_c)) \cdot \frac{\mathrm{d}\vec{k}(t_c)}{\mathrm{d}t} \tag{3.60}$$

附录 I（第 14 章）介绍的求解方法假设矩阵 $\boldsymbol{A}$ 和向量 $\vec{b}$ 为已知常数，通过粒子在接触时刻的几何位移和动力学状态计算。因此，我们需要得出矩阵 $\boldsymbol{A}$ 和向量 $\vec{b}$ 的系数，然后才能更好地应用附录 I（第 14 章）所述的线性互补方法。

以接触分力 F_n，F_t 和 F_k 为函数来表示接触时刻的法向相对加速度 $a_n(t_c)$，从而得出矩阵 $\boldsymbol{A}$ 和向量 $\vec{b}$ 的第一行。可使用方程（3.55）进行计算。

首先检查方程（3.55）的第一项，即

$$(\vec{a}_1(t_c) - \vec{a}_2(t_c)) \cdot \vec{n}(t_c)$$

点 $\vec{p}_1$ 的加速度 $\vec{a}_1$ 直接由方程（3.4）得出，即

$$\vec{a}_1 = \frac{\vec{F} + (\vec{F}_1)_{\text{ext}}}{m_1} \tag{3.61}$$

其中，$(\vec{F}_1)_{\text{ext}}$ 为作用于粒子 O_1 的净外力（例如，重力、弹簧力、依赖于空间的作用力等）；$\vec{F}$ 为待确定的接触力。同样地，点 $\vec{p}_2$ 的加速度 $\vec{a}_2$ 由以下方程得出：

$$\vec{a}_2 = \frac{-\vec{F} + (\vec{F}_2)_{\text{ext}}}{m_2} \tag{3.62}$$

将方程（3.61）和方程（3.62）代入方程（3.55）的第一项，得出：

$$\begin{aligned}(\vec{a}_1(t_c)-\vec{a}_2(t_c))\cdot\vec{n}(t_c) &= \left(\frac{1}{m_1}+\frac{1}{m_2}\right)\vec{F}\cdot\vec{n}(t_c)+\left(\frac{(\vec{F}_1)_{\text{ext}}}{m_1}+\frac{(\vec{F}_2)_{\text{ext}}}{m_2}\right)\cdot\vec{n}(t_c)\\ &= \left(\frac{1}{m_1}+\frac{1}{m_2}\right)F_n+\left(\frac{(\vec{F}_1)_{\text{ext}}}{m_1}+\frac{(\vec{F}_2)_{\text{ext}}}{m_2}\right)\cdot\vec{n}(t_c)\end{aligned}$$

因此，方程（3.55）的第一项对矩阵 **A** 和向量 $\vec{b}$ 的第一行系数的总贡献是

$$\begin{aligned}(a_{11})_n &= \left(\frac{1}{m_1}+\frac{1}{m_2}\right)\\ (a_{12})_t &= 0\\ (a_{13})_k &= 0\\ (b_1)_n &= \left(\frac{(\vec{F}_1)_{\text{ext}}}{m_1}+\frac{(\vec{F}_2)_{\text{ext}}}{m_2}\right)\cdot\vec{n}(t_c)\end{aligned}\tag{3.63}$$

请注意，$(a_{12})_t$ 和 $(a_{13})_k$ 为0，因为第一项不依赖于 F_t 和 F_k。现在，让我们检查方程（3.55）的第二项，即

$$2(\vec{v}_1(t_c)-\vec{v}_2(t_c))\cdot\frac{\mathrm{d}\vec{n}(t_c)}{\mathrm{d}t}$$

点 $\vec{p}_1$ 和 $\vec{p}_2$ 的速度为已知数量，与接触力无关。因此，速度分量对矩阵 **A** 第一行的影响为0。但是，我们仍然需要以时间函数来计算接触法线的方向变换率，检查其是否依赖于接触力。

第10.3.1节详细介绍了在粒子间接触情形中，如何计算接触法线的时间导数。为方便起见，我们在此复述一下结果：

$$\frac{\mathrm{d}\vec{n}(t)}{\mathrm{d}t}=\frac{(\vec{v}_1-\vec{v}_2)}{|\vec{v}_1-\vec{v}_2|}$$

该结果与接触力无关。因此，方程（3.55）的第二项对矩阵 **A** 和向量 $\vec{b}$ 的系数影响为

$$\begin{aligned}(a_{11})_n &= 0\\ (a_{12})_t &= 0\\ (a_{13})_k &= 0\\ (b_1)_n &= 2(\vec{v}_1-\vec{v}_2)\cdot\frac{(\vec{v}_1-\vec{v}_2)}{|\vec{v}_1-\vec{v}_2|}=2|\vec{v}_1-\vec{v}_2|\end{aligned}\tag{3.64}$$

合并方程（3.63）和方程（3.64），得出与矩阵 **A** 和向量 $\vec{b}$ 的第一行相关的系数：

$$\begin{aligned}(a_{11})_n &= \left(\frac{1}{m_1}+\frac{1}{m_2}\right)\\ (a_{12})_t &= 0\\ (a_{13})_k &= 0\\ (b_1)_n &= \left(\frac{(\vec{F}_1)_{\text{ext}}}{m_1}+\frac{(\vec{F}_2)_{\text{ext}}}{m_2}\right)\cdot\vec{n}+2|\vec{v}_1-\vec{v}_2|\end{aligned}$$

关于与矩阵 $\boldsymbol{A}$ 和向量 $\vec{b}$ 的第二行和第三行①相关的系数，其计算方法与推导第一行系数的方法相似。主要的差别在于，我们不是使用 $\vec{n}$ 来计算点积，而是对第二行计算用 $\vec{t}$，对第三行计算用 $\vec{k}$，如方程（3.59）所示。经过处理，关于矩阵 $\boldsymbol{A}$ 和向量 $\vec{b}$ 的第二行，我们得出：

$$(a_{21})_n = 0$$

$$(a_{22})_t = \left(\frac{1}{m_1} + \frac{1}{m_2}\right)$$

$$(a_{23})_k = 0$$

以及

$$(b_1)_t = \left(\frac{(\vec{F}_1)_{\text{ext}}}{m_1} + \frac{(\vec{F}_2)_{\text{ext}}}{m_2}\right) \cdot \vec{t}(t_c) + 2(\vec{v}_1(t_c) - \vec{v}_2(t_c)) \cdot \frac{\mathrm{d}\vec{t}(t_c)}{\mathrm{d}t} \tag{3.65}$$

关于第三行，我们得出：

$$(a_{31})_n = 0$$

$$(a_{32})_t = 0$$

$$(a_{33})_k = \left(\frac{1}{m_1} + \frac{1}{m_2}\right)$$

以及

$$(b_1)_k = \left(\frac{(\vec{F}_1)_{\text{ext}}}{m_1} + \frac{(\vec{F}_2)_{\text{ext}}}{m_2}\right) \cdot \vec{k}(t_c) + 2(\vec{v}_1(t_c) - \vec{v}_2(t_c)) \cdot \frac{\mathrm{d}\vec{k}(t_c)}{\mathrm{d}t} \tag{3.66}$$

实际上确定方程（3.65）和方程（3.66）的系数 $(b_1)_t$ 和 $(b_1)_k$ 比确定 $(b_1)_n$ 更加复杂，这是因为它们需要计算向量 $\vec{t}(t)$ 和 $\vec{k}(t)$ 在接触切面的方向变化率。附录 E（第 10 章）的第 10.4 节详细介绍了如何计算切面向量的时间导数。

最后，在确定矩阵 $\boldsymbol{A}$ 和向量 $\vec{b}$ 的元素之后，我们可以应用附录 I（第 14 章）的 LCP 方法来计算接触分力，然后通过在粒子 O_1 上施加 $+\vec{F}$、在粒子 O_2 上施加 $-\vec{F}$ 来更新每个粒子的动力学状态。

3.5.4 计算多个接触的接触力

计算多个粒子间接触力的原理与计算多个粒子间碰撞冲力的原理相同。仿真引擎需要将粒子组合成至少共享一个接触的簇。每个簇内部的接触将被同时求解，与其他簇无关（图 3.23）。

当粒子涉及多个接触时，可能在每次接触中得到不同的下标。对于图 3.23 簇 G_2 的特定情形，粒子 O_2 在其与粒子 O_1 接触时下标为 2，在与粒子 O_3 接触时下标为 1。这也影响到在合并方程组的多个接触力时要选择哪个符号。此外，在每次接触中，接触法线和切面是不同的。因此，在合并之前，我们还需要在接触力之间执行基的变换。

在单一粒子间接触中，接触力计算使用线性互补方法，将摩擦考虑在内，对以下形式的方程组进行求解：

$$a_n(t_c) \geqslant 0$$

$$F_n \geqslant 0$$

① 当考虑摩擦时才需要计算这些系数。在无摩擦的情形中，F_t 和 F_k 均为 0。

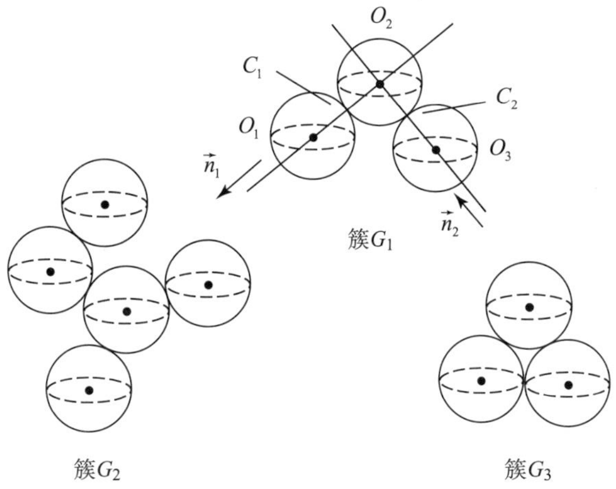

图 3.23　多个粒子间接触力的计算（在此情形中，粒子被分组为三个可并行求解的簇）

$$\vec{F}^{\mathrm{T}}(\boldsymbol{A}\vec{F}+\vec{b})=0$$

其中①，

$$\boldsymbol{A}=\begin{pmatrix}(a_{11})_n & 0 & 0\\ 0 & (a_{22})_t & 0\\ 0 & 0 & (a_{33})_k\end{pmatrix}$$

$$\vec{F}=(F_n,F_t,F_k)^{\mathrm{T}}$$

$$\vec{b}=((b_1)_n,(b_1)_t,(b_1)_k)^{\mathrm{T}}$$

该求解方法可扩展至计算多个接触力的情形。在计算给定粒子的多个和单个接触力时，主要区别是，在接触 C_i 的接触力可能影响在接触 C_j 的接触力计算。因此，我们不能一次求解一个接触，而是需要同时求解具有一个共用粒子的所有接触。这与将每个接触的多个独立方程组合并为一个更大的方程组，并对合并后的方程组运用线性互补方法的效果相同。

例如，假设有一个簇，具有 m 个同时接触。每个接触 C_i 由其接触法线 $(\vec{n})_i$ 和切面向量 $(\vec{t})_i$ 与 $(\vec{k})_i$ 定义。然后，将接触 C_i 的接触力表示为

$$\vec{F}_i=((F_i)_{n_i},(F_i)_{t_i},(F_i)_{k_i})^{\mathrm{T}}$$

将 m 个接触的接触力向量分别串联，即可得出多个碰撞系统的接触力向量，即

$$\vec{F}=((F_1)_{n_1},(F_1)_{t_1},(F_1)_{k_1},\cdots,(F_m)_{n_m},(F_m)_{t_m},(F_m)_{k_m})^{\mathrm{T}}$$

向量 $\vec{b}$ 变为

$$\vec{b}=((b_1)_n,(b_1)_t,(b_1)_k,\cdots,(b_m)_n,(b_m)_t,(b_m)_k)^{\mathrm{T}}$$

矩阵 $\boldsymbol{A}$ 被扩大，包容所有的接触力，分块表达为

$$\boldsymbol{A}=\begin{pmatrix}\boldsymbol{A}_{11} & \boldsymbol{A}_{12} & \cdots & \boldsymbol{A}_{1m}\\ \boldsymbol{A}_{21} & \boldsymbol{A}_{22} & \cdots & \boldsymbol{A}_{2m}\\ \cdots & \cdots & \cdots & \cdots\\ \boldsymbol{A}_{m1} & \boldsymbol{A}_{m2} & \cdots & \boldsymbol{A}_{mm}\end{pmatrix}$$

① 此处，我们使用第 3.5.3 节的结果，即除了对角元素之外，矩阵 $\boldsymbol{A}$ 的其他元素全为 0。

其中，每个子矩阵由以下方程得出：

$$\boldsymbol{A}_{ij}=\begin{pmatrix}(a_{ij})_{n_i} & (a_{i(j+1)})_{t_i} & (a_{i(j+2)})_{k_i}\\ (a_{(i+1)j})_{n_i} & (a_{(i+1)(j+1)})_{t_i} & (a_{(i+1)(j+2)})_{k_i}\\ (a_{(i+2)j})_{n_i} & (a_{(i+2)(j+1)})_{t_i} & (a_{(i+2)(j+2)})_{k_i}\end{pmatrix}$$

如果接触 C_i 和 C_j 没有共用的粒子，则子矩阵 $\boldsymbol{A}_{ij}$ 设为 0，表示其接触力不会互相影响。但是，如果接触 C_i 和 C_j 具有共用的粒子，则系数 a_{ij} 表示接触 C_j 的接触力对接触 C_i 的相对加速度的影响。更具体地说，系数 $(a_{ij})_n$ 是接触分力 $(F_j)_{n_j}$ 对接触 C_i 的相对法线加速度的影响。以此类推，系数 $(a_{ij})_{t_i}$ 和 $(a_{ij})_{k_i}$ 是接触分力 $(F_j)_{t_j}$ 和 $(F_j)_{k_j}$ 对接触 C_i 的相对法线加速度的影响。

同样，请注意接触力 $\vec{F}_j$ 是相对于 C_j 的接触坐标系得出的，而相对加速度 $\vec{a}_i$ 是相对 C_i 的接触坐标系给出的。因此，当计算矩阵 $\boldsymbol{A}_{ij}$ 和向量 $\vec{b}_i$ 时，需要执行基变换。

假设接触 C_i 涉及粒子 O_1 和 O_2，接触 C_j 涉及粒子 O_2 和 O_3，即它们具有共同的粒子 O_2。我们想要确定作用于接触 C_i 的粒子 O_2 的接触力 $\vec{F}_j$ 对接触 C_i 的相对加速度的影响。这也涉及确定子矩阵 $\boldsymbol{A}_{ij}$ 的系数和向量 $\vec{b}_i$ 的分量 $(b_i)_{n_i}$, $(b_i)_{t_i}$ 和 $(b_i)_{k_i}$。粒子 O_1 和 O_2 之间的接触 C_i 的相对加速度由以下方程得出：

$$\begin{aligned}(a_i)_{n_i}&=(\vec{a}_1-\vec{a}_2)\cdot\vec{n}_i+2(\vec{v}_1-\vec{v}_2)\cdot\frac{\mathrm{d}\,\vec{n}_i}{\mathrm{d}t}\\(a_i)_{t_i}&=(\vec{a}_1-\vec{a}_2)\cdot\vec{t}_i+2(\vec{v}_1-\vec{v}_2)\cdot\frac{\mathrm{d}\,\vec{n}_i}{\mathrm{d}t}\\(a_i)_{k_i}&=(\vec{a}_1-\vec{a}_2)\cdot\vec{k}_i+2(\vec{v}_1-\vec{v}_2)\cdot\frac{\mathrm{d}\,\vec{k}_i}{\mathrm{d}t}\end{aligned}\tag{3.67}$$

如单一接触情形所述，只有方程（3.67）的第一项取决于施加于 C_i 的作用力。第二项取决于速度，并根据情况添加至 $(b_i)_{n_i}$, $(b_i)_{t_i}$ 和 $(b_i)_{k_i}$。因此，作用于接触 C_j 的粒子 O_2 的接触力 $\vec{F}_j$ 不会影响向量 $\vec{b}$ 的分量。换言之，在单一接触情形中用来计算向量 $\vec{b}$ 的表达式仍适用于多个接触情形，即向量 $\vec{b}$ 的分量 $(b_i)_{n_i}$, $(b_i)_{t_i}$ 和 $(b_i)_{k_i}$ 由以下方程得出：

$$\begin{aligned}(b_i)_{n_i}&=\left(\frac{(\vec{F}_1)_{\text{ext}}}{m_1}+\frac{(\vec{F}_2)_{\text{ext}}}{m_2}\right)\cdot\vec{n}_i+2(\vec{v}_1-\vec{v}_2)\cdot(\vec{v}_1-\vec{v}_2)\\(b_i)_{t_i}&=\left(\frac{(\vec{F}_1)_{\text{ext}}}{m_1}+\frac{(\vec{F}_2)_{\text{ext}}}{m_2}\right)\cdot\vec{t}_i+2(\vec{v}_1-\vec{v}_2)\cdot\frac{\mathrm{d}\,\vec{t}_i}{\mathrm{d}t}\\(b_i)_{k_i}&=\left(\frac{(\vec{F}_1)_{\text{ext}}}{m_1}+\frac{(\vec{F}_2)_{\text{ext}}}{m_2}\right)\cdot\vec{k}_i+2(\vec{v}_1-\vec{v}_2)\cdot\frac{\mathrm{d}\,\vec{k}_i}{\mathrm{d}t}\end{aligned}$$

其中，$(\vec{F}_1)_{\text{ext}}$ 和 $(\vec{F}_2)_{\text{ext}}$ 分别为作用于粒子 O_1 和 O_2 的净外力（例如，重力、弹簧力、依赖于空间的作用力等）。

使用方程（3.4）得出作用于接触 C_j 的粒子 O_2 的接触力 $\vec{F}_j$ 对涉及碰撞 C_i 的粒子 O_1 的加速度 $\vec{a}_1$ 影响①为

---

① 请注意，由于接触 C_j 作用于粒子 O_2 的接触力可能是 $+\vec{F}_j$ 或 $-\vec{F}_j$，这取决于粒子 O_2 相对于接触 C_j 的下标为 1 或 2。以下推导假设接触力为 $+\vec{F}_j$。

$$\frac{\vec{F}_j}{m_1}$$

同样，$\vec{F}_j$ 对 $\vec{a}_2$ 的影响为

$$-\frac{\vec{F}_j}{m_2}$$

则在接触 C_i，$\vec{F}_j$ 对相对加速度的净影响为

$$\left(\frac{1}{m_1}+\frac{1}{m_2}\right)\vec{F}_j$$

将其代入方程（3.67）的第一项，得出在接触 C_i，$\vec{F}_j$ 对每个相对加速度分量的影响为

$$\text{对}(a_i)_{n_i}\text{的影响}=\left(\frac{1}{m_1}+\frac{1}{m_2}\right)\vec{F}_j\cdot\vec{n}_i$$

$$\text{对}(a_i)_{t_i}\text{的影响}=\left(\frac{1}{m_1}+\frac{1}{m_2}\right)\vec{F}_j\cdot\vec{t}_i$$

$$\text{对}(a_i)_{k_i}\text{的影响}=\left(\frac{1}{m_1}+\frac{1}{m_2}\right)\vec{F}_j\cdot\vec{k}_i$$

使用已知条件：

$$\vec{F}_j=(F_j)_{n_j}\vec{n}_j+(F_j)_{t_j}\vec{t}_j+(F_j)_{k_j}\vec{k}_j$$

即可立即得出子矩阵的系数如下：

$$(a_{ij})_{n_i}=\left(\frac{1}{m_1}+\frac{1}{m_2}\right)\vec{n}_j\cdot\vec{n}_i \tag{3.68}$$

$$(a_{i(j+1)})_{n_i}=\left(\frac{1}{m_1}+\frac{1}{m_2}\right)\vec{t}_j\cdot\vec{n}_i \tag{3.69}$$

$$(a_{i(j+2)})_{n_i}=\left(\frac{1}{m_1}+\frac{1}{m_2}\right)\vec{k}_j\cdot\vec{n}_i \tag{3.70}$$

$$(a_{(i+1)j})_{t_i}=\left(\frac{1}{m_1}+\frac{1}{m_2}\right)\vec{n}_j\cdot\vec{t}_i \tag{3.71}$$

$$(a_{(i+1)(j+1)})_{t_i}=\left(\frac{1}{m_1}+\frac{1}{m_2}\right)\vec{t}_j\cdot\vec{t}_i \tag{3.72}$$

$$(a_{(i+1)(j+2)})_{t_i}=\left(\frac{1}{m_1}+\frac{1}{m_2}\right)\vec{k}_j\cdot\vec{t}_i \tag{3.73}$$

$$(a_{(i+2)j})_{k_i}=\left(\frac{1}{m_1}+\frac{1}{m_2}\right)\vec{n}_j\cdot\vec{k}_i \tag{3.74}$$

$$(a_{(i+2)(j+1)})_{k_i}=\left(\frac{1}{m_1}+\frac{1}{m_2}\right)\vec{t}_j\cdot\vec{k}_i \tag{3.75}$$

$$(a_{(i+2)(j+2)})_{k_i}=\left(\frac{1}{m_1}+\frac{1}{m_2}\right)\vec{k}_j\cdot\vec{k}_i \tag{3.76}$$

请注意，如果 $i=j$，则子矩阵 $\boldsymbol{A}_{ij}$ 简化为

$$\boldsymbol{A}_{ii}=\begin{pmatrix}(a_{ii})_{n_i} & 0 & 0\\ 0 & (a_{(i+1)(i+1)})_{t_i} & 0\\ 0 & 0 & (a_{(i+2)(i+2)})_{k_i}\end{pmatrix}$$

该方程与关于单一接触情形的方程（3.58）所得出的表达式相同。

当不考虑摩擦时，子矩阵 $\boldsymbol{A}_{ij}$ 简化为

$$\boldsymbol{A}_{ij} = (a_{ij})_{n_i}$$

这是因为接触分力 $(F_j)_{t_j}$ 和 $(F_j)_{k_j}$ 在无摩擦情形中都是 0。该结果与第 3.5.3 节介绍的无摩擦的单一接触力计算所得出的结果相兼容。

在计算出每个接触 $C_i(1 \leqslant i \leqslant m)$ 的接触力 $\vec{F}_i$ 后，对粒子 O_i 施加 $+\vec{F}_i$（粒子下标为 1），对粒子 O_2 施加 $-\vec{F}_i$（粒子下标为 2），从而更新涉及接触 C_i 的每个粒子的动力学状态。

如果一个粒子涉及多个碰撞，则可能在每次接触中分配到不同的下标。对于图 3.23 所述的簇 G_2 的特定情形，粒子 O_2 在其与粒子 O_1 的接触 C_1 时下标为 2，在与粒子 O_3 的接触 C_2 时下标为 1。因此，在计算完所有接触力之后，实际施加于粒子 O_2 的净接触力为

$$(\vec{F}_2 - \vec{F}_1)$$

其中，$\vec{F}_1$ 和 $\vec{F}_2$ 为与接触 C_1 和 C_2 相关的接触力。

3.6 粒子 - 刚体碰撞响应

当检测到粒子 - 刚体碰撞时，调用碰撞响应模块，计算避免互穿的适当碰撞冲力或接触力。如第 3.4 节所述，碰撞粒子的轨迹时间回溯至碰撞前一刻。在求解所有刚体间碰撞之后，刚体并未从当前位置（当前时步结束的位置）移动。

本书的粒子 - 刚体碰撞模型被构建为粒子与刚体表面的另一个粒子对撞。此举的优点在于我们可以重复使用第 3.5 节介绍的粒子间单一或多个碰撞或接触得出的大部分结果。更具体地说，在重复使用针对粒子间碰撞和接触情形所推导的方程之前，我们只需要完成三个主要的调整。

第一个调整是使刚体表面的粒子质量与刚体质量相同。例如，如果粒子 O_1 与刚体表面的粒子 O_2 碰撞或接触，则令 m_2 为刚体的质量。很显然，这种调整不会改动针对粒子间情形所推导出来的方程。

第二个调整要求使用第 4.2 节介绍的刚体动力学方程计算刚体表面的粒子的速度和加速度。与粒子的运动不同，刚体运动需要考虑旋转运动，因此其动力学方程比第 3.2 节推导的粒子方程更为复杂。该调整将对粒子间碰撞和接触方程进行一些改动，详情我们将在第 3.6.1 节和第 3.6.2 节进行介绍。

第三个，也是最后的调整，涉及计算碰撞或接触法线的方法。即使粒子与刚体表面的另一个粒子碰撞，法线仍由刚体几何形状定义，而不是连接两个粒子的直线。具体说明如下。

令 O_1 为与刚体 B_1 碰撞或接触的粒子。刚体表面粒子 O_2 可以是内点、边上的点，或是与 O_1 轨迹相交的刚体三角形图元的顶点。因此，如果 O_2 位于三角形内部，则三角形法线被视为碰撞或接触法线。如果 O_2 位于三角形的一条边，则边的法线被视为碰撞法线。请注意，边法线是共享同一条边的各三角形面的平均法线。最后，如果 O_2 位于三角形顶点，则顶点的法线被选作碰撞或接触法线。顶点法线是含有该顶点的所有三角形的平均法线。

如果粒子碰撞，则选定法线方向为

$$(\vec{v}_1 - \vec{v}_2) \cdot \vec{n} < 0$$

即粒子在碰撞之前朝着彼此移动。请注意，如果 $\vec{v}_2 > \vec{v}_1$，也就是说，如果刚体以更快的速

度朝着粒子移动，而不是粒子以更快的速度朝着刚体移动，则可能需要改变由三角形法线、边法线或顶点法线计算得出的法线方向。另外，如果粒子接触，我们得出：

$$(\vec{v}_1 - \vec{v}_2) \cdot \vec{n} = 0$$

法线方向保持不变（指向刚体表面外部）。

3.6.1 计算冲力

粒子－刚体碰撞的冲力计算非常接近于计算单一或多个粒子间碰撞的情形。如前所述，主要的调整在于计算刚体表面上粒子 O_2 的速度，以及碰撞法线。

考虑图 3.24 所示的情形。粒子 O_1 即将与刚体表面的粒子 O_2 碰撞。

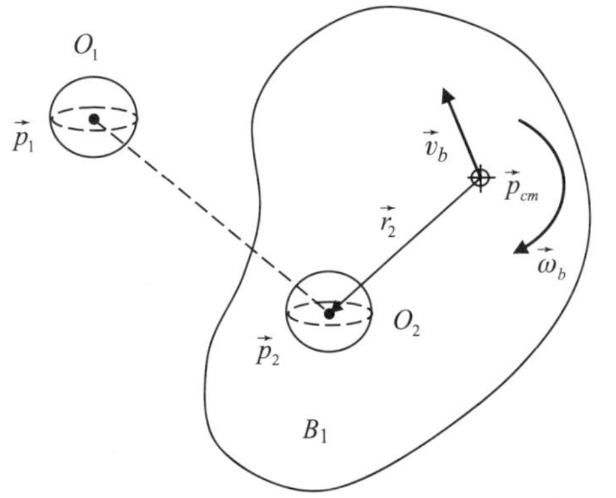

图 3.24　粒子 O_1 与刚体 B_1 碰撞，碰撞点为粒子 O_2

（使用刚体的动力学方程，计算点 $\vec{p}_2$ 的速度 $\vec{v}_2$ 和加速度 $\vec{a}_2$）

令 M_b 为刚体质量，$\vec{v}_b$ 和 $\vec{\omega}_b$ 为刚体在碰撞之前的线速度和角速度。粒子 O_2 的质量 m_2 设为

$$m_2 = M_b \tag{3.77}$$

其在碰撞之前的速度是刚体上某个点的速度（详情请参见第 4.2 节），即

$$\vec{v}_2 = \vec{v}_b + \vec{\omega}_b \times \vec{r}_2 \tag{3.78}$$

其中，$\vec{r}_2$ 为粒子 O_2 和刚体质心之间的距离，由以下方程得出：

$$\vec{r}_2 = \vec{p}_2 - \vec{p}_{\mathrm{cm}}$$

因此，将方程（3.77）和方程（3.78）作为碰撞前粒子 O_2 的质量和速度，我们即可直接应用单一或多个碰撞方程，计算与粒子 O_1 和 O_2 碰撞相关的碰撞冲力 $\vec{P}_{1,2}$。

接下来，应用碰撞冲力 $\vec{P}_{1,2}$ 来更新粒子 O_1 的状态。但是，请记住，由于冲力 $\vec{P}_{1,2}$ 引起的刚体状态更新被推迟至下一个仿真时间间隔，因此，对于每个仿真时间间隔，我们需要对因一个或多个粒子－刚体碰撞引起的、作用于刚体 B_1 的所有碰撞冲力进行求和，并在下一个仿真时间间隔开始时施加求和得到的冲力，如同所有碰撞就在该时刻发生一样。如第 3.4 节所述，这种近似值方法有助于提高整体仿真效率。

3.6.2 计算接触力

遵循计算粒子间接触力的相同原则，计算粒子和刚体之间的接触力。更具体地说，粒子不应互穿，接触力不能阻碍接触的分离，如果接触即将分离，则接触力应设为 0。将这些条件转化为方程，即可得出接触点粒子间的相对加速度应大于或等于 0，接触力应大于或等于 0；如果相对加速度为正，则接触力应为 0；如果相对加速度为 0，则接触力为正。

同样地，使用向量 $\vec{q}(t) = (\vec{p}_1 - \vec{p}_2) \cdot \vec{n}$ 来计算粒子在接触点的相对加速度。由以下方程得出：

$$a_n(t_c) = (\vec{a}_1(t_c) - \vec{a}_2(t_c)) \cdot \vec{n}(t_c) + 2(\vec{v}_1(t_c) - \vec{v}_2(t_c)) \cdot \frac{\mathrm{d}\vec{n}(t_c)}{\mathrm{d}t} \tag{3.79}$$

其中，t_c 为发生接触的时刻。方程（3.79）与方程（3.55）相同，在此处重复只是为了方便起见。

很显然，应使用第 4.2 节介绍的刚体动力学方程来计算粒子 O_2 的速度 $\vec{v}_2$ 和加速度 $\vec{a}_2$。此外，由于接触法线为三角形法线、边法线或顶点法线，法线向量的时间导数还应考虑刚体运动的状态。换言之，法线向量方向变化率是刚体的线速度和角速度的函数。

遗憾的是，这些关系的推导需要深入了解刚体动力学知识，对此，我们将在第 4 章进行介绍。因此，为了更清晰地介绍，我们将粒子和刚体之间的接触力计算推迟到第 4.12 节。这样一来，读者能够有机会掌握必要的刚体动力学概念，从而理解接触力计算。

3.7 专业粒子系统

本节将探讨动画软件包常见的一些专业粒子系统。这些系统的原理是牺牲粒子交互作用的物理建模的准确性，换来系统的整体效率，而且不会影响仿真的效果。例如，我们不使用纳维 - 斯托克斯方程来对以湍动气体形式离开热水杯的蒸汽进行仿真，而是使用一组用户可定义的参数来调整表示蒸汽的粒子系统的部分属性，从而达到相同的效果。这样一来，仿真的行为与使用基于物理的实际方程建模的热湍动气体具有相似的行为，但是使用的数学框架更加简单。

尽管所使用的方法并非基于有关粒子交互作用的准确物理模型，本书仍然将其加入了本节，这里有两大原因。首先，这些专业系统备受计算机图形从业者和动画师的青睐，我们认为如果不提及这些系统，本章内容将不完整；而且，构建这些系统模型所需的数学框架需要使用关于运动和作用力交互的专用方程形式，这些并不在本书的讨论范围之内。其次，我们希望证明一点：此处介绍的基于物理的粒子动态和碰撞检测与响应模块可运用于这些系统中，随着时间推移，可快速可靠地推动粒子轨迹的变化。从以对象为导向的观点来看，此举的优点在于粒子和刚体可使用相同的基本仿真引擎。这包括使用相同的数值方法、碰撞检测算法和碰撞响应作用力计算，由此，可基于常用的父类推导出粒子和刚体物体，并将共享的功能作为父类的虚拟方法实施。就仿真引擎而言，可调用父类的虚拟方法，获得相应的粒子或刚体行为。换言之，由于仿真引擎只是操纵父类的物体，当系统用更大的时间间隔加速时，仿真引擎不区分粒子和刚体。

3.7.1 粒子发射器

使用粒子发射器在仿真环境中创建和释放粒子。通常情况下，粒子发射器是一个不可见的平面四边形表面，可连接到仿真中的其他物体，或用作单独物体。如果是用作单独物体，则可显示为连接到默认立方体（图 3.25）。

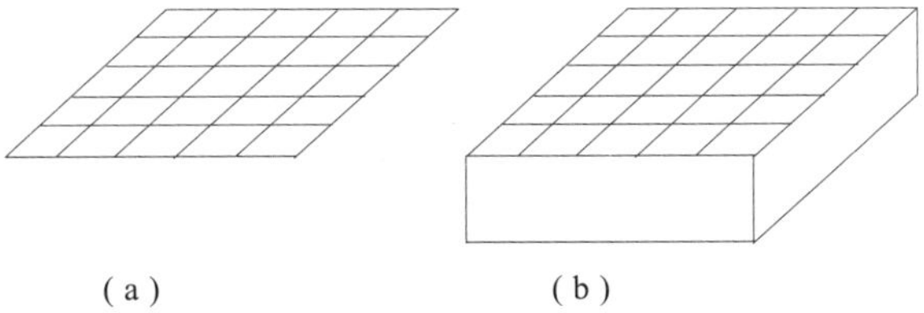

图 3.25 (a)在大多数情形中，粒子发射器由平面四边形表面表示。根据每个粒子的大小和每次要释放的粒子总数，创建网格；(b)视作单独物体的情形中，可创建一个默认的立方体，粒子发射器就连接到其顶面

在仿真环境中，粒子的实际发射并非像其看起来那样直接。应采用一些预防措施，以避免不必要的实施问题。例如，在系统演变过程中，用粒子间碰撞检测模块检测粒子轨迹是否存在几何相交。这严重依赖于一个事实：在当前时间间隔开始时，即在粒子轨迹的起点，粒子之间并不相交，因此连续碰撞会始终检测到粒子不相交的状态。如果创建粒子时使得粒子在一开始就彼此重合，则在释放粒子之后会立即检测到任何粒子间碰撞都会在它们开始的移动中发生不切实际的突变，如同施加碰撞冲力来重新求解相交一样。因此，务必确保在释放粒子时，粒子之间互不重合。

同样，围绕粒子发射器表面创建间隙区域可避免物体位于发射器上方的情形，以及粒子在释放之后立即堵塞或根本无法释放的情形，这是个不错的做法。图 3.26 描述了这种做法。

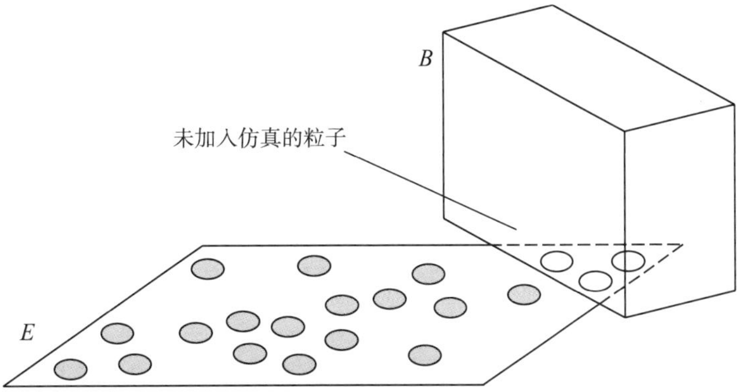

图 3.26 物体 *B* 的某些部分阻碍了发射器表面 *E*，且在被阻碍区域创建的粒子不加入仿真的情形

解决这些问题的方法如下。每当释放新一轮粒子时，检测刚刚创建的粒子是否与已经释放的粒子相交，以及与发射器位于相同世界坐标系单元格分解的刚体是否相交。当检测到相交时，刚刚创建的粒子将立即被移出仿真。换言之，仅当系统有足够空间容纳新粒子时，发射器才会将新粒子添加到系统中。

很显然，这种方法需要我们了解粒子被释放到发射器表面的哪个位置。为此，我们考虑发射器表面的网格分解，以便在分解的每个单元格中心释放单个粒子。

令 d 为表示被发射粒子的球体所需的直径，令 n_t 为一次同时释放的粒子数量。对于一个正方形的发射器表面，在分解中，每个单元格的尺寸为

$$f_s = 2d\sqrt{n_t} \tag{3.80}$$

其中，按照2的因数，在位于相应单元格中心的粒子之间留出一些额外的空间。

在发射粒子时，另一个需要考虑的问题是，在大部分情况下，粒子之间的行为应有所不同。例如，每个粒子的大小、速度和移动方向要有变化，会使粒子系统看起来更具真实感。在我们的方法中，定义了一组用户可调整的参数来控制被发射粒子的动力学行为。对于每个参数，我们定义其平均值和偏差。因此，假如粒子系统的粒子大小为4，偏差为2，那么它们的粒子大小将为2~6，平均大小为4。假设每个参数按正态概率分布，那么可动态计算每个粒子的实际大小。调整方程（3.80）以适应大小的偏差。

每当释放新粒子时，我们需要计算它们的最大直径 $d_{\max}$。请注意，$d_{\max}$ 的值很可能随连续释放而不同，也就是说，发射器网格在每次释放之前动态地扩大和缩小为适当的大小。可使用以下方程动态计算分解中每个单元格的大小：

$$f_s = 2d_{\max}\sqrt{n_t} \tag{3.81}$$

这样也会最大限度地降低释放出相交粒子的风险。

3.7.2 用户可定义的参数

通常可使用一组粒子参数来调整粒子系统所需的动力学行为。每个参数均由其标称（平均）值和可选的偏差值定义。在这里，我们提供动画软件包常见的默认参数清单，这些参数可用于设置粒子发射器属性。

1）粒子大小

粒子大小定义了被发射粒子的球体直径。

2）粒子质量

粒子质量定义了每个粒子的质量。

3）粒子寿命

粒子寿命定义了粒子的寿命。当粒子回弹参数设为“真”时，该参数用于确定粒子存在于仿真中的最大时间间隔。

4）粒子回弹

粒子回弹规定了存在时间跨度长于寿命的粒子是否应当被移出仿真。

5）发射器尺寸

发射器尺寸限制了发射器表面的最大尺寸。如果使用方程（3.81）计算得出的尺寸大于该值，则同时释放的粒子数量被减少为

$$n_r = \left(\frac{(f_s)_{\max}}{2d_{\max}}\right)^2$$

其中，$(f_s)_{\max}$ 为发射器表面的最大尺寸；n_r 为实际释放的粒子数量。

6）发射速度

发射速度定义了每个粒子在发射时的速度。

7）发射方向

发射方向定义了粒子被释放时将在哪个方向移动。

8）发射延迟

发射延迟将两次连续发射之间的时间间隔控制为多个仿真时间间隔。例如，如果延迟设置为3，则发射器将跳过两个仿真时间间隔，仅在上一次发射之后的第三个时间间隔再次发

射粒子。

9）发射速率

发射速率定义了每次发射的粒子数量。请注意，最大发射速率受限于发射器尺寸。

10）最大发射量

最大发射量定义了源发射的粒子的最大数量。这对于限制仿真使用的粒子总数量，以及模仿诸如在灭火之后烟雾扩散特效都十分必要。

11）粒子再生

粒子再生规定了被移出仿真的粒子是否应被发射器重新使用。如果设为“真”，则最大发射参数的互穿将与默认互穿略有不同。在此情况下，最大发射量将规定源发射的、在仿真中处于活跃状态的粒子总数（活跃状态在此表示粒子目前的生命周期尚未达到其寿命）。

12）碰撞检测

该标记用于说明在仿真中是否需要考虑粒子碰撞。该标记可以打开或关闭内部、外部和复合碰撞。请注意，如第 3.4 节所述，内部碰撞是指同一个粒子系统发射的粒子之间的碰撞，外部碰撞表示应考虑不同粒子系统发射的粒子之间的碰撞，而复合碰撞表示粒子和刚体之间的碰撞。请注意，该参数无相关偏差值。

13）粒子静态摩擦

粒子静态摩擦定义了粒子与其他粒子和刚体接触时的静态摩擦系数。计算中使用的实际静态摩擦系数为分配到每个发生接触的粒子和刚体的静态摩擦平均值。

14）粒子动态摩擦

粒子动态摩擦定义了粒子与其他粒子和刚体接触时的动态摩擦系数。计算中使用的实际动态摩擦系数为分配到每个发生接触的粒子和刚体的动态摩擦平均值。

15）外力

外力定义了全局应用到源所发射的所有（和唯一）粒子的外力列表。例如，该列表可用于定义黏性阻力，以模仿空气阻力；增加重力，将粒子拉向地面，或者迫使所有粒子具有沿着特定方向的默认移动（例如，在对斜向降落到地面的雨进行建模时）。

16）粒子分裂

粒子分裂表明了粒子是否能产生子粒子。这个参数和寿命参数组合起来，让用户创建一些有趣的效果，比如被火箭发射器燃烧的空气以及首先变得更加稠密，几秒钟后就散布到空气中的烟。

17）粒子分裂数

粒子分裂数定义了在每次分裂后由父粒子创造的子粒子总数。

18）粒子分裂年龄

粒子分裂年龄定义了粒子开始产生子粒子的年龄。这个年龄应该比粒子寿命小。

19）粒子分裂延迟

粒子分裂延迟定义了两次连续分裂之间所用时间为仿真时间间隔的一个倍数。例如，分裂延迟为二表示，到达粒子分裂年龄后，粒子每隔一个时间间隔就会创造新的粒子。

20）粒子分裂深度

粒子分裂深度定义了一个粒子能分裂的最大数目。

21）粒子分裂速度

粒子分裂速度定义了分裂时子粒子速度与父粒子速度的百分比。

22）粒子分裂方向

粒子分裂方向定义了在分裂时刻子粒子速度方向对父粒子速度方向的最大偏差。这个偏差常常是让子粒子沿着移动方向四处扩散。

23）粒子分裂大小

粒子分裂大小定义了分裂时子粒子大小与父粒子大小的百分比。

24）粒子分裂寿命

粒子分裂寿命定义了分裂时子粒子寿命与父粒子寿命的最大偏差。

25）运动轨迹

运动轨迹规定了粒子是否应该在它们后面留下一条运动轨迹。

26）运动轨迹寿命

运动轨迹寿命定义了运动轨迹保持可见的时间。这个时间一终止，“运动轨迹”粒子就会从仿真中移除。

27）颜色变化

颜色变化定义了粒子在其寿命内的一个 RGB 颜色强度序列。颜色序列中的每个元素都与一个时间值关联，这样一达到对应的时间，颜色就会改变。例如，一个有着（R，G，B，t）形式的颜色变化值

$$\{(1.0, 1.0, 1.0, 0.0), (0.6, 0.6, 0.6, 2.0), (0.3, 0.3, 0.3, 4.0), (0.0, 0.0, 0.0, 7.0)\}$$

分配给粒子的初始颜色为白色，在 2 s 时粒子变为灰色，在 4 s 时粒子再次变为浅灰色，在 7 s 时粒子变为黑色。

28）粒子电荷量

粒子电荷量定义了粒子所带有的电荷量，当电场力作为外力作用在粒子系统上时产生作用。

采用迄今为止介绍的参数有许多创建烟的视觉效果的方法。我们可以定义大量质量和体积都很小的粒子，然后施加外力使粒子从发射器按照期望的方向流动来组成烟柱。注意：在这些系统中不需要定义重力；只有黏性阻力补偿由于施加的外力而引起的加速度增加。

应该给粒子的寿命分配一个大的值，这样烟柱能随着时间缓慢上升而不会迅速上升消失。另外，与粒子寿命相比，分裂年龄应该设置得相当小，这样烟在发射器附近就开始变稠密。耗散由分裂大小、分裂速度和分裂方向的偏差控制。这些偏差应该被设置为小值，这样烟柱才会沿着发射器附近的移动方向保持集中，然后在粒子离开它的时候像圆锥体一样展开，即在某个确定次数的分裂之后，它们的偏差值累积到了非常大的值。

当我们在创建由火产生的烟的视觉效果时，可以将粒子的初始 RGB 颜色设置为黄色，然后使其变为橙色，接着变为深灰色，最后变为黑色。每种颜色的寿命取决于火焰强度的期望可视效果和燃烧的材料。材料通常决定烟多久变黑或深灰。

采用本书中介绍的专业粒子系统结构创建的包括液体的视觉效果仅限于那些通过它们的下落才可有效地表达的液体，包括雨、喷头和射流。对于大型的液体包括湖、河以及海洋

等，本书中没有涉及。

在雨的情形中，应该将发射器表面设置为大得能够覆盖雨将会下落的区域。粒子的体积（雨滴）应该小，除非你想要创建夏天的雷雨或者冰雹的效果。将粒子数和粒子的速度组合起来定义雨的强度。少量下落很慢的雨表示小雨，而大量下落很快的雨则类似于热带雨。可以将雨的方向设置为采用一个适当的外力把粒子拉下来，而不是使用重力。黏性阻力应该用来平衡由于外力产生的加速度增量并且产生的雨是恒速下落的效果。此外，没有必要使粒子分裂或者改变它们的颜色。

在喷头的情形中，粒子的质量和它们的初速度定义了粒子沿着它们的整个轨迹所能达到的最大高度。注意：如果我们只考虑将重力作为外力，那么轨迹将会是抛物线型的。偏差通常用来控制喷头的孔径。小的偏差迫使粒子集中在发射器附近，而大的偏差使粒子在发射器周围扩散。粒子是否分裂，取决于被仿真液体所需的体积。

射流和喷头类似。其主要的不同是射流的初速度通常比模拟喷头的速度大得多。此外，偏差保持尽可能小的值可使粒子在运动过程中紧跟在一起。当我们使用射流来推动刚体穿过仿真环境时，我们需要使用适量的、有着更大质量的粒子，这样粒子作用在刚体上的净作用力才能大得足够移动它。

爆炸的视觉效果可以采用平面的或球面的发射面，这取决于爆炸的是什么。例如，如果我们模拟的是榴弹的爆炸，那么我们就可以放心地使用有大量粒子的平面发射器，粒子体积小、寿命短并且偏差大。由于我们想要在爆炸之后立刻形成一片密集的云，所以在这些爆炸中分裂的粒子通常是过量的。粒子的寿命通常用来控制云耗散的速度。在这些效果中没有必要使用外力。

如果我们创建烟火或者游戏环境中一个手工艺品的爆炸，球形发射器是很适合的。想法与平面发射器中的一样。球形表面分解为栅格，在栅格中每个单元每次沿着径向发射一个粒子。接着用方向偏差来改变相对于名义半径方向的发射方向。此外，初速度偏差可以用来获得一片不均匀的云团状粒子。

3.8 光滑粒子流体动力学概况

一个模拟基于粒子的液体的最常用方法就是使用基于光滑流体力学（SPH）的数学框架。SPH 框架结构通过一个离散的粒子集合表示流体体积，每个都具有关于流体的局部信息，比如质量、速度和黏度。径向对称的光滑核函数用来表示每个粒子是怎样影响它周围区域的，这个函数以一个用户定义的相互作用半径为自变量。通常，核函数值在粒子坐标处达到最大值，然后当远离粒子的时候减小，当远离到相互作用半径的位置时达到零。这很好地在图 3.27 的例子中被展示了出来。

确定流体在空间给定位置的属性包括首先找到所有处于它的相互作用半径内的粒子，然后在给定位置采用核函数对它们的贡献进行插值，从而基于与已知点的距离确定每份贡献的权重。换句话说，使用 SPH 框架结构作为依靠相互作用半径和核函数的插值法来确定每个粒子对已知点处的流体属性的贡献。根据这个框架，已知坐标 r 处的一个标量属性的值由插值

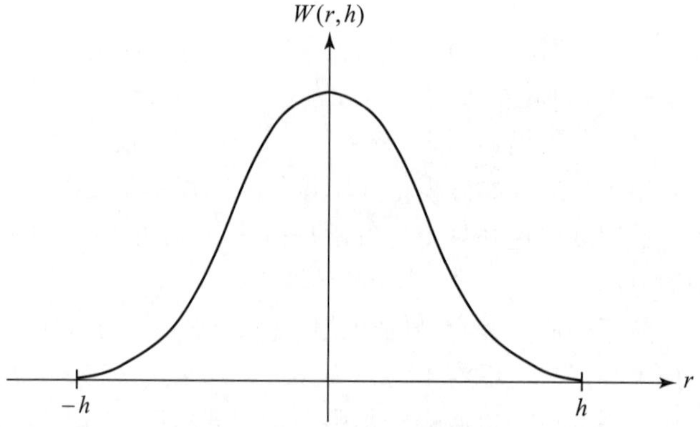

图 3.27　光滑核函数 $W(r,\ h)$ 的一般形状｛核函数中有限的支集 h（当 $|r|\geqslant h$ 时为零）是径向对称的［$W(r,\ h)=W(-r,\ h)$］，并且它的曲面表示的体积被正规化为一｝

$$A(\vec{r}) = \sum_{i=1}^{n} m_i \frac{A_i}{\rho_i} W(\vec{r} - \vec{r}_i, h) \tag{3.82}$$

获得，其中 h 为相互作用半径；n 为与坐标 $\vec{r}$ 的距离在 h 以内的粒子总数；m_i，ρ_i 和 A_i 为流体在第 i 个粒子处的质量、密度和标量属性值。另外两个在 SPH 框架中使用的重要的量就是 $\vec{r}$ 处标量属性 A 的梯度和拉普拉斯算子。梯度用

$$\nabla A(\vec{r}) = \sum_{i=1}^{n} m_i \frac{A_i}{\rho_i} \nabla W(\vec{r} - \vec{r}_i, h) \tag{3.83}$$

计算。拉普拉斯算子用

$$\nabla^2 A(\vec{r}) = \sum_{i=1}^{n} m_i \frac{A_i}{\rho_i} \nabla^2 W(\vec{r} - \vec{r}_i, h) \tag{3.84}$$

计算。

采用 SPH 框架的基于粒子的流体方程也能从纳维 - 斯托克斯方程获得。获得方程的具体细节超出了本书的范围。有兴趣的读者可以参考第 3.9 节中给出的参考文献，其中有关于推导的深度解释。这里，我们将简单介绍采用 SPH 框架模拟基于粒子的流体所需要的结果。

一个流体粒子 j 的运动受到三个主要力的影响，即

$$(\vec{F}_j)_{\text{net}} = (\vec{F}_j)_{\text{pressure}} + (\vec{F}_j)_{\text{viscosity}} + (\vec{F}_j)_{\text{external}} \tag{3.85}$$

其中，压力和黏性力都可以通过对它们在与已知点相互作用半径内的周围流体粒子处的值的插值获得。至于外力，由直接施加在粒子上的外力计算，比如重力、约束力和接触力。

粒子 j 由净外力产生的加速度是

$$\vec{a}_j = \frac{(\vec{F}_j)_{\text{net}}}{\rho_j} \tag{3.86}$$

其中，ρ_j 为流体在粒子 j 处的密度。借助方程（3.82），粒子 j 处的流体密度可以通过

$$\rho_j = \sum_{i=1}^{n} m_i \frac{\rho_i}{\rho_i} W(\vec{r}_j - \vec{r}_i, h) = \sum_{i=1}^{n} m_i W(\vec{r}_j - \vec{r}_i, h) \tag{3.87}$$

计算。

现在，让我们更加详细地检测方程（3.85）等号右侧的项。第一项来自作用在粒子 j 处的流体压力。作用在粒子 j 处的流体压力可以通过

$$(\vec{F}_j)_{\text{pressure}} = -\sum_{i=1}^{n} m_i \frac{(p_i + p_j)}{\rho_i \rho_j} \nabla W(\vec{r} - \vec{r}_i, h) \tag{3.88}$$

计算，其中 p_i 和 p_j 分别为粒子 i 和 j 处的流体压力；n 为距离粒子 j 在 h 以内的周围粒子 i 的数量。

方程（3.88）中使用的压力 p_i 的计算取决于被仿真流体是气体还是液体。如果流体是气体，那么我们采用压力方程

$$p_i = k_p(\rho_i - \rho_0) \tag{3.89}$$

其中，k_p 和 ρ_0 分别为用户定义的压力刚度和静止密度。对于液体，压力方程变为

$$p_i = k_b\left(\left(\frac{\rho_i}{\rho_0}\right)^7 - 1\right) \tag{3.90}$$

其中，常数 k_b 用来控制液体的压缩性。假设允许液体压缩 c_p 个百分比，常数 k_b 的估计值可以通过

$$k_b = \frac{\rho_0 \ |\vec{v}_{\max}|^2}{7(c_f/100.0)}$$

获得，其中 $\vec{v}_{\max}$ 为一个粒子在仿真过程中的最大预期速度。

根据方程（3.89）和方程（3.90），压力将不断地引起粒子密度的改变以匹配平衡状态的密度，即 ρ_0。例如，如果当前粒子密度比期望的静止密度大，那么压力将会推开它周围的粒子尝试减小它们在方程（3.87）中对密度计算的贡献。另外，如果粒子密度比静止密度小，那么压力就会将周围的粒子拉近来增加粒子的密度。压力刚度 k_p 控制周围粒子在仿真过程中受到的推力和拉力的强度。低的刚度值可以避免流体达到它的期望静止密度，降低仿真中粒子表示的总液体体积。相反地，高的刚度值能让流体反应迅速以至于密度值的微小变化都可能引起系统的不稳定，如使粒子以高速投射出流体体积区域，或者沿着流体表面产生振动。压力刚度和静止密度的恰当选择取决于应用与在系统中使用的粒子总数。

方程（3.85）中右边的第二项来自流体黏性。粒子 j 处的黏性力可以用

$$(\vec{F}_j)_{\text{viscosity}} = \mu \sum_{i=1}^{n} m_i \frac{(v_i - v_j)}{\rho_i} \nabla^2 W(\vec{r} - \vec{r}_i, h) \tag{3.91}$$

计算，其中 v_i 和 v_j 分别为粒子 i 和 j 的速度。根据方程（3.91），黏性力将会沿着它们之间相对运动的方向拉着粒子 j 和它周围的粒子 i。注意：当粒子和它周围的粒子以相同速度一起运动时，黏性力为零。

最后，方程（3.85）中右边的第三项表示所有作用在粒子上的外力。其中包括重力、约束力和任何其他用户定义的直接作用在粒子 j 上的力。这些外力在施加到粒子上之前被组合为一个净外力。

很明显，流体系统的行为取决于光滑核函数的选择。我们可以使用一个单独的核函数对密度、压力和黏度值进行插值，但是首选的方法是对这些计算采用不同的核函数。对每个核函数，我们需要得到它的梯度和拉普拉斯微分的表达式。表 3.1 总结了在实际应用中最常用的核函数。

表 3.1　最常用的核函数以及粒子 j 相对于它的邻近粒子 i 的微分（它们之间的距离 $\vec{r}=\vec{r}_j-\vec{r}_i$ 应该在有效的范围 $0\leq r\leq h$，其中 $r=|\vec{r}|$，h 为相互作用半径；所有在相互作用半径外的邻近粒子核函数的值为零）

核函数	$\frac{315}{64\pi h^9}(h^2-r^2)^3$
梯度	$-\frac{945}{32\pi h^9}(h^2-r^2)^2\vec{r}$
拉普拉斯微分	$-\frac{945}{32\pi h^9}(h^2-r^2)^2(h^2-5r)$
核函数	$\frac{15}{\pi h^6}(h-r)^3$
梯度	$-\frac{45}{\pi h^6}(h-r)^2(\vec{r}/r)$
拉普拉斯微分	$\frac{90}{\pi h^6}(h-r)$
核函数	$\frac{15}{2\pi h^3}\left(-\frac{r^3}{2h^3}+\frac{r^2}{h^2}+\frac{h}{2r}-1\right)$
梯度	$\frac{15}{2\pi h^3}\left(-\frac{3r^2}{2h^3}+\frac{2r}{h^2}-\frac{h}{2r^2}\right)(\vec{r}/r)$
拉普拉斯微分	$\frac{15}{2\pi h^3}\left(-\frac{3r}{h^3}+\frac{2}{h^2}+\frac{h}{r^3}\right)$

SPH 框架效率取决于快速确定给定粒子周围的所有粒子。这可以采用仿真世界的网格分解（第 2.4.1 节）实现，让网格间距等于相互作用半径 h。对于给定的粒子，我们能够快速确定它属于的网格，并且找到在它相互作用半径内的周围的 27 个粒子网格。一个常用的优化方法就是在每个时间间隔开始时缓存这个搜索结果，然后在计算密度、压力和黏度的时候重新使用。

注意：仿真时间间隔可以被等分成多个时间间隔，这取决于粒子移动的快慢。通常，我们需要强迫粒子在每个时步内沿着每根世界坐标轴移动的距离都不大于它们的相互作用半径，以便在每个时步的计算过程中保持邻近粒子信息不变。如果允许粒子在一个时步内移动到另一个网格中，那么它们邻近粒子的集合将可能改变，所以必须更新它们的密度、压力和黏度以反映这种变化。时步的稳定条件表达为

$$\Delta t=\min\left\{\frac{h}{|(\vec{v}_x)_{\max}|},\frac{h}{|(\vec{v}_y)_{\max}|},\frac{h}{|(\vec{v}_z)_{\max}|}\right\}\tag{3.92}$$

其中，$|(\vec{v}_i)_{\max}|$为粒子速度沿着世界坐标轴 i 的最大分量值，它取决于应用场合，其稳定条件可以通过引入一个用户定义的参数 k，把方程（3.92）中使用的相互作用半径缩放到 kh 来弱化，这样粒子在一个时步内的移动距离就能够大于（或小于）它们的相互作用半径了。

就碰撞而言，所有在前部分介绍的粒子－粒子和粒子－刚体碰撞算法在这里都能使用。我们只需要在求解碰撞的时候认真正确处理这些情况：一个粒子移动到另一个粒子的上面，在核函数计算中产生“除以零”的异常；另一个在实际中产生的类似问题就是一个粒子发现自己与所有其他流体粒子完全隔离，即在它的相互作用半径内没有邻近粒子。在这些情况下，由方程（3.87）获得的粒子密度为零；然后，当我们采用方程（3.86）计算粒子加速度时将出现“除以零”的异常。对于这些“除以零”的异常情况的应对方法就是在计算中将零密度值用流体的静止密度来替代。

尽管SPH框架提供了一个模拟基于粒子的流体的有效方法，但是它确实有关于基于核函数的插值方法的固有限制。位于流体表面附近的粒子将总是比那些在流体内部区域的粒子有更少的邻近粒子。图3.28展示了这种粒子缺乏问题。这些界面（液体－空气界面，碰撞物体、不同粒子系统之间的界面）作为剪切面阻塞了在它们另一边粒子的运动。这给计算流体界面附近粒子的流体属性带来偏差，很可能引起不稳定，如沿着界面的振动。

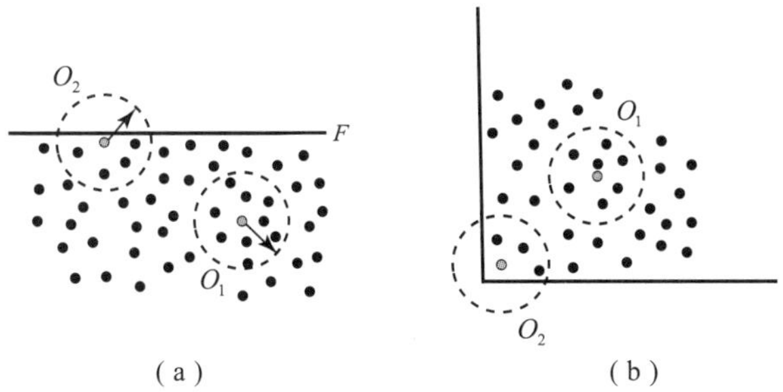

图3.28　SPH框架中的边效应（也被称作边界粒子缺乏问题）问题示例：（a）粒子 O_2 与流体表面 F 的距离小于相互作用半径 h，并且它的邻近粒子比粒子 O_1 少得多，粒子 O_1 在流体更深的内部；（b）粒子 O_2 比粒子 O_1 更加靠近碰撞物体表面，因此在它的相互作用半径内有较少的邻近粒子

我们把缺少的粒子用幽灵粒子来填满，是可以补偿这种限制的。想象这种方法的最好方法就是将剪切面想成一面镜子，每个幽灵粒子都是在表面相互作用半径内的真实粒子的镜像。镜像（幽灵）粒子就像它们的真实粒子的副本一样含有相同的属性，但是沿着表面法线方向有相反的速度分量（图3.29）。沿着法线方向速度必须与分量相反，这样才能保证剪切面上任意位置处沿着面法线方向的插值速度为零。这允许粒子沿着剪切面滑动而不被推进或拉开远离它们（没有振动）。注意：幽灵粒子没有被仿真。它们在每个时步动态生成并且只在核函数计算中使用。它们不参与到系统中的其他模块中，如粒子－粒子碰撞。

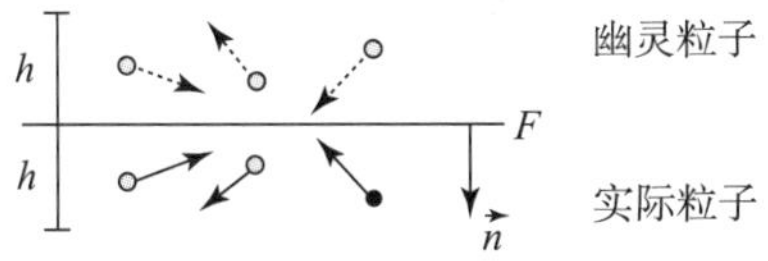

图3.29　一个表面 F 可能表示一个流体表面、一个碰撞物体几何外形或者两个粒子系统之间的分界面，幽灵粒子是实际粒子的镜像，但是沿着表面法线有相反的速度分量

3.9 注释和评论

使用粒子系统作为计算机图形领域的建模工具，这一想法最初由 Reeves［Ree83］提出。现在，粒子系统广泛应用于多种不同的系统，具有不同技术、实施方法和参数设置，数量如此巨大，令人难以深入探讨这一话题。

根据我们的经验，粒子系统的选择取决于目标应用。例如，如果你研究的是分子动力学，则你很可能愿意牺牲模型的效率，以求保证模型的准确性，因此，你需要使用的粒子系统需要能够对粒子相互作用的细节进行深入建模。另外，如果你关注的是获取能够构建具有视觉吸引力的仿真，以模拟从大火中冒出烟雾的情形，则你很可能需要使用灵活的粒子系统，以调整仿真视觉效果，而不用太过于担心模型的基本准确性。

我们在本章中使用的方法是，首先介绍基于经典力学、实施准确的粒子相互作用模型所需的基础知识，然后将模型扩展至动画软件包中常见的一些用户可定义的参数，以便支持多元化的专业粒子系统。Frenkel 等［FS96］还使用了经典力学的数学基础知识，对多个分子动力学系统进行建模。第 3.3 节介绍了作用力交互作用的类型，其灵感源自 Frenkel 和 Baraff 等［BW98］的研究。有关欠阻尼、过阻尼和临界阻尼弹簧系统的详细介绍，可以参见 Beer 等［BJ77b］。

使用临界摩擦系数值来确定粒子在碰撞点是否滑动，这种方法由 Brach［Bra91］提出。这也使得我们能够在简洁的分块矩阵表达法中表示多个粒子间碰撞的情形，这可通过高斯消元法或专业的稀疏矩阵解算程序进行高效求解。用于推导单个和多个接触方程的数学基础知识改编自 Baraff 等［BW98］，其针对刚体间接触力计算进行了说明。

第 3.7 节使用了多个参数，其灵感源自商用软件包，如 Autodesk 的 Maya 和 SoftImage 的 Particle System。用于模拟烟雾、液体和爆炸的建议参数设置是通过反复试错得出的。

第 3.8 节介绍的 SPH 模型是 Müller 等［MC11，MCG03］，Becker 等［BM07］和 Liu 等［LL03］提出的模型的组合。更加复杂的 SPH 模型可以用来执行流体压缩性，比如在 Adams 等［APKG07］，Solenthaler 等［SBMG11，SP09］，Kipfer 等［KW06］和 Borve 等［BOT05］中介绍的例子。

最后，纳维 - 斯托克斯方程的数学理论，以及传统湍动理论的物理知识，可参见 Wilkins［Wil99］、Stam 等［SF95，Sta99］，Foster 等［FM96，FM97］和 Bridson［Bri08］。有关用于构建爆炸物起爆的查普曼 - 朱格特理论，即爆轰波理论的介绍，请参见 Wilkins［Wil99］。

3.10 练　　习

1. 第 3.3.3 节中关于阻尼弹簧的方程（3.6）可以采用很多方法完善。

（1）方程的当前形式假设通过阻尼弹簧连接的粒子有相同的质量。对于当粒子有不同的质量值的情况，推导一个新的方程。

（2）弹簧刚度和阻尼系数与阻尼比有关。阻尼比为 1 等价于临界阻尼弹簧。值大于 1 导致过阻尼运动，而值在 0 ~ 1 使弹簧运动变为欠阻尼。对于给定的一个刚度值，我们能够使用阻尼比来计算得到欠阻尼、过阻尼和临界阻尼的阻尼系数。推导一个使用阻尼比而不是阻尼系数作为用户可定义参数的新方程。

2. 第3.4.2节中介绍的粒子-刚体碰撞算法采用了顶点-面（射线-三角形）相交检测来检测它们之间的连续碰撞，忽略了粒子半径并把它视为一个质点。

（1）推导一个连续移动的球体和一个静止的三角形之间的相交检测。

（2）扩展上面的相交检测来处理连续移动的三角形。

3. 本书中使用的求解一个粒子在当前时间间隔开始时就在一个刚体内的情形方法是把粒子移动到它在刚体表面上的最近点。一个替代的方法是创建一个临时连接粒子和它的最近点的弹簧，并且用它来把粒子从刚体中拉出来。

（1）你怎样更新弹簧的剩余长度来使稳定性最大并且避免过度发射粒子？

（2）在连续顶点-面碰撞算法中需要进行怎样的改进来允许粒子在不陷入物体表面的前提下从物体的内侧移动到物体的外侧？

参考文献

[APKG07] Adams, B., Pauly, M., Keiser, R., Guibas, L. J.: Adaptively sampled particle fluids. Comput. Graph. (Proc. SIGGRAPH) 26 (2007).

[BJ77b] Beer, F. P., Johnston, E. R.: Vector mechanics for engineers: vol. 2—dynamics. McGraw-Hill, New York (1977).

[BM07] Becker, M., Müller, M.: Weakly compressible SPH for free surface flows. In: SIGGRAPH Symposium on Computer Animation, pp. 1-8 (2007).

[BOT05] Borve, S., Omang, M., Truslen, J.: Regularized smoothed particle hydrodynamics with improved multi-resolution handling. J. Comput. Phys. 208, 345-367 (2005).

[Bra91] Brach, R. M. (ed.): Mechanical impact dynamics: rigid body collisions. Wiley, New York (1991).

[Bri08] Bridson, R.: Fluid simulation. AK Peters, Wellesley (2008).

[BW98] Baraff, D., Witkin, A.: Physically based modeling. SIGGRAPH Course Notes 13 (1998).

[FM96] Foster, N., Metaxas, D.: Realistic animation of liquids. In: Proceedings Graphics Interface, pp. 204-212 (1996).

[FM97] Foster, N., Metaxas, D.: Modeling the motion of a hot, turbulent gas. Comput. Graph. (Proc. SIGGRAPH) 31, 181-188 (1997).

[FS96] Frenkel, D., Smit, B.: Understanding molecular simulation from algorithms to applications. Academic Press, San Diego (1996).

[KW06] Kipfer, P., Westermann, R.: Realistic and interactive simulation of rivers. In: Proceedings of Graphics Interface (2006).

[LL03] Liu, G. R., Liu, M. B.: Smoothed particle hydrodynamics. World Scientific, Singapore (2003).

[MC11] Müller, M., Chentanez, N.: Solid simulation with oriented particles. Comput. Graph.

(Proc. SIGGRAPH) 30 (2011).

[MCG03] Müller, M., Charypar, D., Gross, M.: Particle-based fluid simulation for interactive applications. In: SIGGRAPH Symposium on Computer Animation (2003).

[Ree83] Reeves, W. T.: Particle systems—a technique for modeling a class of fuzzy objects. Comput. Graph. (Proc. SIGGRAPH) 17, 359 - 376 (1983).

[SBMG11] Solenthaler, B., Bucher, P., Müller, M., Gross, M.: SPH based shallow water simulation. In: Proceedings of Virtual Reality Interaction and Physical Simulation, pp. 39 - 46 (2011).

[SF95] Stam, J., Fiume, E.: Depicting fire and other gaseous phenomena using diffusion processes. Comput. Graph. (Proc. SIGGRAPH) 29, 129 - 136 (1995).

[SP09] Solenthaler, B., Pajarola, R.: Predictive-corrective incompressible SPH. Comput. Graph. (Proc. SIGGRAPH) 28 (2009).

[Sta99] Stam, J.: Stable fluids. Comput. Graph. (Proc. SIGGRAPH) 33, 121 - 127 (1999).

[Wil99] Wilkins, M. L.: Computer simulation of dynamic phenomena. Springer, Berlin (1999).

4

刚体系统

4.1 简　　介

刚体动态仿真是迄今为止最有趣的仿真，其应用场合包括从机械系统设计、原型开发，到机器人运动、基于物理的计算机图形动画等的各个领域。刚体模型被构建为构成其几何形状的粒子集合。在运动过程中，构成刚体的每个粒子的相对位置必须保持恒定，以便其形状在整个运动过程中都能保持不变。这需要考虑刚体的旋转运动，因此显著增加了以下任务的复杂性：推导运动方程所使用的碰撞检测技术，以及为避免粒子在仿真过程中发生互穿而进行的所有冲力和接触力计算。

在此，我们将着重探讨刚体的无约束运动和约束运动。无约束运动涉及管理刚体自由运动的动态方程，该方程以作用于刚体的净作用力和净扭矩为函数。所谓自由运动，就是指在不考虑碰撞检测和响应的情况下的运动。另外，约束运动涉及计算由单一或多个碰撞得到的所有冲力和接触力，或者在仿真过程中两个或多个刚体之间的接触。请注意，之所以施加本章探讨的约束条件，仅仅只是为了避免刚体的互穿。在第 5 章，我们将研究其他类型的约束运动，其中两个或多个刚体通过限制相对自由度的铰链互相连接，使其在整个仿真过程中保持“互连”。

本书介绍的所有算法均假设刚体由边界表达法表示，即由定义其几何形状的各个面表示。根据边界表达法，我们可以计算刚体的质量属性和凸分解，如附录 D 和 F（第 9 章和第 11 章）所示。刚体的质量属性被运用于构建第 4.2 节所述的动态方程。凸分解采用专为凸体设计的算法，可用于加速碰撞检测，如第 4.4 节所述。同样地，假设描述刚体几何形状的各个面都是三角形。由于在凸分解计算中，各个面能高效分解为三角形，因此这种假设并非限制［详情参见附录 F（第 11 章）］。

4.2 刚体动力学

控制刚体运动的动力学方程需要提供因施加于刚体的外力所引起的平移和旋转效应。此外，刚体的运动不仅受到外力的影响，还受到其形状和质量分布的影响。前者定义了一系列变量，即刚体的质量属性。

刚体的质量属性包括体积、总质量、质心和惯性张量。惯性张量等同于旋转运动的总质量。也就是说，质量用于将线性加速度与净外力联系起来，而惯性张量以相同的方法，将角加速度与作用于刚体的净外扭矩联系起来。质量属性可根据刚体的边界表达法直接计算，详情请参见附录 D（第 9 章）。

刚体的边界表达法通常是相对于局部参照系（物体坐标系）得出的。因此，刚体的质量属性也是相对于该局部坐标系计算得出的。标量，如刚体的质量和体积，独立于所使用的参照系。但是，质心的位置和惯性张量受到所选参照系的影响。

令 $\mathscr{F}_1$ 为与刚体 B_1 固连的物体坐标系，令 $\mathscr{F}$ 为仿真所使用的世界坐标系。同样地，令物体坐标系在 t 时刻相对于世界坐标系转动 $\boldsymbol{R}(t)$。图 4.1 描述了这一情形。

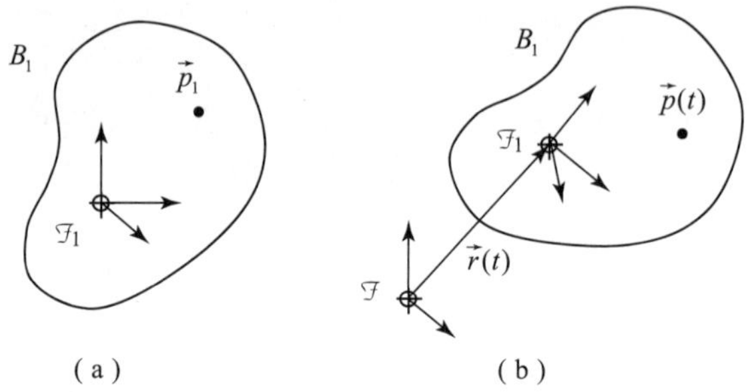

图 4.1 （a）确定刚体相对于物体坐标系的位置和方向；（b）在世界坐标系中描述该刚体

如附录 D（第 9 章）所述，使用平行于世界坐标系的物体坐标系来计算惯性张量，但是其原点位于刚体的质心。将物体坐标旋转到与惯性主轴平齐，将惯性张量矩阵转换为对角矩阵，可进一步简化旋转矩阵的计算。使用物体坐标系的主要优点在于，可以将惯性张量从物体坐标系到世界坐标系的转换简化为：

$$I(t)=\boldsymbol{R}(t)I_{\text{body}}(t)\boldsymbol{R}^{\mathrm{T}}(t) \tag{4.1}$$

由于刚体上点 $\vec{p}_1$ 的位置是使用物体坐标系表示的，所以其在世界坐标系的相应位置 $\vec{p}(t)$ 为：

$$\vec{p}(t)=\boldsymbol{R}(t)\vec{p}_1+\vec{r}(t) \tag{4.2}$$

其中，t 时刻的质心相对于 $\mathscr{F}$ 的位置为 $\vec{r}(t)$。请注意，$\vec{p}_1$ 是相对于物体坐标系 $\mathscr{F}_1$ 计算的，其随着刚体移动而移动。因此，随着时间变化，$\vec{p}_1$ 是一个常向量。刚体相对于 $\mathscr{F}$ 的实际运动被旋转矩阵 $\boldsymbol{R}(t)$ 和平移向量 $\vec{r}(t)$ 编码。

$\vec{p}(t)$ 的速度是通过计算位置向量的时间导数得出的，即

$$\frac{\mathrm{d}\vec{p}(t)}{\mathrm{d}t}=\frac{\mathrm{d}\boldsymbol{R}(t)}{\mathrm{d}t}\vec{p}_1+\boldsymbol{R}(t)\frac{\mathrm{d}\vec{p}_1}{\mathrm{d}t}+\frac{\mathrm{d}\vec{r}(t)}{\mathrm{d}t}$$

由于 $\vec{p}_1$ 是一个常向量，可以得出：

$$\frac{\mathrm{d}\vec{p}(t)}{\mathrm{d}t}=\frac{\mathrm{d}\boldsymbol{R}(t)}{\mathrm{d}t}\vec{p}_1+\frac{\mathrm{d}\vec{r}(t)}{\mathrm{d}t} \tag{4.3}$$

令 $\vec{v}(t)$ 是刚体 B_1 的质心相对于 $\mathscr{F}$ 的线速度。因此，

$$\frac{\mathrm{d}\vec{r}(t)}{\mathrm{d}t}=\vec{v}(t) \tag{4.4}$$

同样，令 $\vec{\omega}(t)$ 为刚体 B_1 相对于 $\mathscr{F}$ 的角速度。根据附录 E（第 10 章）中第 10.5 节所述，旋转矩阵的时间导数通过以下方程得出：

$$\frac{\mathrm{d}\boldsymbol{R}(t)}{\mathrm{d}t}=\vec{\omega}\times\boldsymbol{R}(t)=\tilde{\omega}(t)\boldsymbol{R}(t) \tag{4.5}$$

其中，$\tilde{\omega}(t)$ 为叉积的矩阵向量表达，如附录 A（第 6 章）中第 6.7 节所述。将方程（4.4）和方程（4.5）代入方程（4.3），得出：

$$\frac{\mathrm{d}\vec{p}(t)}{\mathrm{d}t}=\tilde{\omega}(t)\boldsymbol{R}(t)\vec{p}_1+\vec{v}(t)$$

借助方程（4.2），我们得到：

$$\begin{aligned}\frac{\mathrm{d}\vec{p}(t)}{\mathrm{d}t}&=\tilde{\omega}(t)\boldsymbol{R}(t)\boldsymbol{R}(t)^{-1}(\vec{p}(t)-\vec{r}(t))+\vec{v}(t)\\&=\tilde{\omega}(t)(\vec{p}(t)-\vec{r}(t))+\vec{v}(t)\\&=\vec{\omega}(t)\times(\vec{p}(t)-\vec{r}(t))+\vec{v}(t)\end{aligned} \tag{4.6}$$

方程（4.6）用于计算刚体中任意点 $\vec{p}(t)$ 的速度。最后，通过计算速度向量的时间导数，得出点 $\vec{p}(t)$ 的加速度，即

$$\frac{\mathrm{d}^2\vec{p}(t)}{\mathrm{d}t^2}=\frac{\mathrm{d}\vec{\omega}(t)}{\mathrm{d}t}\times(\vec{p}(t)-\vec{r}(t))+\vec{\omega}(t)\times\left(\frac{\mathrm{d}\vec{p}(t)}{\mathrm{d}t}-\frac{\mathrm{d}\vec{r}(t)}{\mathrm{d}t}\right)+\frac{\mathrm{d}\vec{v}(t)}{\mathrm{d}t} \tag{4.7}$$

令 $\vec{a}(t)$ 为刚体质心的线性加速度，即：

$$\vec{a}(t)=\frac{\mathrm{d}\vec{v}(t)}{\mathrm{d}t}$$

令 $\vec{\alpha}(t)$ 为刚体的角加速度，即

$$\vec{\alpha}(t)=\frac{\mathrm{d}\vec{\omega}(t)}{\mathrm{d}t}$$

请注意，线加速度和角加速度都采用世界坐标系表示。将这两个方程代入方程（4.7），得出：

$$\frac{\mathrm{d}^2\vec{p}(t)}{\mathrm{d}t^2}=\vec{\alpha}(t)\times(\vec{p}(t)-\vec{r}(t))+\vec{\omega}(t)\times(\vec{\omega}(t)\times(\vec{p}(t)-\vec{r}(t)))+\vec{a}(t) \tag{4.8}$$

令 $\vec{F}(t)$ 为在 t 时刻作用于刚体质心的净外力，根据牛顿定律：

$$\vec{F}(t)=\frac{\mathrm{d}\vec{L}(t)}{\mathrm{d}t} \tag{4.9}$$

其中，$\vec{L}(t)$ 为刚体的线动量，可通过以下方程计算得到：

$$\vec{L}(t)=m\vec{v}(t) \tag{4.10}$$

其中，m 和 $\vec{v}(t)$ 分别为刚体质量和质心线速度。将方程（4.10）代入方程（4.9），得出：

$$\vec{F}(t)=\frac{\mathrm{d}(m\vec{v}(t))}{\mathrm{d}t}=m\frac{\mathrm{d}\vec{v}(t)}{\mathrm{d}t}=m\vec{\alpha}(t) \tag{4.11}$$

关于作用于刚体质心的净扭矩 $\vec{\tau}(t)$ 与角加速度 $\vec{\alpha}(t)$ 的关系，也可以得出相似的方程。这就是众所周知的欧拉法，由以下方程计算得出：

$$\vec{\tau}(t)=\frac{\mathrm{d}\vec{H}(t)}{\mathrm{d}t} \tag{4.12}$$

其中，$\vec{H}(t)$ 为刚体的角动量，计算为：

$$\vec{H}(t)=\boldsymbol{I}(t)\vec{\omega}(t) \tag{4.13}$$

其中，$\boldsymbol{I}(t)$ 为用世界坐标系表示的惯性张量，由方程（4.1）得出。

角加速度 $\vec{\alpha}(t)$ 与角动量 $\vec{H}(t)$ 的关系如下。角加速度为角速度的时间导数。由于方程（4.13）是关于角速度和角动量的关系，所以我们可以得到：

$$\vec{\alpha}(t)=\frac{\mathrm{d}\vec{\omega}(t)}{\mathrm{d}t}=\frac{\mathrm{d}(\boldsymbol{I}^{-1}(t)\vec{H}(t))}{\mathrm{d}t}=\frac{\mathrm{d}\boldsymbol{I}^{-1}(t)}{\mathrm{d}t}\vec{H}(t)+\boldsymbol{I}^{-1}(t)\frac{\mathrm{d}\vec{H}(t)}{\mathrm{d}t}$$

借助方程（4.12），得出：

$$\vec{\alpha}(t)=\frac{\mathrm{d}\boldsymbol{I}^{-1}(t)}{\mathrm{d}t}\vec{H}(t)+\boldsymbol{I}^{-1}(t)\vec{\tau}(t) \tag{4.14}$$

根据方程（4.1）可知，惯性张量的逆由以下方程得出：

$$\boldsymbol{I}^{-1}(t)=\boldsymbol{R}(t)(I_{\text{body}})^{-1}(t)\boldsymbol{R}^{\mathrm{T}}(t) \tag{4.15}$$

由于 $\tilde{\omega}^{\mathrm{T}}(t)=-\tilde{\omega}(t)$，则惯性张量的逆的时间导数为：

$$\begin{aligned}\frac{\mathrm{d}\boldsymbol{I}^{-1}(t)}{\mathrm{d}t}&=\frac{\mathrm{d}\boldsymbol{R}(t)}{\mathrm{d}t}(\boldsymbol{I}_{\text{body}})^{-1}(t)\boldsymbol{R}^{\mathrm{T}}(t)+\boldsymbol{R}(t)(\boldsymbol{I}_{\text{body}})^{-1}(t)\frac{\mathrm{d}\boldsymbol{R}^{\mathrm{T}}(t)}{\mathrm{d}t}\\&=\tilde{\omega}(t)\boldsymbol{R}(t)(\boldsymbol{I}_{\text{body}})^{-1}(t)\boldsymbol{R}^{\mathrm{T}}(t)+\boldsymbol{R}(t)(\boldsymbol{I}_{\text{body}})^{-1}(t)(\tilde{\omega}(t)\boldsymbol{R}(t))^{\mathrm{T}}\\&=\tilde{\omega}(t)\boldsymbol{R}(t)(\boldsymbol{I}_{\text{body}})^{-1}(t)\boldsymbol{R}^{\mathrm{T}}(t)+\boldsymbol{R}(t)(\boldsymbol{I}_{\text{body}})^{-1}(t)\boldsymbol{R}^{\mathrm{T}}(t)\tilde{\omega}^{\mathrm{T}}(t)\\&=\tilde{\omega}(t)\boldsymbol{R}(t)(\boldsymbol{I}_{\text{body}})^{-1}(t)\boldsymbol{R}^{\mathrm{T}}(t)-\boldsymbol{R}(t)(\boldsymbol{I}_{\text{body}})^{-1}(t)\boldsymbol{R}^{\mathrm{T}}(t)\tilde{\omega}(t)\end{aligned}$$

再次使用方程（4.1），我们可以将上述表达式简化为：

$$\begin{aligned}\frac{\mathrm{d}\boldsymbol{I}^{-1}(t)}{\mathrm{d}t}&=\tilde{\omega}(t)\overbrace{\boldsymbol{R}(t)(\boldsymbol{I}_{\text{body}})^{-1}(t)\boldsymbol{R}^{\mathrm{T}}(t)}^{\boldsymbol{I}^{-1}(t)}-\overbrace{\boldsymbol{R}(t)(\boldsymbol{I}_{\text{body}})^{-1}(t)\boldsymbol{R}^{\mathrm{T}}(t)}^{\boldsymbol{I}^{-1}(t)}\tilde{\omega}(t)\\&=\tilde{\omega}(t)\boldsymbol{I}^{-1}(t)-\boldsymbol{I}^{-1}(t)\tilde{\omega}(t)\end{aligned} \tag{4.16}$$

将方程（4.16）代入方程（4.14），得出：

$$\begin{aligned}\vec{\alpha}(t)&=(\tilde{\omega}(t)\boldsymbol{I}^{-1}(t)-\boldsymbol{I}^{-1}(t)\tilde{\omega}(t))\vec{H}(t)+\boldsymbol{I}^{-1}(t)\vec{\tau}(t)\\&=\tilde{\omega}(t)\boldsymbol{I}^{-1}(t)\vec{H}(t)-\boldsymbol{I}^{-1}(t)\tilde{\omega}(t)\vec{H}(t)+\boldsymbol{I}^{-1}(t)\vec{\tau}(t)\\&=\tilde{\omega}(t)\overbrace{\boldsymbol{I}^{-1}(t)\vec{H}(t)}^{\vec{\omega}(t)}-\boldsymbol{I}^{-1}(t)\tilde{\omega}(t)\vec{H}(t)+\boldsymbol{I}^{-1}(t)\vec{\tau}(t)\\&=\overbrace{\tilde{\omega}(t)\vec{\omega}(t)}^{\vec{\omega}(t)\times\vec{\omega}(t)=\vec{0}}-\boldsymbol{I}^{-1}(t)\tilde{\omega}(t)\vec{H}(t)+\boldsymbol{I}^{-1}(t)\vec{\tau}(t)\\&=-\boldsymbol{I}^{-1}(t)\vec{\omega}(t)\times\vec{H}(t)+\boldsymbol{I}^{-1}(t)\vec{\tau}(t)\\&=\boldsymbol{I}^{-1}(t)\vec{H}(t)\times\vec{\omega}(t)+\boldsymbol{I}^{-1}(t)\vec{\tau}(t)\end{aligned} \tag{4.17}$$

因此，角加速度和角动量之间的关系可表示为：

$$\vec{\alpha}(t)=\boldsymbol{I}^{-1}(t)(\vec{H}(t)\times\vec{\omega}(t)+\vec{\tau}(t)) \tag{4.18}$$

或者，

$$\begin{aligned}\vec{\tau}(t)&=\boldsymbol{I}(t)\vec{\alpha}(t)-\vec{H}(t)\times\vec{\omega}(t)\\&=\boldsymbol{I}(t)\vec{\alpha}(t)+\vec{\omega}(t)\times\vec{H}(t)\end{aligned} \tag{4.19}$$

令 $\vec{y}(t)$ 表示 t 时刻刚体的动力学状态，即该向量包含定义刚体在仿真过程中任意时刻的动力学状态所需的所有变量。由于刚体的运动可被分解为平移和旋转分量，我们应选择质心的位置、刚体的方向和线动量与角动量来定义其动力学状态，即：

$$\vec{y}(t)=\begin{pmatrix}\vec{r}(t)\\ \boldsymbol{R}(t)\\ \vec{L}(t)\\ \vec{H}(t)\end{pmatrix}$$

因此，当 $t=t_0$ 时，刚体的动力学状态由质心的位置 $\vec{r}(t_0)$、刚体的旋转矩阵 $\boldsymbol{R}(t_0)$、线动量 $\vec{L}(t_0)$［按 $m\vec{v}(t_0)$ 计算］与角动量 $\vec{H}(t_0)$［按 $\boldsymbol{I}(t_0)\vec{\omega}(t_0)$ 计算］定义。

动力学状态的时间导数定义了刚体的动力学状态如何随着时间发生变化，由以下方程得出：

$$\frac{\mathrm{d}\vec{y}(t)}{\mathrm{d}t}=\begin{pmatrix}\mathrm{d}\vec{r}(t)/\mathrm{d}t\\ \mathrm{d}\boldsymbol{R}(t)/\mathrm{d}t\\ \mathrm{d}\vec{L}(t)/\mathrm{d}t\\ \mathrm{d}\vec{H}(t)/\mathrm{d}t\end{pmatrix}=\begin{pmatrix}\vec{v}(t)\\ \vec{\omega}(t)\boldsymbol{R}(t)\\ \vec{F}(t)\\ \vec{\tau}(t)\end{pmatrix}$$

因此，当 $t=t_0$ 时，刚体动力学状态的时间导数由质心速度 $\vec{v}(t_0)$［计算为$(\vec{L}(t_0)/m)$］、更新的方向 $\vec{\omega}(t_0)\boldsymbol{R}(t_0)$［$\vec{\omega}(t_0)$为 $\boldsymbol{I}^{-1}(t_0)\vec{H}(t_0)$］，以及作用于质心的净作用力 $\vec{F}(t_0)$ 和净扭矩 $\vec{\tau}(t_0)$ 定义。

对于具有 N 个刚体的系统，我们可以将单个动力学状态参量合并为一个适用于整个系统的动力学状态向量：

$$\vec{Y}(t)=(\vec{r}_1(t),R_1(t),\vec{L}_1(t),\vec{H}_1(t),\cdots,\vec{r}_N(t),R_N(t),\vec{L}_N(t),\vec{H}_N(t))^{\mathrm{T}}$$

相应的时间导数为：

$$\frac{\mathrm{d}\vec{Y}(t)}{\mathrm{d}t}=(\vec{v}_1(t),\vec{\omega}_1(t),R_1(t),\vec{F}_1(t),\vec{\tau}_1(t),\cdots,\vec{v}_N(t),\vec{\omega}_N(t),R_N(t),\vec{F}_N(t),\vec{\tau}_N(t))^{\mathrm{T}} \tag{4.20}$$

有关刚体系统动态仿真的运行原理的基本描述，与第 3 章粒子系统的基本介绍非常相似。在仿真的一开始，我们相对于世界坐标系定义每个刚体的动力学状态，即位置、方向、线动量与角动量。每个仿真时间间隔包括数值积分方程（4.20），并使用时间间隔一开始的刚体运动状态作为数值积分的初始条件。可使用多种方法对方程（4.20）进行积分运算，最常用的方法请参见附录 B（第 7 章）的介绍。

在数值积分运算的中间步骤中，对作用于刚体不同点的所有外力求和，计算出作用于每个刚体的净外力。然后，在用于运动方程之前，使用作用于刚体质心的力 - 扭矩对来替代这些作用力。作用于点 $\vec{p}_i(t)$ 的作用力 $\vec{F}_i(t)$ 被力 - 扭矩对替代：

$$\vec{F}_{\mathrm{cm}}(t)=\vec{F}_i(t)$$
$$\vec{\tau}_{\mathrm{cm}}(t)=(\vec{p}_i(t)-\vec{r}(t))\times\vec{F}_i(t)$$

其中，下标 cm 表示“质心”。本书在刚体仿真中考虑的外力类型包括简单的全局作用力（如重力）、点到点作用力（如弹簧）等，详见第 4.3 节的介绍。

在第一次检查时，不考虑刚体和仿真环境中其他物体之间可能发生的碰撞，确定当前时间间隔结束时每个刚体的运动状态。在第二次检查时，使用每个刚体的最终运动状态信息，检测刚体与仿真中的其他粒子之间的碰撞。碰撞检测包括检测位于当前仿真时间间隔结束时的刚体与仿真中的其他所有刚体和粒子之间的几何相交。如第 3.4.2 节所述，只有当所有刚体间碰撞被检测并求解之后，才能开始处理刚体 - 粒子间的碰撞这种特殊情形。这一点很有必要，因为本书所使用的刚体 - 粒子碰撞模型是：当粒子与刚体碰撞时，仅对粒子时间回溯至碰撞前一刻。

当检测到刚体间碰撞时，将碰撞刚体的位置和方向时间回溯至碰撞前一刻。接下来，根据碰撞刚体的相对位移，计算碰撞点和碰撞法线。仅当获得该信息之后，碰撞响应模块才开始计算施加于碰撞刚体且会影响其运动方向的合适冲力或接触力。

接下来，在剩余时间内（碰撞时间至当前时间间隔结束时），对涉及碰撞的所有刚体的动力学状态方程进行数值积分运算。这一新的数值积分运算将更新当前刚体的位置和方向，将所有碰撞作用力计算在内。请注意，这还需要对已连接到该碰撞所涉及的一个或多个刚体的所有其他刚体的动力学状态进行数值积分运算，因为连接通常意味着彼此之间存在力。例如，考虑一个由 B_1，B_2，B_3 和 B_4 四个刚体构成的简单系统，假设刚体 B_1 和 B_2 由弹簧进行连接。

起初，从 t_0（当前时间间隔开始）至 t_1（当前时间间隔结束）对系统的动力学状态进行数值积分计算。现在，假设碰撞检测模块在时间 t_c 检测到刚体 B_2 和 B_3 之间存在碰撞，且 $t_0 < t_c < t_1$（图 4.2）。接下来，将碰撞刚体时间回溯至碰撞前一刻（回溯到 t_c），并计算避免互穿的碰撞冲力。在对两个刚体施加碰撞冲力之后，再次对动力学状态参量在剩余时间，即从 t_c 到 t_1 进行数值积分运算。

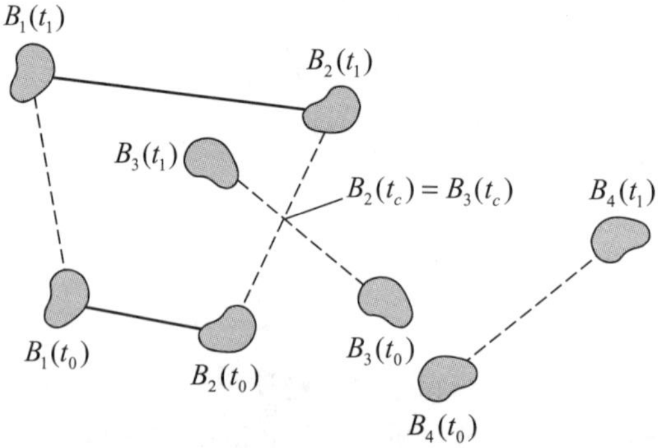

图 4.2　包含四个粒子的简单刚体系统（对该系统从 t_0 至 t_1 的动力学状态参量进行数值积分运算。在时间 t_c 检测到刚体 B_2 和 B_3 之间发生碰撞）

但是，如果我们仅对刚体 B_2 和 B_3 进行时间回溯，在剩余时间内的数值积分运算中，刚体 B_1 和 B_2 之间的弹簧作用力计算将发生错误。问题在于，由于刚体 B_1 并未涉及任何碰撞，其运动状态与 t_1 时刻一样，而刚体 B_2 的运动状态与数值积分运算开始的 t_c 时刻相对应。因此，如果我们不对刚体 B_1 进行时间回溯，弹簧作用力计算将使用刚体 B_1 在 t_1 时刻的位置和方向，而实际上，它应当在刚体 B_2 的相同仿真时间，即 t_c 时刻使用这个位置和方向信息（图 4.3）。换言之，所有互连刚体的动力学状态参量的数值积分运算应该同步进行，以保证正确的系统行为（图 4.4）。另外，未涉及碰撞的刚体可以在同一个仿真时间间隔内异步移动。这就是图 4.4 所示的刚体 B_4 的情形，因为刚体 B_2 和 B_3 在剩余时间内的数值积分运算不会影响到第一次通过时已经计算得出的 B_4 的运动状态。就执行而言，该方法需要某种记录机制来有效确定哪些刚体彼此互连。此举的收获是，相较于之前的求解方案，即将所有刚体（甚至是不涉及碰撞的刚体）时间回溯至最近一次碰撞的前一刻，这种方法的效率明显更高。

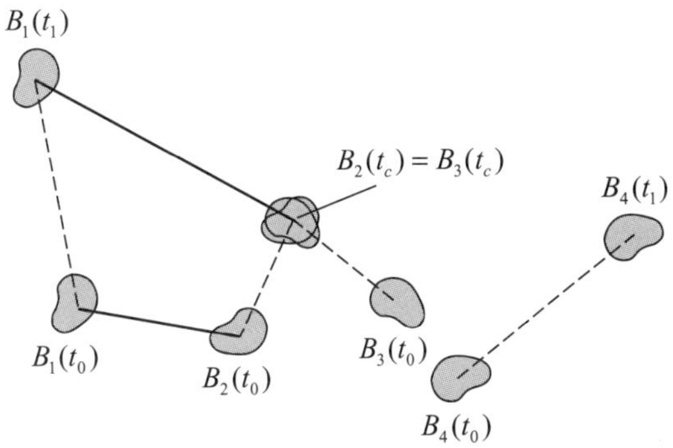

图 4.3 将刚体 B_2 和 B_3 时间回溯至碰撞前一刻

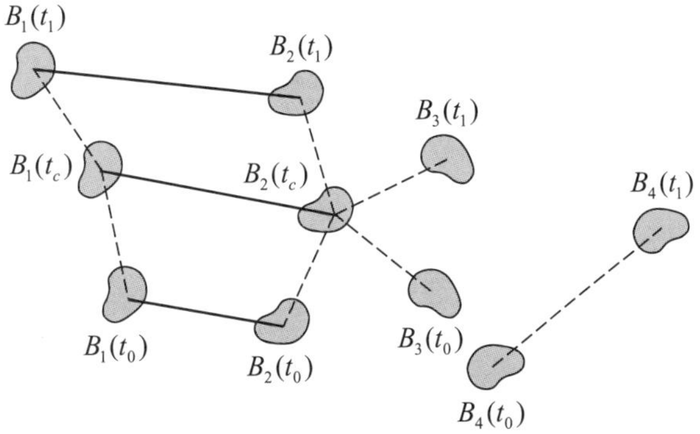

图 4.4 将刚体 B_1 时间回溯至 t_c，再使用数值积分重新计算刚体 B_1，B_2 和 B_3 的位置与方向（请注意，刚体 B_4 不受此次碰撞的影响，因此在碰撞检测和响应中保持不变）

使用涉及碰撞的每个刚体的最终运动状态信息，再次检测这些刚体与仿真中所有其他刚体的碰撞情况。理论上，重复这一过程，直至对当前时间间隔内检测到的所有刚体间的碰撞完成求解。实际上，使用一个用户定义的参数来限制迭代的最大次数，当达到这个值时，仿真引擎覆写所有刚体的物性参数，使所有的碰撞都变成非弹性的（恢复系数为零）。通过这样做，碰撞刚体将会在碰撞处理后粘在一起，进而显著减少在下一次迭代中新引进的碰撞数量。

很显然，碰撞检测是一个复杂的过程，可能占用大量计算时间，特别是在直接实现中。我们建议使用第 2.4 节介绍的被仿真世界的单元格分解，加速碰撞检测。随着系统的演变，将刚体分配至与层次表达相交的单元格中，追踪每个刚体相对于被仿真世界单元格分解的位置。这样一来，仅需要检查分配到相同单元格的刚体是否存在碰撞。单元格分解将被仿真世界均匀细分为立方单元格，按照这一原则，即可高效执行动态分配（详见第 2.4 节介绍）。

实际用来计算碰撞时间的碰撞检测算法取决于物体的形状和速度。最常见的非凸物体需要更加耗时的算法来处理碰撞次数，而凸体采用依赖于它们凸属性的快速和专用的算法来准确执行。快速移动和稀疏物体采用连续碰撞检测来处理。所有这些方法都将在接下来的章节中详细讨论。

4.3 基本相互作用力

大部分刚体系统仿真所使用的相互作用力可分为两种不同类型的作用力。第一种类型为全局相互作用力，即独立施加于系统所有刚体的作用力，如重力和黏性阻力（用于模拟空气阻力）。这是最低成本的相互作用力，与本书探讨的第二种类型的相互作用力相比，其所需的计算成本通常都可以被忽略。

第二种类型为考虑特定数量的刚体之间的点到点作用力。阻尼弹簧是两个给定刚体之间相互作用力的一个典型例子。交互式的用户操作也被构建为当前鼠标位置与选定刚体之间点到点作用力的模型。如第 4.3.4 节所述，使用鼠标和选定刚体之间虚拟的相互作用力旨在避免因鼠标突然移动而导致配置不稳定。

4.3.1 重力

由于受到地面的吸引而作用于每个刚体的重力可通过以下方程直接得出：

$$\vec{F} = m\vec{g}$$

其中，$\vec{g}$ 为重力加速度；m 为刚体的质量；作用力 $\vec{F}$ 作用于刚体的质心（图 4.5）。在大多数情况下，假设重力加速度大小恒定，等于 9.81 m/s^2，方向垂直朝下（朝向被仿真环境的“地面”）。

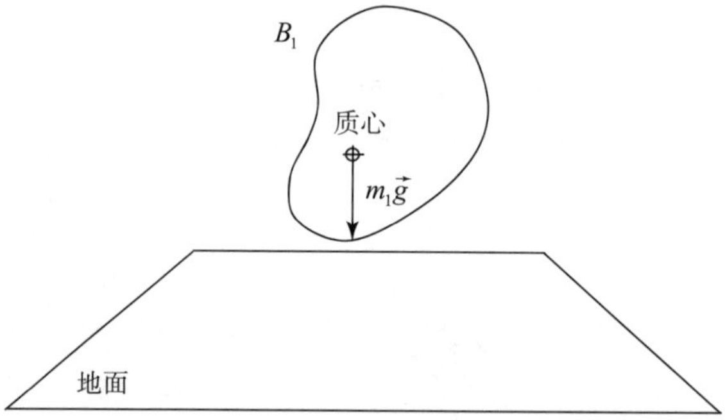

图 4.5 重力将质量为 m_1 的刚体 B_1 拉向地面

4.3.2 黏性阻力

在刚体系统动态仿真中，黏性阻力最常见的用途是构建空气对刚体运动的阻力模型，确保在没有外力作用于刚体时，刚体最终会静止。图 4.6 描述了这种情况。黏性阻力为

$$\vec{F} = -k_v\vec{v}$$

其中，$\vec{v}$ 为刚体质心的线速度；k_v 为线黏性阻力系数。

使用相似的方程确定黏性阻力的扭矩分量：

$$\vec{\tau} = -k_\omega\vec{\omega}$$

其中，$\vec{\omega}$ 为刚体的角速度；k_w 为角牵引阻力系数。

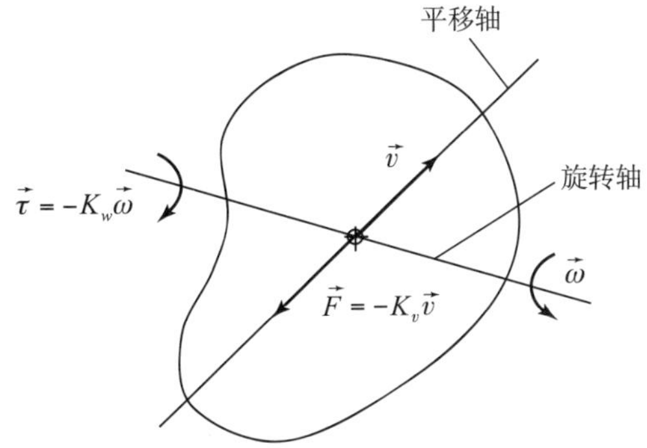

图 4.6　刚体 B_1 在任意方向上移动，遇到空气阻力，用黏性阻力模拟空气阻力，其中作用力 $\vec{F}$ 和扭矩 $\vec{\tau}$ 作用于 B_1 的质心

4.3.3　阻尼弹簧

弹簧主要用来使成对刚体之间保持已知数值的距离。当刚体互相靠近或远离时，对两个刚体施加大小相同但方向相反的弹簧作用力。

令刚体 B_1 和 B_2 由弹簧连接，该弹簧的静止长度为 r_0。弹簧在点 $\vec{p}_1$ 和 $\vec{p}_2$ 处分别连接刚体 B_1 和 B_2。令 $\vec{v}_1$ 和 $\vec{v}_2$ 为使用方程（4.6）计算得出的点 $\vec{p}_1$ 和 $\vec{p}_2$ 的速度，则作用于两个刚体质心的弹簧分力由以下方程得出：

$$\vec{F}_2=-\left[k_s(|\vec{p}_2-\vec{p}_1|-r_0)+k_d(\vec{v}_2-\vec{v}_1)\frac{(\vec{p}_2-\vec{p}_1)}{|\vec{p}_2-\vec{p}_1|}\right]\frac{(\vec{p}_2-\vec{p}_1)}{|\vec{p}_2-\vec{p}_1|} \tag{4.21}$$

$$\vec{F}_1=-\vec{F}_2$$

其中，$\vec{F}_i$ 为作用于刚体 B_i 的弹簧作用力，其中 $i\in\{1, 2\}$；k_s 为弹簧常数；k_d 为阻尼常数（图 4.7）。由于弹簧作用力作用于点 $\vec{p}_1$ 和 $\vec{p}_2$，它被作用于刚体 B_1 的力 - 力矩对（$\vec{F}_1$ 和 $\vec{\tau}_1$）和作用于刚体 B_2 的 $\vec{F}_2$ 和 $\vec{\tau}_2$ 替代，其中：

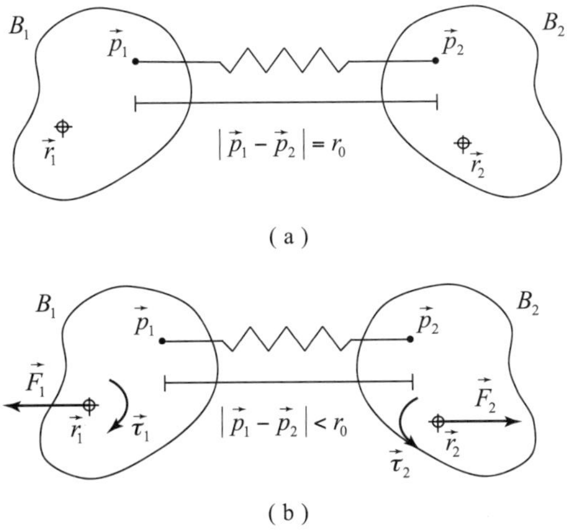

图 4.7　刚体 B_1 和 B_2 由阻尼弹簧连接：（a）刚体位于静止位置；（b）当刚体彼此靠近时作用于刚体的弹簧作用力

$$\vec{\tau}_1 = (\vec{p}_1 - \vec{\tau}_1) \times \vec{F}_1$$
$$\vec{\tau}_2 = (\vec{p}_2 - \vec{\tau}_2) \times \vec{F}_2 \tag{4.22}$$

方程（4.21）的阻尼项用于避免震荡，不会影响所连接刚体的质心运动。

4.3.4　用户交互作用力

用户交互作用力被构建为一个阻尼弹簧，连接鼠标当前位置至刚体牵引点位置。使用这种虚拟弹簧旨在避免因鼠标剧烈运动而导致作用于选定刚体的外力不切实际地增加。这些增加的外力可能导致描述刚体运动的动力学状态方程变得刚性。刚性的系统更容易出现四舍五入的误差，通常需要使用更为精细、耗时的数值积分方法，如附录 B（第 7 章）描述的隐式欧拉法。

第 4.3.3 节介绍的阻尼弹簧与此处使用的虚拟弹簧之间的主要区别在于，虚拟弹簧的静止长度应设为 0。静止长度为 0，这表示仅当选定刚体的位置与鼠标位置重合时，刚体才会停止运动。因此，当用户拉动刚体四处移动时，使用当前鼠标位置来更新刚体和鼠标之间的实际距离，并在方程（4.21）和方程（4.22）中使用该距离来计算将施加于刚体质心的合适弹簧力 - 力矩对。

4.4　碰撞检测概述

与粒子系统相比，刚体动态仿真的碰撞检测更难以实现，这是因为在构建这些系统时存在根本性的不同。粒子通常被构建为在运动过程中能够平移（而不旋转）的简单球体。因此，它们的轨迹沿着直线段跨越三维空间的一个体积区域，通过检测可能碰撞的所有粒子的轨迹是否存在几何相交来执行碰撞检测。另外，刚体形状有凸和非凸之分，能够在两个连续时间间隔之间平移和旋转，因此很难确定轨迹跨越的体积，即使能够确定，由于复杂性增加，所需计算时间增加，可能无法满足本书所述的实时互动效率目标。

在大部分应用中，刚体间的碰撞检测可以通过只在当前时间间隔末尾进行碰撞检测来简化。当在当前时间间隔末尾处它们的形状存在几何相交时，就认为它们碰撞。实际碰撞信息通过时间回溯至刚发生碰撞的前一刻。在碰撞时刻刚体间的最近点近似为碰撞点，碰撞法线取决于最近点是属于顶点 - 面、面 - 顶点还是属于边 - 边情形。

（1）顶点 - 面：碰撞法线为与面法线平行的单位向量。

（2）面 - 顶点：碰撞法线为与面法线平行的单位向量。

（3）边 - 边：碰撞法线为与两条边都垂直的单位向量。它可以通过定义两条边的向量叉积来计算。

在所有这些情形中，碰撞法线实际方向的选择，应使刚体在碰撞点沿着碰撞法线的相对速度为负，表明刚体正朝着彼此移动。根据碰撞法线和碰撞点，直接获得切面，详见附录 A（第 6 章）第 6.6 节介绍。一旦得到碰撞信息，对每个碰撞刚体施加大小相同但方向相反的碰撞冲力或接触力，可避免彼此互穿。

将时间回溯至碰撞前一刻的过程假设刚体的运动过程是线性的，即它们的实际轨迹可以用一个简化的、有着恒定线速度和角速度的运动替代（图 4.8 和图 4.9）。正如在第 6.8 节中所解释的，碰撞刚体平移和旋转的净变化可以它们在 t_0 与 t_1 时刻已知的位置和方向来计

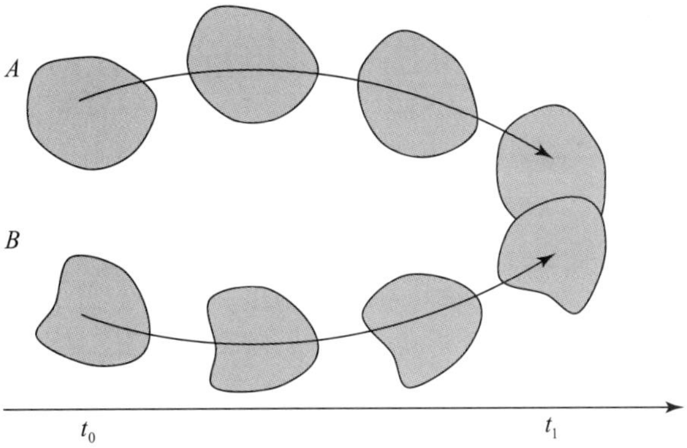

图 4.8　由数值积分获得的两个碰撞刚体的非线性轨迹

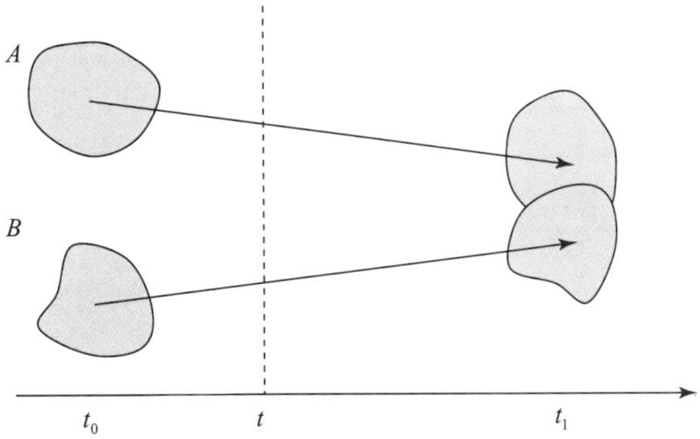

图 4.9　碰撞检测模块用一条恒定平移和旋转的线性轨迹替代碰撞刚体的非线性轨迹｛任意时刻 $t \in [t_0, t_1]$ 刚体的位置都能通过简单线性插值［详见附录 A（第 6 章）第 6.8 节］获得｝

算。我们假设这种变化以一个恒定的速率发生，从而使在当前时间间隔计算刚体恒定线速度和角速度成为可能。我们接下来使用简单线性插值来确定刚体在任意时刻 $t_i \in [t_0, t_1]$ 的位置。这是一个重要的简化，可改善总体碰撞检测性能，因为时间回溯需要多次迭代才能收敛到碰撞时刻。

在通常的碰撞情形中，刚体在 t_0 时刻开始处于一个非碰撞状态，然后在 t_1 时刻以碰撞结束。在每次时间回溯迭代过程中，当前时间间隔 $[t_i, t_{i+1}]$ 分解为两个子间隔 $[t_i, t_m]$ 和 $[t_m, t_{i+1}]$，并且用能更好近似碰撞时间的子间隔来替代。更新选取的子间隔的最近点信息，然后执行新的迭代。这个迭代过程持续进行直到子间隔收敛到碰撞时刻。如果刚体在 t_m 时刻不相交，则可以采用邻近信息更新最近点，或者当它们在 t_m 时刻相交时采用相交区域。在每次迭代末尾，将时间间隔更新为 $[t_j, t_{j+1}] = [t_i, t_m]$ 或者 $[t_j, t_{j+1}] = [t_m, t_{i+1}]$ 以使刚体不在 t_j 时刻相交而在 t_{j+1} 时刻相交。

依赖于仿真设置，有可能刚体在 t_0 时刻就开始处于一个相交状态。这种特殊情况可以通过 t_0 时刻在刚体间执行一次额外的相交检测来处理，即在对时间间隔 $[t_0, t_1]$ 进行碰撞检测过程的开始。如果刚体在 t_0 时刻就已经相交，那么碰撞检测模块将它们的碰撞时间置为 t_0，然后根据它们的当前相交区域计算碰撞信息。

4.5 非凸刚体之间的碰撞检测

当检查两个刚体彼此是否碰撞时，碰撞检测模块首先检验刚体是否为凸刚体，或者能分解为多个凸刚体。在大多数情况下，可使用附录 F（第 11 章）介绍的算法进行凸分解。但是，刚体无法进行凸分解可能是由于不满足最小二面角或切割面①要求。

当两个非凸刚体均由凸分解表示时，碰撞检测模块使用第 4.7 节介绍的更专业的算法，充分借助凸刚体属性来显著改进整体碰撞检测。否则，使用适合非凸刚体的更加一般的同时更耗时的碰撞检测算法来计算碰撞时间和相关碰撞点。

正如在上一节中提到的，时间回溯是一个迭代的过程。在每次迭代中，刚体间的最近点信息都会更新，并且中间时间间隔不断减小，直到它收敛于碰撞时间。在一般的非凸刚体中，这通过将时间间隔 $[t_i, t_{i+1}]$ 等分，即 $[t_i, t_m]$ 和 $[t_m, t_{i+1}]$，其中 $t_m = (t_i + t_{i+1})/2$。接下来再检测刚体在 t_m 时刻是否存在几何相交。这个检测包括使它们更新后的层次表达与它们在 t_m 时刻的位置相交（关于层次相交详见第 2.5.1 节）。如果刚体在 t_m 时刻不相交，那么碰撞时间在子间隔 $[t_m, t_{i+1}]$ 内。否则，刚体在 t_m 时刻相交，那么碰撞时间在子间隔 $[t_i, t_m]$ 内。无论哪一种情况，不使用的子间隔都被舍弃。这个迭代过程持续进行，直到满足下列终止条件之一。

（1）当前时间间隔的长度 $(t_{i+1} - t_i)$ 小于一个用户定义的阈值。

（2）当前迭代次数已经达到一个用户定义的最大值。

一旦终止，将 t_i 作为碰撞时间，将 t_i 时刻刚体之间的最近点作为碰撞点。

不幸的是，非凸刚体间最近点的确定不如凸体那么简单直接。主要原因是，当我们时间回溯至碰撞②前一刻时，在连续的迭代之间最近点信息可能会以非单调的形式发生变化。图 4.10 和图 4.11 演示了两个刚体在 t_1 时刻相交的情形。

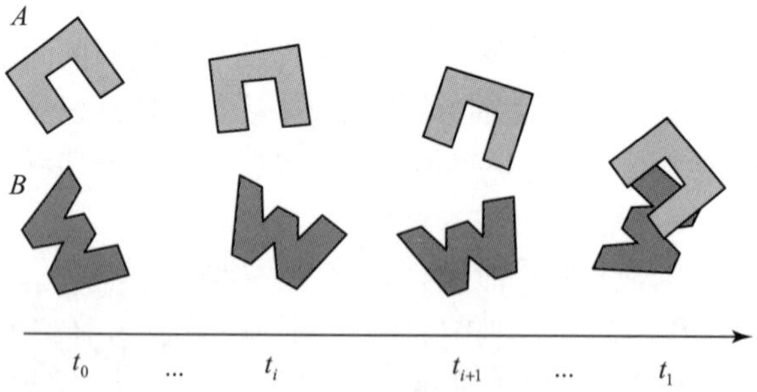

图 4.10 两个非凸刚体在 $[t_0, t_1]$ 移动，然后在 t_1 时刻相交
（仿真引擎采用二分法，时间回溯确定它们的碰撞时间）

在这个例子中，随着物体从 t_i 移动到 t_{i+1}，它们的最近点从顶点 $(\vec{a}_1, \vec{b}_1)$ 变为 $(\vec{a}_5, \vec{b}_7)$。为了采用几何搜索算法从 $\vec{a}_1$ 到达 $\vec{a}_5$，我们需要经过顶点 $\vec{a}_2$，$\vec{a}_3$ 和 $\vec{a}_4$，在到达顶点 $\vec{a}_5$

---

① 附录 F（第 11 章）介绍的算法将有效切割面集合设置为简单的多边形（无孔或双边）。这就使得该算法不适合对复杂几何形状进行分解。

② 这方面内容在第 1.4.4 节中就已经介绍过了，这里的重复只是为了完整性。

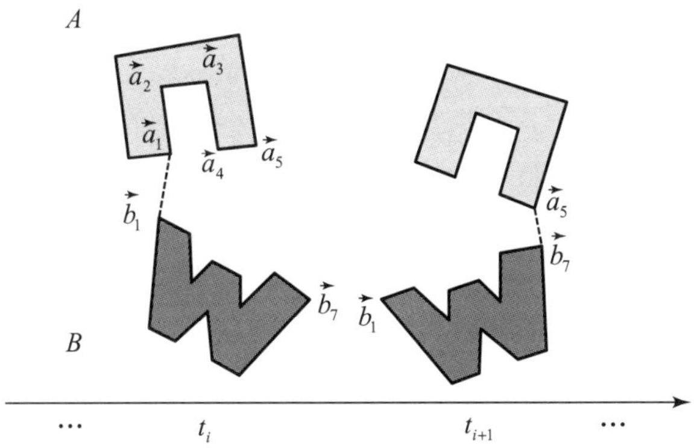

图 4.11 图 1.4 中使用的二分法的中间迭代 t_{i+1} 和 t_i［从 t_i 时刻的（$\vec{a}_1$，$\vec{b}_1$）移动到 t_{i+1} 时刻的（$\vec{a}_5$，$\vec{b}_7$），最近点距离非单调变化］

这个在 t_{i+1} 时刻离物体 B 最近的点之前，这些点都比顶点 $\vec{a}_1$ 离物体 B 更远。换句话说，从 t_i 时刻确定的最近点开始，几何搜索需要沿着物体间距离值增加的方向移动，直到在顶点 $\vec{a}_5$ 达到一个新的最小值。这个由最近距离减小引起的增加使得使用一个高效的搜索方向条件变得不切实际，这个搜索方向条件可以由 t_i 时刻的已知最近点找到 t_{i+1} 时刻的最近点。

由于在连续迭代中最近点间的距离有可能产生不单调的变化，仿真引擎因而依赖穿透深度计算来获得非凸刚体的碰撞时间。在刚体间的每块相交区域计算穿透深度，这项计算包括确定每个刚体相对于另一个刚体在每个刚体上的最深内点（在每个区域内有两个最深内点，每个刚体上一个）。将最深内点作为碰撞点并且将它们之间的距离作为它们相应相交区域的最近距离。当所有相交区域的穿透深度都比一个用户定义的阈值小时，就说明达到了碰撞时间。第 2.5.14 节介绍了一个寻找相交区域相关最深穿透点的高效算法。对每个刚体使用一次该算法就可以确定它在另一个刚体内的最深内点。

4.6 稀疏或快速移动的非凸刚体间的碰撞检测

稀疏或快速移动的非凸刚体间的碰撞检测是一个更大的挑战。不幸的是，只在当前时间间隔末尾进行碰撞检测这种常用的简化不再合理。当物体是稀疏的或者快速移动的时候，在当前时间间隔开始时发生的碰撞比在时间间隔末尾附近发生的碰撞更有可能被错过，如图 4.12 所示。

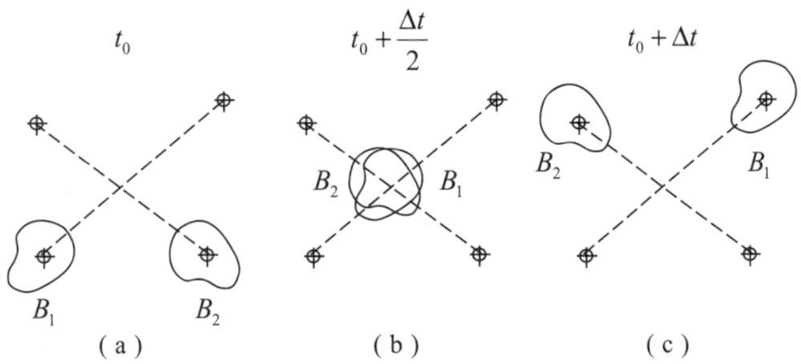

图4.12 （a）当前时间间隔一开始时刚体 B_1 和 B_2 的位置和方向；（b）刚体在 $t_0+\Delta t/2$ 时刻相交；（c）在当前仿真时间间隔结束时没有发生相交，刚体被视为不相交

由于在所有碰撞检测被执行前刚体处在当前时间间隔末尾的位置，所以在仿真过程中中间的碰撞可能被错过。当然，我们能够减小时间间隔来捕捉这些遗漏的碰撞，但是这会大大减慢仿真，违背进行简化的初衷。我们注意到，在它们轨迹间的简单几何相交检测是不能提供稳健的碰撞检测的，因为在刚体运动的不同时刻，轨迹可能重叠，这表明在轨迹交点它们实际上并没有碰撞。

本书中，我们提议使用连续碰撞检测来处理稀疏或者快速移动的非凸刚体间的碰撞。想法是考虑刚体在整个时间间隔内的连续运动，而不是在不考虑时间的情况下执行轨迹间的几何相交检测。

连续碰撞检测需要在表达刚体的数据结构上做一些改进。最重要的改进就是刚体层次结构树表达的更新方式。在连续碰撞检测中，层次结构需要包围刚体从 t_0 到 t_1 时刻的整个运动，而不只是它们在 t_1 时刻的状态。如果我们调整在局部坐标系生成时就已经创建好的层次结构树，使其包围在世界坐标系中从 t_0 到 t_1 时刻的图元的运动，那么调整就能被高效执行。调整过程保持了层次结构树中当前的父子关系，并且更新了它的节点包围盒，使其包围图元的整个运动。我们注意到需要使用包围旋转球而不是图元的几何结构来计算它的包围盒。在运动过程中包围图元的平移和旋转这两个分量是有必要的，即层次的子节点需要包围 t_0 和 t_1 时刻世界坐标系中的图元的包围旋转球。

刚体层次表达的几何相交导致所有的图元 - 图元对（三角形 - 三角形对）有重叠的、被包围的运动。它们被包围的运动重叠并不意味着图元实际上相交，因为重叠可能对应每条轨迹的不同时刻。我们需要使用在第 2. 5. 15 节中讨论的连续三角形间的相交检测来稳健地确定是否每个图元 - 图元对在运动过程中碰撞了。连续三角形间的相交检测把几何相交问题转化为关于 t 的 15 个三次多项式的求根问题。这些多项式在 0 ~ 1 的最小实根被置为三角形间的碰撞时间。非凸刚体间的碰撞时间被置为它们图元间（三角面）的最早碰撞时间。

尽管面与面之间的连续碰撞检测在实际中非常高效，但是它没有给出一个刚体间的准确碰撞时间。问题是面与面之间的连续碰撞检测使它们的平移和旋转被一个它们在 t_0 与 t_1 时刻位置的连线定义的简单平移所代替。很明显，面中间的运动是连续的但不一定是刚性的，因为面在中间时间 $t \in [t_0, t_1]$ 时可能变形，这取决于它们的旋转量。图 4. 13 展示了一个刚体在时间间隔的运动过程中旋转了 180°这样一种极端的情况。在这种情况下，线性轨迹不

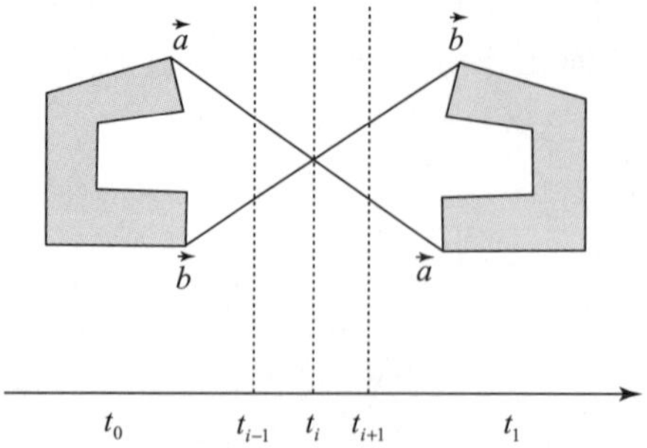

图 4. 13　面 - 面连续碰撞的极端情况（进行碰撞检测的刚体之一旋转了 180°，中间的运动是连续的但不是刚性的，因为刚体在 t_{i-1} 时刻压缩，在 t_i 时刻几乎折叠成扁平形，然后在 t_{i+1} 时刻开始回弹回来，直到 t_1 时刻变回它正确的形状。在这种情况下进行碰撞检测是不准确的，因为形状已经经历了极端的变形）

完全包围刚体的原始轨迹，因此碰撞检测会变得不准确。

4.7 凸刚体之间的碰撞检测

凸刚体或者通过凸分解表达的刚体间的碰撞检测可以被更快地执行。首先，当它们不相交时，仿真引擎跟踪凸刚体间最近点是可行的，而不是必须像非凸情形中要求的一样，计算每个相交区域的最深穿透点，然后把它们作为碰撞点的近似。这是因为对于凸刚体，连续迭代中最近点间距离的变化是单调的。因此，当一个几何搜索算法沿着刚体边界运动试图找到在迭代时间 t_{i+1} 的最近点时，它能舍弃所有对应当前值增加的搜索方向，这个当前值是在迭代 t_i 中获得的最近距离。从 t_i 时刻的最近点信息开始，几何搜索能很快地收敛于 t_{i+1} 时刻凸刚体间实际的最近点。

其次，凸刚体上任意一点沿着$\vec{n}$方向经过的最大距离的上界可以在时间间隔 $[t_i, t_{i+1}]$ 中计算，假设凸刚体在时间间隔中做恒定平移和旋转。已知刚体在 t_i 时刻不相交，碰撞检测模块可以计算每个刚体上任意一点沿着它们最近的方向在时间间隔 $[t_i, t_{i+1}]$ 移动的最大距离的上界①。这个上界和凸刚体在 t_i 时刻的最近距离一起用来估计碰撞时刻的下界。我们注意到，这个下界是保守的，即保证对于给定时刻 t_m，刚体靠得足够近但还不至于碰撞。很明显，执行这个保守时间推进算法收敛到碰撞时间的迭代次数比采用二分法迭代的次数少得多。关于保守时间推进算法的详细介绍以及这些上界是如何计算出来的请参见附录 H（第 13 章）。

在本书中，我们介绍了两个极其有效的算法来检测凸体之间的碰撞。作为基于特征的算法，Mirtich 的维诺裁剪算法是目前已知的最有效的算法。所谓“基于特征”是指算法以使用待检测碰撞的刚体特征（面、边和顶点）的几何运算为基础。另外，Gilbert-Johnson-Keerthi（GJK）算法是迄今为止性能最优的单纯形算法。所谓“单纯形算法”，是指算法仅使用刚体的顶点信息来构建一系列凸包，然后对属于此类凸包的点（单纯形）子集进行运算。维诺裁剪法和 GJK 算法分别在第 4.9 节和第 4.10 节详细介绍。

4.8 稀疏或快速移动凸刚体间的碰撞检测

幸运的是，上一节介绍的保守时间推进算法在稀疏或快速移动的凸刚体的情形中也是适用的。开始于初始时间间隔 $[t_0, t_1]$，碰撞检测模块采用维诺裁剪法和 GJK 算法计算 t_0 时刻刚体间的最近点与最近距离。这个信息被保守时间推进算法用来计算一个凸刚体间碰撞时间的下界 t_m。如果碰撞时间的下界比时间间隔长度大，即

$$t_0 + t_m > t_1$$

那么刚体在运动过程中保证不会碰撞。否则，时间间隔就缩短为 $[t_m, t_1]$，并且最近点信息更新为 t_m 时刻的刚体位置。这个迭代过程持续进行，直到满足下列终止条件之一。

（1）最近点间的距离小于一个用户定义的阈值。

（2）最近点间的距离开始增加。由于我们不知道刚体是否相交，所以有可能它们的最

① 方向由 t_i 时刻最近点的连线定义。

近距离在某次迭代时开始增加。这种情况对应于刚体在运动过程中经过对方但是没有相交的情形，即它们间的最近距离在它们接近的过程中减少，但是当它们离开对方时开始增加，在这个过程中没有发生碰撞。

（3）到目前为止执行的迭代次数大于一个用户定义的阈值。

（4）当前时间间隔小于用户定义的阈值。

4.9 计算凸刚体间最近点的 Voronoi Clip 算法

Voronoi Clip（V – Clip）算法的基本原理是将围绕给定刚体的空间细分为一组 Voronoi 区域，每个区域均与刚体的一个特征相关。Voronoi 区域是指空间中的一个区域，在这个区域中，比起与刚体的其他特征的距离，区域中的任意点更靠近相关的特征。每个待检测碰撞的刚体的 Voronoi 区域均包含邻近信息，使用该信息可确定每对刚体之间最接近的特征。接下来，如果刚体不相交，则使用最接近的特征来估算碰撞帧（碰撞点、法线和切面向量）；否则，使用该特征来确定相交特征。

一般而言，Voronoi 区域最多被两种类型的平面包围：顶点 – 边平面和面 – 边平面。顶点 – 边平面包含顶点，且垂直于经过该顶点的边，而面 – 边平面包含边，且平行于含有这条边的面的法线向量。更具体地说，与顶点相关的 Voronoi 区域受到一组顶点 – 边平面的包围，每个平面均由顶点以及经过该顶点的边构成。另外，边的 Voronoi 区域由两个面 – 边平面（共用一条边的平面各一个）和两个顶点 – 边平面（定义这条边的顶点各一个）构成。最后，一个面的 Voronoi 区域由这个面本身以及面 – 边平面组成，每个平面均由这个面及其一条边构成。图 4.14 ~ 图 4.16 分别介绍了顶点、边和面的 Voronoi 区域。

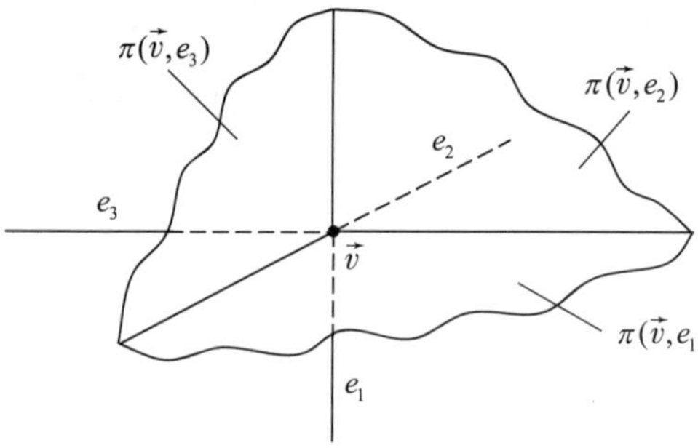

图 4.14 一个顶点的 Voronoi 区域

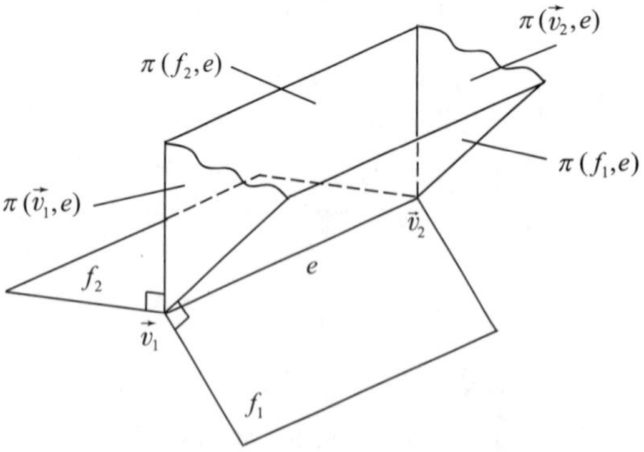

图 4.15 一条边的 Voronoi 区域

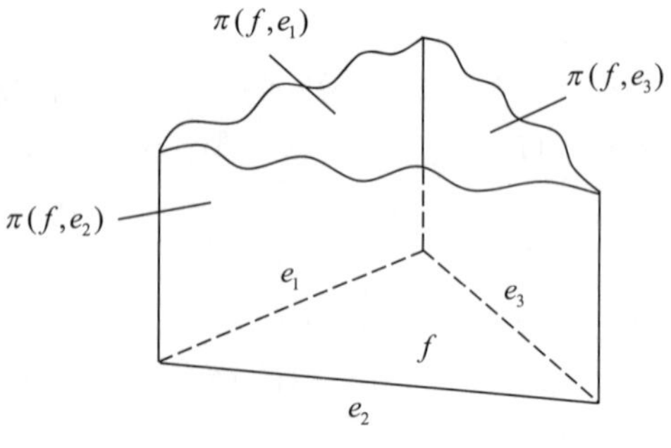

图 4.16 一个面的 Voronoi 区域

在图 4.14 中，顶点 $\vec{v}$ 有三条关联边，即 e_1，e_2 和 e_3。因此，其相关 Voronoi 区域由三个顶点 – 边平面组成，即平面 $\pi(\vec{v}, e_1)$，$\pi(\vec{v}, e_2)$，$\pi(\vec{v}, e_3)$，其中，平面 $\pi(\vec{v}, e_i)$ 包含顶点

$\vec{v}$，且垂直于边 e_i。与每个顶点 - 边平面 $\pi(\vec{v}, e_i)$ 相对应的法线向量 $\vec{n}_i$ 和平面常数 d_i 计算如下：

$$\vec{n}_i = \frac{(\vec{v} - \vec{v}_i)}{|\vec{v} - \vec{v}_i|} \qquad (4.23)$$

$$d_i = \vec{v} \cdot \vec{n}_i$$

其中，边 e_i 由顶点 $\vec{v}$ 和 $\vec{v}_i$ 定义。请注意，方程（4.23）所使用的边方向并不一定是与包含这条边的面的外法线相对应的边方向。请记住，我们假设刚体由顶点、边和面定义，使用右手坐标系，边方向能够使包含这条边的面的法线从刚体内部指向外部①。

图 4.15 显示了边 e 的 Voronoi 区域。由于这条边由两个顶点组成，由两个面共用，因此其对应的 Voronoi 区域由两个面 - 边平面［$\pi(f_1, e)$ 和 $\pi(f_2, e)$］和两个顶点 - 边平面［$\pi(\vec{v}_1, e)$ 和 $\pi(\vec{v}_2, e)$］组成。与每个面 - 边平面 $\pi(f, e)$ 相对应的法线向量 $\vec{n}_i$ 和平面常数 d_i 计算如下：

$$\vec{n}_i = \vec{n}_f$$

$$d_i = \vec{v} \cdot \vec{n}_i$$

其中，$\vec{n}_f$ 为面的外法线向量；$\vec{v}$ 为定义边 e 的两个顶点之一。图 4.16 所示是与面相关的 Voronoi 区域示例。此时，面 f 是三角形，其相关的 Voronoi 区域由三个面 - 边平面［$\pi(f, e_1)$，$\pi(f, e_2)$ 和 $\pi(f, e_3)$］和面本身包围。

现在，假设我们想要检测两个凸刚体 B_1 和 B_2 之间的碰撞。令 b_1 和 b_2 为这些刚体的特征，其中，$b_1 \in B_1$ 和 $b_2 \in B_2$。同时，令 $\vec{p}_1$ 和 $\vec{p}_2$ 为 b_1 和 b_2 之间最接近的点，其中，$\vec{p}_1 \in b_1$ 且 $\vec{p}_2 \in b_2$。实践表明，如果点 $\vec{p}_1$ 位于 b_2 的 Voronoi 区域内部，反过来，如果点 $\vec{p}_2$ 位于 b_1 的 Voronoi 区域内部，则点 $\vec{p}_1$ 和 $\vec{p}_2$ 不仅是 b_1 和 b_2 之间最近的点，而且是（凸）刚体 B_1 和 B_2 之间最近的点。我们将这些称为最近特征条件。

由于 Voronoi 区域由点 - 边和面 - 边平面包围，可使用刚体的当前位置和方向轻松构建这些平面，因此，检测点是否位于给定 Voronoi 区域的内部等同于对包围 Voronoi 区域的每个平面的点进行简单的单侧检测。令限定 Voronoi 区域的每个平面 π 由法线向量 $\vec{n}_\pi$ 和点 $\vec{p}_\pi$ 定义。任意点 $\vec{p} \in \pi$ 满足平面等式：

$$\vec{p} \cdot \vec{n}_\pi = d_\pi$$

其中，平面常数 d_π 由以下方程得出：

$$d_\pi = \vec{p}_\pi \cdot \vec{n}_\pi$$

令 $S_{\vec{p},\pi}$ 为点 $\vec{p}$ 和面 π 之间的有符号距离，定义如下：

$$S_{\vec{p},\pi} = \vec{p} \cdot \vec{n}_\pi - d_n \qquad (4.24)$$

如果

$$S_{\vec{p},\pi} > 0 \qquad (4.25)$$

则点 $\vec{p}$ 位于平面 π 包围 Voronoi 区域的内侧。

如果

$$S_{\vec{p},\pi} < 0 \qquad (4.26)$$

① 由于边由两个面共享，表示刚体的面的基础实施数据结构必须拥有自身的边结构；因为同一条边的每个面都有一个方向，所以相邻的面与该方向相反。

则点 $\vec{p}$ 位于平面 π 包围 Voronoi 区域的外侧。

因此，如果点 $\vec{p}$ 位于包围 Voronoi 区域的所有平面的内侧，则将其视为位于 Voronoi 区域内部。否则，点位于 Voronoi 区域外部（图 4. 17）。

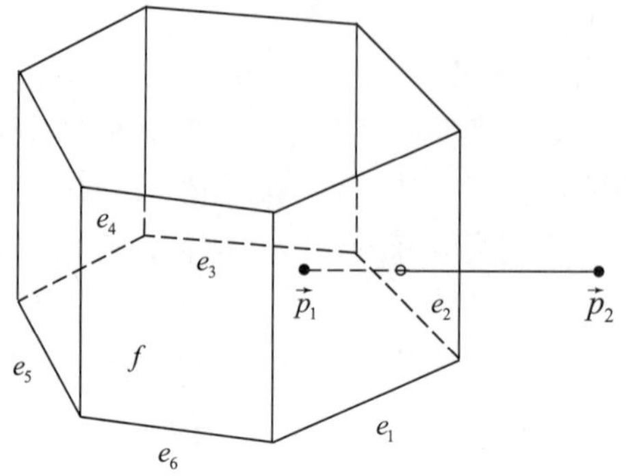

图 4. 17　检测点 $\vec{p}_1$ 和 $\vec{p}_2$ 是否位于面 f 的 Voronoi 区域之内要取决于这些检测点是否位于所有包围该区域的面 - 边平面内［在此种情形下，如果点 $\vec{p}_1$ 位于所有平面的内部，则表示其位于 f 的 Voronoi 区域之内；如果点 $\vec{p}_2$ 位于面 - 边平面 $\pi(f,\ e_1)$ 外部，则表示其位于与这个面相关的 Voronoi 区域之外］

V - Clip 算法的主要原理：首先在待检测碰撞的刚体中任意选择一个特征，如果该特征满足最近特征条件，则算法终止，该特征被视为包含两个刚体间最近点的特征。但是，如果不满足最近特征条件，则该算法将使用一个邻近特征来替代不满足最近特征条件的一个特征。重复该过程，直至满足最近特征条件。

为了避免循环，保证算法在有限次数的特征更新后得以终止，需要确保在使用邻近特征替代一个特征时，特征之间的距离不会增加。事实上，如果新特征的维数大于被替代的当前特征，则特征之间的距离将严格缩小。这种替代包括使用一条边更换一个顶点，或者使用一个面更换一条边。此外，如果新特征的维数小于被替代的当前特征，则特征之间的距离保持不变。这种替代包括使用一条边或一个顶点来更换一个面，或者使用一个顶点更换一条边。因此，无论在算法的中间步骤进行了哪些特征替代，特征之间的距离永远不会增加①，算法一定能够终止。

基本上，每个中间步骤是否满足最近特征条件检测包括对以下两种问题的求解，这两种问题分别针对各个待考虑特征的 Voronoi 区域。对于给定的特征 $b_1 \in B_1$ 和 $b_2 \in B_2$，我们需要检测距离 b_1 的最近点 $\vec{p}_2 \in b_2$ 是否位于 b_1 的 Voronoi 区域内。若是，则对距离 b_2 的最近点 $\vec{p}_1 \in b_1$ 重复该检测。若不是，则需要更新 b_1，使特征之间的距离不会增加。这种更新包括用 b_1 的邻近特征替代 b_1。这个问题的难点在于确定使用哪个邻近特征 $(b_1)_{new}$ 来替代 b_1。对此，我们应当针对 $(b_1,\ b_2)$ 特征的各种可能的组合具体问题具体分析。

4. 9. 1　特征 b_2 是一个顶点

在此情况下，$b_2 = \vec{p}_2$，是一个单独的点。我们获得与 b_1 的 Voronoi 区域相关的平面，使

① 这是因为凸刚体。遗憾的是，这不适用于非凸刚体的情形。

用方程（4.25）和方程（4.26）检测顶点 b_2 的单侧性。如果 b_2 位于 b_1 Voronoi 区域的所有平面之内，则中间检测完成。否则，b_2 至少在一个平面的外部。我们使用 b_1 替代与这些违例平面①相关的特征。

考虑图 4.18 所示的特例，其中 b_1 为三角形面。分别检测顶点 b_2 在三个面 - 边包围平面，以及三角形面本身的单侧性。在图 4.18（a）中，顶点 b_2 位于所有平面之内，则中间检测完成。在图 4.18（b）中，顶点 b_2 在限定平面 $\pi(b_1, e_2)$ 和 $\pi(b_1, e_3)$ 的外部。此时，应使用与这些平面相关的特征，即边 e_2 或 e_3，来替代 b_1。

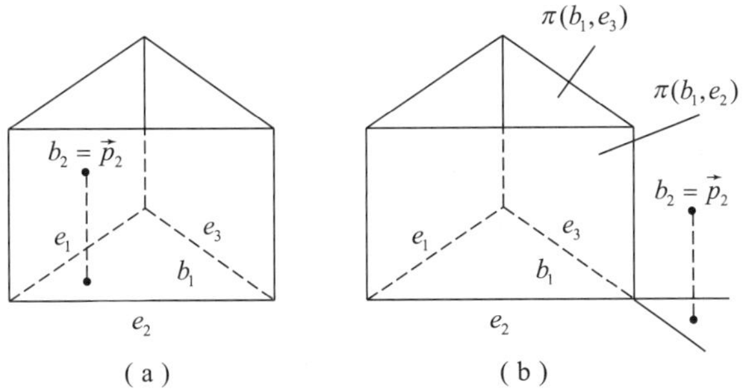

图 4.18　当 b_2 为顶点，b_1 为面时，最近特征的中间检测示例：（a）顶点 b_2 位于与 b_1 相关的所有 Voronoi 平面之内；（b）顶点 b_2 位于 Voronoi 平面 $\pi(b_1, e_2)$ 和 $\pi(b_1, e_3)$ 之后（此时，应使用边 e_2 或 e_3 来替代 b_1。由于这条边的维数小于面，则内部特征之间的距离在替代之后仍然保持相同）

4.9.2　特征 b_2 是一条边

假设边 b_2 的起点和终点分别是顶点 $\vec{v}_1$ 和 $\vec{v}_2$。此时，$\vec{p}_2$ 可以是满足 b_2 边方程的任意点：

$$\vec{e}(\lambda)=(1-\lambda)\vec{v}_1+\lambda\vec{v}_2 \tag{4.27}$$

其中，$0\leqslant\lambda\leqslant1$②。接下来的想法是依据定义 b_1 Voronoi 区域的所有平面，裁剪边 b_2，并检测 $\vec{p}_2$ 位于裁剪之后的边的那一侧③。令 $[\lambda_{\min}, \lambda_{\max}]$ 为边 b_2 位于 b_1 Voronoi 区域内的部分。换言之，边 b_2 与限定 b_1 Voronoi 区域的两个平面 $\pi_{\min}$ 和 $\pi_{\max}$ 分别相交于点 $\vec{e}(\lambda_{\min})$ 和 $\vec{e}(\lambda_{\max})$。同样，令 $b_{\min}$ 和 $b_{\max}$ 为与平面 $\pi_{\min}$ 和 $\pi_{\max}$ 相关的特征。图 4.19 ~ 图 4.21 所示为当 b_1 为三角形面时可能出现的情形。

边 b_2 可能是完全位于包围平面的内部区域（$\lambda_{\min}=0$ 且 $\lambda_{\max}=1$）、局部被包围平面裁剪（$\lambda_{\min}>0$ 或 $\lambda_{\max}<1$），或完全被包围平面裁剪（$\lambda_{\min}=\lambda_{\max}=0$，或 $\lambda_{\min}>\lambda_{\max}$，具体取决于边被排除的方式，本节稍后将进行详述）。

如果边 b_2 完全位于包围平面的内部区域，则该算法将边 b_2 和特征 b_1 视为刚体之间最接近的特征。但是，如果边 b_2 被裁剪（无论是局部还是完全），则我们需要确定 b_2 上距离 b_1 最近的点 $\vec{p}_2$ 是否位于包围平面内部区域、被裁剪边 b_2 之中。若不是，应当确定如何进行更新。

---

① 当存在多个违例平面时，对于使用哪个违例平面并无特定偏好。

② 我们应使用参数 λ，对边 b_2 上的点标记下标。

③ 请记住，$\vec{p}_2$ 是 b_2 上离 b_1 最近的点。

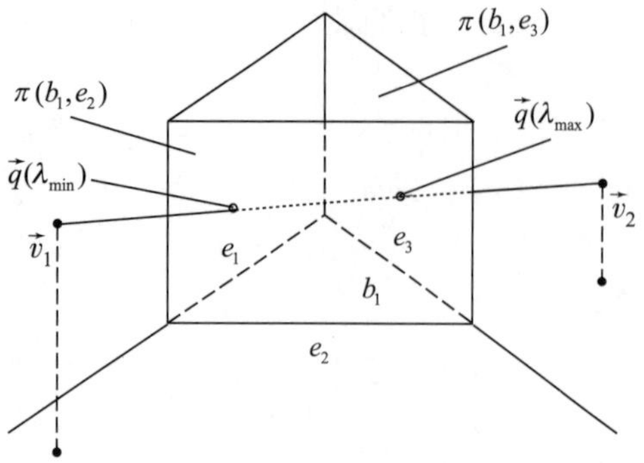

图 4.19　边 $\boldsymbol{b}_2$ 与平面 $\boldsymbol{\pi}(\boldsymbol{b}_1,\ \boldsymbol{e}_2)$ 相交于点 $\vec{\boldsymbol{q}}(\boldsymbol{\lambda}_{\min})$，与平面 $\boldsymbol{\pi}(\boldsymbol{b}_1,\ \boldsymbol{e}_3)$ 相交于点 $\vec{\boldsymbol{q}}(\boldsymbol{\lambda}_{\max})$。因此，$\boldsymbol{b}_{\min}=\boldsymbol{e}_2$，$\boldsymbol{b}_{\max}=\boldsymbol{e}_3$

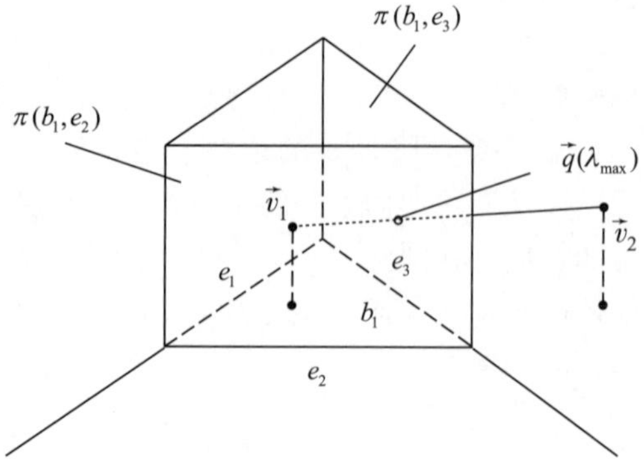

图 4.20　顶点 $\vec{\boldsymbol{v}}_1$ 位于 $\boldsymbol{b}_1$ Voronoi 区域的内部，因此，$\boldsymbol{b}_{\min}$未定义

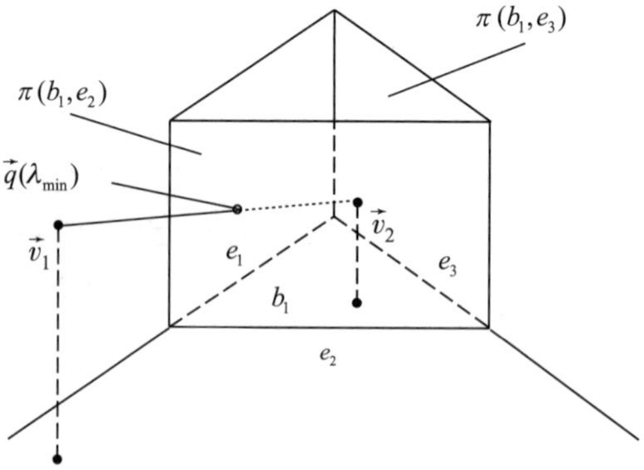

图 4.21　顶点 $\vec{\boldsymbol{v}}_2$ 位于 $\boldsymbol{b}_1$ Voronoi 区域的内部，因此，$\boldsymbol{b}_{\max}$未定义（请注意，当边 $\boldsymbol{b}_2$ 完全位于 $\boldsymbol{b}_1$ Voronoi 区域内部时，$\boldsymbol{b}_{\min}$和 $\boldsymbol{b}_{\max}$未定义）

情形 1：边 $\boldsymbol{b}_2$ 被包围 $\boldsymbol{b}_1$ Voronoi 区域的平面局部裁剪。

有两种方法检测点 $\vec{p}_2\in b_2$ 是否位于 b_1 Voronoi 区域内部。

第一种，也是更加自然的方法，是准确计算 $\vec{p}_2$。这可能需要解决一个一般性的几何问题，即计算边到顶点、边到另一条边，或者边到面的最接近的点，具体取决于 b_1 是一个顶点、一条边还是一个面。在计算 $\vec{p}_2$ 之后，我们接下来要检查其相关数 λ_{p2}是否满足 $\lambda_{\min}\leqslant\lambda_{p2}\leqslant\lambda_{\max}$。若是，则 $\vec{p}_2$ 位于 b_1 Voronoi 区域的内部，从而结束该步骤。否则，若得出 $0\leqslant\lambda_{p2}\leqslant\lambda_{\min}$或者 $\lambda_{\max}<\lambda_{p2}\leqslant 1$，那么 $\vec{p}_2$ 位于 b_1 Voronoi 区域的外部。

显式计算最接近的点 $\vec{p}_2$ 会有一个缺点，即可能会出现数值四舍五入误差。请注意，我们并非必须计算 $\vec{p}_2$；我们只是需要确定其位于哪个间隔：$[0,\ \lambda_{\min})$，$[\lambda_{\min},\ \lambda_{\max}]$ 或 $(\lambda_{\max},\ 1]$。这是使用第二种方法的根本动力。

第二种，也是最有效的方法，是考虑从边 b_2 到特征 b_1 的距离函数，由以下方程定义：

$$D_{b_1,b_2}(\lambda)=\min_{x\in b_1}|x-\vec{e}(\lambda)| \tag{4.28}$$

这是关于 λ 的连续、凸且可微函数，前提是 $\vec{e}(\lambda) \notin b_1$。由于 $\vec{p}_2$ 是 b_2 上距离 b_1 最近的点，其相关数 λ 是距离函数的最小值，因此，检测 $\vec{p}_2$ 位于哪个间隔等价于检测在 λ_{min} 和 λ_{max} 时距离函数导数的符号。令 $\dot{D}_{b_1,b_2}(\lambda)$ 为方程（4.28）定义的距离函数导数，则：

（1）如果 b_{min} 定义明确（图 4.20），且 $\dot{D}_{b_1,b_2}(\lambda_{min}) > 0$，则 $\min(\vec{p}_2)$ 位于间隔 $[0, \lambda_{min})$。此时，将 b_1 更新为 b_{min}。

（2）如果 b_{max} 定义明确（图 4.21），且 $\dot{D}_{b_1,b_2}(\lambda_{max}) < 0$，则最小值位于间隔 $(\lambda_{max}, 1]$。此时，将 b_1 更新为 b_{max}。

在其他情况下，最小值位于间隔 $[\lambda_{min}, \lambda_{max}]$，到此中间步骤执行完毕。

距离函数导数的符号的计算取决于 b_1 是一个顶点、一条边还是一个面。如果 b_1 是一个顶点（$b_1 = \vec{v}$），则导数的符号可直接从以下方程得出：

$$\operatorname{sign}(\dot{D}_{\vec{v},b_2}(\lambda)) = \operatorname{sign}(\vec{u}_e \cdot (\vec{e}(\lambda) - \vec{v})) \tag{4.29}$$

其中，$\vec{u}_e$ 为定义边 b_2 方向的单一向量，由以下方程定义：

$$\vec{u}_e = \frac{(\vec{v}_2 - \vec{v}_i)}{|\vec{v}_2 - \vec{v}_i|}$$

如果 b_1 是一个面（$b_1 = f$），而且单位法线向量为 $\vec{n}_f$（朝外）、平面常数值为 d_f，则导数的符号由以下方程得出：

$$\operatorname{sign}(\dot{D}_{f,b_2}(\lambda)) = \begin{cases} +\operatorname{sign}(\vec{u}_e \cdot \vec{n}_f), & S_{\vec{e}(\lambda),f} > 0 \\ -\operatorname{sign}(\vec{u}_e \cdot \vec{n}_f), & S_{\vec{e}(\lambda),f} < 0 \end{cases} \tag{4.30}$$

最后，如果 b_1 是一条边，则使用与 λ_{min} 和 λ_{max} 相关的邻近特征 b_{min} 或 b_{max}，确定导数在间隔 $[0, \lambda_{min})$ 和 $(\lambda_{max}, 1]$ 的符号。请注意，由于 b_1 是一条边，其邻近特征 b_{min} 或 b_{max} 必须是刚体的一个顶点或一个面，我们可以使用方程（4.29）和方程（4.30）计算导数的符号。

请注意，仅当距离函数为连续函数时才能使用邻近特征，这一点很重要。换言之，计算导数相对于 b_{min} 或 b_{max} 的符号等价于计算在 b_2 经过（进入或离开）其 Voronoi 区域包围平面时（也就是与 λ_{min} 和 λ_{max} 相对应的点），导数相对于边 b_1 的符号（图 4.19）。唯一不能计算导数符号的情形是当导数本身未定义时。这发生在当 $\lambda \in [0, 1]$ 时。如果 b_1 是一个顶点，则：

$$\vec{e}(\lambda) = b_1 \tag{4.31}$$

如果 b_1 是一个面，则：

$$S_{\vec{e}(\lambda),b_1} = 0 \tag{4.32}$$

如果无法计算导数符号，其几何意义是边 b_2 与特征 b_1 相交。更具体地说，当 b_2 包含顶点 b_1 时，满足方程（4.31）；当 b_2 与面 b_1 相交时，满足方程（4.32）。在这两种情形中，V-Clip 算法终止，报告 (b_1, b_2) 对发生互穿。

关于如何将边 b_2 裁剪到 b_1 Voronoi 区域的包围平面的最后一个注意事项。如果 b_1 是一个顶点，则所有包围平面为点－边平面，我们可以按照任意顺序进行裁剪。但是，如果 b_1 是一条边，则其 Voronoi 区域由两个顶点－边和两个面－边平面限定。我们应首先根据两个顶点－边平面裁剪边 b_2。如果未能裁剪，则根据剩余的面－边平面进行裁剪。最后，如果 b_1 是一个面，其 Voronoi 区域由多个面－边平面（每个平面适用于定义这个面的边）和平面本身包围。此时，应根据面－边平面裁剪边 b_2；如果未能裁剪，则根据面平面进行裁剪。

情形 2：边 b_2 完全由包围 b_1 Voronoi 区域的平面裁剪。

存在两种完全排除类型：简单排除和复合排除。当定义边 b_2 的两个顶点位于包围特征 b_1 Voronoi 区域的单一平面之外时，出现简单排除。当定义边 b_2 的两个顶点位于包围特征 b_1 Voronoi 区域的不同平面之外时，出现复合排除。

例如，考虑图 4.22 所示的简单排除情形，其中 b_1 是一个三角形面。边 b_2 由分别对应于 $\lambda_{min}=0$ 和 $\lambda_{max}=1$ 的顶点 $\vec{v}_1$ 和 $\vec{v}_2$ 定义。排除检测包括检测边 b_2 是否位于包围 b_1 Voronoi 区域的所有平面的内部。对于图 4.22 所述的情形，使用方程（4.24）进行单侧性计算的结果为：

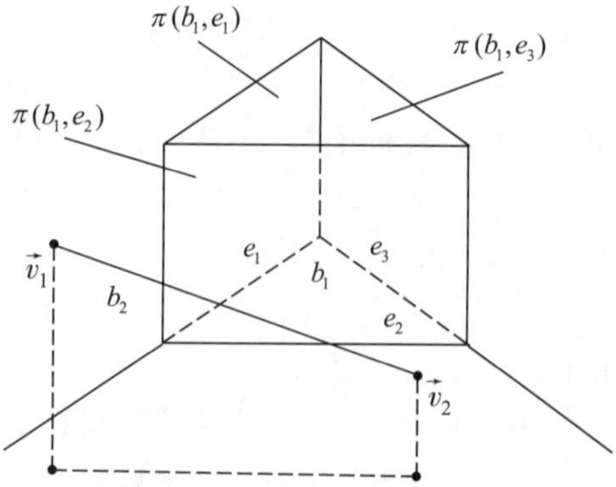

图 4.22　简单排除示例（其中 b_1 为三角形面）

$$S_{\vec{v}_1,\pi(b_1,e_1)}>0$$
$$S_{\vec{v}_2,\pi(b_1,e_1)}>0$$
$$S_{\vec{v}_1,\pi(b_1,e_2)}<0$$
$$S_{\vec{v}_2,\pi(b_1,e_2)}<0$$
$$S_{\vec{v}_1,\pi(b_1,e_3)}>0$$
$$S_{\vec{v}_2,\pi(b_1,e_3)}>0$$

分析这一结果，我们得出，边 b_2 位于平面 $\pi(b_1,e_1)$ 的内部（有符号距离计算结果得出正值）、位于平面 $\pi(b_1,e_2)$ 的外部，以及平面 $\pi(b_1,e_3)$ 的内部。也就是说，边 b_2 位于除了 $\pi(b_1,e_2)$ 之外的所有包围平面的内部，说明存在简单排除。接下来，用平面 $\pi(b_1,e_2)$ 的关联特征，即边 b_2 替代特征 b_1。总之，除了一个平面的有符号距离计算结果为负外，当所有包围平面的有符号距离计算结果得出正值时，可以检测到简单排除。然后使用违例平面的关联特征来替代特征 b_1。

图 4.23 所示是复合排除的一个例子，其中，b_1 是有三条关联边的顶点。同样地，边 b_2 由分别对应于 $\lambda_{min}=0$ 和 $\lambda_{max}=1$ 的顶点 $\vec{v}_1$ 和 $\vec{v}_2$ 定义。计算与平面 $\pi(b_1,e_1)$ 的有符号距离，得到：

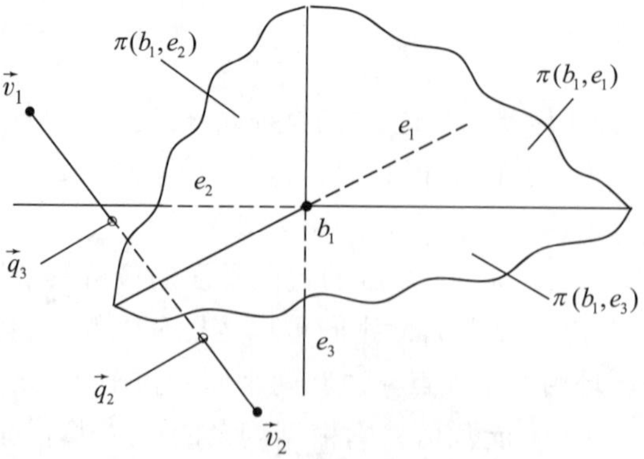

图 4.23　复合排除示例［其中 b_1 为有三条关联边的顶点。点 $\vec{q}_2$ 和 $\vec{q}_3$ 是边 b_2（由顶点 $\vec{v}_1$ 和 $\vec{v}_2$ 定义）分别与面 $\pi(b_1,e_2)$ 和 $\pi(b_1,e_3)$ 的交点］

$$S_{\vec{v}_1,\pi(b_1,e_1)}>0$$
$$S_{\vec{v}_2,\pi(b_1,e_1)}>0$$

这说明边 b_2 完全位于平面 $\pi(b_1, e_1)$ 的内部。计算与平面 $\pi(b_1, e_2)$ 的有符号距离，得到：

$$S_{\vec{v}_1,\pi(b_1,e_2)}<0$$
$$S_{\vec{v}_2,\pi(b_1,e_2)}>0$$

这说明边 b_2 与平面 $\pi(b_1, e_2)$ 相交。由于顶点 $\vec{v}_1$ 位于 $\pi(b_1, e_2)$ 的外部，我们将 $\lambda_{\min}=0$ 更新为 $\lambda_{\min}=\lambda_2>0$，与点 $\vec{q}_2$ 对应。最后完成与平面 $\pi(b_1, e_3)$ 的有符号距离计算，得到：

$$S_{\vec{v}_1,\pi(b_1,e_3)}>0$$
$$S_{\vec{v}_2,\pi(b_1,e_3)}<0$$

这说明边 b_2 也与平面 $\pi(b_1, e_3)$ 相交。由于顶点 $\vec{v}_2$ 位于 $\pi(b_1, e_3)$ 的外部，我们将 $\lambda_{\max}=1$ 更新为 $\lambda_{\max}<1$，与点 $\vec{q}_3$ 对应。但是，请注意，比起与 $\lambda_{\max}$ 相对应的点 $\vec{q}_3$，对应于 $\lambda_{\min}$ 的点 $\vec{q}_2$ 距离 $\vec{v}_2$ 更近。也就是说，$\lambda_{\min}>\lambda_{\max}$，这是一种退化。总之，当 $\lambda_{\min}>\lambda_{\max}$ 时，可以检测到复合排除。如果 $\lambda_{\max}$ 的减小引发了最后的更新，导致了 $\lambda_{\min}>\lambda_{\max}$，则使用 $b_{\max}$ 替代特征 b_1。另外，如果 $\lambda_{\min}$ 的增加引发了最后的更新，导致了 $\lambda_{\min}>\lambda_{\max}$，则使用 $b_{\min}$ 替代特征 b_1。

更新特征 b_1 的方式取决于 b_2 位于包围 b_1 Voronoi 区域的顶点－边还是面－边平面外部。这相应地取决于 b_1 是一个顶点、一条边还是一个面。下文将检测所有可能的组合，说明应当分别以何种方式更新 b_1。

情形 2.1：特征 b_1 为顶点，b_2 为简单排除。

此时，b_1 Voronoi 区域仅由顶点－边平面包围，边 b_2 位于其中一个平面的外部区域，如 $\pi(b_1, e_i)$。然后使用与 $\pi(b_1, e_i)$ 相关的特征替代顶点 b_1，即边 e_i。

例如，考虑图 4.24 所示的简单排除情形，其中 b_1 有三条关联边。

计算定义边 b_2 的顶点到每个包围平面的有符号距离，得到：

$$S_{\vec{v}_1,\pi(b_1,e_1)}>0$$
$$S_{\vec{v}_2,\pi(b_1,e_1)}>0$$
$$S_{\vec{v}_1,\pi(b_1,e_2)}<0$$
$$S_{\vec{v}_2,\pi(b_1,e_2)}<0$$
$$S_{\vec{v}_1,\pi(b_1,e_3)}>0$$
$$S_{\vec{v}_2,\pi(b_1,e_3)}>0$$

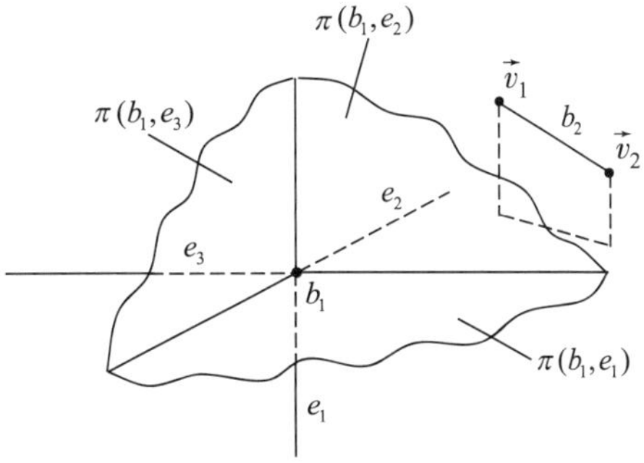

图 4.24　简单排除（其中 b_1 为有三条关联边的顶点，即其 Voronoi 区域由三个顶点－边平面包围）

这表明，边 b_2 完全位于平面 $\pi(b_1, e_2)$ 的外侧。因此，使用 b_1 替代边 e_2，这是 $\pi(b_1, e_2)$ 的关联特征。

情形 2.2：特征 b_1 为顶点，b_2 为复合排除。

同样地，b_1 Voronoi 区域仅由顶点－边平面包围，但边 b_2 跨越其中两个平面的外侧，如平面 $\pi(b_1, e_i)$ 和 $\pi(b_1, e_j)$。我们可以得到：

$$0<\lambda_{\max}<\lambda_{\min}<1$$

这表明，这是复合排除。假设 $\lambda_i=\lambda_{\min}$ 且 $\lambda_j=\lambda_{\max}$。换言之，边 b_2 与平面 $\pi(b_1, e_i)$ 和 $\pi(b_1, e_j)$ 的交点分别对应于与 $\lambda_{\min}$ 和 $\lambda_{\max}$ 的关联点 $\vec{q}_i$ 和 $\vec{q}_j$。按照以下方式更新顶点 b_1。

如果最小值位于区间 $[0, \lambda_{\max})$，即如果

$$\dot{D}_{b_1,\,b_2}(\lambda_{\max}) > 0$$
$$\dot{D}_{b_1,\,b_2}(\lambda_{\mathrm{mim}}) > 0$$

则使用 b_1 替代平面 $\pi(b_1,\ e_i)$ 的关联特征，即边 e_i。

如果最小值位于区间（$\lambda_{\min}$，1]，即如果

$$\dot{D}_{b_1,\,b_2}(\lambda_{\max}) < 0$$
$$\dot{D}_{b_1,\,b_2}(\lambda_{\mathrm{mim}}) < 0$$

则使用 b_1 替代平面 $\pi(b_1,\ e_j)$ 的关联特征，即边 e_j。

如果上述测试均以失败告终，则最小值位于 $[\lambda_{\max},\ \lambda_{\min}]$。如果最后的更新是减小 $\lambda_{\max}$，则使用 b_1 替代 e_i；如果最后的更新是增加 $\lambda_{\min}$，则使用 b_1 替代 e_j。

图 4. 23 为复合排除例，其中 b_1 是顶点，b_2 是边。

情形 2. 3：特征 b_1 为边，b_2 为简单排除。

如上所述，边的 Voronoi 区域由两个顶点 - 边和两个面 - 边平面包围。在这两种情形中，b_1（边）被替代为 b_2 之外的平面特征。更具体地说，如果从任意一个顶点 - 边平面中简单排除 b_2，则 b_1 被与该平面关联的顶点替代（图 4. 25 和图 4. 26）。否则，从任意一个面 - 边平面中简单排除 b_2，则 b_1 被与该平面关联的面替代（图 4. 27 和图 4. 28）。

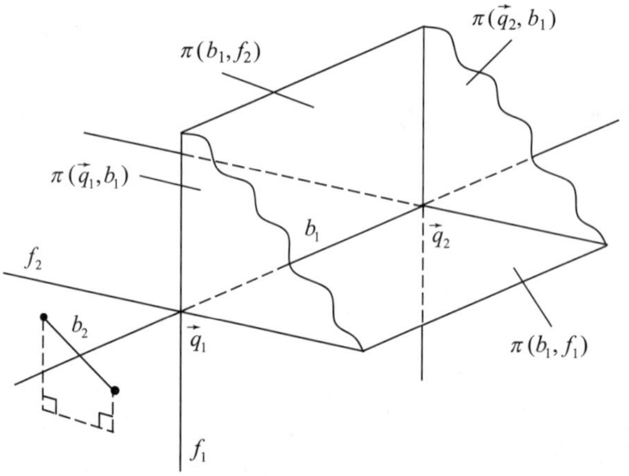

图 4. 25　从包围边 b_1 Voronoi 区域的顶点 - 边平面 $\pi(\vec{q}_1,\ b_1)$ 中简单排除边 b_2（此时，b_1 被顶点 $\vec{q}_1$ 替代）

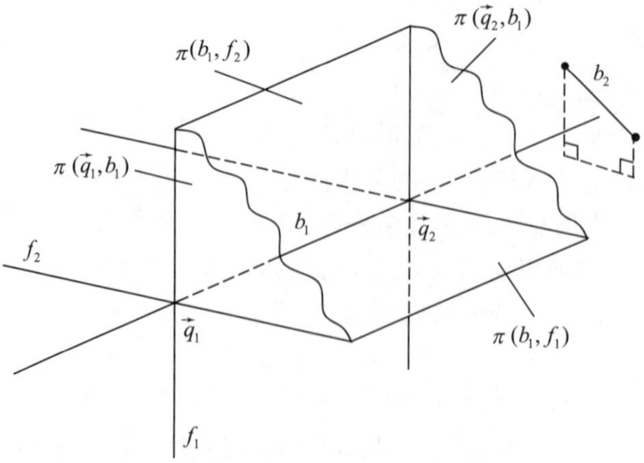

图 4. 26　从包围边 b_1 Voronoi 区域的顶点 - 边平面 $\pi(\vec{q}_2,\ b_1)$ 中简单排除边 b_2（此时，b_1 被顶点 $\vec{q}_2$ 替代）

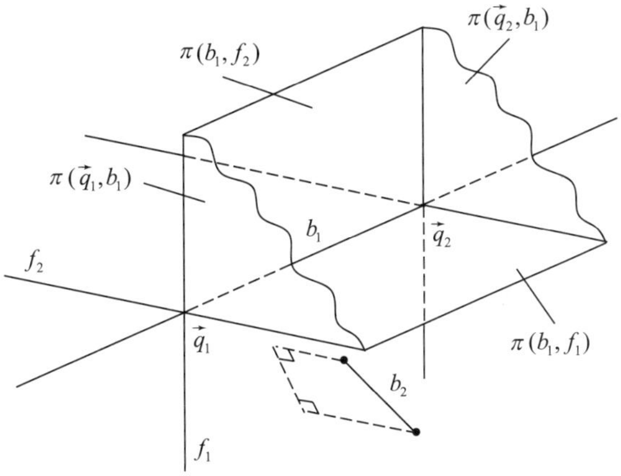

图 4.27　从包围边 b_1 Voronoi 区域的面 - 边平面 $\pi(b_1, f_1)$ 中简单排除边 b_2（此时，b_1 被面 f_1 替代）

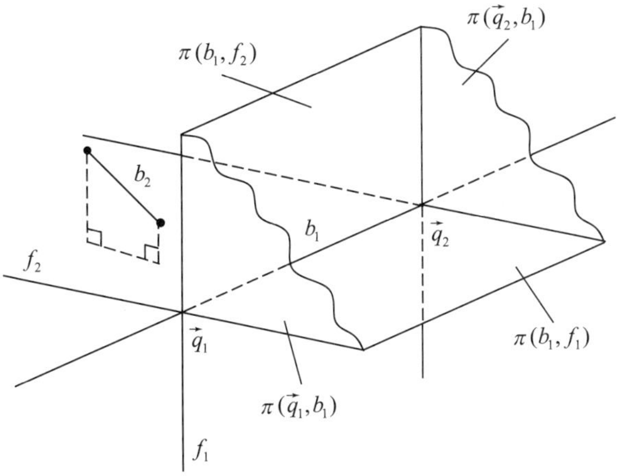

图 4.28　从包围边 b_1 Voronoi 区域的面 - 边平面 $\pi(b_1, f_2)$ 中简单排除边 b_2（此时，b_1 被面 f_2 替代）

情形 2.4：特征 b_1 为边，b_2 为复合排除。

复合排除可能在一个顶点 - 边和一个面 - 边平面，或者两个面 - 边平面中发生。复合排除不可能发生在两个顶点 - 边平面中，因为它们是平行的。如果复合排除发生在一个顶点 - 边和一个面 - 边平面中，则若顶点导数的符号为正，则边 b_1 被顶点 - 边平面的这个顶点替代，即[①]如果

$$\text{sign}\ (\dot{D}_{\vec{q}_2,\, b_2}(\lambda)) = \text{sign}\ (\vec{u}_e \cdot (\vec{e}(\lambda) - \vec{q}_2)) > 0 \tag{4.33}$$

其中，$\vec{u}_e$ 为定义边 b_1 方向的单一向量（图 4.29）。否则，b_1 被与面 - 边平面关联的平面所取代。

但是，如果复合排除发生在两个面 - 边平面中，如平面 $\pi(b_1, f_i)$ 和 $\pi(b_1, f_j)$，则边 b_1 被面 - 边平面关联的面所取代，如下所述：

---

① 式（4.33）即式（4.29），为便于参考，此处重复列出。

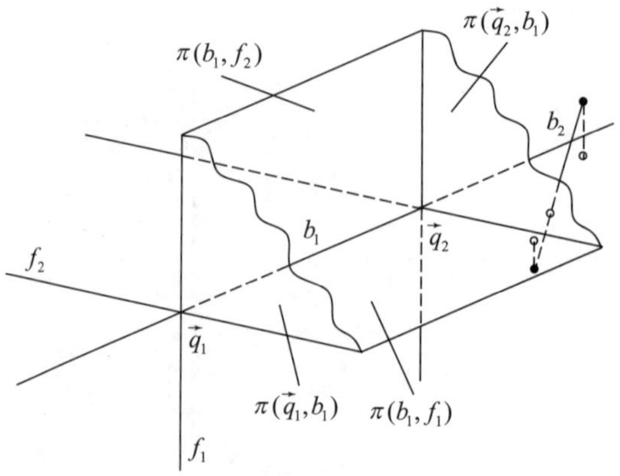

图 4.29　顶点 – 边 π（$\vec{q}_2$，b_1）和面 – 边 π（b_1，f_1）平面的复合排除示例
[如果满足方程（4.28），则边 b_1 被顶点 $\vec{q}_2$ 替代。否则，被面 π（$\vec{q}_1$，b_1）替代]

（1）如果 b_2 与平面 $\pi(b_1, f_i)$ 相交于点 $\vec{q}_{\min}$，且导数的符号为负，则 b_1 被与 $\pi(b_1, f_i)$ 关联的平面 f_i 替代。

（2）如果 b_2 与平面 $\pi(b_1, f_i)$ 相交于点 $\vec{q}_{\max}$，且导数的符号为正，则 b_1 被与 $\pi(b_1, f_i)$ 关联的平面 f_i 替代。否则，b_1 被与平面 $\pi(b_1, f_j)$ 关联的面 f_j 替代。

将 f 作为正在考虑的平面，代入方程（4.30），得出各平面的导数符号。图 4.30 所示是两个面 – 边平面的复合排除示例。

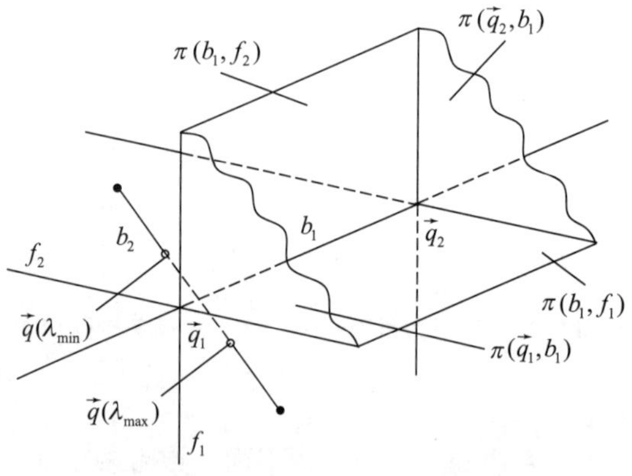

图 4.30　两个面 – 边平面的复合排除示例 [即平面 $\pi(b_1, f_1)$ 和 $\pi(b_1, f_2)$。如果使用方程（4.30）得出的导数符号为正，则边 b_1 被面 π（$\vec{q}_1$，b_1）替代，否则，b_1 被面 π（$\vec{q}_2$，b_1）替代]

情形 2.5：特征 b_1 为面，b_2 为简单或复合排除。

这是 V – Clip 算法中可能出现的最耗时的更新。问题在于，即使边被报告为简单或复合排除，它仍然可能跨越包围面 b_1 Voronoi 区域的若干个面 – 边平面的外侧，如图 4.31 所示。

为克服这一缺点，我们需要依照包围面 b_1 的顶点 – 边平面来裁剪边 b_2。对于所考虑的各种顶点 – 边平面，检测边 b_2 是否与包围平面相交，或位于包围平面的内侧或外侧。如果 b_2 与平面相交，则使用方程（4.29）计算交点处导数的符号，用其将当前的顶点 – 边平面更新为最小值所在区间关联的邻接顶点 – 边平面。另外，如果 b_2 位于平面的内侧或外侧，

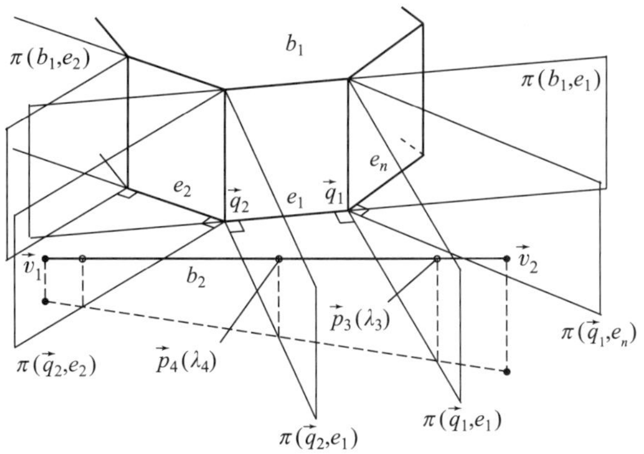

图 4.31　从与边 e_1 关联的面 - 边平面 $\pi(b_1, e_1)$ 中简单排除边 b_2［**尽管如此，它仍跨越顶点 - 边平面 $\pi(\vec{q}_1, e_1)$，$\pi(\vec{q}_2, e_1)$，$\pi(\vec{q}_2, e_2)$，以及面 - 边平面 $\pi(b_1, e_2)$**］

则仍需检测其分别位于相应邻接顶点 - 边平面的外侧或内侧。根据结果，更新面 b_1 为一个顶点或一条边。

例如，考虑图 4.31 所示的情形。首先依照任意选中的顶点 - 边平面裁剪边 b_2，如与顶点$\vec{q}_1$ 关联的平面 $\pi(\vec{q}_1, e_n)$。依照 $\pi(\vec{q}_1, e_n)$ 检测 b_2，得到：

$$S_{\vec{v}_1,\,\pi(\vec{q}_1,\,e_n)}<0$$

$$S_{\vec{v}_2,\,\pi(\vec{q}_1,\,e_n)}<0$$

这表明，边 b_2 完全位于 $\pi(\vec{q}_1, e_n)$ 的内侧。因此，考虑依照 $\pi(\vec{q}_1, e_n)$ 内侧的邻接平面——顶点 - 边平面 $\pi(\vec{q}_1, e_1)$ 裁剪 b_2。依照 $\pi(\vec{q}_1, e_1)$ 裁剪 b_2 可以帮助我们找到平面 $\pi(\vec{q}_1, e_1)$ 和边 b_2 之间的交点 $\vec{p}_3(\lambda_3)$。我们需要计算导数的符号，以便确定最小点所在的区间是 $[\vec{v}_1, \vec{p}_3]$（即$[0, \lambda_3]$）或 $[\vec{p}_3, \vec{v}_2]$（即$[\lambda_3, 1]$）。如果最小点位于区间 $[\vec{p}_3, \vec{v}_2]$，即如果

$$\operatorname{sign}\dot{D}_{\vec{q}_1,\,b_2}(\lambda_3)=\operatorname{sign}\left(\vec{u}_{b_2}\cdot(\vec{p}_3-\vec{q}_1)\right)<0$$

则 b_2 上距离 b_1 最近的点位于包围平面 $\pi(\vec{q}_1, e_n)$ 和 $\pi(\vec{q}_1, e_1)$ 之间的某处。此时，用面 b_1 替代顶点 $\vec{q}_1$（图 4.31）。如果最小点位于区间 $[\vec{v}_1, \vec{p}_3]$，即：

$$\operatorname{sign}\dot{D}_{\vec{q}_1,\,b_2}(\lambda_3)>0$$

则继续依照顶点 - 边 $\pi(\vec{q}_2, e_1)$ 裁剪子边 $[\vec{v}_1, \vec{p}_3]$。这相应地让我们确定子边和面 $\pi(\vec{q}_2, e_1)$ 之间的交点 $\vec{p}_4(\lambda_4)$。同样地，我们需要检测导数的符号，以确定最小点所在的区间是 $[\vec{v}_1, \vec{p}_4]$ 还是 $[\vec{p}_4, \vec{p}_3]$。如果它位于区间 $[\vec{p}_4, \vec{p}_3]$，即：

$$\operatorname{sign}\ddot{D}_{\vec{q}_2,\,b_2}(\lambda_3)=\operatorname{sign}\left(\vec{u}_{b_2}\cdot(\vec{p}_4-\vec{q}_2)\right)<0$$

则 b_2 上距离 b_1 最近的点位于包围平面 $\pi(\vec{q}_2, e_1)$ 和 $\pi(\vec{q}_1, e_1)$ 之间的某处。因此，使用面 b_1 替代边 e_1（图 4.31）。但是，如果最小点位于区间 $[\vec{v}_1, \vec{p}_4]$，即：

$$\operatorname{sign}\ddot{D}_{\vec{q}_2,\,b_2}(\lambda_3)=\operatorname{sign}\left(\vec{u}_{b_2}\cdot(\vec{p}_4-\vec{q}_2)\right)>0$$

则我们需要继续依照顶点 - 边平面 $\pi(\vec{q}_2, e_2)$ 裁剪子边 $[\vec{v}_1, \vec{p}_4]$。这类似于之前讨论的依

照顶点 – 边平面 $\pi(\vec{q}_1, e_1)$ 裁剪边 b_2 的情形。因此，我们继续根据需要进行裁剪，直到在 b_2 上找到含有最接近 b_1 的点的区间，并使用 b_1 替代与该区间关联的最接近特征。

4.9.3 特征 b_2 是一个面

受限于设置 V – Clip 算法的方式，我们无法对比两个平面，在算法开始时已经完成的特征初始选择除外。因此，在实际操作中，我们不能选择从任意特征对 b_1 和 b_2 开始，而是应选择含有每个刚体最多一个平面的特征对。这样一来，如果 b_2 的初始选择是一个平面，则 b_1 应该是一个顶点或一条边。前几节的讨论结果可直接适用于这种情形（我们只需在已经推导的方程中，用 b_1 替代 b_2，反之亦然）。

4.9.4 互穿处理

仅当 b_1 是一个面、b_2 是一条边时，待检测碰撞的刚体发生互穿。请记住，此时的 Voronoi 区域受限于一组面 – 边平面，其中一个与一条边以及平面本身相关。到目前为止，我们已经介绍了如何依照 b_1 的面 – 边平面裁剪边 b_2。仅当我们依照面平面本身裁剪边 b_2 时，才会检测到互穿。如果裁剪结果是确定 b_2 和 b_1 之间的交点，则刚体相交，V – Clip 算法报告特征 $b_1 \in B_1$ 和 $b_2 \in B_2$ 为违例特征（图 4.32）。

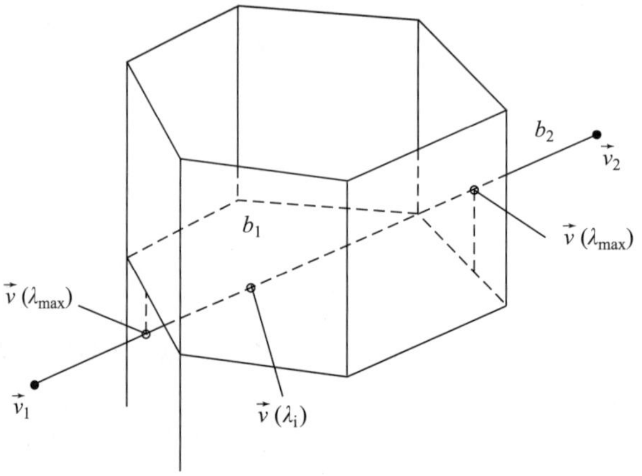

图 4.32 依照包围面 b_1 Voronoi 区域的面 – 边平面裁剪边 b_2，得出点 $\vec{v}(\lambda_{min})$ 和 $\vec{v}(\lambda_{max})$［算法在使用 b_1 替代 b_{min} 或 b_{max} 之前，先检测 b_2 是否与 b_1 相交。在所示情形中，发现交点 $\vec{v}(\lambda_i)$，刚体被报告发生互穿］

4.9.5 避免局部最小值

到目前为止，我们已经介绍了 V – Clip 算法如何根据特征 b_2 相对于包围平面 b_1 Voronoi 区域的相对位置更新特征 b_1。遗憾的是，有时算法会限于局部最小点中。这种情况出现在：

- b_1 是一个面，且
- b_2 是 b_1 Voronoi 区域内部的一个顶点，且
- b_2 位于 b_1 的“下方”，且
- 所有与 b_2 相连的边均被引导远离 b_1。

此时，如果照原样实施算法，算法会报告顶点 b_2 和面 b_1 是刚体之间距离最近的特征。但是，这一结果并非总是正确的，因为刚体可能发生互穿，或者可能存在另一个面 $b_3 \in B_1$ 比面 b_1 更接近顶点 b_2 的情况（图 4.33）。

为了避免此类局部最小点，我们需要额外执行以下步骤，修改 V-Clip 算法，适用于当 b_1 为一个面、b_2 为一个顶点，且 b_2 位于 b_1 Voronoi 区域内的情况：

（1）检测顶点 b_2 是否位于 b_1 的内侧，即 b_2 是否位于 b_1 的"下方"。若是，则前进至下一步。否则，这并非局部最小点情形，算法执行完毕。

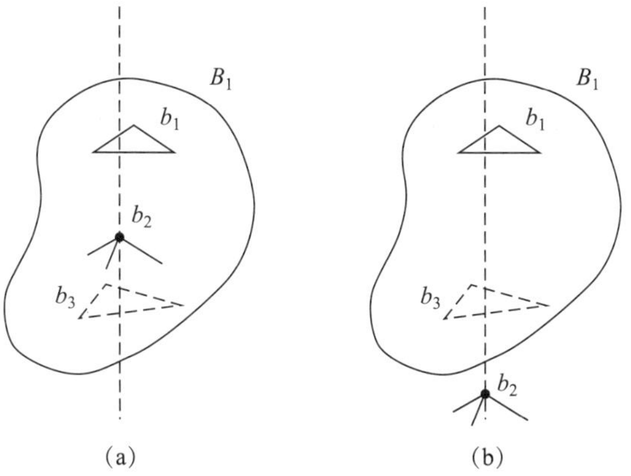

图 4.33　可能的局部最小值示例（算法报告顶点 b_2 和面 $b_1 \in B_1$ 作为最接近的特征）：（a）刚体确实内部穿透；（b）另一个面 b_3 比面 b_1 离顶点 b_2 更近

（2）对于连接到顶点 b_2 的每条边 e_i，检测其是否被引导远离 b_1，即检测是否

$$(\vec{v}_i - b_2) \cdot \vec{n}_{b_1} - d_{b_1} > 0 \tag{4.34}$$

其中，$\vec{v}_i$ 为边 e_i 的另一个顶点；$\vec{n}_{b_1}$ 和 d_{b_1} 为面 b_1 的法线向量和平面常数。

如果上述两个条件都为真，则我们面对的就是可能局部最小点的情形。因此，我们需要测试顶点 b_2 是否位于刚体 B_1 所有平面的内侧，以此测试顶点 b_2 是否位于刚体 B_1 之内。若是，则刚体发生互穿，算法终止。否则，刚体不相交，存在一个面 $b_3 \neq b_1$，它比 b_1 距离顶点 b_2 更近，因此用 b_1 替代 b_3。请注意，如果我们跟踪使用方程（4.34）得出的最小值所在的面，也可以在包含检测中得到 b_3。

很显然，该程序需要执行大量的计算，特别是在相对于刚体 B_1 对顶点 b_2 执行包含检测时。值得庆幸的是，实际操作中很少出现局部最小值的情形，因此，我们可以得出结论：该算法的平均运行时间很少受到该计算过程的影响。

4.10　计算凸刚体间最近点的 GJK 算法

Gilbert-Johnson-Keerthi（GJK）算法用于计算两个凸刚体之间的分离距离，以及当刚体相交时穿透深度的下限值。基本原理是随机选择每个凸刚体内部的一个点，并将它们的距离作为刚体之间距离的初始值。接下来，通过迭代的方法，缩小距离，直到找到新的点对，其彼此之前距离比已经选择的点对更近，或者找到零距离，表示刚体相交。然后，含有最近点对的刚体特征被报告为刚体之间距离最近的特征。

刚体 B_1 和 B_2 之间的距离被定义为

$$d_{B_1,B_2} = \min|b_1 - b_2|, \quad b_1 \in B_1, \quad b_2 \in B_2 \tag{4.35}$$

令 $b_1 = b_1^*$ 和 $b_2 = b_2^*$ 为方程（4.35）得出的最小距离的可能值。换言之，b_1^* 和 b_2^* 是刚体之间距离最近的点对，则包含这两个点的最低维度特征被视为刚体之间最接近的特征。例如，如果 b_1^* 位于刚体 B_1 的一条边上，则报告这条边为与 B_1 关联的最接近特征，而不是报告含有这条边的一个面。

由于计算每种可能的点对的距离是不现实的，GJK 算法计算点 b_1^* 和 b_2^* 的逐次逼近值。通过迭代的方法，缩小这些近似点的范围，直到它们的距离与刚体间实际距离的下限值（$|b_1^* - b_2^*|$ 的下限）的差距小于误差值。

近似算法的数学基础是将刚体间的距离改写为闵可夫斯基差 $\boldsymbol{\Psi}$，定义如下：

$$\boldsymbol{\Psi}_{B_1,B_2} = \{(b_1 - b_2) | b_1 \in B_1, \ b_2 \in B_2\}$$

如果 B_1 和 B_2 是凸刚体，则很显然，其闵可夫斯基差也是凸的。距离方程（4.35）可以表示为：

$$d_{B_1,B_2} = \min|\boldsymbol{\Psi}_{B_1,B_2}| \tag{4.36}$$

根据方程（4.36）可以立即得出刚体之间的距离是由闵可夫斯基差中距离原点最近的点确定的。换言之，GJK 算法将计算两个凸刚体之间距离的问题转换为查找闵可夫斯基差中距离原点最近的点。此外，如果刚体相交，则两个凸刚体中存在一个点 b_I。使得 $b_1 = b_I = b_2$，则闵可夫斯基差中距离原点最近的点即为原点本身。

近似算法的主要原理是构建一个单纯形序列，其中的顶点是闵可夫斯基差的点，在每次迭代中，当前单纯形就比之前计算的任何单纯形更接近原点。

在第一次迭代中，初始单纯形 Q_i 设置为空，说明至今未选中闵可夫斯基差上的任意点。接下来，选择任意一个点 $\vec{p}_i \in \boldsymbol{\Psi}_{B_1,B_2}$，用其计算辅助点 $\vec{q}_i \in \boldsymbol{\Psi}_{B_1,B_2}$，使得：

$$\vec{q}_i = S_{\Psi_{B_1,B_2}}(-\vec{p}_i) \tag{4.37}$$

其中，已知 $S_{\Psi_{B_1,B_2}}(-\vec{p}_i)$ 为 $\boldsymbol{\Psi}_{B_1,B_2}$ 相对于点 $(-\vec{p}_i)$ 的支撑映射。可见，闵可夫斯基差的支撑映射可作为各个凸刚体的支撑映射函数进行计算：

$$S_{\Psi_{B_1,B_2}}(-\vec{p}_i) = s_{B_1}(-\vec{p}_i) - s_{B_2}(\vec{p}_i) \tag{4.38}$$

其中，$B \in \{B_1, B_2\}$，且 $\vec{p} = \pm\vec{p}_i$，$s_B(\vec{p})$ 的定义如下：

$$\begin{aligned} & s_B(\vec{p}_i) \in B \\ & \vec{p} \cdot s_B(\vec{p}) = \max\{\vec{p} \cdot \vec{x} \mid \vec{x} \in B\} \end{aligned} \tag{4.39}$$

根据方程（4.39）可知，相对于点 $\vec{p}$，支撑映射 $s_B(\vec{p})$ 是 B 上的一个点，其在 $\vec{p}$ 定义的方向上具有最大的投影。也就是说，支撑映射在 B 上选取一个点 $\vec{p}$，将其映射到 B 里的另一个点 $s_B(\vec{p})$，使得其沿着 $\vec{p}$ 的分量在 B 的所有点中是最大的（图 4.34）。

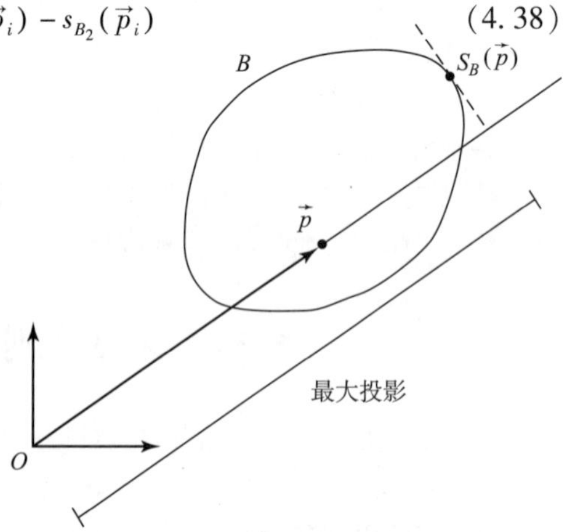

图 4.34　支撑映射 $s_B(\vec{p})$ 是 B 上的点，其沿着 $\vec{p}$ 具有最大投影

在开始解释 GJK 算法之前，还需要提及三方面重要的内容。首先，方程（4.38）指出，无须计算刚体之间的闵可夫斯基差。每个刚体的支撑映射计算可以独立执行，并根据方程（4.38）进行合并。其次，由于支撑映射是沿着 $\vec{p}$ 的最大投影，它只能是刚体形状边界上的一个点，因此，我们在搜索支撑映射时，可以限定为定义刚体边界的顶点，而不是寻找刚体内部的候选点。最后，由于支撑映射位于刚体边界上，闵可夫斯基基差上的初始点 $\vec{p}_i$ 可以选择为 B_1 任何顶点和 B_2 任何顶点之间的差。换言之，初始点的确定无须对刚体之间的闵可夫斯基基差进行显式计算。

在确定 $\vec{p}_i$ 和 Q_i，以及在第 i 次迭代的辅助点 $\vec{q}_i$ 后，我们继续计算与（$i+1$）次迭代相关的 $\vec{p}_{i+1}$ 和 Q_{i+1}，使得

$$\begin{aligned}\vec{p}_{i+1} &= \min\ \{\text{convex}(Q_i \cup \{\vec{q}_i\})\} \\ Q_{i+1} &\subseteq (Q_i \cup \{\vec{q}_i\})\end{aligned} \tag{4.40}$$

选择 Q_{i+1} 为最小的非空集合，且 $\vec{p}_{i+1} \in \text{convex}\ (Q_{i+1})$。换言之，与第（$i+1$）次迭代相对应的单纯形 Q_{i+1} 是（$Q_i \cup \{\vec{q}_i\}$）的凸包；另外，附加一个约束条件，即 $\vec{p}_{i+1}$ 必须是其中一个顶点。

出现在方程（4.40）的 convex(X) 是多面体 X 的点 $\vec{x}_j$ 的有限集的凸组合，定义如下：

$$\text{convex}\ (X) = \sum_{j=1}^{n} \lambda_j \vec{x}_j$$

其中，

$$\sum_{j=1}^{n} \lambda_j = 1$$

$$\lambda_j \geqslant 0,\ \forall j \in \{1, 2, \cdots, n\}$$

另一个实用的运算是多面体 X 的点 $\vec{x}_j$ 的有限集的仿射组合 affine(X)，表示为：

$$\text{affine}\ (X) = \sum_{j=1}^{n} \lambda_j \vec{x}_j$$

其限定条件为：

$$\sum_{j=1}^{n} \lambda_j = 1$$

很显然，单纯形 Q_{i+1} 的顶点构成仿射独立点集合，即 Q_{i+1} 中没有一个点可以被写为其他顶点的仿射组合。由此可见仅存在一个满足方程（4.40）的 Q_{i+1}。图 4.35 所示为 GJK 算法的若干步骤，其中多面体 $\boldsymbol{\Psi}_{B_1,B_2}$ 是两个假设凸刚体的闵可夫斯基差。

图 4.35（a）首先使用任意一个点 $\vec{p}_0$，这个点是从 B_1 顶点减去 B_2 顶点得到的，即位于两个凸刚体闵可夫斯基差边界上的一点。初始单纯形 Q_0 被设为空。下一步，使用支撑映射 $S_{\Psi_{B_1,B_2}}(-\vec{p}_0)$ 计算辅助点 $\vec{q}_0$［参见方程（4.37）］。通过计算每个凸刚体的支撑映射，并使用方程（4.38）的合并结果，即可完成该步骤。如果不得不计算表示凸刚体闵可夫斯基差的凸多边形，则可得到图 4.35（a）所示的等价结果。选择 $\vec{q}_0$ 作为闵可夫斯基差上最接近原点的点。计算 $\vec{q}_0$ 即等同于找到闵可夫斯基差上沿着 $\vec{p}_0$ 具有最小投影的点。在确定 $\vec{p}_0$，$\vec{q}_0$ 和 Q_0 后，用方程（4.40）继续执行下一步。此时，$\vec{p}_1 = \vec{q}_0$ 且 $Q_1 = \{\vec{q}_0\}$。图 4.35（b）和（c）所示为刚才所述的步骤，用于 GJK 算法接下来的两次迭代。

需要解释的剩余步骤是如何计算 $\vec{p}_{i+1} = \min\ \{\text{convex}(Q_i \cup \{\vec{q}_i\})\}$，以及如何构建单纯形 $Q_{i+1} \subseteq (Q_i \cup \{\vec{q}_i\})$，使 $\vec{p}_{i+1} \in \text{convex}(Q_{i+1})$。此时，我们将关注如何得出 $\vec{p}_{i+1}$ 和 Q_{i+1} 的结果。

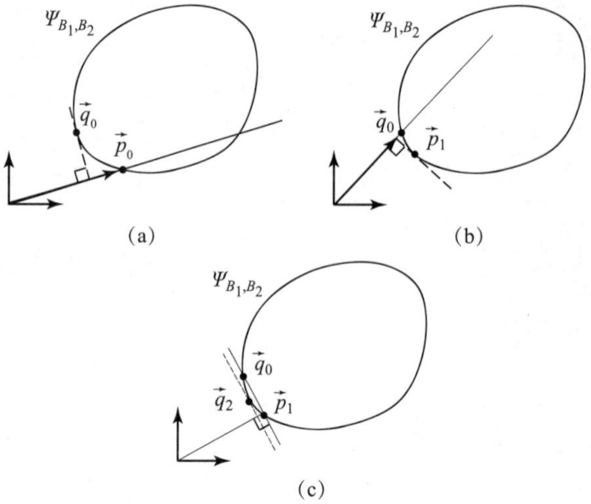

图 4.35　执行 GJK 算法的若干步骤

感兴趣的读者请查阅第 4. 13 节，查看相关参考文献，详细了解此处描述结果的完整推导和证明。

首先关注如何确定单纯形 Q_{i+1}。接下来，我们将发现，点 $\vec{p}_{i+1}$可以从 Q_{i+1}计算中直接获得。

假设集合（$Q_i \cup \{\vec{q}_i\}$）由（$Q_i \cup \{\vec{q}_i\}$）= $\{\vec{x}_1, \vec{x}_2, \cdots, \vec{x}_n\}$ 表示。

很显然，根据方程（4. 40）可知，Q_{i+1}在每次迭代中被限制为（$Q_i \cup \{\vec{q}_i\}$）的子集。我们希望确定 Q_{i+1}，使之成为（$Q_i \cup \{\vec{q}_i\}$）最小的非空子集，其中 $\vec{p}_{i+1} \in \text{convex}(Q_{i+1})$。令 $I_s \subseteq \{1, 2, \cdots, n\}$ 为与 Q_{i+1}顶点相对应的下标集合。

一般而言，单纯形 Q_{i+1}内的任意点 $\vec{p}$ 可被描述为顶点$\vec{x}_j$ 的仿射组合，即：

$$\vec{p} = \sum_{j \in I_s} \lambda_j \vec{x}_j$$

其中，

$$\sum_{j \in I_s} \lambda_j = 1$$

由于我们探讨的是三维空间，一个三维单纯形的顶点数量最多为 4，也就是说，Q_{i+1}是一个四面体，与之对应，I_s 的最大顶点数量限制为 4，因此，如果 Q_i 已经具有 4 个顶点，则（$Q_i \cup \{\vec{q}_i\}$）将有 5 个顶点，表示其中一个顶点可以写为其他顶点的仿射组合，则单纯形 Q_{i+1}的特征在于（$Q_i \cup \{\vec{q}_i\}$）中与仿射无关的顶点$\vec{x}_j$，即 $\lambda_j > 0$ 时的顶点$\vec{x}_j$。

将其代入方程，得出 Q_{i+1}由顶点$\vec{x}_j$ 定义，满足：

$$\forall j \in I_s, \ \lambda_j > 0$$
$$\forall j \notin I_s, \ \lambda_j \leqslant 0$$

换言之，单纯形 Q_{i+1}是（$Q_i \cup \{\vec{q}_i\}$）的仿射独立顶点的凸包，点 $\vec{p}_{i+1}$是 Q_{i+1}中最接近原点的点，由以下方程得出：

$$\vec{p}_{i+1} = \sum_{j \in I_s} \lambda_j \vec{x}_j \tag{4.41}$$

其中，

$$\sum_{j \in I_s} \lambda_j = 1 \tag{4.42}$$

假设 I_s 有 $r \leqslant n$ 个顶点，令 $\vec{x}_1$，$\vec{x}_2$，…，$\vec{x}_r$ 表示集合 I_s 顶点的任意次序。此时，方程（4.42）可以改写为：

$$\lambda_1 = 1 - \sum_{j=2}^{r} \lambda_j$$

由于我们希望 $\vec{p}_{i+1}$是最接近原点的点，因此从

$$F(\lambda_2, \lambda_3, \cdots, \lambda_r) = \left| \vec{x}_1 + \sum_{j=2}^{r} \lambda_j (\vec{x}_j - \vec{x}_1) \right|$$

无约束极小化中计算 λ_2，λ_3，…，λ_r。

由于 $F(\lambda_2, \lambda_3, \cdots, \lambda_r)$ 是一个凸函数，当

$$\frac{\partial F(\lambda_2, \lambda_3, \cdots, \lambda_r)}{\partial \lambda_j} = 0 \tag{4.43}$$

时有最小值，其中 $j \in \{2, 3, \cdots, r\}$。接下来，可用 $\boldsymbol{A}_r \vec{\boldsymbol{\lambda}} = \vec{\boldsymbol{b}}$ 矩阵形式改写方程（4.43），其中 $\boldsymbol{A}_r \in IR^{r \times r}$ 且 $\vec{b} \in IR^r$，使得：

$$\boldsymbol{A}_r = \begin{pmatrix} 1 & \cdots & 1 \\ (\vec{x}_2 - \vec{x}_1) \cdot \vec{x}_1 & \cdots & (\vec{x}_2 - \vec{x}_1) \cdot \vec{x}_r \\ \vdots & \vdots & \vdots \\ (\vec{x}_r - \vec{x}_1) \cdot \vec{x}_1 & \cdots & (\vec{x}_r - \vec{x}_1) \cdot \vec{x}_r \end{pmatrix}, \quad \vec{b} = \begin{pmatrix} 1 \\ 0 \\ \vdots \\ 0 \end{pmatrix}$$

使用克拉默法则，可以计算每个 λ_j：

$$\lambda_j = \frac{\Delta_j(Q_{i+1})}{\Delta(Q_{i+1})}$$

其中，

$$\Delta_j(\{\vec{x}_j\}) = 1$$

$$\Delta_m(Q_{i+1} \cup \{\vec{x}_m\}) = \sum_{j \in I_s} \Delta_j(Q_{i+1})(\vec{x}_j \cdot \vec{x}_k - \vec{x}_j \cdot \vec{x}_m) \tag{4.44}$$

$$\Delta(Q_{i+1}) = \sum_{j \in I_s} \Delta_j(Q_{i+1})$$

其中，$m \notin I_s$ 且 k 是 I_s 的最小下标。这样一来，最小的 $(Q_{i+1}) \subset (Q_i \cup \{\vec{q}_i\})$ 满足：

$$\begin{gathered} \Delta(Q_{i+1}) > 0 \\ \forall j \in I_s,\ \Delta_j(Q_{i+1}) > 0 \\ \forall m \notin I_s,\ \Delta_m(Q_{i+1} \cup \{\vec{x}_m\}) \leqslant 0 \end{gathered} \tag{4.45}$$

请注意，对方程（4.44）进行求解，得出 I_s 的每个可能实例，即 $(Q_i \cup \{\vec{q}_i\})$ 的每个可能子集。然后选择满足方程（4.45）所述的约束条件的子集作为解。可以看到，只有一个解子集满足方程（4.45）。

由于 $(Q_i \cup \{\vec{q}_i\})$ 的最大顶点数 n 较小（$n \leqslant 4$），所以可在 $(Q_i \cup \{\vec{q}_i\})$ 所有可能的非空子集中进行穷举搜索，确定 Q_{i+1}。这可转换为在

$$\sum_{m=1}^{n} \frac{n!}{m!(n-m)!}$$

中搜索满足方程（4.45）的候选子集。

在确定满足方程（4.45）的子集 Q_{i+1}后，点 $\vec{p}_{i+1}$直接从方程（4.41）中获得，即

$$\vec{p}_{i+1} = \sum_{j \in I_s} \lambda_j \vec{x}_j$$

继续执行第（$i+2$）次迭代，确定 Q_{i+2}和 $\vec{p}_{i+2}$，直至达到第 4.10.1 节介绍的终止条件。令 t 为达到终止条件的迭代，得出：

$$\vec{p}_t = \sum_{j \in I_s} \lambda_j \vec{x}_j \tag{4.46}$$

B_1 和 B_2 的闵可夫斯基差中的每个点 $\vec{x}_j$ 可表达为

$$\vec{x}_j = (\vec{b}_1)^j - (\vec{b}_2)^j \tag{4.47}$$

其中，$(\vec{b}_1)^j \in B_1$ 和$(\vec{b}_2)^j \in B_2$。将方程（4.47）代入方程（4.46），得出：

$$\begin{aligned}\vec{p}_t &= \sum_{j \in I_s} \lambda_j [(\vec{b}_1)^j - (\vec{b}_2)^j] \\ &= \sum_{j \in I_s} \lambda_j (\vec{b}_1)^j - \sum_{j \in I_s} \lambda_j (\vec{b}_2)^j \\ &= \vec{b}_1^* - \vec{b}_2^*\end{aligned}$$

由于 B_1 和 B_2 是凸体，所以$\vec{b}_1^* \in B_1$ 和 $\vec{b}_2^* \in B_2$ 是两个凸刚体之间最近的点。

终止条件

当凸刚体 B_1 和 B_2 是凸多面体时，即使可以确保 GJK 算法将在有限次数的迭代后终止，在计算机执行中存在的数值四舍五入误差也需要制定一个终止条件，在每次迭代完成时检测该条件。

终止条件包括检测第 i 次迭代获得的点 $\vec{p}_i$ 与原点误差在限定值内。若是，则认为 $\vec{p}_i$ 与原点距离足够近，算法终止。所使用的误差值是 $\vec{p}_i$ 模块的下限，用支撑平面 $\pi\, \vec{p}_i$，$\vec{q}_i$ 到原点的有符号距离计算。支撑平面由法线向量 $\vec{n}_i$ 和平面常数 d_i 定义①为：

$$\vec{n}_i = -\vec{p}_i$$

$$d_i = \vec{p}_i \cdot \vec{q}_i$$

支撑平面到原点的有符号距离则为

$$d = \frac{d_i}{|\vec{n}_i|}$$

请注意，若 $d_i > 0$，原点位于 $\pi\, \vec{p}_i$，$\vec{q}_i$ 正的半空间中，即如果将$\vec{x} = \vec{0}$代入平面方程，则可得出：

$$\vec{n}_i \cdot \vec{x} + d_i = \vec{n}_i \cdot \vec{0} + d_i = d_i > 0$$

而闵可夫斯基差始终位于平面的负半空间中。因此，在第 i 次迭代中，我们使用

$$L_b = \max\{0,\ d_0,\ d_1,\ \cdots,\ d_i\}$$

作为 $|\vec{p}_i|$ 的下限，当 $|\vec{p}_i| - L_b \leq \mu$ 时，在第 i 次迭代终止算法，其中 μ 为误差阈值。

---

① 此时，平面定义为 $\pi\, \vec{p}_i$，$\vec{q}_i = \{\vec{x}:(\vec{n}_i \cdot \vec{x} + d_i) = 0\}$，而不是$\{\vec{x}:(\vec{n}_i \cdot \vec{x} - d_i) = 0\}$。后者定义用于本书其他章节。

4.11 刚体间的碰撞响应

当检测到刚体间碰撞时，碰撞响应模块被调用，计算避免碰撞刚体之间互穿的适当碰撞冲力或接触力。如第 4.4 节所述，将碰撞刚体时间回溯至碰撞前一刻。根据它们的几何位移确定碰撞点和法线。

为碰撞刚体任意分配下标 1 和 2，选择法线，使得刚体在碰撞前一刻，在碰撞点沿着碰撞法线的相对速度为负，即我们选择在碰撞前一刻满足以下条件的 $\vec{n}$：

$$(\vec{v}_1 + \vec{w}_1 \times \vec{r}_1 - \vec{v}_2 - \vec{w}_2 \times \vec{r}_2) \cdot \vec{n} < 0 \tag{4.48}$$

说明刚体正朝着彼此靠近（图 4.36）。请注意，使用方程（4.6）计算碰撞点 $\vec{p}_1$ 和 $\vec{p}_2$ 的速度，请参见第 4.2 节介绍。

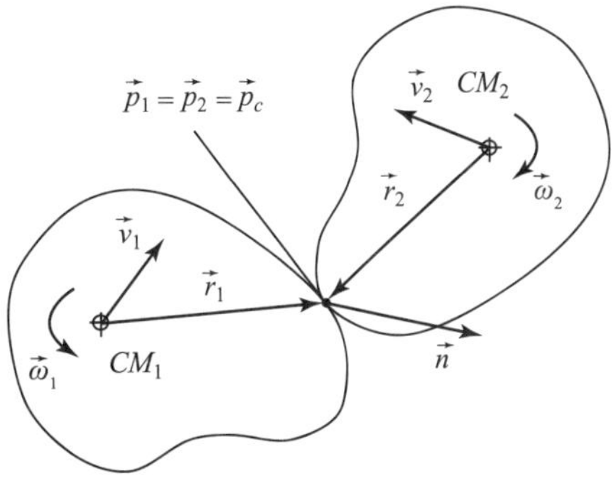

图 4.36 在碰撞前一刻的刚体 B_1 和 B_2（根据最近点 $\vec{p}_1$ 和 $\vec{p}_2$ 的相对速度确定碰撞法线的方向。请注意，在碰撞时刻可以得到 $\vec{p}_1 = \vec{p}_2 = \vec{p}_c$）

根据牛顿的作用力和反作用力定律，刚体之间的碰撞冲力和接触力大小相等、方向相反，因此下标分配是至关重要的。根据惯例，应对下标为 1 的刚体施加正的冲力，对下标为 2 的刚体施加负的冲力。因此，务必要跟踪分配到每个刚体的下标，以便后续对每个刚体施加正确方向（符号正确）的碰撞冲力和接触力。同时，请注意，对于多个刚体间碰撞的情形，刚体在每次碰撞中所分配到的下标可能不同。

根据刚体在碰撞点沿着碰撞法线的相对速度区分碰撞和接触。如果在碰撞前一刻，刚体在碰撞点沿着碰撞法线的相对速度小于阈值，则认为刚体接触，并计算接触力，避免互穿；反之，则认为刚体碰撞，并施加冲力，改变它们的运动方向，避免它们即刻互穿。

同样地，可能有多个刚体涉及不同的碰撞和接触，因此碰撞响应模块应首先同步计算所有冲力，从而对所有碰撞求解。在确定所有冲力之后，碰撞响应模块继续对相应的刚体施加冲力。当施加冲力的时候，部分接触可能分离，也可能保持不变，具体情况则取决于在接触点沿着接触法线的刚体相对加速度是正、零还是负。然后，对沿着接触法线、具有负相对加速度的所有接触同时计算接触力。

4.11.1 计算单一碰撞的冲力

首先开始检测发生一次或多次同时碰撞，且分别涉及两个不同刚体的情形。此时，每次碰撞都可以分别独立并行处理，因为它们没有共同的刚体。

令涉及刚体 B_1 和 B_2 的碰撞 C 由碰撞法线 $\vec{n}$ 和切线轴 $\vec{t}$，$\vec{k}$ 定义，如图 4.37 所示。令 $\vec{v}_1 = ((v_1)_n,\ (v_1)_t,\ (v_1)_k)$ 和 $\vec{\omega}_1 = ((\omega_1)_n,\ (\omega_1)_t,\ (\omega_1)_k)$ 为刚体 B_1 碰撞前一刻的线速度和角速度。以此类推，令 $\vec{v}_2 = ((v_2)_n,\ (v_2)_t,\ (v_2)_k)$ 和 $\vec{\omega}_2 = ((\omega_2)_n,\ (\omega_2)_t,\ (\omega_2)_k)$ 为刚体 B_2 在碰撞前一刻的线速度和角速度。这些分量均为已知数。我们需要计算两个刚体在碰撞之后的线速度和角速度，即 $\vec{V}_1 = ((V_1)_n,\ (V_1)_t,\ (V_1)_k)$，$\vec{\Omega}_1 = ((\Omega_1)_n,\ (\Omega_1)_t,\ (\Omega_1)_k)$，

$\vec{V}_2=((V_2)_n,(V_2)_t,(V_2)_k)$ 和 $\vec{\Omega}_2=((\Omega_2)_n,(\Omega_2)_t,(\Omega_2)_k)$。这些以及冲力 $\vec{P}=(P_n,P_t,P_k)$ 相加会产生一共 15 个未知量，因此需要使用 15 个方程进行系统求解。

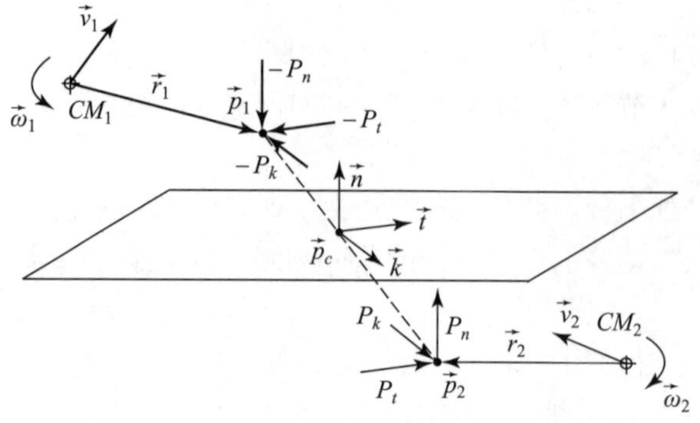

图 4.37　单一刚体碰撞，仅显示最近点 $\vec{p}_1$ 和 $\vec{p}_2$，以及每个碰撞刚体在碰撞前一刻的质心位置。分别对下标为 2 和 1 的刚体施加负的和正的冲力。同样，最近点之间的距离被放大，以帮助绘制切面

对沿着定义碰撞坐标系的 3 个轴上的每个刚体应用冲力和线动量原理，得出所需 15 个方程中的 6 个①：

$$m_1(\vec{V}_1-\vec{v}_1)=\vec{P} \tag{4.49}$$

$$m_2(\vec{V}_2-\vec{v}_2)=-\vec{P} \tag{4.50}$$

对沿着定义碰撞坐标系的三个轴上的每个刚体应用冲力和角动量原理，得出另外 6 个方程：

$$I_1(\vec{\Omega}_1-\vec{w}_1)=\vec{r}_1\times\vec{P}=\tilde{r}_1\vec{P} \tag{4.51}$$

$$I_2(\vec{\Omega}_2-\vec{w}_2)=-\vec{r}_2\times\vec{P}=\tilde{r}_2\vec{P} \tag{4.52}$$

其中，$\tilde{r}_1\times\vec{P}$和 $\tilde{r}_2\times\vec{P}$为各自叉积的矩阵向量表示法，详见附录 A（第 6 章）第 6.7 节介绍。

下一个方程通过经验关系获得，涉及回弹系数和刚体在碰撞点沿着碰撞法线的相对速度。令 e 表示沿着法线方向的回弹系数，得出：

$$((\vec{V}_1+\vec{\Omega}_1\times\vec{r}_1)-(\vec{V}_2+\vec{\Omega}_2\times\vec{r}_2))\cdot\vec{n}=-e((\vec{v}_1+\vec{\omega}_1\times\vec{r}_1)-(\vec{v}_2+\vec{\omega}_2\times\vec{r}_2))\cdot\vec{n}$$

也就是

$$\begin{aligned}&((V_1)_n+(r_1)_k(\Omega_1)_t-(r_1)_t(\Omega_1)_k)-((V_2)_n+(r_2)_k(\Omega_2)_t-(r_2)_t(\Omega_2)_k)=-\\&e((v_1)_n+(r_1)_k(w_1)_t-(r_1)_t(w_1)_k)-((v_2)_n+(r_2)_k(w_2)_t-(r_2)_t(w_2)_k)\end{aligned} \tag{4.53}$$

剩下的两个方程通过碰撞点的库仑摩擦关系得出。如果刚体在碰撞前一刻，在碰撞点沿着$\vec{t}$和 $\vec{k}$ 的相对运动为 0，即如果

$$((\vec{v}_1+\vec{\omega}_1\times\vec{r}_1)-(\vec{v}_2+\vec{\omega}_2\times\vec{r}_2))\cdot\vec{t}=0$$

$$((\vec{v}_1+\vec{\omega}_1\times\vec{r}_1)-(\vec{v}_2+\vec{\omega}_2\times\vec{r}_2))\cdot\vec{k}=0$$

则在碰撞之后，它们的相对运动仍为 0。更具体地说，我们把

$$(\vec{V}_1+\vec{\Omega}_1\times\vec{r}_1)\cdot\vec{t}=(\vec{V}_2+\vec{\Omega}_2\times\vec{r}_2)\cdot\vec{t} \tag{4.54}$$

$$(\vec{V}_1+\vec{\Omega}_1\times\vec{r}_1)\cdot\vec{k}=(\vec{V}_2+\vec{\Omega}_2\times\vec{r}_2)\cdot\vec{k} \tag{4.55}$$

---

① 我们将尽可能使用基于向量的符号，以保持方程的简洁。但是，有时候我们需要使用每个向量的单个分量来改写方程，如计算本节稍后即将介绍的临界摩擦系数。

作为用于求解系统的剩余两个方程。但是，如果相对运动不是 0，则刚体在碰撞点沿着$\vec{t}$和$\vec{k}$滑动。接下来，在运动相反方向施加碰撞冲力，试图避免滑动。如果成功，则应使用方程（4.54）和方程（4.55）。否则，刚体在整个碰撞过程中继续滑动。因此我们把

$$P_t = (\mu_d)_t P_n \tag{4.56}$$

$$P_k = (\mu_d)_k P_n \tag{4.57}$$

作为求解系统的剩余两个方程。请注意，$(\mu_d)_t$ 和 $(\mu_d)_k$ 分别为沿着$\vec{t}$和$\vec{k}$方向的动态库仑摩擦系数。由于 P_t 和 P_k 始终与滑动方向相反，所以摩擦系数可以是正，也可以是负，以体现该条件。系数的符号取决于刚体在碰撞前一刻在碰撞点沿着$\vec{t}$和$\vec{k}$的相对速度。符号可直接从以下方程得出：

$$\operatorname{sign}((\mu_d)_t) = \frac{(\vec{v}_1 + \vec{\omega}_1 \times \vec{r}_1) - (\vec{v}_2 + \vec{\omega}_2 \times \vec{r}_2) \cdot \vec{t}}{(\vec{v}_1 + \vec{\omega}_1 \times \vec{r}_1) - (\vec{v}_2 + \vec{\omega}_2 \times \vec{r}_2) \cdot \vec{n}} \tag{4.58}$$

$$\operatorname{sign}((\mu_d)_k) = \frac{(\vec{v}_1 + \vec{\omega}_1 \times \vec{r}_1) - (\vec{v}_2 + \vec{\omega}_2 \times \vec{r}_2) \cdot \vec{k}}{(\vec{v}_1 + \vec{\omega}_1 \times \vec{r}_1) - (\vec{v}_2 + \vec{\omega}_2 \times \vec{r}_2) \cdot \vec{n}} \tag{4.59}$$

正如第 3 章所述，定向摩擦模型是一种广泛使用的通用模型，它只使用一个全向摩擦系数 μ_d 将切向冲力和法线冲力关联在一起，如下所示：

$$P_{tk} = \mu_d P_n \tag{4.60}$$

其中，P_{tk}为切向冲力，由以下方程得出：

$$P_{tk} = \sqrt{P_t^2 + P_k^2}$$

例如，如果摩擦是各向同性的，即与方向无关，则对于一些角度 ϕ，我们可以写出：

$$(\mu_d)_t = \mu_d \cos\phi$$

$$(\mu_d)_k = \mu_d \sin\phi$$

因此，

$$\begin{aligned} P_{tk} &= \sqrt{P_t^2 + P_k^2} \\ &= \sqrt{\mu_d^2 P_n^2 \cos\phi^2 + \mu_d^2 P_n^2 \sin\phi^2} \\ &= \mu_d P_n \end{aligned}$$

该结果与方程（4.60）全向摩擦模型获得的结果一致。使用定向摩擦模型的主要优点在于，当刚体在碰撞点不滑动时，需要加强非线性方程：

$$|P_{tk}| = \sqrt{P_t^2 + P_k^2} \leqslant \mu_d P_n$$

该方程可被两个线性方程取代：

$$|P_t| \leqslant (\mu_d)_t P_n$$

$$|P_t| \leqslant (\mu_d)_k P_n$$

当摩擦为各向同性时，上述两个方程等同于非线性方程，最重要的是，更方便以矩阵形式进行处理。我们稍后将会看到。

因此，就摩擦而言，我们需要考虑两种可能的情形。在第一种情形中，我们假设刚体在碰撞之后，继续在切平面滑动，使用方程（4.49）~方程（4.53）以及方程（4.56）和方程（4.57）来计算碰撞之后的碰撞冲力和速度。在第二种情形中，刚体在碰撞之后，不会在切平面滑动，我们使用方程（4.49）~方程（4.53）以及方程（4.54）和方程（4.55）。目前关注与第一种情形相关的解决方案。稍后，我们考虑应对第二种情形所需的必要修改。

我们不要急于对 15 个方程的系统进行求解，而是首先考虑其分块矩阵表达，显示如何使用线性系统方法对碰撞进行高效求解。除了对单一碰撞情形特别有用之外，已经证明分块矩阵表达在处理多个同时碰撞时具有极其重要的作用，稍后在第 4. 11. 2 节将做进一步的介绍。

如上所述，如果刚体在碰撞之后继续沿着切平面滑动，我们需要使用方程（4. 49）~ 方程（4. 53）以及方程（4. 56）和方程（4. 57）。此时，15 个方程的系统可代入以下矩阵格式：

$$
\left(\begin{array}{ccccccccccccccc}
0 & 0 & 0 & 1 & 0 & 0 & 0 & (r_1)_k & -(r_1)_t & -1 & 0 & 0 & 0 & -(r_2)_k & (r_2)_t \\
-(\mu_d)_t & 1 & 0 & 0 & 0 & 0 & 0 & 0 & 0 & 0 & 0 & 0 & 0 & 0 & 0 \\
-(\mu_d)_k & 1 & 0 & 0 & 0 & 0 & 0 & 0 & 0 & 0 & 0 & 0 & 0 & 0 & 0 \\
-1 & 0 & 0 & m_1 & 0 & 0 & 0 & 0 & 0 & 0 & 0 & 0 & 0 & 0 & 0 \\
0 & -1 & 0 & 0 & m_1 & 0 & 0 & 0 & 0 & 0 & 0 & 0 & 0 & 0 & 0 \\
0 & 0 & -1 & 0 & 0 & m_1 & 0 & 0 & 0 & 0 & 0 & 0 & 0 & 0 & 0 \\
0 & (r_1)_k & -(r_1)_t & 0 & 0 & 0 & (I_1)_{nn} & (I_1)_{nt} & (I_1)_{nk} & 0 & 0 & 0 & 0 & 0 & 0 \\
-(r_1)_k & 0 & (r_1)_n & 0 & 0 & 0 & (I_1)_{tn} & (I_1)_{tt} & (I_1)_{tk} & 0 & 0 & 0 & 0 & 0 & 0 \\
(r_1)_t & -(r_1)_n & 0 & 0 & 0 & 0 & (I_1)_{kn} & (I_1)_{kt} & (I_1)_{kk} & 0 & 0 & 0 & 0 & 0 & 0 \\
1 & 0 & 0 & 0 & 0 & 0 & 0 & 0 & 0 & m_2 & 0 & 0 & 0 & 0 & 0 \\
0 & 1 & 0 & 0 & 0 & 0 & 0 & 0 & 0 & 0 & m_2 & 0 & 0 & 0 & 0 \\
0 & 0 & 1 & 0 & 0 & 0 & 0 & 0 & 0 & 0 & 0 & m_2 & 0 & 0 & 0 \\
0 & -(r_2)_k & (r_1)_t & 0 & 0 & 0 & 0 & 0 & 0 & 0 & 0 & 0 & (I_2)_{nn} & (I_2)_{nt} & (I_2)_{nk} \\
(r_2)_k & 0 & -(r_2)_n & 0 & 0 & 0 & 0 & 0 & 0 & 0 & 0 & 0 & (I_2)_{tn} & (I_2)_{tt} & (I_2)_{tk} \\
-(r_2)_t & (r_2)_n & 0 & 0 & 0 & 0 & 0 & 0 & 0 & 0 & 0 & 0 & (I_2)_{kn} & (I_2)_{kt} & (I_2)_{kk}
\end{array}\right)
\left(\begin{array}{c}
P_n \\ P_t \\ P_k \\ (V_1)_n \\ (V_1)_t \\ (V_1)_k \\ (\Omega_1)_n \\ (\Omega_1)_t \\ (\Omega_1)_k \\ (V_2)_n \\ (V_2)_t \\ (V_2)_k \\ (\Omega_2)_n \\ (\Omega_2)_t \\ (\Omega_2)_k
\end{array}\right) =
$$

$$\begin{pmatrix} -e((v_1)_n+(r_1)_k(\omega_1)_t-(r_1)_t(\omega_1)_k)- \\ ((v_2)_n+(r_2)_k(\omega_2)_t-(r_2)_t(\omega_2)_k)) \\ 0 \\ 0 \\ m_1(v_1)_n \\ m_1(v_1)_t \\ m_1(v_1)_k \\ (I_1)_{nn}(\omega_1)_n+(I_1)_{nt}(\omega_1)_t+(I_1)_{nk}(\omega_1)_k \\ (I_1)_{tn}(\omega_1)_n+(I_1)_{tt}(\omega_1)_t+(I_1)_{tk}(\omega_1)_k \\ (I_1)_{kn}(\omega_1)_n+(I_1)_{kt}(\omega_1)_t+(I_1)_{kk}(\omega_1)_k \\ m_2(v_2)_n \\ m_2(v_2)_t \\ m_2(v_2)_k \\ (I_2)_{nn}(\omega_2)_n+(I_2)_{nt}(\omega_2)_t+(I_2)_{nk}(\omega_2)_k \\ (I_2)_{tn}(\omega_2)_n+(I_2)_{tt}(\omega_2)_t+(I_2)_{tk}(\omega_2)_k \\ (I_2)_{kn}(\omega_2)_n+(I_2)_{kt}(\omega_2)_t+(I_2)_{kk}(\omega_2)_k \end{pmatrix} \tag{4.61}$$

方程在每一行的排列顺序是，首先是方程（4.53），接下来是方程（4.56）和方程（4.57），然后是方程（4.49）、方程（4.51）、方程（4.50）和方程（4.52）。这一顺序非常重要，因为它能够使用分块矩阵表达简化上述系统。

$$\begin{pmatrix} \boldsymbol{A}_{1,2} & \boldsymbol{B}_{1,2} & \boldsymbol{C}_{1,2} & -\boldsymbol{B}_{1,2} & \boldsymbol{E}_{1,2} \\ -\boldsymbol{I} & m_1\boldsymbol{I} & \boldsymbol{0} & \boldsymbol{0} & \boldsymbol{0} \\ -\tilde{r}_1 & \boldsymbol{0} & \boldsymbol{I}_1 & \boldsymbol{0} & \boldsymbol{0} \\ \boldsymbol{I} & \boldsymbol{0} & \boldsymbol{0} & m_2\boldsymbol{I} & \boldsymbol{0} \\ \tilde{r}_2 & \boldsymbol{0} & \boldsymbol{0} & \boldsymbol{0} & \boldsymbol{I}_2 \end{pmatrix} \begin{pmatrix} \vec{P}_{1,2} \\ \vec{V}_1 \\ \vec{\Omega}_1 \\ \vec{V}_2 \\ \vec{\Omega}_2 \end{pmatrix} = \begin{pmatrix} \vec{d}_{1,2} \\ m_1\vec{v}_1 \\ \boldsymbol{I}_1\vec{\omega}_1 \\ m_2\vec{v}_2 \\ \boldsymbol{I}_2\vec{\omega}_2 \end{pmatrix} \tag{4.62}$$

其中，$\boldsymbol{0}$ 为 3×3 零矩阵；$\boldsymbol{I}$ 为 3×3 单位矩阵；且 $\vec{P}_{1,2}=\vec{P}$，下标 1、2 表示刚体 B_1 和 B_2[①] 之间碰撞相对应的冲力。矩阵 $\tilde{r}_1$ 和 $\tilde{r}_2$ 分别是叉积 $\vec{r}_1\times\vec{P}$和 $\vec{r}_2\times\vec{P}$的矩阵向量表示。其他矩阵由以下方程得出：

$$\boldsymbol{A}_{1,2}=\begin{pmatrix} 0 & 0 & 0 \\ -(\mu_d)_t & 1 & 0 \\ -(\mu_d)_k & 1 & 0 \end{pmatrix} \quad \boldsymbol{B}_{1,2}=\begin{pmatrix} 1 & 0 & 0 \\ 0 & 0 & 0 \\ 0 & 0 & 0 \end{pmatrix}$$

$$\boldsymbol{C}_{1,2}=\begin{pmatrix} 0 & (r_1)_k & -(r_1)_t \\ 0 & 0 & 0 \\ 0 & 0 & 0 \end{pmatrix} \quad \boldsymbol{E}_{1,2}=\begin{pmatrix} 0 & -(r_2)_k & (r_2)_t \\ 0 & 0 & 0 \\ 0 & 0 & 0 \end{pmatrix}$$

① 即使使用下标对于单一碰撞情形不是特别有用，它们也可广泛应用于多个碰撞的分块矩阵表达，用于区分与不同刚体碰撞相关的方程。

向量 $\vec{d}_{1,2}$的计算为：

$$\vec{d}_{1,2}=\begin{pmatrix} -e((\vec{v}_1+\vec{\omega}_1\times\vec{r}_1)-(\vec{v}_2+\vec{\omega}_2\times\vec{r}_2))\cdot\vec{n} \\ 0 \\ 0 \end{pmatrix} \tag{4.63}$$

然后，我们可以使用高斯消元法，对方程（4.62）所述的（通常是）稀疏线性系统进行求解，或使用仅适用于稀疏矩阵的更复杂的系统求解法。后者更难以执行，但是显著比前者的效率更高。

请注意，分块矩阵表达仅适用于碰撞刚体在整个碰撞过程中继续滑动的情形。如果刚体在碰撞之后不滑动，无论是因为它们在碰撞之前本就不滑动，还是由于在碰撞过程中滑动运动停止，都应该使用方程（4.54）和方程（4.55），即：

$$(\vec{V}_1+\vec{\Omega}_1\times\vec{r}_1)\cdot\vec{t}=(\vec{V}_2+\vec{\Omega}_2\times\vec{r}_2)\cdot\vec{t}$$
$$(\vec{V}_1+\vec{\Omega}_1\times\vec{r}_1)\cdot\vec{k}=(\vec{V}_2+\vec{\Omega}_2\times\vec{r}_2)\cdot\vec{k}$$

而不是方程（4.56）和方程（4.57）。这就需要修改分块矩阵表达的第二行和第三行，或者也可以是矩阵$\boldsymbol{A}_{1,2}$，$\boldsymbol{B}_{1,2}$，$\boldsymbol{C}_{1,2}$和$\boldsymbol{E}_{1,2}$的第二行和第三行。修改包括，当$\vec{t}$方向上无任何滑动运动时，将第二行更新为：

$$\begin{pmatrix}0 & 0 & 0 & 0 & 1 & 0 & -(r_1)_k & 0 & (r_1)_n & (r_2)_k & 0 & -(r_2)_n\end{pmatrix}$$

如果刚体在 $\vec{k}$ 方向上无滑动，则将第三行更新为：

$$\begin{pmatrix}0 & 0 & 0 & 0 & 0 & 1 & (r_1)_t & -(r_1)_n & 0 & -(r_2)_t & (r_2)_n & 0\end{pmatrix}$$

请注意，在切平面滑动直接受到回弹和摩擦系数以及刚体在碰撞之前的相对速度的影响。直观上，对于给定的回弹系数和相对速度，如果摩擦系数较小，滑动将继续；如果摩擦系数足够大，则将停止。因此，存在一个与给定回弹系数和相对速度相关的临界摩擦系数。如果实际摩擦系数小于临界摩擦系数，则滑动在整个碰撞过程中持续，考虑与第一种情形相关的系统方程。但是，如果实际摩擦系数大于或等于临界摩擦系数，则在碰撞过程的某处停止滑动，考虑第二种情形相关的系统方程①。

接下来推导用于计算沿着切平面方向 $\vec{t}$ 和 $\vec{k}$ 的临界摩擦系数 $(\mu_d)_t^c$ 和 $(\mu_d)_k^c$ 的表达式。首先将方程（4.53）的所有速度分量表示为法线冲力分量 P_n 的函数，并求出 P_n。计算出的冲力分量 P_n 将被代回至每个速度分量的表达式中。将所有速度作为回弹和摩擦系数的函数求出来，再求出刚体在碰撞之前的速度②。最后，我们将这些表达式代入方程（4.54），计算沿着$\vec{t}$的临界摩擦系数值 $(\mu_d)_t^c$；代入方程（4.55），求出沿着 $\vec{k}$ 的临界摩擦系数值 $(\mu_d)_k^c$。

因此，根据方程（4.49）和方程（4.50），我们可以将线速度分量写为：

$$(V_1)_n=\frac{P_n}{m_1}+(v_1)_n \tag{4.64}$$

$$(V_1)_t=\frac{P_t}{m_1}+(v_1)_t \tag{4.65}$$

---

① 如果实际摩擦系数等于临界摩擦系数，则滑动运动将在碰撞结束时刻停止。

② 切记，目前计算所得的速度假设滑动在整个碰撞过程中持续。

$$(V_1)_k = \frac{P_k}{m_1} + (v_1)_k \tag{4.66}$$

$$(V_2)_n = -\frac{P_n}{m_2} + (v_2)_n \tag{4.67}$$

$$(V_2)_t = -\frac{P_t}{m_2} + (v_2)_t \tag{4.68}$$

$$(V_2)_k = \frac{P_k}{m_2} + (v_2)_k \tag{4.69}$$

作为 P_n 的函数表示角速度更为复杂。使用方程（4.51）和方程（4.52），可以将每个角速度写为

$$\vec{\Omega}_1 = \boldsymbol{I}_1^{-1}\,\tilde{r}_1\,\vec{P} + \vec{\omega}_1$$
$$\vec{\Omega}_2 = -\boldsymbol{I}_2^{-1}\,\tilde{r}_2\,\vec{P} + \vec{\omega}_2$$

令 $\boldsymbol{A}_1 = \boldsymbol{I}_1^{-1}\,\tilde{r}_1$ 和 $\boldsymbol{A}_2 = \boldsymbol{I}_2^{-1}\,\tilde{r}_2$ 是这四个已知矩阵的乘积，其中，对于 $i \in \{1, 2\}$，

$$A_i = \left((\vec{A}_i)_n \,\middle|\, (\vec{A}_i)_t \,\middle|\, (\vec{A}_i)_k \right) = \left(\begin{array}{c|c|c} (A_i)_{nn} & (A_i)_{nt} & (A_i)_{nk} \\ (A_i)_{tn} & (A_i)_{tt} & (A_i)_{tk} \\ (A_i)_{kn} & (A_i)_{kt} & (A_i)_{kk} \end{array} \right)$$

在经过多次变换之后，利用 $P_t = (\mu_d)_t P_n$ 和 $P_k = (\mu_d)_k P_n$ 即可得出以下适用于角速度分量的表达式。

$$(\Omega_1)_n = ((A_1)_{nn} + (\mu_d)_t (A_1)_{nt} + (\mu_d)_k (A_1)_{nk}) P_n + (\omega_1)_n \tag{4.70}$$
$$(\Omega_1)_t = ((A_1)_{tn} + (\mu_d)_t (A_1)_{tt} + (\mu_d)_k (A_1)_{tk}) P_n + (\omega_1)_t \tag{4.71}$$
$$(\Omega_1)_k = ((A_1)_{kn} + (\mu_d)_t (A_1)_{kt} + (\mu_d)_k (A_1)_{kk}) P_n + (\omega_1)_k \tag{4.72}$$
$$(\Omega_2)_n = -((A_2)_{nn} + (\mu_d)_t (A_2)_{nt} + (\mu_d)_k (A_2)_{nk}) P_n + (\omega_2)_n \tag{4.73}$$
$$(\Omega_2)_t = -((A_2)_{tn} + (\mu_d)_t (A_2)_{tt} + (\mu_d)_k (A_2)_{tk}) P_n + (\omega_2)_t \tag{4.74}$$
$$(\Omega_2)_k = -((A_2)_{kn} + (\mu_d)_t (A_2)_{kt} + (\mu_d)_k (A_2)_{kk}) P_n + (\omega_2)_k \tag{4.75}$$

将方程（4.64）、方程（4.67）、方程（4.71）、方程（4.72）、方程（4.74）和方程（4.75）代入方程（4.53），对含有共同 P_n 的项进行归类，得到：

$$\begin{aligned} P_n(\bar{m} &+ ((r_1)_k (A_1)_{tn} - (r_1)_t (A_1)_{kn}) + ((r_2)_k (A_2)_{tn} - (r_2)_t (A_2)_{kn}) + \\ &(\mu_d)_t((r_1)_k (A_1)_{tt} - (r_1)_t (A_1)_{kt}) + ((r_2)_k (A_2)_{tt} - (r_2)_t (A_2)_{kt}) + \\ &(\mu_d)_k((r_1)_k (A_1)_{tk} - (r_1)_t (A_1)_{kk}) + ((r_2)_k (A_2)_{tk} - (r_2)_t (A_2)_{kk}))) = - \\ &(1+e)((\vec{v}_1 + \vec{\omega}_1 \times \vec{r}_1) - (\vec{v}_2 + \vec{\omega}_2 \times \vec{r}_2)) \cdot \vec{n} \end{aligned} \tag{4.76}$$

其中，

$$\bar{m} = \left(\frac{1}{m_1} + \frac{1}{m_2} \right)$$

如果对于 $i \in \{1, 2\}$，我们有

$$\begin{aligned} (r_i)_k (A_i)_{tn} - (r_i)_t (A_i)_{kn} &= ((\vec{A}_i)_n \times \vec{r}_i) \cdot \vec{n} \\ (r_i)_k (A_i)_{tt} - (r_i)_t (A_i)_{kt} &= ((\vec{A}_i)_t \times \vec{r}_i) \cdot \vec{n} \\ (r_i)_k (A_i)_{tk} - (r_i)_t (A_i)_{kk} &= ((\vec{A}_i)_k \times \vec{r}_i) \cdot \vec{n} \end{aligned} \tag{4.77}$$

则方程可以进一步简化。将这些方程代入方程（4.76），得出：

$$P_n(\overline{m}+((\vec{A}_1)_n\times\vec{r}_1+(\vec{A}_2)_n\times\vec{r}_2)\cdot\vec{n}+(\mu_d)_t((\vec{A}_1)_t\times\vec{r}_1+(\vec{A}_2)_t\times\vec{r}_2)\cdot\vec{n}+(\mu_d)_k((\vec{A}_1)_k\times\vec{r}_1+(\vec{A}_2)_k\times\vec{r}_2)\cdot\vec{n})=-(1+e)((\vec{v}_1+\vec{\omega}_1\times\vec{r}_1)-(\vec{v}_2+\vec{\omega}_2\times\vec{r}_2))\cdot\vec{n} \tag{4.78}$$

如果我们考虑以下常数，还能够进一步简化方程（4.78）：

$$\begin{aligned} g_1^{ij}&=((\vec{A}_1)_i\times\vec{r}_1+(\vec{A}_2)_i\times\vec{r}_2)\cdot\vec{j}\\ g_2^{ij}&=((\vec{v}_1+\vec{\omega}_1\times\vec{r}_1)-(\vec{v}_2+\vec{\omega}_2\times\vec{r}_2))\cdot\vec{j}\end{aligned} \tag{4.79}$$

其中，i，$j\in\{n,\ t,\ k\}$。使用这些常数，方程（4.78）可以改写为：

$$P_n(\overline{m}+g_1^{nn}+(\mu_d)_t\,g_1^{tn}+(\mu_d)_k\,g_1^{kn})=-(1+e)g_2^n$$

这可用来求出 P_n，即：

$$P_n=\frac{-(1+e)g_2^n}{\overline{m}+g_1^{nn}+(\mu_d)_t\,g_1^{tn}+(\mu_d)_k\,g_1^{kn}} \tag{4.80}$$

在计算出 P_n 之后，我们可以将值代回至方程（4.64）~方程（4.75），得出当滑动在整个碰撞过程中持续时，在碰撞之后每个速度分量的值。现在我们已经准备好推导出计算沿着切向$\vec{t}$和 $\vec{k}$ 的临界摩擦系数的表达式。

首先计算 $(\mu_d)_t^c$。将方程（4.54）展开为 $(\vec{V}_1+\vec{\Omega}_1\times\vec{r}_1)\cdot\vec{t}=(\vec{V}_2+\vec{\Omega}_2\times\vec{r}_2)\cdot\vec{t}$，即：

$$(V_1)_t+(\Omega_1)_k(r_1)_n-(\Omega_1)_n(r_1)_k=(V_2)_t+(\Omega_2)_k(r_2)_n-(\Omega_2)_n(r_2)_k \tag{4.81}$$

然后将作为 P_n 函数的每个速度分量的值代入方程，得出：

$$\begin{aligned}&\frac{P_t}{m_1}+(v_1)_t+(r_1)_n((A_1)_{kn}P_n+(A_1)_{kt}P_t+(A_1)_{kk}P_k)+(r_1)_n(w_1)_k-\\&\quad(r_1)_k((A_1)_{nn}P_n+(A_1)_{nt}P_t+(A_1)_{nk}P_k)-(r_1)_k(w_1)_n=-\\&\frac{P_t}{m_2}+(v_2)_t+(r_2)_n((A_2)_{kn}P_n+(A_2)_{kt}P_t+(A_2)_{kk}P_k)+(r_2)_n(w_2)_k+\\&\quad(r_2)_k((A_2)_{nn}P_n+(A_2)_{nt}P_t+(A_2)_{nk}P_k)-(r_2)_k(w_2)_n\end{aligned} \tag{4.82}$$

这样即可得到该系数。

根据 $P_t=(\mu_d)_tP_n$ 和 $P_k=(\mu_d)_kP_n$，我们可以对方程（4.82）的项进行分组，从而得到方程（4.79）定义的常数值。我们得到：

$$\begin{aligned}&(\mu_d)_tP_n\overbrace{\left(\frac{1}{m_1}+\frac{1}{m_2}\right)}^{\overline{m}}+(\vec{v}_1+\vec{\omega}_1\times\vec{r}_1-\vec{v}_2-\vec{\omega}_2\times\vec{r}_2)\cdot\vec{t}+\\&P_n\overbrace{((r_1)_n(A_1)_{kn}-(r_1)_k(A_1)_{nn}+(r_2)_n(A_2)_{kn}-(r_2)_k(A_2)_{nn})}^{-((\vec{A}_1)_n\times\vec{r}_1+(\vec{A}_2)_n\times\vec{r}_2)\cdot\vec{t}}+\\&(\mu_d)_tP_n\overbrace{((r_1)_n(A_1)_{kt}-(r_1)_k(A_1)_{nt}+(r_2)_n(A_2)_{kt}-(r_2)_k(A_2)_{nt})}^{-((\vec{A}_1)_t\times\vec{r}_1+(\vec{A}_2)_t\times\vec{r}_2)\cdot\vec{t}}+\\&(\mu_d)_kP_n\overbrace{((r_1)_n(A_1)_{kk}-(r_1)_k(A_1)_{nk}+(r_2)_n(A_2)_{kk}-(r_2)_k(A_2)_{nk})}^{-((\vec{A}_1)_k\times\vec{r}_1+(\vec{A}_2)_k\times\vec{r}_2)\cdot\vec{t}}=0\end{aligned}$$

即：

$$(\mu_d)_tP_n\,\overline{m}+\overbrace{(\vec{v}_1+\vec{\omega}_1\times\vec{r}_1-\vec{v}_2-\vec{\omega}_2\times\vec{r}_2)\cdot\vec{t}}^{g_2^t}-P_n\overbrace{((\vec{A}_1)_n\times\vec{r}_1+(\vec{A}_2)_n\times\vec{r}_2)\cdot\vec{t}}^{g_1^{nt}}-$$

$$(\mu_d)_t P_n \overbrace{((\vec{A}_1)_t \times \vec{r}_1 + (\vec{A}_2)_t \times \vec{r}_2) \cdot \vec{t}}^{g_1^{tt}} - (\mu_d)_k P_n \overbrace{((\vec{A}_1)_k \times \vec{r}_1 + (\vec{A}_2)_k \times \vec{r}_2) \cdot \vec{t}}^{g_1^{kt}} = 0$$

这可以用精简的方式写为：

$$((\mu_d)_t \vec{m} - g_1^{nt} - (\mu_d)_t g_1^{tt} - (\mu_d)_k g_1^{kt}) P_n = -g_2^t \tag{4.83}$$

最后，将方程（4.80）给出的 P_n 值代入方程（4.83），求出 $(\mu_d)_t$ 的解。这样一来，我们便能计算沿着切向$\vec{t}$的临界摩擦系数：

$$(\mu_d)_t = (\mu_d)_t^c = \frac{g_2^t(\vec{m} + g_1^{nn} + (\mu_d)_k g_1^{kn}) + (1+e)g_2^n(g_1^{nt} + (\mu_d)_k g_1^{kt})}{(\vec{m} - g_1^{tt})(1+e)g_2^n - g_2^t g_1^{tn}} \tag{4.84}$$

其中，$(\mu_d)_t^c$ 为沿着 $\vec{t}$ 的临界摩擦系数值，使滑动运动在碰撞结束时刻停止。

推导沿着切向 $\vec{k}$ 的临界摩擦系数 $(\mu_d)_k^c$ 的过程与推导 $(\mu_d)_t^c$ 的过程非常相似。首先将方程（4.55）展开为：

$$(V_1)_k + (\Omega_1)_n (r_1)_t - (\Omega_1)_t (r_1)_n = (V_2)_k + (\Omega_2)_n (r_2)_t - (\Omega_2)_t (r_2)_n$$

并代入方程（4.66）、方程（4.69）~方程（4.71）、方程（4.73）和方程（4.74）得出的速度分量值。接下来对各项进行分组，以便得到方程（4.79）给出的常数值表达式。经过处理，得到：

$$((\mu_d)_k \vec{m} + g_1^{nk} + (\mu_d)_t g_1^{tk} + (\mu_d)_k g_1^{kk}) P_n = -g_2^k$$

最后，将方程（4.80）给出的 P_n 值代入该表达式，求出 $(\mu_d)_k$ 的解。这样一来，我们便能计算沿着切向 $\vec{k}$ 的临界摩擦系数：

$$(\mu_d)_k = (\mu_d)_t^c \frac{g_2^k(\vec{m} + g_1^{nn} + (\mu_d)_t g_1^{tn}) + (1+e)g_2^n(g_1^{nk} + (\mu_d)_t g_1^{tk})}{(\vec{m} - g_1^{kk})(1+e)g_2^n - g_1^{kn} g_2^k} \tag{4.85}$$

其中，$(\mu_d)_k^c$ 为沿着 $\vec{k}$ 的临界摩擦系数值，使得滑动在碰撞结束时刻停止。

实际操作如下。首先，使用方程（4.84）和方程（4.85）计算临界摩擦系数。接下来，将实际摩擦系数 $(\mu_d)_t$ 和 $(\mu_d)_k$ 与相关临界值对比。如果 $(\mu_d)_t < (\mu_d)_t^c$，则滑动继续沿着$\vec{t}$进行，我们使用方程（4.56）。否则，如果 $(\mu_d)_t \geqslant (\mu_d)_t^c$，则在碰撞过程中，滑动沿着$\vec{t}$停止，我们使用方程（4.54）。相同的分析方法用于对比 $(\mu_d)_k$ 和 $(\mu_d)_k^c$，并选择相应的系统方程。

就分块矩阵表达而言，选择哪一个方程作为临界摩擦系数值的函数，将直接影响到使用矩阵 $\boldsymbol{A}_{1,2}$，$\boldsymbol{B}_{1,2}$，$\boldsymbol{C}_{1,2}$ 和 $\boldsymbol{E}_{1,2}$ 的哪些行。因此，我们在构建系统矩阵时要考虑以下四种可能的情形。

（1）如果 $(\mu_d)_t < (\mu_d)_t^c$ 且 $(\mu_d)_k < (\mu_d)_k^c$，则：

$$\boldsymbol{A}_{1,2} = \begin{pmatrix} 0 & 0 & 0 \\ -(\mu_d)_t & 1 & 0 \\ -(\mu_d)_k & 1 & 0 \end{pmatrix}, \quad \boldsymbol{B}_{1,2} = \begin{pmatrix} 1 & 0 & 0 \\ 0 & 0 & 0 \\ 0 & 0 & 0 \end{pmatrix}$$

$$\boldsymbol{C}_{1,2} = \begin{pmatrix} 0 & (r_1)_k & -(r_1)_t \\ 0 & 0 & 0 \\ 0 & 0 & 0 \end{pmatrix}, \quad \boldsymbol{E}_{1,2} = \begin{pmatrix} 0 & -(r_2)_k & (r_2)_t \\ 0 & 0 & 0 \\ 0 & 0 & 0 \end{pmatrix}$$

（2）如果 $(\mu_d)_t \geqslant (\mu_d)_t^c$ 且 $(\mu_d)_k < (\mu_d)_k^c$，则：

$$
\boldsymbol{A}_{1,2}=\begin{pmatrix} 0 & 0 & 0\\ 0 & 0 & 0\\ -(\mu_d)_k & 1 & 0 \end{pmatrix},\ \boldsymbol{B}_{1,2}=\begin{pmatrix} 1 & 0 & 0\\ 0 & 1 & 0\\ 0 & 0 & 0 \end{pmatrix}
$$

$$
\boldsymbol{C}_{1,2}=\begin{pmatrix} 0 & (r_1)_k & -(r_1)_t\\ -(r_1)_k & 0 & (r_1)_n\\ 0 & 0 & 0 \end{pmatrix}
$$

$$
\boldsymbol{E}_{1,2}=\begin{pmatrix} 0 & -(r_2)_k & (r_2)_t\\ (r_2)_k & 0 & -(r_2)_n\\ 0 & 0 & 0 \end{pmatrix}
$$

(3) 如果 $(\mu_d)_t<(\mu_d)_t^c$ 且 $(\mu_d)_k\geqslant(\mu_d)_k^c$，则：

$$
\boldsymbol{A}_{1,2}=\begin{pmatrix} 0 & 0 & 0\\ -(\mu_d)_t & 1 & 0\\ 0 & 0 & 0 \end{pmatrix},\ \boldsymbol{B}_{1,2}=\begin{pmatrix} 1 & 0 & 0\\ 0 & 0 & 0\\ 0 & 0 & 1 \end{pmatrix}
$$

$$
\boldsymbol{C}_{1,2}=\begin{pmatrix} 0 & (r_1)_k & -(r_1)_t\\ 0 & 0 & 0\\ (r_1)_t & -(r_1)_n & 0 \end{pmatrix}
$$

$$
\boldsymbol{E}_{1,2}=\begin{pmatrix} 0 & -(r_2)_k & (r_2)_t\\ 0 & 0 & 0\\ -(r_2)_t & (r_2)_n & 0 \end{pmatrix}
$$

(4) 如果 $(\mu_d)_t\geqslant(\mu_d)_t^c$ 且 $(\mu_d)_k\geqslant(\mu_d)_k^c$，则：

$$
\boldsymbol{A}_{1,2}=0,\ \boldsymbol{B}_{1,2}=\boldsymbol{I}
$$

$$
\boldsymbol{C}_{1,2}=-\tilde{r}_1,\ \boldsymbol{E}_{1,2}=-\tilde{r}_2
$$

在构建与碰撞相关的系统矩阵之后，可以使用高斯消元法或稀疏矩阵技术，对方程的线性系统进行求解，确定刚体在碰撞之后的碰撞冲力、线速度和角速度。

4.11.2 计算多个同时碰撞的冲力

如果三个或三个以上的刚体同时彼此碰撞，每个碰撞的碰撞冲力将同时影响到系统的状态。因此，仿真引擎不是一次求解一个碰撞，而不考虑其他碰撞的存在，相反，它需要将多个刚体组合成至少共享一个碰撞的簇。每个簇内部的碰撞将被同时求解，与其他簇无关(图4.38)。

考虑计算与簇 G_1 相关的碰撞冲力（图 4.38）。令碰撞 C_1 和 C_2 分别为涉及刚体 (B_1-B_2) 和 (B_2-B_3)。就刚体 B_2 而言，由两次碰撞引起的线动量和角动量方程为：

$$
m_2(\vec{V}_2-\vec{v}_2)=-\vec{P}_{1,2}+\vec{P}_{2\to1,3\to2}
$$

$$
I_2(\vec{\Omega}_2-\vec{\omega}_2)=\tilde{r}_2(-\vec{P}_{1,2}+\vec{P}_{2\to1,3\to2})
$$

其中，$\vec{P}_{2\to1,3\to2}$为碰撞 C_2 的冲力 $\vec{P}_{2,3}$，用与碰撞 C_1 相关的局部坐标系①表示。

很显然，由碰撞 C_2 引起的冲力还将影响对由碰撞 C_1 引起的冲力的计算，反之亦然。

① 局部坐标系由碰撞法线和切面定义。

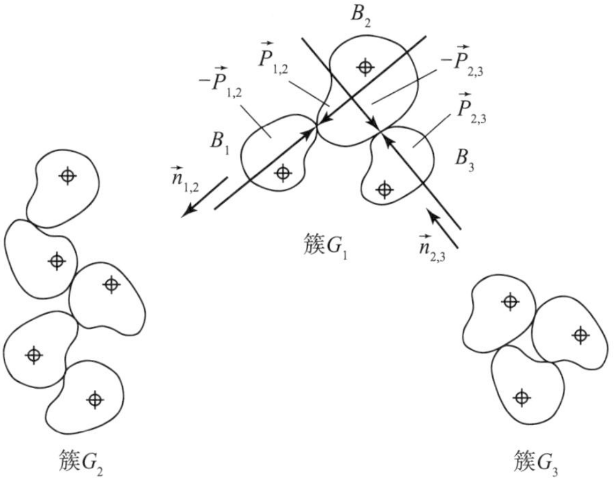

图 4.38　多个刚体碰撞被分离成三个簇（如果刚体 B_i 与簇 G_j 已经存在至少一个刚体碰撞，则将刚体 B_i 添加到簇 G_j。碰撞响应模块对各个簇并行求解，因为它们没有共同的碰撞，因此可以被视为独立的碰撞组）

因此，计算碰撞冲力的正确方法是在对方程系统求解时，同时考虑两个碰撞。请记住，我们在第 4. 11. 1 节遵循的惯例是，对下标为 1 的刚体施加正冲力，对下标为 2 的刚体施加负冲力。下标的选择与刚体沿着碰撞法线的相对速度有关，以便在碰撞前一刻满足方程（4. 48）。

如果一个刚体涉及多个碰撞，则可能在每次碰撞中为其分配不同的下标。对于簇 G_1 的特定情形，刚体 B_2 在其与刚体 B_1 碰撞时下标为 2，在与刚体 B_3 碰撞时下标为 1。这也影响到在合并系统方程的多个碰撞冲力时要选择哪个符号。例如，$\vec{P}_{1,2}$的负号表示刚体 B_2 相对于碰撞 C_1 的下标为 2，而 $\vec{P}_{2\to1,3\to2}$的正号表示刚体 B_2 相对于碰撞 C_2 的下标为 1。此外，在每次碰撞中，碰撞法线和切面是不同的。因此，在合并之前，我们还需要在碰撞冲力之间执行基变换。

应对多个碰撞的最佳方法是以分块矩阵的形式表达与每个簇相关的系统方程：

$$\boldsymbol{A}\vec{x} = \vec{b}$$

其中，状态向量$\vec{x}$ 包含需要确定的变量。如果是单一碰撞，状态向量由碰撞刚体的碰撞冲力、最终线速度和角速度定义。但是，如果是多个碰撞，状态向量可被视为多个单一碰撞的状态向量拼接，但更加复杂，因为每个变量都不能被多次计入。例如，图 4. 39（a）显示了与图 4. 38 的簇 G_1 相关的多个碰撞的状态向量简单拼接的结果。

由于刚体 B_2 涉及两个碰撞，其最终线速度$\vec{V}_2$ 和角速度 $\vec{\Omega}_2$ 被计入两次。创建状态向量的正确方法是追踪已经添加的变量，对已经添加一次以上的标注为“共用”，如图 4. 39（b）的描述。

在确定与簇相关的状态向量后，要补充矩阵 $\boldsymbol{A}$ 和向量 $\vec{b}$ 的各行。考虑与状态向量各个变量的第一个链接相关的方程，即可完成这个目标。例如，对于图 4. 38 所示的簇 G_1，状态向量的第一个变量是 $\vec{P}_{1,2}$。该变量被链接回（$B_1 - B_2$）碰撞中。其相关的方程为回弹系数和摩擦系数方程。因此，矩阵 $\boldsymbol{A}$ 和向量 $\vec{b}$ 的第一行是：

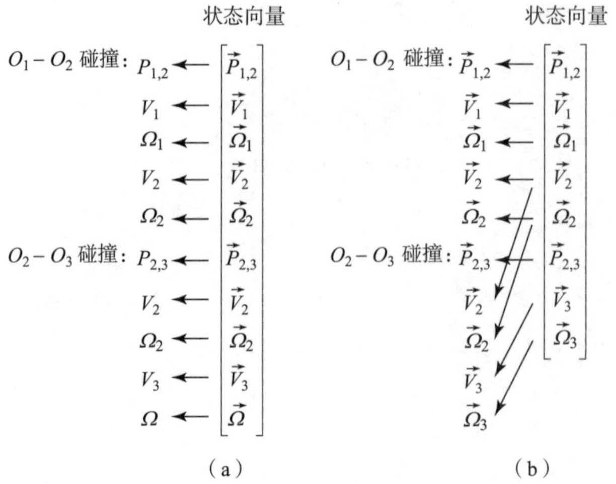

图 4.39 （**a**）简单串联形成了所有刚体的最终线速度和角速度的多个条目（这些刚体涉及多个碰撞）；（**b**）状态向量的变量应可以链接回各自的碰撞中（多个链接用于多个碰撞中，如$\vec{V}_2$ 和 $\vec{\Omega}_2$ 的情形所示）

$$\begin{pmatrix} \boldsymbol{A}_{1,2} & \boldsymbol{B}_{1,2} & \boldsymbol{C}_{1,2} & -\boldsymbol{B}_{1,2} & \boldsymbol{E}_{1,2} & \boldsymbol{0} & \boldsymbol{0} & \boldsymbol{0} \\ x & x & x & x & x & x & x & x \\ x & x & x & x & x & x & x & x \\ x & x & x & x & x & x & x & x \\ x & x & x & x & x & x & x & x \\ x & x & x & x & x & x & x & x \\ x & x & x & x & x & x & x & x \\ x & x & x & x & x & x & x & x \end{pmatrix} \cdot \begin{pmatrix} \vec{P}_{1,2} \\ \vec{V}_1 \\ \vec{\Omega}_1 \\ \vec{V}_2 \\ \vec{\Omega}_2 \\ \vec{P}_{2,3} \\ \vec{V}_3 \\ \vec{\Omega}_3 \end{pmatrix} = \begin{pmatrix} \vec{d}_{1,2} \\ x \\ x \\ x \\ x \\ x \\ x \\ x \end{pmatrix}$$

状态向量的第二个变量为 $\vec{V}_1$。该变量也链接回 (B_1-B_2) 碰撞中。其相关方程为刚体 B_1 的线动量守恒方程。因此，矩阵 $\boldsymbol{A}$ 和向量 $\vec{b}$ 的第二行是：

$$\begin{pmatrix} \boldsymbol{A}_{1,2} & \boldsymbol{B}_{1,2} & \boldsymbol{C}_{1,2} & -\boldsymbol{B}_{1,2} & \boldsymbol{E}_{1,2} & \boldsymbol{0} & \boldsymbol{0} & \boldsymbol{0} \\ -\boldsymbol{I} & m_1\boldsymbol{I} & \boldsymbol{0} & \boldsymbol{0} & \boldsymbol{0} & \boldsymbol{0} & \boldsymbol{0} & \boldsymbol{0} \\ x & x & x & x & x & x & x & x \\ x & x & x & x & x & x & x & x \\ x & x & x & x & x & x & x & x \\ x & x & x & x & x & x & x & x \\ x & x & x & x & x & x & x & x \\ x & x & x & x & x & x & x & x \end{pmatrix} \cdot \begin{pmatrix} \vec{P}_{1,2} \\ \vec{V}_1 \\ \vec{\Omega}_1 \\ \vec{V}_2 \\ \vec{\Omega}_2 \\ \vec{P}_{2,3} \\ \vec{V}_3 \\ \vec{\Omega}_3 \end{pmatrix} = \begin{pmatrix} \vec{d}_{1,2} \\ m_1\vec{v}_1 \\ x \\ x \\ x \\ x \\ x \\ x \end{pmatrix}$$

对其他所有状态向量执行相同的操作，得出：

$$\begin{pmatrix} \boldsymbol{A}_{1,2} & \boldsymbol{B}_{1,2} & \boldsymbol{C}_{1,2} & -\boldsymbol{B}_{1,2} & \boldsymbol{E}_{1,2} & \boldsymbol{0} & \boldsymbol{0} & \boldsymbol{0} \\ -\boldsymbol{I} & m_1\boldsymbol{I} & \boldsymbol{0} & \boldsymbol{0} & \boldsymbol{0} & \boldsymbol{0} & \boldsymbol{0} & \boldsymbol{0} \\ -\tilde{r}_1 & \boldsymbol{0} & \boldsymbol{I}_1 & \boldsymbol{0} & \boldsymbol{0} & \boldsymbol{0} & \boldsymbol{0} & \boldsymbol{0} \\ \boldsymbol{I} & \boldsymbol{0} & \boldsymbol{0} & m_2\boldsymbol{I} & \boldsymbol{0} & \boldsymbol{0} & \boldsymbol{0} & \boldsymbol{0} \\ \tilde{r}_2 & \boldsymbol{0} & \boldsymbol{0} & \boldsymbol{0} & \boldsymbol{I}_2 & \boldsymbol{0} & \boldsymbol{0} & \boldsymbol{0} \\ \boldsymbol{0} & \boldsymbol{0} & \boldsymbol{0} & \boldsymbol{B}_{2,3} & \boldsymbol{C}_{2,3} & \boldsymbol{A}_{2,3} & -\boldsymbol{B}_{2,3} & \boldsymbol{E}_{2,3} \\ \boldsymbol{0} & \boldsymbol{0} & \boldsymbol{0} & \boldsymbol{0} & \boldsymbol{0} & \boldsymbol{I} & m_3\boldsymbol{I} & \boldsymbol{0} \\ \boldsymbol{0} & \boldsymbol{0} & \boldsymbol{0} & \boldsymbol{0} & \boldsymbol{0} & \tilde{r}_3 & \boldsymbol{0} & \boldsymbol{T}_3 \end{pmatrix} \cdot \begin{pmatrix} \vec{P}_{1,2} \\ \vec{V}_1 \\ \vec{\Omega}_1 \\ \vec{V}_2 \\ \vec{\Omega}_2 \\ \vec{P}_{2,3} \\ \vec{V}_3 \\ \vec{\Omega}_3 \end{pmatrix} = \begin{pmatrix} \vec{d}_{1,2} \\ m_1\vec{v}_1 \\ \boldsymbol{I}_1\vec{\boldsymbol{\omega}}_1 \\ m_2\vec{v}_2 \\ \boldsymbol{I}_2\vec{\boldsymbol{\omega}}_2 \\ \vec{d}_{2,3} \\ m_3\vec{v}_3 \\ \boldsymbol{I}_3\vec{\boldsymbol{\omega}}_3 \end{pmatrix} \tag{4.86}$$

请注意方程（4.86）所示的系统矩阵的第 1 行和第 6 行之间的差别。由于 $\vec{V}_2$ 和 $\vec{\Omega}_2$ 是 (B_1-B_2) 和 (B_2-B_3) 碰撞共用的，重新排列矩阵 $\boldsymbol{A}_{2,3}$，$\boldsymbol{B}_{2,3}$，$\boldsymbol{C}_{2,3}$ 和 $\boldsymbol{E}_{2,3}$，以正确乘以其相关的状态向量变量。正确的次序是 $\boldsymbol{B}_{2,3}$ 乘以下标为 1 的刚体的线速度（$\vec{V}_2$），$\boldsymbol{C}_{2,3}$ 乘以下标为 1 的刚体的角速度（$\vec{\Omega}_2$），$\boldsymbol{A}_{2,3}$ 乘以与碰撞（B_2-B_3）相关的冲力（$\vec{P}_{2,3}$），（$-\boldsymbol{B}_{2,3}$）乘以下标为 2 的刚体的线速度（$\vec{V}_3$），$\boldsymbol{E}_{2,3}$ 乘以下标为 2 的刚体的角速度（$\vec{\Omega}_3$）。

同样地，注意方程（4.86）是仅依照每个状态向量变量的第一个链接构建的。现在，我们仍需要更新方程（4.86）的多个碰撞项。可以考虑具有多个相关链接的状态变量。第一个链接用于定义行。接下来的链接使用多个碰撞项来更新这一行的部分元素。

总体而言，如果刚体 B_i 涉及多个碰撞，则与 $\vec{V}_i$ 和 $\vec{\Omega}_i$ 相关的行，即与最终线速度和角速度相关的行，需要进行更新。例如，假设刚体 B_i 有第二个链接，可链接到 B_i。令 $\vec{P}_{i,j}$ 为与碰撞相关的冲力对应的状态向量变量。因此，状态向量中 $\vec{V}_i$ 和 $\vec{\Omega}_i$ 的下标定义了待更新的系统矩阵的行，状态向量中 $\vec{P}_{i,j}$ 的下标定义了待更新的系统矩阵的列。因此，我们需要更新方程（4.86）中给出的系统矩阵的元素：

[$\vec{V}_i$ 的下标] [$\vec{P}_{i,j}$ 的下标]

[$\vec{\Omega}_i$ 的下标] [$\vec{P}_{i,j}$ 的下标]

实际更新包括计算与刚体 B_i 相关的线动量方程和角动量方程的 $\vec{P}_{i,j}$，可用与状态变量 $\vec{V}_i$ 和 $\vec{\Omega}_i$ 的第一个链接对应的碰撞的局部坐标系来表达 $\vec{P}_{i,j}$。

例如，假设状态变量 $\vec{V}_i$ 和 $\vec{\Omega}_i$ 的第一行链接与涉及刚体 B_m 和 B_i 的碰撞 C_m 相关。令碰撞（B_m-B_i）的局部坐标系 $\mathscr{F}_{m,i}$ 由向量 $\vec{n}_{m,i}$，$\vec{t}_{m,i}$ 和 $\vec{k}_{m,i}$ 定义。

令状态变量 $\vec{V}_i$ 的第二个链接与涉及刚体 B_i 和 B_j 的碰撞 G_j 相关。令碰撞（B_i-B_j）的局部坐标系 $\mathscr{F}_{i,j}$ 由向量 $\vec{n}_{i,j}$，$\vec{t}_{i,j}$ 和 $\vec{k}_{i,j}$ 定义。局部坐标系 $\mathscr{F}_{i,j}$ 定义的碰撞冲力 $\vec{P}_{i,j}$ 在局部坐标系 $\mathscr{F}_{m,i}$ 被表达为

$$\vec{P}_{i\to m,j\to i} = M_{i\to m,j\to i}\vec{P}_{i,j}$$

其中，

$$M_{i\to m,j\to i} = \lambda\begin{pmatrix} \vec{n}_{i,j}\cdot\vec{n}_{m,i} & \vec{n}_{i,j}\cdot\vec{t}_{m,i} & \vec{n}_{i,j}\cdot\vec{k}_{m,i} \\ \vec{t}_{i,j}\cdot\vec{n}_{m,i} & \vec{t}_{i,j}\cdot\vec{t}_{m,i} & \vec{t}_{i,j}\cdot\vec{k}_{m,i} \\ \vec{k}_{i,j}\cdot\vec{n}_{m,i} & \vec{k}_{i,j}\cdot\vec{t}_{m,i} & \vec{k}_{i,j}\cdot\vec{k}_{m,i} \end{pmatrix}$$

变量 λ 可以是 1 或 -1，具体取决于刚体 B_i 在碰撞 C_j 是被分配到下标 2 还是 1。那么必要的更新为

[$\vec{V}_i$ 的下标] [$\vec{P}_{i,j}$ 的下标] $=\vec{P}_{i\to m,j\to i}$

$$[\vec{\Omega}_i \text{ 的下标}][\vec{P}_{i,j}\text{的下标}] = \lambda \tilde{r}_i$$

举例而言，将多个碰撞项更新应用到图 4.38 所示的簇 G_1。在本例中，$\vec{V}_i$ 和 $\vec{\Omega}_2$ 的第二个链接指向刚体 B_2 和 B_3 的碰撞。因此，我们需要在方程（4.86）的系统矩阵中更新元素：

$$[\vec{V}_2 \text{ 的下标}][\vec{P}_{2,3}\text{的下标}] = [4, 6]$$

$$[\vec{\Omega}_2 \text{ 的下标}][\vec{P}_{2,3}\text{的下标}] = [5, 6]$$

在

$$\boldsymbol{M}_{2\to1,3\to2} = \lambda \begin{pmatrix} \vec{n}_{2,3}\cdot\vec{n}_{1,2} & \vec{n}_{2,3}\cdot\vec{t}_{1,2} & \vec{n}_{2,3}\cdot\vec{k}_{1,2} \\ \vec{t}_{2,3}\cdot\vec{n}_{1,2} & \vec{t}_{2,3}\cdot\vec{t}_{1,2} & \vec{t}_{2,3}\cdot\vec{k}_{1,2} \\ \vec{k}_{2,3}\cdot\vec{n}_{1,2} & \vec{k}_{2,3}\cdot\vec{t}_{1,2} & \vec{k}_{2,3}\cdot\vec{k}_{1,2} \end{pmatrix} \tag{4.87}$$

中，实际更新将用于取代位置［4，6］的当前 **0** 矩阵，其中，坐标系 $\mathscr{F}_{1,2}$ 由向量 $\vec{n}_{1,2}$，$\vec{t}_{1,2}$ 和 $\vec{k}_{1,2}$ 定义，坐标系 $\mathscr{F}_{2,3}$ 由向量 $\vec{n}_{2,3}$，$\vec{t}_{2,3}$ 和 $\vec{k}_{2,3}$ 定义。我们还需要替代位置［5，6］的元素为：

$$\lambda \tilde{r}_2 \tag{4.88}$$

同样地，由于刚体 B_2 在与刚体 B_3 的碰撞中被分配到下标 1（图 4.38），所以我们应在方程（4.87）和方程（4.88）中使用 $\lambda = +1$。那么在该示例情况下，最终系统矩阵为：

$$\begin{pmatrix} \boldsymbol{A}_{1,2} & \boldsymbol{B}_{1,2} & \boldsymbol{C}_{1,2} & -\boldsymbol{B}_{1,2} & \boldsymbol{E}_{1,2} & \boldsymbol{0} & \boldsymbol{0} & \boldsymbol{0} \\ -\boldsymbol{I} & m_1\boldsymbol{I} & \boldsymbol{0} & \boldsymbol{0} & \boldsymbol{0} & \boldsymbol{0} & \boldsymbol{0} & \boldsymbol{0} \\ -\tilde{r}_1 & \boldsymbol{0} & \boldsymbol{I}_1 & \boldsymbol{0} & \boldsymbol{0} & \boldsymbol{0} & \boldsymbol{0} & \boldsymbol{0} \\ \boldsymbol{I} & \boldsymbol{0} & \boldsymbol{0} & m_2\boldsymbol{I} & \boldsymbol{0} & \boldsymbol{M}_{2\to1,3\to2} & \boldsymbol{0} & \boldsymbol{0} \\ \tilde{r}_2 & \boldsymbol{0} & \boldsymbol{0} & \boldsymbol{0} & \boldsymbol{I}_2 & \tilde{r}_2 & \boldsymbol{0} & \boldsymbol{0} \\ \boldsymbol{0} & \boldsymbol{0} & \boldsymbol{0} & \boldsymbol{B}_{2,3} & \boldsymbol{C}_{2,3} & \boldsymbol{A}_{2,3} & -\boldsymbol{B}_{2,3} & \boldsymbol{E}_{2,3} \\ \boldsymbol{0} & \boldsymbol{0} & \boldsymbol{0} & \boldsymbol{0} & \boldsymbol{0} & \boldsymbol{I} & m_3\boldsymbol{I} & \boldsymbol{0} \\ \boldsymbol{0} & \boldsymbol{0} & \boldsymbol{0} & \boldsymbol{0} & \boldsymbol{0} & \tilde{r}_3 & \boldsymbol{0} & \boldsymbol{T}_3 \end{pmatrix} \cdot \begin{pmatrix} \vec{P}_{1,2} \\ \vec{V}_1 \\ \vec{\Omega}_1 \\ \vec{V}_2 \\ \vec{\Omega}_2 \\ \vec{P}_{2,3} \\ \vec{V}_3 \\ \vec{\Omega}_3 \end{pmatrix} = \begin{pmatrix} \vec{d}_{1,2} \\ m_1\vec{v}_1 \\ \boldsymbol{I}_1\vec{\omega}_1 \\ m_2\vec{v}_2 \\ \boldsymbol{I}_2\vec{\omega}_2 \\ \vec{d}_{2,3} \\ m_3\vec{v}_3 \\ \boldsymbol{I}_3\vec{\omega}_3 \end{pmatrix}$$

综上所述，对于包含多个链接的每个状态向量变量，我们需要更新与每个碰撞对应的系统矩阵的元素。当所有元素已经更新之后，我们使用高斯消元法等方法对得到的线性系统进行求解。还有一种选择，就是使用专用的方法来对稀疏线性系统进行求解，因为系统矩阵通常都是稀疏的。求出的解是碰撞响应模块待使用的状态向量变量的正确值，可避免物体在碰撞之后发生互穿。

4.11.3 计算单一接触的接触力

当两个刚体沿着碰撞法线的相对速度为 0 或小于阈值时，两个刚体被视为接触。在这种情况下，应施加接触力，而不是第 4.11.1 节介绍的冲力。

在计算刚体间碰撞的冲力时，使用线动量守恒方程、角动量守恒方程、摩擦系数和回弹系数来定义系统。遗憾的是，这些方程不再适用于接触力计算。因此，我们需要根据接触几何①和每个刚体的动力学状态，推导其他的条件才能计算接触力。这些条件与第 3 章介绍的粒子间接触的条件相同。为方便起见，此处进行复述。

第一个条件表明，假设负值表示刚体正在朝着彼此的方向加速，则在接触点、沿着接触

① 当碰撞变成接触时，碰撞法线将被视为接触法线。

法线的刚体相对加速度应大于或等于0。在此情形中，如果计算得出的接触力使得在接触点、沿着接触法线的相对加速度为0，则刚体保持接触。但是，如果它们的相对加速度大于0，则接触即将分离。

第二个条件表明，如果沿着接触法线的接触分力大于或等于0，那么刚体正被排斥，彼此远离。接触力不能有负值，即不能使刚体彼此连接，以避免它们分离。

第三个，也就是最后的条件表明，如果刚体之间的接触即将分离，则接触力应设置为0。换言之，如果在接触点、沿着接触法线的相对加速度大于0，则接触即将分离，接触力应设置为0。

将这三个条件转换为可用来计算接触力的方程。图4.40所示为一种典型情形，即刚体 B_1 和 B_2 在接触前一刻已经接触，如果不施加接触力，则会彼此互穿。

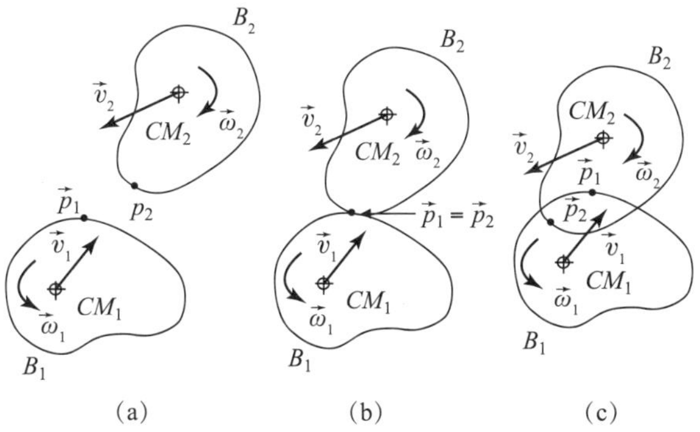

图4.40 (a) 刚体 B_1 和 B_2 即将在点 $\vec{p}_1$ 和 $\vec{p}_2$ 接触；(b) 当 $\vec{p}_1=\vec{p}_2$ 时发生接触；(c) 当 $(\vec{p}_1-\vec{p}_2)\cdot\vec{n}<0$ 时发生互穿，其中，$\vec{n}$ 为接触法线

令 $\vec{p}_1(t)$ 和 $\vec{p}_2(t)$ 分别为刚体 B_1 和 B_2 即将接触的位置。考虑向量 $\vec{q}(t)$，被定义为：

$$\vec{q}(t)=\begin{pmatrix} q_n(t) \\ q_t(t) \\ q_k(t) \end{pmatrix}=\begin{pmatrix} (\vec{p}_1(t)-\vec{p}_2(t))\cdot\vec{n}(t) \\ (\vec{p}_1(t)-\vec{p}_2(t))\cdot\vec{t}(t) \\ (\vec{p}_1(t)-\vec{p}_2(t))\cdot\vec{k}(t) \end{pmatrix} \tag{4.89}$$

其中，$\vec{n}(t)$ 为从刚体 B_2 指向刚体 B_1 的接触法线；向量 $\vec{t}(t)$ 和 $\vec{k}(t)$ 定义接触时的切面。很显然，$q_n(t)$ 定义点 $\vec{p}_1(t)$ 和 $\vec{p}_2(t)$ 之间沿着接触法线的距离，是时间的函数。如果刚体分离，则 $q_n(t)>0$；如果刚体接触，则 $q_n(t)=0$；如果刚体互穿，则 $q_n(t)<0$（图4.40）。令 t_c 为发生接触的时刻，即 $\vec{q}(t_c)=\vec{0}$。

第一个条件表明，在接触点、沿着接触法线的相对加速度应大于或等于0。这相当于确保：

$$\left.\frac{\mathrm{d}^2 q_n(t)}{\mathrm{d}t^2}\right|_{t=t_c}\geqslant 0 \tag{4.90}$$

如果令 $\vec{a}(t)=(a_n(t),\ a_t(t),\ a_k(t))$ 为接触点的相对加速度，那么我们可以将方程（4.90）重写为：

$$a_n(t_c)\geqslant 0 \tag{4.91}$$

分量 $a_t(t)$ 和 $a_k(t)$ 定义了接触切面的接触点的相对加速度。仅当在接触点考虑静态或动态摩擦时使用这些分量。具体我们将在本节后文详述。

第二个条件表明，沿着接触法线的接触力应为非负，即：

$$F_n \geqslant 0 \tag{4.92}$$

其中，$\vec{F}=(F_n,\ F_t,\ F_k)$ 为待确定的接触力。如果考虑摩擦，则根据库仑摩擦模型，计算接触力的切向分量 F_t 和 F_k。具体而言，点 $\vec{p}_1$ 和 $\vec{p}_2$ 如果沿着$\vec{t}$的相对速度为0或小于阈值，则在接触点无滑动。在此情况下，根据相对加速度分量 $a_t(t)$ 为正或负来假设分力 F_t 的值处于以下范围：

$$-(\mu_s)_t F_n \leqslant F_t \leqslant (\mu_s)_t F_n$$

换言之，F_t 通过始终与相对加速度 $a_t(t)$ 反向，尽力避免刚体在接触点发生滑动①。另外，如果沿着$\vec{t}$的相对速度大于阈值，则刚体在接触点滑动，根据相对加速度 $a_t(t)$ 为负或正可知 $F_t=+(\mu_d)_t F_n$ 或 $F_t=-(\mu_d)_t F_n$。此时，$(\mu_d)_t$ 为沿着$\vec{t}$方向的动态摩擦系数。相似的分析方法也适用于 $\vec{k}$。

第三个，也就是最后的条件表明，如果接触分离，即如果沿着接触法线的相对加速度为正，则接触力为0。同样，我们得出：

$$F_n a_n(t_c)=0 \tag{4.93}$$

这表示，如果 F_n 大于0，则刚体接触，相对加速度为0。否则，如果 a_n 大于0，则接触即将分离，接触力应为0。汇总起来，我们可知，接触力的计算涉及对以下方程系统求解：

$$\begin{gathered} a_n(t_c) \geqslant 0 \\ F_n \geqslant 0 \\ F_n a_n(t_c)=0 \end{gathered} \tag{4.94}$$

此时，我们遵循的惯例是，对刚体 B_1（下标为1的刚体）施加正接触力 $+\vec{F}$，对刚体 B_2（下标为2的刚体）施加负接触力 $-\vec{F}$。

根据方程（4.90），将方程（4.89）对时间求两次导，即可得出沿着接触法线的相对加速度 $a_n(t)$。这样一来，我们根据方程（4.89）的一阶时间导数得出：

$$\frac{\mathrm{d}q_n(t)}{\mathrm{d}t}=\left(\frac{\mathrm{d}\vec{p}_1(t)}{\mathrm{d}t}-\frac{\mathrm{d}\vec{p}_2(t)}{\mathrm{d}t}\right)\cdot\vec{n}(t)+(\vec{p}_1-\vec{p}_2)\cdot\frac{\mathrm{d}\vec{n}(t)}{\mathrm{d}t} \tag{4.95}$$

等价于

$$v_n(t)=(\vec{v}_{p1}(t)-\vec{v}_{p2}(t))\cdot\vec{n}(t)+(\vec{p}_1-\vec{p}_2)\cdot\frac{\mathrm{d}\vec{n}(t)}{\mathrm{d}t} \tag{4.96}$$

其中，$\vec{v}_{p1}(t)$ 和 $\vec{v}_{p2}(t)$ 为点 $\vec{p}_1(t)$ 和 $\vec{p}_2(t)$ 的速度向量。这样就可以得出沿着接触法线、点 $\vec{p}_1(t)$ 和 $\vec{p}_2(t)$ 的相对速度表达式 $v_n(t)=\mathrm{d}p(t)/\mathrm{d}t$，是速度和碰撞法线的函数。碰撞法线的时间导数用时间函数来表示其方向变化率。

同样，将方程（4.95）对时间求两次导：

$$\frac{\mathrm{d}^2q(t)}{\mathrm{d}t^2}=\left(\frac{\mathrm{d}^2\vec{p}_1(t)}{\mathrm{d}t^2}-\frac{\mathrm{d}^2\vec{p}_2(t)}{\mathrm{d}t^2}\right)\cdot\vec{n}(t)+2\left(\frac{\mathrm{d}\vec{p}_1(t)}{\mathrm{d}t}-\frac{\mathrm{d}\vec{p}_2(t)}{\mathrm{d}t}\right)\cdot\frac{\mathrm{d}\vec{n}(t)}{\mathrm{d}t}+(\vec{p}_1-\vec{p}_2)\cdot\frac{\mathrm{d}^2\vec{n}(t)}{\mathrm{d}t^2} \tag{4.97}$$

或等价于

① 请注意，如果 $a_t(t)$ 为0，则 F_t 为0。

$$a_n(t)=(\vec{a}_{p1}(t)-\vec{a}_{p2}(t))\cdot\vec{n}(t)+2(\vec{v}_{p1}(t)-\vec{v}_{p2}(t))\cdot\frac{\mathrm{d}\vec{n}(t)}{\mathrm{d}t}+(\vec{p}_1-\vec{p}_2)\cdot\frac{\mathrm{d}^2\vec{n}(t)}{\mathrm{d}t^2}\tag{4.98}$$

其中，$\vec{a}_{p1}(t)$ 和 $\vec{a}_{p2}(t)$ 分别为点 $\vec{p}_1(t)$ 和 $\vec{p}_2(t)$ 的加速度向量。这样就可以得出沿着接触法线、点 $\vec{p}_1(t)$ 和 $\vec{p}_2(t)$ 的相对速度表达式 $a_n(t)=\mathrm{d}^2q(t)/\mathrm{d}t$，是加速度、速度、接触法线和接触法线方向变化率的函数。

在接触时刻 $t=t_c$，点 $\vec{p}_1(t)$ 和 $\vec{p}_2(t)$ 位置重叠，即：

$$\vec{p}_1(t_c)=\vec{p}_2(t_c)\tag{4.99}$$

将方程（4.99）代入方程（4.98），得出在接触时刻，沿着接触法线的相对加速度表达式：

$$a_n(t_c)=(\vec{a}_{p1}(t_c)-\vec{a}_{p2}(t_c))\cdot\vec{n}(t_c)+2(\vec{v}_{p1}(t_c)-\vec{v}_{p2}(t_c))\cdot\frac{\mathrm{d}\vec{n}(t_c)}{\mathrm{d}t}\tag{4.100}$$

根据方程（4.100）可知，在接触时刻的相对加速度有两项：第一项取决于接触点的加速度，与使用牛顿定律得出接触力相关；第二项取决于接触点的速度以及碰撞法线方向的变化率。

目前先假设接触时无摩擦，即：

$$\vec{F}=F_n\vec{n}$$

本节后文会放松该假设条件，以演示如何扩展无摩擦情形中使用的方程系统来应对有摩擦的情形。

如果将两个取决于接触力的项与不取决于接触力的项分离，我们可以将方程（4.100）重写为：

$$a_n(t_c)=(a_{11})_nF_n+b_1\tag{4.101}$$

将方程（4.101）代入方程（4.94），得出：

$$\begin{gathered}((a_{11})_nF_n+b_1)\geqslant 0\\ F_n\geqslant 0\\ F_n((a_{11})_nF_n+b_1)=0\end{gathered}\tag{4.102}$$

因此，计算接触力将涉及对方程（4.102）定义的方程系统进行求解，该系统是 F_n 的二次方程式。对该系统求解的一个方法是使用二次规划法。但是这种方法难以实施，通常需要使用复杂的数值软件包。

幸运的是，方程（4.102）定义的方程系统还与著名的数值规划方法具有相同的形式，即线性互补。执行线性互补方法比执行二次规划法更加简单。这一点我们将在附录 I（第 14 章）中详细介绍。在那里，我们将开始介绍无摩擦情形的解决方案，并说明如何调整这些方法，以应对接触点的静态和动态摩擦。对这些解决方案的调整需要扩展方程（4.102），以便将相对加速度和接触切面的接触力分量之间的关系考虑在内。

一般情况下，当考虑摩擦时，方程系统变为：

$$\begin{aligned}\begin{pmatrix}a_n(t_c)\\ a_t(t_c)\\ a_k(t_c)\end{pmatrix}&=\begin{pmatrix}(a_{11})_n & (a_{12})_t & (a_{13})_k\\ (a_{21})_n & (a_{22})_t & (a_{23})_k\\ (a_{31})_n & (a_{32})_t & (a_{33})_k\end{pmatrix}\begin{pmatrix}F_n\\ F_t\\ F_k\end{pmatrix}+\begin{pmatrix}(b_1)_n\\ (b_1)_t\\ (b_1)_k\end{pmatrix}\\ &=\boldsymbol{A}\vec{F}+\vec{b}\end{aligned}$$

其中，

$$a_t(t_c)=(\vec{a}_{p1}(t_c)-\vec{a}_{p2}(t_c))\cdot\vec{t}(t_c)+2(\vec{v}_{p1}(t_c)-\vec{v}_{p2}(t_c))\cdot\frac{\mathrm{d}\vec{t}(t_c)}{\mathrm{d}t} \tag{4.103}$$

$$a_k(t_c)=(\vec{a}_{p1}(t_c)-\vec{a}_{p2}(t_c))\cdot\vec{k}(t_c)+2(\vec{v}_{p1}(t_c)-\vec{v}_{p2}(t_c))\cdot\frac{\mathrm{d}\vec{k}(t_c)}{\mathrm{d}t} \tag{4.104}$$

附录 I（第 14 章）介绍的解决方案假设矩阵 $\boldsymbol{A}$ 和向量 $\vec{b}$ 作为已知常数，是通过刚体在接触时刻的几何位移和动力学状态计算出来的。因此，我们需要得出矩阵 $\boldsymbol{A}$ 和向量 $\vec{b}$ 的系数，然后才能应用附录 I（第 14 章）所述的线性互补方法。

矩阵 $\boldsymbol{A}$ 和向量 $\vec{b}$ 的第一行是将接触时刻的法线相对加速度 $a_n(t_c)$ 作为接触力分量 F_n，F_t 和 F_k 的函数进行表达。可使用方程（4.100）、方程（4.103）和方程（4.104）。首先检测这些方程的第二项，即：

$$2(\vec{v}_{p1}(t_c)-\vec{v}_{p2}(t_c))\cdot\frac{\mathrm{d}\vec{n}(t_c)}{\mathrm{d}t}$$

$$2(\vec{v}_{p1}(t_c)-\vec{v}_{p2}(t_c))\cdot\frac{\mathrm{d}\vec{t}(t_c)}{\mathrm{d}t}$$

$$2(\vec{v}_{p1}(t_c)-\vec{v}_{p2}(t_c))\cdot\frac{\mathrm{d}\vec{k}(t_c)}{\mathrm{d}t}$$

点 $\vec{p}_1$ 和 $\vec{p}_2$ 的速度已知，与接触力无关。我们仍然需要以时间函数来计算接触法线的方向变换率。附录 E（第 10 章）第 10.3.2 节详细介绍了在刚体间接触情形中如何计算接触法线的时间导数。有两种方法可以计算法线向量的时间导数，具体取决于接触类型是顶点 - 面接触还是边 - 边接触。在这两种情形中，接触法线的时间导数结果均与接触力无关。因此，方程（4.100）、方程（4.103）和方程（4.104）的第二项对矩阵 $\boldsymbol{A}$ 的影响为 0，对向量 $\vec{b}$ 的影响为

$$
\begin{aligned}
(b_1)_n&=2(\vec{v}_1+\vec{\omega}_1\times(\vec{p}_1-\vec{r}_1)-\vec{v}_2-\vec{\omega}_2\times(\vec{p}_2-\vec{r}_2))\cdot\frac{\mathrm{d}\vec{n}}{\mathrm{d}t}\\
(b_1)_t&=2(\vec{v}_1+\vec{\omega}_1\times(\vec{p}_1-\vec{r}_1)-\vec{v}_2-\vec{\omega}_2\times(\vec{p}_2-\vec{r}_2))\cdot\frac{\mathrm{d}\vec{t}}{\mathrm{d}t}\\
(b_1)_k&=2(\vec{v}_1+\vec{\omega}_1\times(\vec{p}_1-\vec{r}_1)-\vec{v}_2-\vec{\omega}_2\times(\vec{p}_2-\vec{r}_2))\cdot\frac{\mathrm{d}\vec{k}}{\mathrm{d}t}
\end{aligned}
\tag{4.105}
$$

其中，$\mathrm{d}\vec{t}/\mathrm{d}t$ 和 $\mathrm{d}\vec{k}/\mathrm{d}t$ 为根据附录 E（第 10 章）第 10.4 节介绍的方法计算得出的切面方向的时间导数。

现在，让我们关注方程（4.100）、方程（4.103）和方程（4.104）的第一项，即：

$$
\begin{aligned}
&(\vec{a}_{p1}(t_c)-\vec{a}_{p2}(t_c))\cdot\vec{n}(t_c)\\
&(\vec{a}_{p1}(t_c)-\vec{a}_{p2}(t_c))\cdot\vec{t}(t_c)\\
&(\vec{a}_{p1}(t_c)-\vec{a}_{p2}(t_c))\cdot\vec{k}(t_c)
\end{aligned}
\tag{4.106}
$$

点 $\vec{p}_1$ 的加速度 $\vec{a}_{p1}$ 直接由方程（4.8）得出，即：

$$\vec{a}_{p1}=\vec{\alpha}_1\times(\vec{p}_1-\vec{r}_1)+\vec{\omega}_1\times(\vec{\omega}_1\times(\vec{p}_1-\vec{r}_1))+\vec{a}_1$$

其中，$\vec{\alpha}_1$，$\vec{\omega}_1$ 和 $\vec{a}_1$ 为刚体 B_1 的角加速度、角速度和线加速度（图 4.40）。使用方

程（4.11），可以从施加于接触点$\vec{p}_1$ 的静作用力（$\vec{F}_1$）$_{\text{net}}$得出线加速度 $\vec{a}_1$：

$$\vec{a}_1 = \frac{(\vec{F}_1)_{\text{net}}}{m_1} = \frac{\vec{F} + (\vec{F}_1)_{\text{ext}}}{m_1}$$

其中，$(\vec{F}_1)_{\text{ext}}$为当 $t = t_c$ 时，施加于刚体 B_1 的净外力（例如，重力、弹簧力、依赖于空间的作用力等）；$\vec{F}$为待确定的接触力。同样地，使用方程（4.17），可从作用于接触点$\vec{p}_1$ 的净扭矩（$\vec{\tau}_1$）$_{\text{net}}$计算得出角加速度 $\vec{\alpha}_1$：

$$\vec{\alpha}_1 = \boldsymbol{I}_1^{-1}(\vec{\tau}_1)_{\text{net}} + \vec{H}_1 \times \vec{\omega}_1 \tag{4.107}$$

其中，$\boldsymbol{I}_1$ 和 $\vec{H}_1$ 分别为刚体 B_1 的惯性张量和角动量。可通过计算所有外力产生的扭矩之和来计算作用于刚体 B_1 的净扭矩，即：

$$(\vec{\tau}_1)_{\text{net}} = (\vec{\tau}_1)_{\text{ext}} + \overbrace{(\vec{p}_1 - \vec{r}_1) \times \vec{F}}^{\text{因接触力产生的扭矩}} \tag{4.108}$$

其中，

$$(\vec{\tau}_1)_{\text{ext}} = \sum_i (\vec{p}_1 - \vec{r}_1) \times (\vec{F}_i)_{\text{ext}}$$

其中，$\vec{p}_i$ 为在刚体 B_1 上施加外力（$\vec{F}_i$）$_{\text{ext}}$的点。将方程（4.108）代入方程（4.107），得到：

$$\vec{\alpha}_1 = \boldsymbol{I}_1^{-1}(\vec{p}_1 - \vec{r}_1) \times \vec{F} + \boldsymbol{I}_1^{-1}((\vec{\tau}_1)_{\text{ext}} + \vec{H}_1 \times \vec{\omega}_1) \tag{4.109}$$

则点$\vec{p}_1$ 的加速度 $\vec{a}_{p1}$为：

$$\begin{aligned}\vec{a}_{p1} = {} & (\boldsymbol{I}_1^{-1}(\vec{p}_1 - \vec{r}_1) \times \vec{F}) \times (\vec{p}_1 - \vec{r}_1) + (\boldsymbol{I}_1^{-1}(\vec{\tau}_1)_{\text{ext}} + \vec{H}_1 \times \vec{\omega}_1) \times (\vec{p}_1 - \vec{r}_1) + \\ & \vec{\omega}_1 \times (\vec{\omega}_1 \times (\vec{p}_1 - \vec{r}_1)) + \left(\frac{\vec{F} + (\vec{F}_i)_{\text{ext}}}{m_1}\right)\end{aligned} \tag{4.110}$$

利用叉积的性质：

$$\vec{a} \times \vec{b} = -\vec{b} \times \vec{a}$$
$$\vec{a} \times \vec{b} = \tilde{a}\,\vec{b}$$

并令

$$\vec{x}_1 = \vec{p}_1 - \vec{r}_1$$

我们便能将方程（4.110）的第一项进一步简化为：

$$\begin{aligned}(\boldsymbol{I}_1^{-1}(\vec{p}_1 - \vec{r}_1) \times \vec{F}) \times (\vec{p}_1 - \vec{r}_1) &= \\ (\boldsymbol{I}_1^{-1}\vec{x}_1 \times \vec{F}) \times \vec{x}_1 &= \\ -\vec{x}_1 \times (\boldsymbol{I}_1^{-1}\vec{x}_1 \times \vec{F}) &= \\ -\tilde{x}_1(\boldsymbol{I}_1^{-1}\vec{x}_1 \times \vec{F}) &= \\ -(\tilde{x}_1\boldsymbol{I}_1^{-1})\vec{x}_1 \times \vec{F} &= \\ -(\tilde{x}_1\boldsymbol{I}_1^{-1})\tilde{x}_1\vec{F} &\end{aligned} \tag{4.111}$$

将方程（4.111）代入方程（4.110），得到：

$$\vec{a}_{p1} = \left(\frac{1}{m_1}\boldsymbol{I} - \tilde{x}_1\boldsymbol{I}_1^{-1}\tilde{x}_1\right)\vec{F} + \frac{1}{m_1}(\vec{F}_1)_{\text{ext}} + (\boldsymbol{I}_1^{-1}(\vec{\tau}_1)_{\text{ext}} + \vec{H}_1 \times \vec{\omega}_1) \times \vec{x}_1 + \vec{\omega}_1 \times (\vec{\omega}_1 \times \vec{x}_1) \tag{4.112}$$

该方程可以改写为：

$$\vec{a}_{p1} = \boldsymbol{A}_1\vec{F} + \vec{b}_1 \tag{4.113}$$

其中，

$$\boldsymbol{A}_1=\left(\frac{1}{m_1}\boldsymbol{I}-\tilde{x}_1\boldsymbol{I}_1^{-1}\tilde{x}_1\right)$$

$$\vec{b}_1=\frac{1}{m_1}(\vec{F}_1)_{\text{ext}}+(\boldsymbol{I}_1^{-1}((\vec{\tau}_1)_{\text{ext}}+\vec{H}_1\times\vec{\omega}_1))\times\vec{x}_1+\vec{\omega}_1\times(\vec{\omega}_1\times\vec{x}_1)$$

以此类推，点$\vec{p}_2$ 的加速度 $\vec{a}_2$ 由以下方程得到：

$$\vec{a}_{p2}=(\boldsymbol{I}_2^{-1}(\vec{p}_2-\vec{r}_2)\times(-\vec{F}))\times(\vec{p}_2-\vec{r}_2)+(\boldsymbol{I}_2^{-1}((\vec{\tau}_2)_{\text{ext}}+\vec{H}_2\times\vec{\omega}_2))\times(\vec{p}_2-\vec{r}_2)+$$
$$\vec{\omega}_2\times(\vec{\omega}_2\times(\vec{p}_2-\vec{r}_2))+\left(\frac{(-\vec{F})+(\vec{F}_2)_{\text{ext}}}{m_2}\right) \tag{4.114}$$

该方程可以进一步简化为：

$$\vec{a}_{p2}=-\boldsymbol{A}_2\vec{F}+\vec{b}_1 \tag{4.115}$$

其中，

$$\boldsymbol{A}_2=\left(\frac{1}{m_2}\boldsymbol{I}-\tilde{x}_2\boldsymbol{I}_2^{-1}\tilde{x}_2\right)$$

$$\vec{b}_2=\frac{1}{m_2}(\vec{F}_2)_{\text{ext}}+(\boldsymbol{I}_2^{-1}((\vec{\tau}_2)_{\text{ext}}+\vec{H}_2\times\vec{\omega}_2))\times\vec{x}_2+\vec{\omega}_2\times(\vec{\omega}_2\times\vec{x}_2)$$

因此，接触点的相对加速度为：

$$(\vec{a}_{p1}-\vec{a}_{p2})=(\boldsymbol{A}_1+\boldsymbol{A}_2)\vec{F}+(\vec{b}_1-\vec{b}_2) \tag{4.116}$$

通过将方程（4.105）和方程（4.116）的影响综合，计算对向量 $\vec{b}$ 元素的最终影响。通过加总 $\boldsymbol{A}_1$ 和 $\boldsymbol{A}_2$，即可得到矩阵 $\boldsymbol{A}$，如方程（4.116）所示。

通过采用附录 I（第 14 章）介绍的线性互补方法，我们可以确定接触力向量$\vec{F}$的分量。在得到$\vec{F}$之后，通过在刚体 B_1 上施加 $+\vec{F}$，在刚体 B_2 上施加 $-\vec{F}$更新每个刚体的动力学状态。

4.11.4 计算多个接触的接触力

计算多个刚体间接触力的原理与计算多个粒子间碰撞冲力的原理相同。仿真引擎需要将刚体组合成至少共享一个接触的簇。每个簇内部的接触可被同时求解，与其他所有簇无关（图 4.41）。

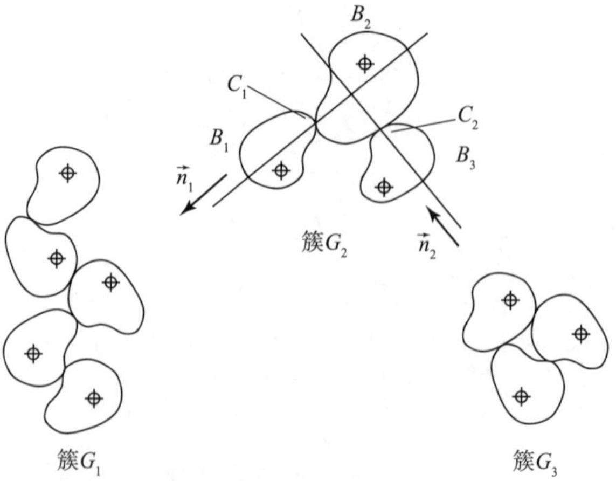

图 4.41　多个刚体间接触力的计算（在此情形中，刚体被分为三个可并行求解的簇）

当刚体涉及多个接触时，可能在每次接触时为其分配不同的下标。对于图 4.41 所示的簇 G_2 的特定情形，刚体 B_2 在其与刚体 B_1 接触时下标为 2，在与刚体 B_3 接触时下标为 1。这也影响到在合并系统方程的多个接触力时要选择哪个符号。此外，在每次接触中，接触法线和切面是不同的。因此，在合并之前，我们还需要在接触力之间执行基变换。

在单一刚体间接触中，接触力计算使用线性互补方法，将摩擦考虑在内，对以下形式的方程系统进行求解：

$$a_n(t_c) \geqslant 0$$
$$F_n \geqslant 0$$
$$\vec{F}^{\mathrm{T}}(\boldsymbol{A}\vec{F}+\vec{b})=0$$

其中，

$$\boldsymbol{A}=\begin{pmatrix} (a_{11})_n & (a_{12})_t & (a_{13})_k \\ (a_{21})_n & (a_{22})_t & (a_{23})_k \\ (a_{31})_n & (a_{31})_t & (a_{33})_k \end{pmatrix}$$
$$\vec{F}=(F_n, F_t, F_k)^{\mathrm{T}}$$
$$\vec{b}=((b_1)_n, (b_1)_t, (b_1)_k)^{\mathrm{T}}$$

该解决方案可延伸至多个接触力计算的情形。涉及一个给定刚体的多个和单个接触力计算之间的主要区别是，在接触 C_i 的接触力可能影响在接触 C_j 的接触力的计算。因此，我们不能一次求解一个接触，而是需要同时求解具有一个共用刚体的所有接触。这与将每个接触的多个方程系统合并为一个更大的系统，并对合并后的系统运用线性互补方法具有相同的效果。

例如，假设有一个簇，具有 m 个同时接触。每个接触 C_i 由其接触法线 $(\vec{n})_i$ 和切平面向量 $(\vec{t})_i$ 和 $(\vec{k})_i$ 定义。然后，将接触 C_i 的接触力表示为：

$$\vec{F}_i=((F_i)_{n_i}, (F_i)_{t_i}, (F_i)_{k_i})^{\mathrm{T}}$$

将 m 个接触的接触力向量拼接可得出多个碰撞系统的接触力向量，即：

$$\vec{F}_i=((F_1)_{n_1}, (F_1)_{t_1}, (F_1)_{k_1}, \cdots, (F_m)_{n_m}, (F_m)_{t_m}, (F_m)_{k_m})^{\mathrm{T}}$$

向量 $\vec{b}$ 变为：

$$\vec{b}=((b_1)_n, (b_1)_t, (b_1)_k, \cdots, (b_m)_n, (b_m)_t, (b_m)_k)^{\mathrm{T}}$$

矩阵 $\boldsymbol{A}$ 被扩大，以容纳所有接触力。其分块表达为：

$$\boldsymbol{A}=\begin{pmatrix} A_{11} & A_{12} & \cdots & A_{1m} \\ A_{21} & A_{22} & \cdots & A_{1m} \\ & \cdots & & \cdots \\ A_{m1} & A_{m2} & \cdots & A_{mm} \end{pmatrix}$$

其中，每个子矩阵由以下方程得出：

$$\boldsymbol{A}_{ij}=\begin{pmatrix} (a_{ij})_{n_i} & (a_{i(j+1)})_{t_i} & (a_{i(j+2)})_{k_i} \\ (a_{(i+1)j})_{n_i} & (a_{(i+1)(j+1)})_{t_i} & (a_{(i+1)(j+2)})_{k_i} \\ (a_{(i+2)j})_{n_i} & (a_{(i+2)(j+1)})_{t_i} & (a_{(i+2)(j+2)})_{k_i} \end{pmatrix}$$

如果接触 C_i 和 C_j 没有共用的刚体，则子矩阵 $\boldsymbol{A}_{ij}$ 设为 $\boldsymbol{0}$，表示其接触力不会互相影响。但是，如果接触 C_i 和 C_j 具有共用的刚体，则 a_{ij}系数表示接触 C_j 的接触力对接触 C_i 的相对加速度的影响。更具体地说，系数 $(a_{ij})_{ni}$是接触力分量 $(F_j)_{nj}$对接触 C_i 的相对加速度的影响。以此类推，系数 $(a_{ij})_{ti}$和 $(a_{ij})_{ki}$分别是接触力分量 $(F_j)_{tj}$和 $(F_j)_{kj}$对接触 C_i 的相对加速度的影响。

同样，请注意接触力$\vec{F}_j$ 是相对于 C_j 的接触坐标系得出的，而相对加速度 $\vec{a}_i$ 是相对 C_i 的接触坐标系给出的。因此，当计算矩阵 $\boldsymbol{A}_{ij}$和向量 $\vec{b}_i$ 时，需要执行基变换。

假设接触 C_i 涉及刚体 B_1 和 B_2，接触 C_j 涉及刚体 B_2 和 B_3，即它们具有共同的刚体 B_2。我们想要确定施加于 C_j 的接触力$\vec{F}_j$ 对接触 C_i 的相对加速度的影响。这也涉及确定子矩阵 $\boldsymbol{A}_{ij}$ 的系数和向量 $\vec{b}_i$ 的分量 $(b_i)_{n_i}$，$(b_i)_{t_i}$和 $(b_i)_{k_i}$。刚体 B_1 和 B_2 之间接触 C_i 的相对加速度由以下方程得出：

$$
\begin{aligned}
(a_i)_{n_i} &= (\vec{a}_1 - \vec{a}_2) \cdot \vec{n}_i + 2(\vec{v}_1 - \vec{v}_2) \cdot \frac{\mathrm{d}\vec{n}_i}{\mathrm{d}t} \\
(a_i)_{t_i} &= (\vec{a}_1 - \vec{a}_2) \cdot \vec{t}_i + 2(\vec{v}_1 - \vec{v}_2) \cdot \frac{\mathrm{d}\vec{t}_i}{\mathrm{d}t} \\
(a_i)_{k_i} &= (\vec{a}_1 - \vec{a}_2) \cdot \vec{k}_i + 2(\vec{v}_1 - \vec{v}_2) \cdot \frac{\mathrm{d}\vec{k}_i}{\mathrm{d}t}
\end{aligned}
\tag{4.117}
$$

如单一接触情形所述，只有方程（4.117）的第一项取决于施加于接触 C_i 的作用力。第二项取决于线速度和角速度，并根据情况添加至 $(b_i)_{n_i}$，$(b_i)_{t_i}$和 $(b_i)_{k_i}$。因此，施加于接触 C_j 的接触力$\vec{F}_j$ 不会影响向量 $\vec{b}$ 的分量。换言之，在单一接触情形中用来计算向量 $\vec{b}$ 的表达式仍适用于多个接触情形，即向量 $\vec{b}$的分量 $(b_i)_{n_i}$，$(b_i)_{t_i}$和 $(b_i)_{k_i}$通过对方程（4.105）和方程（4.116）求和得出。

使用方程（4.61），施加于接触 C_j 的接触力$\vec{F}_j$ 对涉及接触 C_i 的刚体 B_1 的加速度 $\vec{a}_1$ 影响为：

$$
(\boldsymbol{I}_1^{-1}(\vec{p}_1 - \vec{r}_1) \times \vec{F}_j) \times (\vec{p}_1 - \vec{r}_1) + \frac{\vec{F}}{m_1}
$$

同样，$\vec{F}_j$ 对 $\vec{a}_2$ 的影响为：

$$
(\boldsymbol{I}_2^{-1}(\vec{p}_2 - \vec{r}_2) \times (-\vec{F}_j) \times (\vec{p}_2 - \vec{r}_2) - \frac{\vec{F}}{m_2}
$$

则在接触 C_i，$\vec{F}_j$ 对相对加速度 $(\vec{a}_1 - \vec{a}_2)$ 的净影响为：

$$
g_j^i = (\boldsymbol{I}_1^{-1}(\vec{p}_1 - \vec{r}_1) \times \vec{F}_j) \times (\vec{p}_1 - \vec{r}_1) + (\boldsymbol{I}_2^{-1}(\vec{p}_2 - \vec{r}_2) \times \vec{F}_j) \times (\vec{p}_2 - \vec{r}_2) + \left(\frac{1}{m_1} + \frac{1}{m_2}\right)\vec{F}
$$

将其代入方程（4.117）的第一项，得出在接触 C_i，$\vec{F}_j$ 对每个相对加速度分量的影响为：

$$
\begin{aligned}
\text{对 } (a_i)_{n_i}\text{的影响} &= g_j^i \cdot \vec{n}_i \\
\text{对 } (a_i)_{t_i}\text{的影响} &= g_j^i \cdot \vec{t}_i \\
\text{对 } (a_i)_{k_i}\text{的影响} &= g_j^i \cdot \vec{k}_i
\end{aligned}
$$

接触力$\vec{F}_j$ 相对于接触 C_j 的接触坐标系表达为：

$$
\vec{F}_j = (F_j)_{n_j}\vec{n}_j + (F_j)_{t_j}\vec{t}_j + (F_j)_{k_j}\vec{k}_j
$$

上述方程可以相对于接触 C_i 的接触坐标系进行改写：

$$
\vec{F}_{j\to i} = \boldsymbol{M}_{j\to i}\vec{F}_j
$$

其中，

$$\boldsymbol{M}_{j\to i}=\begin{pmatrix}\vec{n}_j\cdot\vec{n}_i & \vec{t}_j\cdot\vec{n}_i & \vec{k}_j\cdot\vec{n}_i\\ \vec{n}_j\cdot\vec{t}_i & \vec{t}_j\cdot\vec{t}_i & \vec{k}_j\cdot\vec{t}_i\\ \vec{n}_j\cdot\vec{k}_i & \vec{t}_j\cdot\vec{k}_i & \vec{k}_j\cdot\vec{k}_i\end{pmatrix}$$

因此，在执行矩阵乘法之后，即可立即得出子矩阵 $\boldsymbol{A}_{ij}$ 的系数：

$$\boldsymbol{A}_{ij}=(\boldsymbol{A}_1+\boldsymbol{A}_2)\boldsymbol{M}_{j\to i} \tag{4.118}$$

请注意，如果 $i=j$，则矩阵 $\boldsymbol{M}_{j\to i}$ 变成单位矩阵，在单一接触情形中，方程（4.118）的矩阵 $\boldsymbol{A}_{ij}$ 与方程（4.116）获得的矩阵相同。同样，当不考虑摩擦时，子矩阵 $\boldsymbol{A}_{ij}$ 简化为：

$$\boldsymbol{A}_{ij}=(a_{ij})_{n_i}$$

这是因为接触力分量 $(F_j)_{t_j}$ 和 $(F_j)_{k_j}$ 在无摩擦情形中都是 0。该结果与第 4.11.3 节介绍的无摩擦的单一接触力计算所得出的结果相兼容。

在计算出每个接触 $C_i(1\leqslant i\leqslant m)$ 的接触力 $\vec{F}_i$ 后，对刚体 B_1 施加 $+\vec{F}_i$（刚体下标为 1），对刚体 B_2 施加 $-\vec{F}$（刚体下标为 2），从而更新涉及接触 C_i 的每个刚体的状态。

如果一个刚体涉及多个碰撞，则可能在每次接触中为其分配不同的下标。对于图 4.41 所示的簇 G_2 的情形，刚体 B_2 在其与刚体 B_1 的接触 C_1 时下标为 2，在与刚体 B_3 的接触 C_2 时下标为 1。因此，在计算完所有接触力之后，实际施加于刚体 B_2 的净接触力为

$$(\vec{F}_2-\vec{F}_1)$$

其中，$\vec{F}_1$ 和 $\vec{F}_2$ 分别为与接触 C_1 和 C_2 相关的接触力。

4.12 重新审视粒子－刚体接触

正如第 3.6 节所述，粒子和刚体之间的接触模型被构建为粒子本身与刚体表面的另一个粒子的粒子间接触。以这种方式构建接触模型的优点在于我们可以使用适用于粒子间接触情形的相似方法。主要的区别如下。

使用第 4.2 节推导的刚体动态方程来计算与刚体相关的粒子的速度和加速度，而不是使用第 3.2 节介绍的粒子动态方程。

根据刚体几何形状确定法线方向和切平面方向。如果刚体上的粒子位于一个面、一条边或一个顶点，则接触法线分别被分配为面法线、边法线或顶点法线。这些法线的实际计算请参见第 4.4 节的介绍。

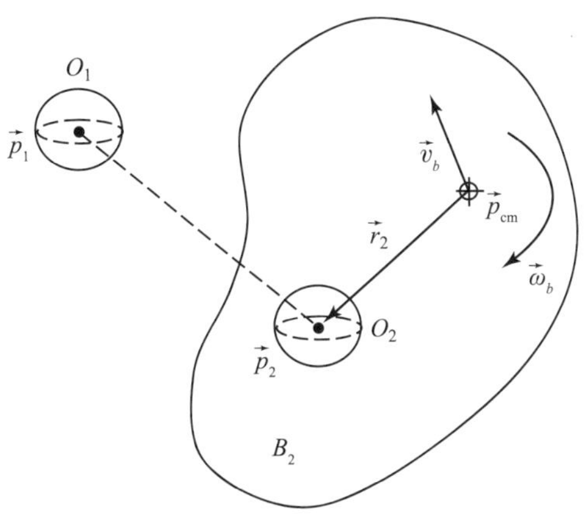

图 4.42　粒子 O_1 与刚体 B_1 碰撞，碰撞点为 O_2（使用刚体的运动方程，计算点 $\vec{p}_2$ 的速度 $\vec{v}_{p2}$ 和加速度 $\vec{a}_{p2}$）

例如，考虑图 4.42 介绍的粒子－刚体接触。假设粒子 O_1 与刚体 B_2 的粒子 O_2 接触。

令点 $\vec{p}_1(t)$ 和 $\vec{p}_2(t)$ 表示接触粒子。类似于粒子－粒子和刚体－刚体的单一接触情形，我们考虑向量 $\vec{q}(t)$ 定义如下：

$$\vec{q}(t)=\begin{pmatrix}q_n(t)\\q_t(t)\\q_k(t)\end{pmatrix}=\begin{pmatrix}(\vec{p}_1(t)-\vec{p}_2(t))\cdot\vec{n}(t)\\(\vec{p}_1(t)-\vec{p}_2(t))\cdot\vec{t}(t)\\(\vec{p}_1(t)-\vec{p}_2(t))\cdot\vec{k}(t)\end{pmatrix}\tag{4.119}$$

其中，$\vec{n}(t)$ 为从粒子 O_2 指向粒子 O_1 的接触法线；向量 $\vec{t}(t)$ 和 $\vec{k}(t)$ 定义接触时的切面。很显然，$q_n(t)$ 定义点 $\vec{p}_1(t)$ 和 $\vec{p}_2(t)$ 之间沿着接触法线的距离，是时间的函数。如果粒子分离，则 $q_n(t)>0$；如果粒子接触，则 $q_n(t)=0$；如果粒子互穿，则 $q_n(t)<0$（图 4.43）。

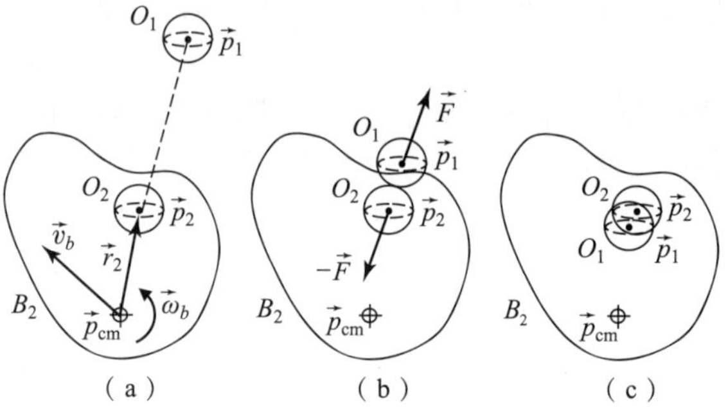

图 4.43 （a）粒子 O_1 和 $O_2\in B_2$ 即将在点 $\vec{p}_1$ 和 $\vec{p}_2$ 接触；（b）当 $\vec{p}_1=\vec{p}_2$ 时发生接触；在此情况下，对粒子 O_1 施加正接触力 $\vec{F}$，对粒子 O_2 施加负接触力 $-\vec{F}$；（c）如果 $(\vec{p}_1-\vec{p}_2)\cdot\vec{n}<0$，则发生互穿（其中，$\vec{n}$ 为接触法线）

因此，接触点的相对法向加速度即为粒子单一接触情形中获得的加速度，由以下方程得出：

$$a_n(t)=(\vec{a}_{p1}(t)-\vec{a}_{p2}(t))\cdot\vec{n}(t)+2(\vec{v}_{p1}(t)-\vec{v}_{p2}(t))\cdot\frac{\mathrm{d}\vec{n}(t)}{\mathrm{d}t}\tag{4.120}$$

第 3.5.3 节推导的接触条件在此处仍然适用：

$$a_n=((a_{11})_nF_n+(b_1)_n)\geqslant 0$$
$$F_n\geqslant 0$$
$$F_n((a_{11})_nF_n+(b_1)_n)=0$$

使用附录 I（第 14 章）介绍的线性互补方法可以计算接触力。相对加速度还可以作为接触力的线性函数进行改写，即：

$$\vec{a}=\boldsymbol{A}\vec{F}+\vec{b}\tag{4.121}$$

因此，我们需要确定与粒子 - 刚体接触情形相对应的矩阵 $\boldsymbol{A}$ 和向量 $\vec{b}$ 系数。方程（4.121）可以扩展为

$$\begin{pmatrix}a_n(t_c)\\a_t(t_c)\\a_k(t_c)\end{pmatrix}=\begin{pmatrix}(a_{11})_n&(a_{12})_t&(a_{13})_k\\(a_{21})_n&(a_{22})_t&(a_{23})_k\\(a_{31})_n&(a_{32})_t&(a_{33})_k\end{pmatrix}\begin{pmatrix}F_n\\F_t\\F_k\end{pmatrix}+\begin{pmatrix}(b_1)_n\\(b_1)_t\\(b_1)_k\end{pmatrix}\tag{4.122}$$
$$=\boldsymbol{A}\vec{F}+\vec{b}$$

其中，

$$a_t(t_c)=(\vec{a}_{p1}(t_c)-\vec{a}_{p2}(t_c))\cdot\vec{t}(t_c)+2(\vec{v}_{p1}(t_c)-\vec{v}_{p2}(t_c))\cdot\frac{\mathrm{d}\vec{n}(t_c)}{\mathrm{d}t}\tag{4.123}$$

$$a_k(t_c)=(\vec{a}_{p1}(t_c)-\vec{a}_{p2}(t_c))\cdot\vec{k}(t_c)+2(\vec{v}_{p1}(t_c)-\vec{v}_{p2}(t_c))\cdot\frac{\mathrm{d}\vec{k}(t_c)}{\mathrm{d}t} \tag{4.124}$$

$\vec{F}=(F_n, F_t, F_k)^{\mathrm{T}}$ 为相关接触力。根据第 3.5.3 节和第 4.11.3 节已经获得的结果，我们已知接触力对相对加速度的影响仅来自方程（4.120）的第一项。更具体地说，粒子 O_1 的加速度可表示为：

$$\vec{a}_{p1}=\frac{(\vec{F}_1)_{\mathrm{net}}}{m_1}=\frac{\vec{F}}{m_1}+\frac{(\vec{F}_1)_{\mathrm{ext}}}{m_1} \tag{4.125}$$

其中，$(\vec{F}_1)_{\mathrm{est}}$为作用于粒子 O_1 的所有外力之和。粒子 O_2 的加速度可从刚体运动中获得：

$$\vec{a}_{p2}=-\boldsymbol{A}_2\vec{F}+\vec{b}_2$$

其中，矩阵 $\boldsymbol{A}_2$ 和向量 $\vec{b}_2$ 可以从方程（4.115）中获得，则相对加速度（$\vec{a}_{p1}-\vec{a}_{p2}$）为：

$$\begin{aligned}\vec{a}_{p1}-\vec{a}_{p2}&=\frac{1}{m_1}(\vec{F}+(\vec{F}_1)_{\mathrm{ext}}+\boldsymbol{A}_2\vec{F}-\vec{b}_2)\\&=\left(\frac{I}{m_1}+\boldsymbol{A}_2\right)\vec{F}+\left(\frac{(\vec{F}_1)_{\mathrm{ext}}}{m_1}-\vec{b}_2\right)\end{aligned} \tag{4.126}$$

该结果已经出现在方程（4.122）所需的矩阵格式中。

现在，让我们检测方程（4.120）、方程（4.123）和方程（4.124）的第二项，即：

$$\begin{aligned}&2(\vec{v}_{p1}-\vec{v}_{p2})\cdot\frac{\mathrm{d}\vec{n}}{\mathrm{d}t}\\&2(\vec{v}_{p1}-\vec{v}_{p2})\cdot\frac{\mathrm{d}\vec{t}}{\mathrm{d}t}\\&2(\vec{v}_{p1}-\vec{v}_{p2})\cdot\frac{\mathrm{d}\vec{k}}{\mathrm{d}t}\end{aligned} \tag{4.127}$$

根据第 3.5.3 节和第 4.11.3 节的结果，我们已知这些项与接触力无关，这说明它们仅影响向量 $\vec{b}$ 的系数。附录 E（第 10 章）第 10.3.2 节和第 10.4 节已经介绍了如何计算接触坐标的时间导数，即法线和切线向量 $\vec{n}$，$\vec{t}$ 和 $\vec{k}$ 的导数。因此，在接下来的推导中，我们假设这些参数已知。

根据刚体运动，计算粒子 O_2 的速度，得出：

$$\vec{v}_{p2}=\vec{v}_2+\vec{\omega}_2\times(\vec{p}_2-\vec{r}_2) \tag{4.128}$$

将方程（4.128）代入方程（4.127），我们得到方程（4.120）、方程（4.123）和方程（4.124）的第二项对向量 $\vec{b}$ 系数的影响：

$$\begin{aligned}(b_1)_n&=2(\vec{v}_1-\vec{v}_2-\vec{\omega}_2\times(\vec{p}_2-\vec{r}_2))\cdot\frac{\mathrm{d}\vec{n}}{\mathrm{d}t}\\(b_1)_t&=2(\vec{v}_1-\vec{v}_2-\vec{\omega}_2\times(\vec{p}_2-\vec{r}_2))\cdot\frac{\mathrm{d}\vec{t}}{\mathrm{d}t}\\(b_1)_k&=2(\vec{v}_1-\vec{v}_2-\vec{\omega}_2\times(\vec{p}_2-\vec{r}_2))\cdot\frac{\mathrm{d}\vec{k}}{\mathrm{d}t}\end{aligned} \tag{4.129}$$

通过对方程（4.129）和方程（4.126）$\vec{b}$ 向量的分量进行求和，得到向量 $\vec{b}$ 的最终系数。在计算接触力之后，我们对粒子 O_1 施加 $+\vec{F}$，对点 $\vec{p}_2$ 的刚体 B_2 施加 $-\vec{F}$。

4.13 注释和评论

目前，有大量的书籍和期刊文章介绍了刚体动力学的若干方面。在本章中，我们将经典的 Goldstein［Gol50］和最新的 Beer 等［BJ77b］及 Shabana［Sha10］书籍作为刚体动力学的主要参考资料。另外一种优秀的参考资料为 Baraff 等［BW98］的 SIGGRAPH 课程笔记。例如，使用位置、旋转矩阵、线动量和角动量推导刚体的动力学状态时遵循 Baraff 等在课程笔记中介绍的相同思路。

在本章中介绍的碰撞检测和响应算法假设使用边界表达法来描述刚体，即使用一系列顶点、边和面构成刚体轮廓。Campagna 等［CKS98］提出了数据结构表达法，特别针对使用该边界表达法的三角形网格，它通过添加冗余链接信息，以内存使用率来交换访问时间。使用这种表达法，我们可以即时访问给定面的每条边和顶点，入射到给定顶点的每条边、含有该顶点的每个面，以及给定边的每个顶点和共用一条边的面。就碰撞法线计算而言，Thürmer 等［TW98］提出了计算顶点法线的替代方法，可减少法线对底层网格表达法的依赖性。面入射到相关顶点，形成一定角度，增加使用该角度的每个面的影响权重（使用入射角的加权平均法线计算值），即可实现这一功能。

我们还详细讨论了两种专为凸刚体设计的碰撞检测算法，即 V－Clip 算法和 GJK 算法。V－Clip 算法由 Mirtich［Mir97］研发，而 GJK 算法由 Gilbert、Johnson 和 Keerthi［GJK88］研发。原始参考文献中有关于这两种算法的作者提供的实施方案的链接。对于 GJK 算法，Bergen［vdB99］、Cameron［Cam97］和 Ong 等［OG97］介绍的实施方法比原作者所提供的更加稳健和有效。尽管 GJK 算法从未明确计算闵可夫斯基差，感兴趣的读者可以查阅 Berg 等［dBvKOS97］、O'Rourke［O'R98］或 Skiena［Ski97］关于如何计算闵可夫斯基之和以及闵可夫斯基差的深入介绍。

本章介绍的碰撞响应模块还可细分为两个子模块：一个用于计算碰撞冲力；另一个用于计算接触力。Hahn［Hah88］和 Mirtich［Mir96b］使用微碰撞的概念来模拟接触的刚体。也就是说，接触被模拟为多个连续碰撞系列。Mirtich 进一步对碰撞点在刚体碰撞的（极其短暂的）时间间隔中的相对滑动和固定进行建模。Keller［Kel86］研发了另一种有趣的方法，即对碰撞点的相对滑动和固定进行建模。

本章说明的应对碰撞摩擦的方法基于 Brach［Bra91］的临界摩擦系数方程，但是我们将其研究成果进行了扩展。首先，我们明确推导了用于单一碰撞的临界摩擦系数的计算过程。其次，我们提出一种创新的矩阵表达法，行和列的排列顺序能够轻松地扩展到多个碰撞情形中。最后也是很重要的一点，我们的方法将多个碰撞问题简化为对大型稀疏线性系统的求解（参见 Duff 等［DER86］，了解稀疏矩阵方法的综合处理方法）。

Lötstedt［Löt84］首先提出了将接触力计算方程作为二次规划法问题。Baraff（参见［Bar92、Bar89、Bar90］）最初将接触力计算作为二次规划问题进行建模，但使用启发式方程，通过线性规划方法，对问题进行求解。他接着将这种启发式方法进行扩展，以处理摩擦问题（参见 Baraff［Bar91］），并提出了使用线性互补方程（参见 Baraff［Bar94］）对二次规划问题进行求解的其他算法。

在本书中，我们的方法关注的是使用 Baraff 的线性互补方程计算接触力。我们修改了

Baraff 方程，以便应对接触点的定向摩擦。这相应地要求对计算接触力的线性互补方法进行部分修改，详见附录 I（第 14 章）所述。

Mirtich［Mir98］介绍了使用奇异值分解法的接触力替代计算方法的初步结果。Kawachi 等［KSK97］介绍了使用线性互补方程计算带摩擦的多个碰撞冲力，这是一件非常有趣的工作。

最后，本书提出的粒子和刚体系统的整合是处于仿真引擎层面的，即将必要的功能嵌入单个仿真引擎。但是，还有一些情形需要整合多个团队开发的多个仿真引擎。此时，仿真引擎层面的整合可能非常难以执行，需要采用更高级别的整合方法。这种方法请参见 Baraff 等［BW97］。

4.14　练　　习

1. 非凸刚体的仿真比凸刚体要低效得多。通常，更倾向于计算非凸刚体的凸分解并使用它。让我们假设一个非凸刚体分解产生 p 个凸体。

（1）哪种方法更加高效：①把每个凸体作为通过刚性铰链胶合在一起的分离刚体进行仿真；②把非凸刚体作为一个单独的物体进行仿真并且只使用它的凸分解来处理碰撞检测和响应？

（2）当作为分离刚体仿真时，设计一个处理数值舍入误差的策略，数值舍入误差可能会导致它们各自运动过程中凸部的分离或穿透。

2. 考虑一个游戏场景，在这个场景中必须一直保持一个给定的帧率以保证最低水准的可玩性。分配给游戏中不同模块的时间（举例来说，即渲染引擎、人工智能引擎、路径查找引擎和仿真引擎）按照用户的动作和游戏的层次来动态变化。

（1）应用一个碰撞检测算法，它能够在刚体层次表达的一个给定深度停止碰撞检测。例如，一个包含 257 个面的刚体有着深度为 $\log_2^{2\times257-1}\approx9$ 的层次（假设它是一个完全平衡的二叉树）。我们想要能够下降到如深度 5 进行碰撞检测，这样树的更低层次 6 ~ 9 就被忽略了。

（2）在这个算法中碰撞时间和最近点信息是怎样获得的？（提示：细节层次）

（3）如果我们在被使用的碰撞深度只有关于相交的内部节点信息，怎样对碰撞图元（三角形面）施加碰撞冲力？

3. 考虑一个用带有惩罚的 LCP 方法替代接触力计算的系统，这个惩罚方法使用弹簧来确保碰撞物体间的非穿透约束。

（1）实现计算碰撞物体之间弹簧力的算法。记住在施加惩罚力之前物体需要穿透。我们需要采用多大静止长度的惩罚弹簧？

（2）通过考虑物体厚度来改进上述算法，即如果物体没有相交但是相互间的距离比它们的厚度值小，则仍然施加惩罚力。

（3）惩罚法的问题之一是在静止接触时会变得不稳定。取决于使用的弹簧刚度值，惩罚力可能过度推动物体产生振动，或者推动物体不足以使它们缓慢地互相渗入。获得一个基于物体质量、相对速度和使用的仿真时间间隔动态地改变惩罚弹簧的刚度值的策略，以最小化上述问题。

4. 当处理大量互相堆叠的刚体时，提高整体仿真性能实际采用的方法就是检测那些接触了但是相互之间没有相对运动的物体组，并把它们置于休眠模式。处于休眠模式中的物体不被仿真直到它们通过一个仿真事件被唤醒。

（1）实现一个高效算法，这个算法能够检测在一个新的时间间隔开始时能够被置于休眠状态的不相交刚体组。

（2）什么类型的仿真事件能够唤醒一个休眠的刚体组？

（3）我们怎样在不同时唤醒组中的所有物体的情况下，处理一个激活的物体和大量休眠物体之间的碰撞？

参考文献

[Bar89] Baraff, D.: Analytical methods for dynamic simulation of non – penetrating rigid bodies. Comput. Graph. (Proc. SIGGRAPH) 23, 223 – 232 (1989).

[Bar90] Baraff, D.: Curved surfaces and coherence for non – penetrating rigid body simulations. Comput. Graph. (Proc. SIGGRAPH) 24, 19 – 28 (1990).

[Bar91] Baraff, D.: Coping with friction for non-penetrating rigid body simulation. Comput. Graph. (Proc. SIGGRAPH) 25, 31 – 40 (1991).

[Bar92] Baraff, D.: Dynamic simulation of non-penetrating rigid bodies. PhD Thesis, Cornell University (1992).

[Bar94] Baraff, D.: Fast contact force computation for non-penetrating rigid bodies. Comput. Graph. (Proc. SIGGRAPH) 28, 24 – 29 (1994).

[BJ77b] Beer, F. P., Johnston, E. R.: Vector mechanics for engineers: vol. 2—dynamics. McGraw – Hill, New York (1977).

[Bra91] Brach, R. M. (ed.): Mechanical impact dynamics: rigid body collisions. Wiley, New York (1991).

[BW97] Baraff, D., Witkin, A.: Partitioned dynamics. Technical Report CMU – RI – TR – 97 – 33, The Robotics Institute at Carnegie Mellon University (1997).

[BW98] Baraff, D., Witkin, A.: Physically based modeling. SIGGRAPH Course Notes 13 (1998).

[Cam97] Cameron, S.: Enhancing GJK: computing minimum and penetration distances between convex polyhedra. In: Proceedings IEEE International Conference on Robotics and Automation, pp. 3112 – 3117 (1997).

[CKS98] Campagna, S., Kobbelt, L., Seidel, H. – P.: Directed edges: a scalable representation for triangle meshes. J. Graph. Tools 3 (4), 1 – 11 (1998).

[dBvKOS97] de Berg, M., vanKreveld, M., Overmars, M., Schwartskopf, O.: Computational geometry: algorithms and applications. Springer, Berlin (1997).

[DER86] Duff, I. S., Erisman, A. M., Reid, J. K.: Direct methods for sparse matrices. Oxford University Press, London (1986).

[GJK88] Gilbert, E. G., Johnson, D. W., Keerthi, S. S.: A fast procedure for computing the distance between complex objects in three-dimensional space. IEEE J. Robot. Autom. 4 (2), 193 – 203 (1988).

[Gol50] Goldstein, H.: Classical mechanics. Addison – Wesley, Reading (1950).

[Hah88] Hahn, J. K.: Realistic animation of rigid bodies. Comput. Graph. (Proc. SIGGRAPH), 299 – 308 (1988).

[Kel86] Keller, J. B.: Impact with friction. Trans. ASME J. Appl. Mech. 53, 1 – 4 (1986).

[KSK97] Kawachi, K., Suzuki, H., Kimura, F.: Simulation of rigid body motion with impulsive friction force. In: Proceedings IEEE International Symposium on Assembly and Task Planning, pp. 182 – 187 (1997).

[Löt84] Lötstedt, P.: Numerical simulation of time-dependent contact friction problems in rigid – body mechanics. SIAM J. Sci. Stat. Comput. 5 (2), 370 – 393 (1984).

[Mir96b] Mirtich, B. V.: Impulse-based dynamic simulation of rigid body systems. PhD Thesis, University of California, Berkeley (1996).

[Mir97] Mirtich, B.: V – clip: fast and robust polyhedral collision detection. Technical Report TR – 97 – 05, MERL: A Mitsubishi Electric Research Laboratory (1997).

[Mir98] Mirtich, B.: Rigid body contact: collision detection to force computation. Technical Report TR – 98 – 01, MERL: A Mitsubishi Electric Research Laboratory (1998).

[OG97] Ong, C. J., Gilbert, Elmer G.: The Gilbert – Johnson – Keerthi distance algorithm: a fast version for incremental motions. In: Proceedings IEEE International Conference on Robotics and Automation, pp. 1183 – 1189 (1997).

[O'R98] O'Rourke, J.: Computational geometry in C. Cambridge University Press, Cambridge (1998).

[Sha10] Shabana, A. A.: Computational dynamics. Wiley, New York (2010).

[Ski97] Skiena, S.: The algorithm design manual. Springer, Berlin (1997).

[TW98] Thürmer, G., Wüthrich, C. A.: Computing vertex normals from polygonal facets. J. Graph. Tools 3 (1), 43 – 46 (1998).

[vdB99] van den Bergen, G.: A fast robust GJK implementation for collision detection of convex bodies. J. Graph. Tools 4 (2), 7 – 25 (1999).

5

铰接式刚体系统

5.1 简　　介

上一章介绍的刚体系统动态仿真可进一步扩展到铰接式刚体系统，在这种情形中，刚体之间使用铰链连接。有多种类型的铰链可以连接刚体，这些铰链之间的差别在于所允许的相对运动的自由度。针对铰接式系统的动力学问题，已经有多种求解方法，大部分可归为以下两种类型。第一种类型，使用缩减的变量集合，制定描述系统运动的动态方程。这就是所谓的“约化坐标”方程。缩减的变量集合，也称“广义坐标”，是通过去除铰链所约束的自由度而获得的。这种方法得出一组参数化坐标系集合，充分描述了整个铰接式系统的运动，同时确保铰链约束条件成立。在第二种类型中，对系统引入其他约束作用力，代替在整个运动过程中的铰链约束条件。这种方法被称为“拉格朗日方程”，其原理是建立约束作用力（也称拉格朗日乘子）与铰接式系统动力学状态的关系方程。对于铰接式刚体系统，该方程是为铰接力构建一个线性系统（通常是稀疏系统）并求解。稀疏性可有利于推导 $O(n)$ 算法，其中，n 为所考虑的铰接式刚体的总数量。

本书的分析将仅针对基于拉格朗日方程的方法。尽管约化坐标方程有时比拉格朗日方法效率更高，但在软件实现中，出于某些原因，仍然需要使用拉格朗日方程，而非约化坐标方程。我们认为，最重要的原因在于模块性，在某种程度上，铰链一旦指定，就可以根据在铰接点的加速度条件，用方程表示其约束条件，并依据这些加速度条件，很容易地得出一个线性系统，将接合力与系统的动力学状态相关联。换言之，一旦根据所使用的铰链类型确定加速度条件，则对于所有类型的铰链而言，用于计算铰链约束作用力的数学框架是一模一样的。按照加速度条件构建约束的另一个好处是，它们能和同样依赖接触点处加速度条件的接触力的计算组合在一起，使得在数值积分过程中同时实施铰链约束并使接触变得更容易。同样重要的是由速度条件获得加速度条件，由位置条件获得速度条件，因此给了我们一个额外的选择，如果需要，在位置层面（通过位置的实时改变）或速度层面（通过施加在铰链上的冲力）来实施约束。

第 4 章讨论的关于刚体系统的大部分概念均可直接应用于铰接式刚体系统。刚体和铰接式刚体之间的数学方程的主要区别在于，在整个运动过程中执行铰链约束条件，特别是当铰接式刚体碰撞，或者刚体内部或与其他刚体发生接触时。

5.2 铰接式刚体动力学

铰接式刚体的动力学状态可以始终被视为各个链接的动力学状态的串联。图 5.1 所示的铰接式刚体共包含 8 个链接（8 个刚体）和 8 个铰链。

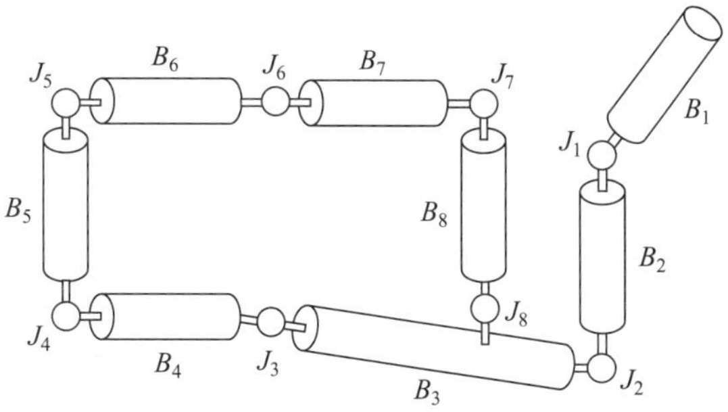

图 5.1 铰接式刚体示例（由 8 个铰链连接 8 个刚体）

铰接式刚体的动力学状态可表示为

$$\vec{y}(t)=(\vec{y}_1(t),\ \vec{y}_2(t),\ \cdots,\ \vec{y}_8(t))^{\mathrm{T}} \tag{5.1}$$

其中，对于 $i\in\{1,\ 2,\ \cdots,\ 8\}$，每个 $\vec{y}_i(t)$ 表示刚体 i 的动力学状态，由以下方程得出：

$$\vec{y}_i(t)=\begin{pmatrix}\vec{r}_i(t)\\ R_i(t)\\ \vec{L}_i(t)\\ \vec{H}_i(t)\end{pmatrix}$$

其中，$\vec{r}_i(t)$，$R_i(t)$，$\vec{L}_i(t)$ 和 $\vec{H}_i(t)$ 分别为刚体 B_i 质心的位置和方向、刚体的线动量和角动量。为了对铰接式刚体的运动方程进行数值积分计算，我们首先需要计算其状态参数的时间导数。相对于时间，对方程（5.1）求导，得出：

$$\frac{\mathrm{d}\vec{y}(t)}{\mathrm{d}t}=\left(\frac{\mathrm{d}\vec{y}_1(t)}{\mathrm{d}t},\ \frac{\mathrm{d}\vec{y}_2(t)}{\mathrm{d}t},\ \cdots,\ \frac{\mathrm{d}\vec{y}_8(t)}{\mathrm{d}t}\right)^{\mathrm{T}} \tag{5.2}$$

其中，每个 $\mathrm{d}\vec{y}_i(t)/\mathrm{d}t$ 由以下方程得出：

$$\frac{\mathrm{d}\vec{y}_i(t)}{\mathrm{d}t}=\begin{pmatrix}\vec{v}_i(t)\\ \vec{\omega}_i(t)R_i(t)\\ \vec{F}_i(t)\\ \vec{\tau}_i(t)\end{pmatrix} \tag{5.3}$$

方程（5.3）所述的变量 $\vec{v}_i(t)$，$\vec{\omega}_i(t)$，$\vec{F}_i(t)$ 和 $\vec{\tau}_i(t)$ 是施加刚体 B_i 质心的线速度、角速度、净作用力和净扭矩。

很显然，根据方程（5.2）和方程（5.3），仅当作用于每个刚体（每个链接）的所有外力和扭矩均为已知时，才能执行运动方程的数值积分计算。对于铰接式刚体，刚体的运动受到与之连接的铰链的约束。这种约束由与铰链 J_i 相关的铰接力 $\vec{F}_i$ 表示，该铰接力作为外力，作用于相连接的刚体中。因此，为了对铰接式刚体的运动方程进行数值积分计算，我们首先需要确定与系统中各个铰链相关联的约束力，然后与作用于互连刚体的所有其他外力加总求和，从而充分定义作用于每个链接的净外力和扭矩。在得出作用于每个刚体的净外力和扭矩之后，我们继续执行方程（5.2）的数值积分计算，得出在当前时间间隔结束时每个链接的位置和方向。

由于每个刚体的运动会影响到与之连接的所有其他刚体的运动，因此需要同时计算所有约束力，确保在所有外力和扭矩施加于铰接式系统的所有刚体后，所连接的刚体仍保持连接状态。接下来的目标是推导出一个表达式，表示所施加的铰接力如何影响每个互连刚体的状态。这个表达式将用于同步计算所有铰接力。

就符号而言，本节的符号与第 5.6.1 节和第 5.6.2 节用来计算关联链接之间的冲力与接触力的符号大相径庭。在这些章节中，所关联的刚体的下标用于生成与每个铰链相关的冲力或接触力的正确下标。例如，连接刚体 B_i 和 B_j 的铰链被称为铰链 J_{ij}，其相关的接触力和冲力为$\vec{F}_{ij}$和$\vec{P}_{ij}$。在本节中，每个铰链的下标用于生成相连接刚体的正确下标。例如，由铰链 J_i 连接的刚体被称为刚体 $(B_1)_i$ 和 $(B_2)_i$，$\vec{F}_i$ 表示限制其相对运动的铰接力[①]。计算铰接式系统的状态，以及碰撞和接触响应的不同符号需要使用关于该系统的冗余底层表达法。具体而言，对于给定链接（刚体），软件数据结构应该使得我们能够有效获得与之连接的铰链，对于给定的铰链，我们能够快速返回与之连接的两个链接。

为了清晰起见，我们将首先关注于推导表达式，将图 5.2 所示的双刚体铰接系统的铰接力与互联刚体的动力学相关联。本节稍后将概括 n 个刚体铰接式系统的推导过程。

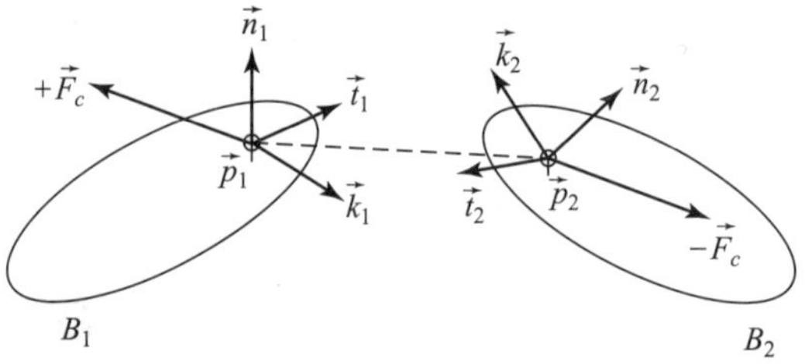

图 5.2　刚体 B_1 和 B_2 通过一个铰链连接（点$\vec{p}_1$ 和$\vec{p}_2$ 是分别在刚体 B_1 和 B_2 上的铰接点。每个铰接点处的局部坐标系固定在刚体上并且根据使用的铰链类型进行选择。按照惯例，对刚体 B_1 施加正的铰接力 $+\vec{F}_c$，对刚体 B_2 施加负的铰接力 $-\vec{F}_c$）

一般一个铰链在铰接点处与一个刚体相连。令$\vec{p}_1$ 和$\vec{p}_2$ 分别是一个铰链与刚体 B_1 和 B_2 的铰接点。铰接点的相对位置表示铰链如何影响刚体间的平移。例如，如果铰链约束铰接点在运动过程中步调一致，那么在这个节点刚体间就不存在相对移动。在每个铰接点，都有一个固定在刚体上的局部坐标系（图 5.2）。局部坐标系的相对方向表示铰链约束刚体间相对转动的方式。铰链创建时局部坐标系设置的初始相对方向必须满足铰链约束，且取决于铰链类型。在运动过程中，调整铰链约束保持局部坐标系的相对方向，抑制沿着约束方向的转动。我们注意到这些调整是相对于世界坐标系来计算的，因此需要局部坐标到世界坐标的转换（稍后详细介绍）。

每个铰链都能用一个自变量为刚体位置和方向的约束函数表示，即：

---

① 按照惯例，对刚体 $(B_1)_i$ 施加正的铰接力 $+\vec{F}_i$，对刚体 $(B_2)_i$ 施加负的铰接力 $-\vec{F}_i$。

$$\xi(t)=\Gamma(\vec{p}_1(t),\ R_1(t),\ \vec{p}_2(t),\ R_2(t))$$

因此约束函数的一阶和二阶时间导数将分别取决于刚体的速度和加速度。它们的表达式为：

$$\dot{\xi}(t)=\dot{\Gamma}(\vec{v}_1(t),\ \vec{\omega}_1(t),\ \vec{v}_2(t),\ \vec{\omega}_2(t))$$
$$\ddot{\xi}(t)=\ddot{\Gamma}(\vec{a}_1(t),\ \vec{\alpha}_1(t),\ \vec{a}_2(t),\ \vec{\alpha}_2(t))$$

约束函数 $\xi(t)$ 表示铰链约束相对平移和旋转的方式。换句话说，它描述了应该避免的偏离期望运动的误差。计算铰链约束，使约束函数值为零，即与期望运动的误差为零。

假设铰链约束在当前时间间隔是满足的，即：

$$\xi(t)=0 \tag{5.4}$$

如果约束函数的时间导数也是零，即：

$$\dot{\xi}(t)=0 \tag{5.5}$$

那么在下一个时间间隔约束函数也会满足。特别地，当约束函数的时间导数在当前时间间隔不为零时，在下一个时间间隔它将会变成一个不为零的值。类似地，当它的二阶时间导数在当前时间间隔不为零时，它的时间导数在下一个时间间隔也会变成一个非零值。因此，假设约束函数和它的一阶倒数在创建时间是满足的，约束系统只需要在整个运动过程中确保

$$\ddot{\xi}(t)=0 \tag{5.6}$$

以保证满足铰链约束。在一般情况下，方程（5.4），方程（5.5）和方程（5.6）定义了确保铰链约束所需要满足的三个条件；然而，它取决于使用的约束系统的类型。事实上，它只需要满足这些条件中的一部分。

在一个动力学仿真引擎中，有三种能被使用的约束系统：基于位置的、基于冲力的以及基于力的。在一个基于位置的约束系统中，只有约束函数 $\xi(t)$ 作为铰链约束的一部分被保证。在任意给定的时间间隔中

$$\xi(t)\neq 0$$

约束系统方程（5.4）成立所需要的相对平移和旋转的修改。这些修改应用的方式取决于数值积分器使用的步长机制是自适应的还是固定的。在一个自适应的步长机制中，数值积分器不断地计算估计误差并将它与用户定义的误差允许值作比较来决定时步大小是合适的还是需要改变的。在这样一种机制中，确保铰链约束所需要的突然的位置调整会引起数值积分的不连续，使它不稳定。因此，当数值积分器使用自适应步长机制时，一到当前时步开始时，在开始数值积分之前，就需要修改位置。这个方法的主要缺点是铰链约束的执行比较弱，因为数值积分过程本身并没有应用中间的修改，而且当执行积分子步的时候其他的外力能推或拉铰接点偏离它们期望的轨迹。基于这个原因，当使用基于位置的约束系统时更倾向于一个固定的时步系统。在这种情况下，在数值积分的每个子步中调整位置，以提供一个强力保证铰链约束的框架。

在使用基于冲力的约束系统中，执行约束函数和它的一阶时间导数作为铰链约束的一部分。在铰链被创建时约束函数本身就是满足的，所以约束系统在每个时间间隔开始时只需要检测

$$\dot{\xi}(t)\neq 0$$

是否成立，然后施加必要的冲力来满足保证方程（5.5）成立所要求的速度的变化。与基于位置的方法类似，当数值积分器使用自适应步长机制时，只有在当前时间间隔开始时才会施

加冲力。因此，更倾向于一个固定的步长机制，因为它允许在数值积分的中间子步中施加冲力，从而更强力地保证铰链约束。

最后，在一个基于力的约束系统中，检测约束函数以及它的一阶和二阶时间导数值是否为非零值。通常，在铰链被创建时，$\xi(t)$ 和 $\dot{\xi}(t)$ 都满足，因此约束系统只需要在每个时间间隔开始时检测

$$\ddot{\xi}(t) \neq 0$$

是否成立，然后施加必要的铰接力来满足保证方程（5.6）在运动过程中成立所要求的加速度的变化。这个方法的主要优点是在当前步长数值积分的每个子步中施加铰链约束力，与使用的步长机制无关。注意，从数值积分的角度来看，自适应步长机制比一个固定步长机制要高效得多。因此，一个基于力的约束系统比一个基于位置或基于冲力的系统要灵活得多，因为它持续地允许使用更高效的自适应步长机制并且提供了铰链约束的强力保证。虽然有这些明显的优势，基于力的约束系统还是需要计算约束函数的二次时间导数，这将在软件应用方面导致冗长和复杂的表达式。

在本书中，我们将把我们的讨论聚焦在使用基于力的约束系统来保证铰链约束。为了达到这个目的，应该计算约束函数和它的一阶时间导数以获得基于力的系统需要的二阶时间导数。因此，我们将在一定程度上间接涉及基于位置的和基于冲力的系统。在第 5.7 节中可以找到详细介绍基于位置的和基于冲力的约束系统的额外应用的参考文献。

基于力的约束系统背后的主要思想就是使用一个或多个约束函数来描述在铰链处应该被避免的与期望平移或旋转运动的误差。将这些约束函数置为零，然后计算它们的一阶和二阶时间导数，获得关于在运动过程中需要保证的铰链铰接点加速度的数学表达式。这些加速度可以表达为关于（未知的）铰链约束力以及所有其他（未知的）影响刚体动力学状态的外力的函数。因此，我们可以依据铰链约束力重写约束函数的二阶时间导数，获得下列线性系统：

$$\boldsymbol{A}\vec{F}_c = \vec{b} \tag{5.7}$$

在这个线性系统中，一个铰链约束移除的每个自由度都对应一行。例如，考虑一个包含一个连接两个刚体的球形铰链的单铰链系统。球形铰链将约束铰链铰接点之间的相对平移，使得它们在运动过程中待在一起。这相当于在 6 个可能的自由度（3 个相对平移和 3 个相对旋转）中移除了 3 个自由度（移除了它们的相对平移）。在这种情况下，我们最终将获得一个 3×3（方形）的线性系统，求解这个系统能很容易地获得未知的铰链约束力。

现在，考虑包含一个连接两个刚体的万向节的另一个单铰链系统。这个万向节不仅约束了铰链铰接点间的相对平移，而且约束了它们关于一根轴的旋转。所以，这个万向节总共移除了 4 个自由度，形成了一个 4×3（矩形）的线性系统，对这个系统求解可以得到未知的铰链约束力（在这种情况下向量 $\vec{b}$ 的维度是 4×1）。为了求解这个矩形线性系统，我们需要使用一种叫作拉格朗日乘数的方法。该方法是通过将约束力用

$$F_c = \boldsymbol{A}^{\mathrm{T}}\vec{\lambda} \tag{5.8}$$

替代，将长方形系统转化为一个正方形系统，其中 $\boldsymbol{A}^{\mathrm{T}}$ 是 $\boldsymbol{A}$ 的转置，$\vec{\lambda}$ 是拉格朗日乘子向量。在这种情况下，$\vec{\lambda}$是一个 4×1 向量，并且 $\boldsymbol{A}^{\mathrm{T}}$ 是一个 3×4 矩阵。将方程（5.8）代入方程（5.7），我们得到一个新的线性系统：

$$\boldsymbol{A}\boldsymbol{A}^{\mathrm{T}}\vec{\lambda} = \vec{b} \tag{5.9}$$

其中，拉格朗日乘子是未知的。注意：组合的矩阵（$\boldsymbol{A}\boldsymbol{A}^{\mathrm{T}}$）维度为 4×4，因此我们可以对

这个方形系统求解获得拉格朗日乘数。一旦算出拉格朗日乘数，我们可以把它们的值代入方程（5.8）中最终获得期望的铰链约束力。算出铰链约束力后，我们就能对刚体运动的动力学方程进行数值积分运算，计算出在当前时间间隔保证铰链约束的新轨迹。

5.3 单铰链系统

有许多种类型的铰链可以用来约束两个刚体间的运动。每种类型产生一种用来表达从系统中移除的自由度个数的约束方程的不同组合。在我们研究约束方程是怎样被指定给每种类型的铰链之前，我们首先推导铰链铰接点的加速度和未知铰链约束力的关系表达式。用这个表达式来帮助构建方程（5.7）中的线性系统，这个线性系统与铰链的种类无关。

附着在刚体 B_1 上的铰接点 $\vec{p}_1$ 的加速度可以采用刚体动力学方程（4.8）表达为 B_1 质心的线加速度和角加速度的函数，此处重复是为了方便起见，

$$\vec{a}_{p_1}(t)=\vec{\alpha}_1(t)\times(\vec{p}_1(t)-\vec{r}_1(t))+\vec{\omega}_1(t)\times(\vec{\omega}_1(t)\times(\vec{p}_1(t)-\vec{r}_1(t)))+\vec{a}_1(t) \quad (5.10)$$

其中，$\vec{p}_1(t)$ 为铰接点位置；$\vec{r}_1(t)$，$\vec{\omega}_1(t)$，$\vec{\alpha}_1(t)$，$\vec{a}_1(t)$ 为刚体 B_1 的质心位置、角速度、角加速度和线加速度，它们都在世界坐标系中计算。附着在刚体 B_2 上的铰接点 $\vec{p}_2$ 可以得到类似的表达式。为了简化接下来推导中的符号，由于所有向量在时间间隔开始都被赋值了，我们将省略向量中的时间符号。

采用方程（4.11），线加速度 $\vec{a}_1(t)$能根据作用在刚体 B_1 质心的净力 $(\vec{F}_1)_{\text{net}}$获得，即：

$$\vec{a}_1=\frac{(\vec{F}_1)_{\text{net}}}{m_1}=\left(\frac{\vec{F}_c+(\vec{F}_1)_{\text{ext}}}{m_1}\right)$$

其中，$(\vec{F}_1)_{\text{ext}}$为作用在刚体 B_1 上的净外力；$\vec{F}_c$ 为待计算的铰链约束力。此外，采用方程（4.18），角加速度 $\vec{\alpha}_1$ 可以根据作用在刚体 B_1 质心处的净扭矩获得，即：

$$\vec{\alpha}_1=\boldsymbol{I}_1^{-1}((\vec{\tau}_1)_{\text{net}}+\vec{H}_1\times\vec{\omega}_1) \quad (5.11)$$

其中，$\boldsymbol{I}_1$ 和 $\vec{H}_1$ 分别为刚体 B_1 的惯性张量和角动量。作用在刚体 B_1 上的净力矩通过对所有外力产生的力矩求和得出，即

$$(\vec{\tau}_1)_{\text{net}}=(\vec{\tau}_1)_{\text{ext}}+\overbrace{(\vec{p}_1-\vec{r}_1)\times\vec{F}_c}^{\text{铰链约束力产生的力矩}} \quad (5.12)$$

其中，

$$(\vec{\tau}_1)_{\text{ext}}=\sum_i(\vec{p}_i-\vec{r}_1)\times(\vec{F}_i)_{\text{ext}}$$

其中，$\vec{p}_i$ 为外力 $(\vec{F}_i)_{\text{ext}}$作用在刚体 B_1 上的作用点。将方程（5.11）代入方程（5.12），我们得到：

$$\vec{\alpha}_1=\boldsymbol{I}_1^{-1}(\vec{p}_1-\vec{r}_1)\times\vec{F}_c+\boldsymbol{I}_1^{-1}((\vec{\tau}_1)_{\text{ext}}+\vec{H}_1\times\vec{\omega}_1) \quad (5.13)$$

点 $\vec{p}_1$ 的加速度 $\vec{a}_{p_1}$为：

$$\vec{a}_{p_1}=(\boldsymbol{I}_1^{-1}(\vec{p}_1-\vec{r}_1)\times\vec{F}_c)\times(\vec{p}_1-\vec{r}_1)+(\boldsymbol{I}_1^{-1}((\vec{\tau}_1)_{\text{ext}}+\vec{H}_1\times\vec{\omega}_1))\times(\vec{p}_1-\vec{r}_1)+\vec{\omega}_1\times(\vec{\omega}_1\times(\vec{p}_1-\vec{r}_1))+\left(\frac{\vec{F}_c+(\vec{F}_1)_{\text{ext}}}{m_1}\right) \quad (5.14)$$

利用叉积的性质①

$$\vec{a} \times \vec{b} = -\vec{b} \times \vec{a}$$
$$\vec{a} \times \vec{b} = \tilde{a}\vec{b}$$

以及辅助向量

$$\vec{x}_1 = \vec{p}_1 - \vec{r}_1$$

我们可以进一步简化方程（5.14）中的第一项，如下：

$$\begin{aligned}(\boldsymbol{I}_1^{-1}(\vec{p}_1 - \vec{r}_1) \times \vec{F}_c) \times (\vec{p}_1 - \vec{r}_1) &= (\boldsymbol{I}_1^{-1}\vec{x}_1 \times \vec{F}_c) \times \vec{x}_1 = -\vec{x}_1 \times (\boldsymbol{I}_1^{-1}\vec{x}_1 \times \vec{F}_c) \\ &= -\tilde{x}_1(\boldsymbol{I}_1^{-1}\vec{x}_1 \times \vec{F}_c) = -(\tilde{x}_1\boldsymbol{I}_1^{-1})\vec{x}_1 \times \vec{F}_c \\ &= -(\tilde{x}_1\boldsymbol{I}_1^{-1})\tilde{x}_1\vec{F}_c \end{aligned} \tag{5.15}$$

将方程（5.15）代入方程（5.14），我们有：

$$\vec{a}_{p_1} = \left(\frac{1}{m_1}\boldsymbol{I} - \tilde{x}_1\boldsymbol{I}_1^{-1}\tilde{x}_1\right)\vec{F}_c + \frac{1}{m_1}(\vec{F}_1)_{\text{ext}} + (\boldsymbol{I}_1^{-1}((\vec{\tau}_1)_{\text{ext}} + \vec{H}_1 \times \vec{\omega}_1)) \times \vec{x}_1 + \vec{\omega}_1 \times (\vec{\omega}_1 \times \vec{x}_1) \tag{5.16}$$

又能写成：

$$\vec{a}_{p_1} = \boldsymbol{A}_1\vec{F}_c + \vec{b}_1 \tag{5.17}$$

其中，

$$\boldsymbol{A}_1 = \left(\frac{1}{m_1}\boldsymbol{I} - \tilde{x}_1\boldsymbol{I}_1^{-1}\tilde{x}_1\right)$$

$$\vec{b}_1 = \frac{1}{m_1}(\vec{F}_1)_{\text{ext}} + (\boldsymbol{I}_1^{-1}((\vec{\tau}_1)_{\text{ext}} + \vec{H}_1 \times \vec{\omega}_1)) \times \vec{x}_1 + \vec{\omega}_1 \times (\vec{\omega}_1 \times \vec{x}_1)$$

类似地，点 $\vec{p}_2$ 的加速度 $\vec{a}_2$ 由

$$\begin{aligned}\vec{a}_{p_2} = (\boldsymbol{I}_2^{-1}(\vec{p}_2 - \vec{r}_2) \times (-\vec{F}_c)) \times (\vec{p}_2 - \vec{r}_2) + (\boldsymbol{I}_2^{-1}((\vec{\tau}_2)_{\text{ext}} + \vec{H}_2 \times \vec{\omega}_2)) \times (\vec{p}_2 - \vec{r}_2) + \vec{\omega}_2 \times \\ (\vec{\omega}_2 \times (\vec{p}_2 - \vec{r}_2)) + \left(\frac{(-\vec{F}_c) + (\vec{F}_2)_{\text{ext}}}{m_2}\right)\end{aligned} \tag{5.18}$$

获得，且能被进一步简化为：

$$\vec{a}_{p_2} = -\boldsymbol{A}_2\vec{F}_c + \vec{b}_2 \tag{5.19}$$

其中，

$$A_2 = \left(\frac{1}{m_2}\boldsymbol{I} - \tilde{x}_2\boldsymbol{I}_2^{-1}\tilde{x}_2\right)$$

$$\vec{b}_2 = \frac{1}{m_2}(\vec{F}_2)_{\text{ext}} + (\boldsymbol{I}_2^{-1}((\vec{\tau}_2)_{\text{ext}} + \vec{H}_2 \times \vec{\omega}_2)) \times \vec{x}_2 + \vec{\omega}_2 \times (\vec{\omega}_2 \times \vec{x}_2)$$

现在我们有了将铰链铰接点的加速度与未知铰链约束力联系在一起的方法，所以可以开始详细介绍每种类型铰链的约束方程了。

5.3.1 球形铰链

球形铰链又叫作球铰，球形铰链不允许相互连接的刚体间有相对平移。因此，相对于铰链局部坐标系定义的坐标轴，它们有 3 个旋转自由度。图 5.3 所示为球形铰链的原理图。

① 这些表达式详见附录 A（第 6 章）的第 6.7 节。

正如前面提到的，约束函数描述应该避免偏离期望运动的误差，在这种情况下，误差由铰链铰接点间的相对平移定义，即：

$$\xi_1 = \vec{p}_1 - \vec{p}_2 = 0 \tag{5.20}$$

约束函数的一阶和二阶时间导数由

$$\begin{aligned} \dot{\xi}_1 &= \vec{v}_{p1} - \vec{v}_{p2} = 0 \\ \ddot{\xi}_1 &= \vec{a}_{p_1} - \vec{a}_{p_2} = 0 \end{aligned} \tag{5.21}$$

给出。

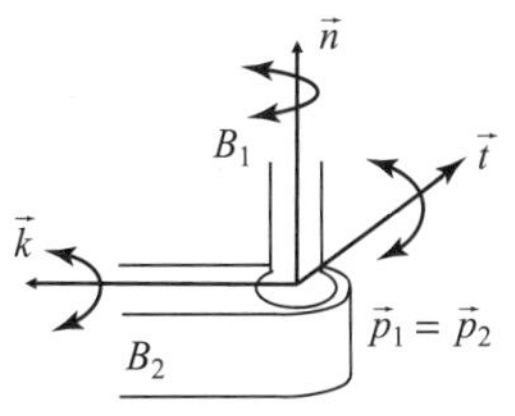

图 5.3　刚体 B_1 和 B_2 由球形铰链连接［铰链将运动限制为相对旋转（不允许相对平移）］

使用方程（5.17）和方程（5.19），我们可以将方程（5.21）中铰接点的加速度 $\vec{a}_{p_1}$ 和 $\vec{a}_{p_2}$ 用涉及铰链约束力的表达式替代，得到下列线性系统：

$$(\boldsymbol{A}_1 \vec{F}_c + \vec{b}_1) - (-\boldsymbol{A}_2 \vec{F}_c + \vec{b}_2) = 0$$

重新组合能得到跟方程（5.7）一样的形式，即：

$$(\boldsymbol{A}_1 + \boldsymbol{A}_2)\vec{F}_c = \vec{b}_2 - \vec{b}_1 \tag{5.22}$$

这是一个 3×3 的方形系统，对这个系统进行直接求解可以得到铰链约束力（在这种情况下不需要使用拉格朗日乘子）。

5.3.2　万向节

按照定义，万向节不允许铰链铰接点之间的相对平移，以及与两根给定轴垂直的第三根轴的相对旋转。图 5.4 所示为万向节的工作原理。

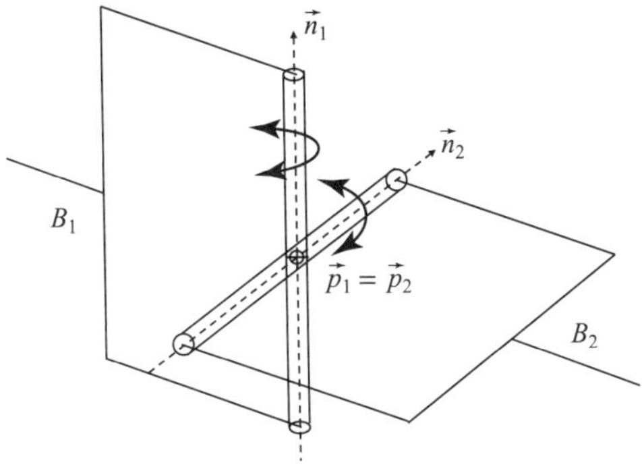

图 5.4　刚体 B_1 和 B_2 通过一个万向节连接［不允许相对平移（$\vec{p}_1 = \vec{p}_2$），并且相对旋转只发生在关于铰链轴 $\vec{n}_1$ 和 $\vec{n}_2$ 的方向］

令 $\vec{n}_1$ 和 $\vec{n}_2$ 为分别属于刚体 B_1 和 B_2 的世界坐标系下的铰链轴。这些轴定义了铰链允许的旋转轴。它们固定在相应刚体的铰接点处，并且互相垂直，即：

$$\vec{n}_1 \cdot \vec{n}_2 = 0$$

采用

$$\begin{aligned} (\vec{n}_1)_{\text{local}} &= \boldsymbol{R}_1^{\mathrm{T}} \vec{n}_1 \\ (\vec{n}_2)_{\text{local}} &= \boldsymbol{R}_2^{\mathrm{T}} \vec{n}_2 \end{aligned} \tag{5.23}$$

可以将这些世界坐标系下的铰链轴转换为它们刚体的局部坐标系，其中 $\boldsymbol{R}_1$ 和 $\boldsymbol{R}_2$ 分别为刚体 B_1 和 B_2 的旋转矩阵。

万向节需要两个约束函数来描述它是怎样在铰接点约束相对平移和旋转的。在万向节中，相对平移是完全不被允许的，所以我们在这里可以使用完全相同的约束函数，即：

$$\xi_1 = \vec{p}_1 - \vec{p}_2 = 0$$

第二个约束函数需要约束刚体间的相对旋转，使得两根旋转轴在运动过程中保持垂直（没有关于第三根轴的旋转）。这个约束用数学表达为：

$$\xi_2 = \vec{n}_1 \cdot \vec{n}_2 = 0 \tag{5.24}$$

下一步就是计算约束函数 ξ_1 和 ξ_2 的一阶和二阶时间导数。万向节中第一个约束函数 ξ_1

的导数已经在球铰中计算出来。方程（5.22）描述了由这个约束函数获得的最终的 3×3 的线性系统。我们仍然需要计算第二个约束函数 ξ_2 的一阶和二阶时间导数来获得第四个约束方程。这四个方程将被放在一起组成线性系统：

$$\boldsymbol{A}\vec{F}_c = \vec{b}$$

其中，$\boldsymbol{A}$ 为一个 4×3 的矩阵；$\vec{b}$ 为一个 4×1 的向量。为了求解这个矩形系统，我们需要使用拉格朗日乘子，正如之前在第 5.3 节最后讨论的一样。

ξ_2 的一阶时间导数由

$$\dot{\xi}_2 = \frac{\mathrm{d}\vec{n}_1}{\mathrm{d}t} \cdot \vec{n}_2 + \vec{n}_1 \cdot \frac{\mathrm{d}\vec{n}_2}{\mathrm{d}t} \tag{5.25}$$

给出。

根据附录 E（第 10 章）的第 10.2 节可知，属于一个刚体的一个向量的时间导数按照

$$\frac{\mathrm{d}\vec{n}_1}{\mathrm{d}t} = \vec{\omega}_1 \times \vec{n}_1$$

$$\frac{\mathrm{d}\vec{n}_2}{\mathrm{d}t} = \vec{\omega}_2 \times \vec{n}_2$$

计算。

将这些结果代入方程（5.25），然后使用叉积的运算性质

$$(\vec{a} \times \vec{b}) \cdot \vec{c} = (\vec{b} \times \vec{c}) \cdot \vec{a}$$

$$(\vec{a} \times \vec{b}) \cdot \vec{c} = -(\vec{a} \times \vec{c}) \cdot \vec{b}$$

我们得到：

$$\begin{aligned}\dot{\xi}_2 &= (\vec{\omega}_1 \times \vec{n}_1) \cdot \vec{n}_2 + \vec{n}_1 \cdot (\vec{\omega}_2 \times \vec{n}_2) = (\vec{n}_1 \times \vec{n}_2) \cdot \vec{\omega}_1 - (\vec{n}_1 \times \vec{n}_2) \cdot \vec{\omega}_2 \\ &= (\vec{n}_1 \times \vec{n}_2) \cdot (\vec{\omega}_1 - \vec{\omega}_2)\end{aligned} \tag{5.26}$$

观察方程（5.26）可知，当沿着由（$\vec{n}_1 \times \vec{n}_2$）定义的第三根铰链轴的相对角速度为零时，方程

$$\dot{\xi}_2(t) = 0$$

成立。这证实只能沿着两根铰链轴 $\vec{n}_1$ 和 $\vec{n}_2$ 旋转。

和一阶时间导数类似，约束函数的二阶时间导数由

$$\begin{aligned}\ddot{\xi}_2 &= \left(\frac{\mathrm{d}\vec{n}_1}{\mathrm{d}t} \times \vec{n}_2 + \vec{n}_1 \times \frac{\mathrm{d}\vec{n}_2}{\mathrm{d}t}\right) \cdot (\vec{\omega}_1 - \vec{\omega}_2) + (\vec{n}_1 \times \vec{n}_2) \cdot (\vec{\alpha}_1 - \vec{\alpha}_2) \\ &= ((\vec{\omega}_1 \times \vec{n}_1) \times \vec{n}_2 + \vec{n}_1 \times (\vec{\omega}_2 \times \vec{n}_2)) \cdot (\vec{\omega}_1 - \vec{\omega}_2) + (\vec{n}_1 \times \vec{n}_2) \cdot (\vec{\alpha}_1 - \vec{\alpha}_2)\end{aligned} \tag{5.27}$$

获得。

式（5.27）与铰链约束力相关的唯一一项就是包含角加速度变化的那一项。所有其他项都只与刚体的动力学状态有关并且是很容易知道的。使用方程（5.13），可以将角加速度的变化量表示为铰链约束力的函数，即：

$$(\vec{\alpha}_1 - \vec{\alpha}_2) = (\boldsymbol{I}_1^{-1}\tilde{x}_1 - \boldsymbol{I}_2^{-1}\tilde{x}_2)\vec{F}_c + \boldsymbol{I}_1^{-1}((\vec{\tau}_1)_{\mathrm{ext}} + \vec{H}_1 \times \vec{\omega}_1) - \boldsymbol{I}_2^{-1}((\vec{\tau}_2)_{\mathrm{ext}} + \vec{H}_2 \times \vec{\omega}_2) \tag{5.28}$$

将方程（5.28）代入方程（5.27），我们得到了与万向节约束相关的线性系统的第四行。这是一个 4×3 的矩形系统，因此我们需要使用拉格朗日乘子来计算铰链约束力。

5.3.3 旋转铰链

旋转铰链也叫作铰链接头或者销接头，旋转铰链不允许铰链铰接点之间的相对移动，并

且将旋转约束到沿着一根铰链轴。它们总共移除了铰链处刚体间相对运动的 5 个自由度。图 5. 5 所示为旋转铰链的工作原理。

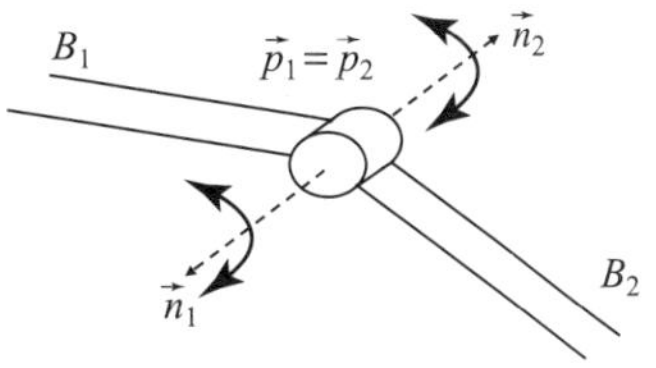

图 5. 5　刚体 B_1 和 B_2 通过一个旋转铰链连接［不允许相对平移（$\vec{p}_1=\vec{p}_2$），并且只能关于一根铰链轴发生相对旋转。这样，铰链轴 $\vec{n}_1$ 和 $\vec{n}_2$ 在运动过程中需要保持平行］

令 $\vec{n}_1$ 和 $\vec{n}_2$ 分别属于刚体 B_1 和 B_2 的两根世界坐标系铰链轴。它们被固定在相应刚体的铰接点处，并且在创建时就是互相平行的，即：

$$\vec{n}_1\times\vec{n}_2=0$$

旋转铰链需要两个约束函数来描述它是怎样约束刚体在铰链铰接点处做相对平移和旋转的。和在球形铰链和万向节中一样，相对平移是完全不被允许的，所以我们这里可以使用完全相同的约束函数，即：

$$\xi_1=\vec{p}_1-\vec{p}_2=0$$

第二个约束函数需要约束刚体间的相对旋转，使得两根旋转轴在运动过程中保持平行（只允许沿着一根轴旋转）。这个约束用数学表达为：

$$\xi_3=\vec{n}_1\times\vec{n}_2=0 \tag{5.29}$$

我们可以不计算方程（5. 29）中叉积的时间导数，代之以垂直于 $\vec{n}_1$ 的两刚体局部坐标系的点积。因此，确保

$$\xi_3=0$$

等价于一直保证

$$\begin{aligned}\xi_4&=\vec{k}_1\cdot\vec{n}_2=0\\ \xi_5&=\vec{t}_1\cdot\vec{n}_2=0\end{aligned} \tag{5.30}$$

下一步是计算约束函数 ξ_1、ξ_4 和 ξ_5 的一阶和二阶时间导数。约束函数 ξ_1 的导数在球形铰链和万向节的情形中已经被计算了。方程（5. 22）描述了从这个约束函数获得的最终的 3×3 线性系统。关于约束函数 ξ_4 和 ξ_5，我们注意到方程（5. 24）和方程（5. 30）之间的相似性。如果我们在方程（5. 26）中把 $\vec{n}_1$ 换成 $\vec{k}_1$ 或 $\vec{t}_1$，那么它们在本质上是一样的。因此，ξ_4 的一阶和二阶时间导数可由方程（5. 26）和方程（5. 27）通过把 $\vec{n}_1$ 换成 $\vec{k}_1$ 直接获得，即：

$$\begin{aligned}\dot{\xi}_4&=(\vec{\omega}_1\times\vec{k}_1)\cdot\vec{n}_2+\vec{k}_1\cdot(\vec{\omega}_2\times\vec{n}_2)=(\vec{k}_1\times\vec{n}_2)\cdot\vec{\omega}_1-(\vec{k}_1\times\vec{n}_2)\cdot\vec{\omega}_2\\ &=(\vec{k}_1\times\vec{n}_2)\cdot(\vec{\omega}_1-\vec{\omega}_2)\end{aligned} \tag{5.31}$$

和

$$\begin{aligned}\ddot{\xi}_4&=\left(\frac{d\vec{k}_1}{dt}\times\vec{n}_2+\vec{k}_1\times\frac{d\vec{n}_2}{dt}\right)\cdot(\vec{\omega}_1-\vec{\omega}_2)+(\vec{k}_1\times\vec{n}_2)\cdot(\vec{\alpha}_1-\vec{\alpha}_2)\\ &=((\vec{\omega}_1\times\vec{k}_1)\times\vec{n}_2+\vec{k}_1\times(\vec{\omega}_2\times\vec{n}_2))\cdot(\vec{\omega}_1-\vec{\omega}_2)+(\vec{k}_1\times\vec{n}_2)\cdot(\vec{\alpha}_1-\vec{\alpha}_2)\end{aligned} \tag{5.32}$$

用相同的方式，ξ_5 的一阶和二阶时间导数通过将 ξ_4 的一阶和二阶时间导数中的 $\vec{k}_1$ 用 $\vec{t}_1$ 代替获得，即：

$$\begin{aligned}\dot{\xi}_5&=(\vec{\omega}_1\times\vec{t}_1)\cdot\vec{n}_2+\vec{t}_1\cdot(\vec{\omega}_2\times\vec{n}_2)=(\vec{t}_1\times\vec{n}_2)\cdot\vec{\omega}_1-(\vec{t}_1\times\vec{n}_2)\cdot\vec{\omega}_2\\ &=(\vec{t}_1\times\vec{n}_2)\cdot(\vec{\omega}_1-\vec{\omega}_2)\end{aligned} \tag{5.33}$$

和

$$\ddot{\xi}_5=\left(\frac{\mathrm{d}\vec{t}_1}{\mathrm{d}t}\times\vec{n}_2+\vec{t}_1\times\frac{\mathrm{d}\vec{n}_2}{\mathrm{d}t}\right)\cdot(\vec{\omega}_1-\vec{\omega}_2)+(\vec{t}_1\times\vec{n}_2)\cdot(\vec{\alpha}_1-\vec{\alpha}_2)$$
$$=((\vec{\omega}_1\times\vec{t}_1)\times\vec{n}_2+\vec{t}_1\times(\vec{\omega}_2\times\vec{n}_2))\cdot(\vec{\omega}_1-\vec{\omega}_2)+(\vec{t}_1\times\vec{n}_2)\cdot(\vec{\alpha}_1-\vec{\alpha}_2) \quad (5.34)$$

方程（5.32）和方程（5.34）中唯一与铰链约束力有关的项就是包含角加速度变化量的那一项。所有其他项都只取决于刚体的动力学状态并且很容易知道。方程（5.28）把角加速度的差值表示成铰链约束力的函数。将这个方程代入方程（5.32）和方程（5.34）中，我们得到与旋转铰链约束相关的线性系统

$$\boldsymbol{A}\vec{F}_c=\vec{b}$$

的第四行和第五行。这是一个 5×3 的矩形系统，所以我们需要使用拉格朗日乘子来计算铰链约束力。

5.3.4 圆柱铰链

圆柱铰链约束刚体只能沿着一根铰链轴做相对平移和旋转。它们总共移除了铰链处刚体间相对运动的 4 个自由度。图 5.6 所示为圆柱铰链的工作原理。

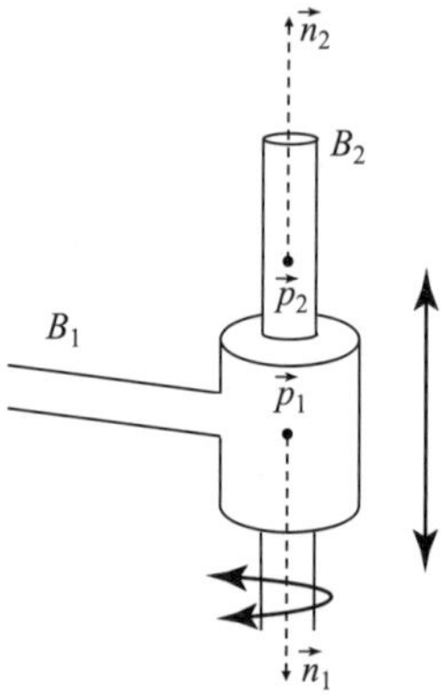

图 5.6　刚体 B_1 和 B_2 通过一个圆柱铰链连接（允许沿着一根铰链轴的相对旋转和平移）

令 $\vec{n}_1$ 和 $\vec{n}_2$ 分别为刚体 B_1 和 B_2 上的世界坐标系铰链轴。它们被固定在相应刚体的铰接点处，并且在创建时就是互相平行的，即

$$\vec{n}_1\times\vec{n}_2=0$$

圆柱铰链需要两个约束函数来描述它是怎样约束刚体在铰链铰接点处做相对平移和旋转的。第一个约束函数需要约束刚体只能沿着一根铰链轴做相对平移。这个约束用数学表达为

$$\xi_6=\vec{n}_1\times(\vec{p}_1-\vec{p}_2)=0 \quad (5.35)$$

通过用两个包含与 $\vec{n}_1$ 垂直的另外两根局部坐标轴的点积来代替，我们可以不计算方程（5.35）中叉积的时间导数。因此，保证

$$\xi_6=0$$

等价于一直保证

$$\xi_7=\vec{k}_1\times(\vec{p}_1-\vec{p}_2)=0$$
$$\xi_8=\vec{t}_1\times(\vec{p}_1-\vec{p}_2)=0 \quad (5.36)$$

第二个约束函数需要约束刚体间的相对旋转，使得两根旋转轴在运动过程中保持平行，即：

$$\xi_3=\vec{n}_1\times\vec{n}_2=0 \quad (5.37)$$

同样，通过用两个包含另外两个与 $\vec{n}_1$ 垂直的局部坐标轴的其他约束 ξ_4 和 ξ_5 来代替，我们可以不计算方程（5.37）中叉积的时间导数。

下一步就是计算约束函数 ξ_7，ξ_8，ξ_4 和 ξ_5 的一阶和二阶时间导数。约束函数 ξ_4 和 ξ_5 的导数在旋转铰链的情形中就已经被计算了。它们表示前两个约束方程与圆柱铰链有关。第三个与第四个约束方程由 ξ_7 和 ξ_8 的二阶时间导数获得。

ξ_7 的一阶时间导数由

$$\dot{\xi}_7=(\vec{\omega}_1\times\vec{k}_1)\cdot(\vec{p}_1-\vec{p}_2)+\vec{k}_1\cdot(\vec{v}_{p_1}-\vec{v}_{p_2}) \quad (5.38)$$

计算，然后计算二阶时间导数

$$\ddot{\xi}_7=((\vec{\alpha}_1\times\vec{k}_1)+\vec{\omega}_1\times(\vec{\omega}_1\times\vec{k}_1))\cdot(\vec{p}_1-\vec{p}_2)+2(\vec{\omega}_1\times\vec{k}_1)\cdot(\vec{v}_{p_1}-\vec{v}_{p_2})+\vec{k}_1\cdot(\vec{a}_{p_1}-\vec{a}_{p_2}) \tag{5.39}$$

如果我们在方程（5.38）和方程（5.39）中用 $\vec{t}_1$ 代替 $\vec{k}_1$，ξ_8 的一阶和二阶时间导数，也可以得到类似的结果，即：

$$\dot{\xi}_8=(\vec{\omega}_1\times\vec{t}_1)\cdot(\vec{p}_1-\vec{p}_2)+\vec{t}_1\cdot(\vec{v}_{p_1}-\vec{v}_{p_2}) \tag{5.40}$$

和

$$\ddot{\xi}_8=((\vec{\alpha}_1\times\vec{t}_1)+\vec{\omega}_1\times(\vec{\omega}_1\times\vec{t}_1))\cdot(\vec{p}_1-\vec{p}_2)+2(\vec{\omega}_1\times\vec{t}_1)\cdot(\vec{v}_{p_1}-\vec{v}_{p_2})+\vec{t}_1\cdot(\vec{a}_{p_1}-\vec{a}_{p_2}) \tag{5.41}$$

方程（5.39）和方程（5.41）中唯一与铰链约束力有关的项就是包含铰链铰接点加速度差值的那一项。所有其他项都只与刚体的动力学状态有关并且很容易知道。用方程（5.17）和方程（5.19），我们可以把方程（5.39）和方程（5.41）中铰接点的加速度 $\vec{a}_{p_1}$ 和 $\vec{a}_{p_2}$ 用涉及铰链约束力的表达式代替，即：

$$(\vec{a}_{p_1}-\vec{a}_{p_2})=(\boldsymbol{A}_1+\boldsymbol{A}_2)\vec{F}_c+(\vec{b}_1-\vec{b}_2)$$

将这个方程代入方程（5.39）和方程（5.41），我们得到与圆柱铰链约束有关的线性系统

$$\boldsymbol{A}\vec{F}_c=\vec{b}$$

的第三行和第四行。这是一个 4×3 的矩形系统，所以我们需要使用拉格朗日乘子来计算铰链约束力。

5.3.5 棱柱铰链

棱柱铰链也叫作移动铰链，棱柱铰链不允许铰链铰接点之间的相对旋转而且将平移约束到只能沿着铰链轴。它们总共移除了铰链处刚体间相对运动的 5 个自由度。图 5.7 所示为棱柱铰链的工作原理。

令（$\vec{n}_1$，$\vec{t}_1$，$\vec{k}_1$）和（$\vec{n}_2$，$\vec{t}_2$，$\vec{k}_2$）分别为刚体 B_1 和 B_2 上的世界坐标铰链轴。它们被固定在相应刚体的铰接点处，并且在创建时就是互相垂直的，即：

$$\vec{n}_1\cdot\vec{n}_2=0$$
$$\vec{t}_1\cdot\vec{t}_2=0$$
$$\vec{k}_1\cdot\vec{k}_2=0$$

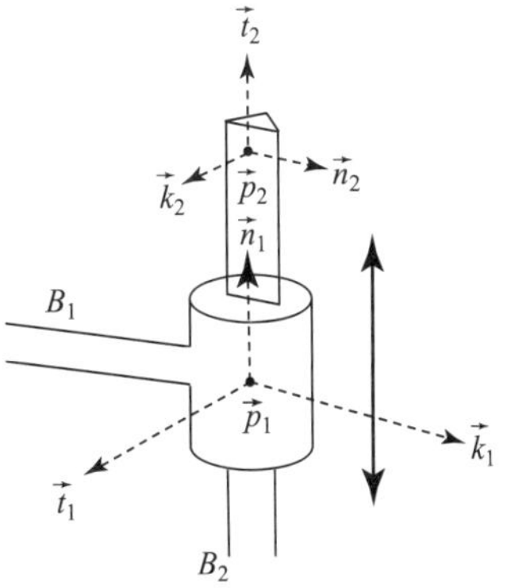

图 5.7 刚体 B_1 和 B_2 通过一个棱柱铰链连接（不允许相对旋转，而且相对平移也只能沿着一根铰链轴）

棱柱铰链需要五个约束函数来描述它是怎样约束刚体在铰链铰接点处做相对平移和旋转的。前三个约束函数需要禁止刚体间的相对旋转。这些约束能用数学表达为：

$$\begin{aligned}\xi_9&=\vec{n}_1\cdot\vec{n}_2=0\\ \xi_{10}&=\vec{t}_1\cdot\vec{t}_2=0\\ \xi_{11}&=\vec{k}_1\cdot\vec{k}_2=0\end{aligned} \tag{5.42}$$

我们注意到，如果我们把 $\vec{n}$ 替换成 $\vec{t}$ 或 $\vec{k}$，这些约束和方程（5.24）中的 ξ_2 完全相同。因此，ξ_9、ξ_{10} 和 ξ_{11} 的一阶和二阶时间导数分别与方程（5.26）和方程（5.27）中计算的 ξ_2 的导数类似。

棱柱铰链的第四个和第五个约束函数需要刚体只能沿着一根铰链轴相对平移，在这种情况下是 $\vec{n}_1$。同样，这个约束和方程（5.35）中的 ξ_6 完全一样，即：

$$\xi_6 = \vec{n}_1 \times (\vec{p}_1 - \vec{p}_2) = 0$$

或者，它的等价形式：

$$\xi_7 = \vec{k}_1 \times (\vec{p}_1 - \vec{p}_2) = 0$$

$$\xi_8 = \vec{t}_1 \times (\vec{p}_1 - \vec{p}_2) = 0$$

我们接下来可以把五个约束函数的二阶时间导数合并到一起组成与棱柱铰链有关的线性系统：

$$\boldsymbol{A}\vec{F}_c = \vec{b}$$

这是一个 5×3 的矩形系统，所以我们需要使用拉格朗日乘子来计算铰链约束力。

5.3.6 刚性铰链

刚性铰链不允许刚体在铰链处有相对平移和旋转。它总共移除了刚体间相对运动的所有 6 个自由度。

需要应用的刚性铰链的结构在之前的章节中就已经被涉及了。我们可以把球形铰链中的约束函数 ξ_1 和棱柱铰链中的约束函数 ξ_9，ξ_{10} 和 ξ_{11} 组合起来，分别用来避免相对平移和相对旋转。这些约束函数可以合并成 6×6 的与刚性铰链相关的线性系统：

$$\boldsymbol{A}\vec{F}_c = \vec{b}$$

这是一个可以直接求解铰链约束力的方形系统。

5.4 多铰链系统

现在，考虑一个 n 个刚体由 q 个铰链连接的铰接系统。对于连接刚体 $(B_1)_i$ 和 $(B_2)_j$ 的每个铰链 J_i，我们有一个关于铰链铰接点加速度和要求解的铰链约束力的线性系统。为了连续地求解所有的铰链约束力，我们将单个线性系统合并成一个，获得一个大型的（和稀疏的）线性系统：

$$\boldsymbol{A}\vec{F}_c = \vec{b}$$

其中，铰链约束力向量可表示为：

$$\vec{F} = ((\vec{F}_c)_1, (\vec{F}_c)_2, \cdots, (\vec{F}_c)_q)^{\mathrm{T}}$$

根据方程（5.17），铰链 J_i 的铰接点 $(\vec{a}_{p_1})_i$ 和 $(\vec{a}_{p_2})_i$ 的加速度由

$$(\vec{a}_{p_1})_i = (\boldsymbol{A}_1)_i (\vec{F}_c)_i + (\vec{b}_1)_i$$

$$(\vec{a}_{p_2})_i = -(\boldsymbol{A}_2)_i (\vec{F}_c)_i + (\vec{b}_2)_i$$

给出，其中，按照惯例，将负的铰链约束力施加到铰接点 $\vec{p}_2$。假设另一个铰链也在刚体 B_1 上，而且 B_1 是被随意分配成铰链 J_j 的刚体 $(B_1)_j$ 的。在这种情况下，在铰接点 $(\vec{a}_{p_1})_j$ 的正的约束力 $+(\vec{F}_c)_j$ 被施加到 B_1 上。因此，铰接点 $(\vec{a}_{p_1})_i$ 的加速度变成

$$(\vec{a}_{p_1})_i = (\boldsymbol{A}_1)_i (\vec{F}_c)_i + (\boldsymbol{A}_1)_j (\vec{F}_c)_j + (\vec{b}_1)_i$$

在矩阵 $\boldsymbol{A}$ 的第 i 行第 j 列创建了一个非对角元素。在第 j 行第 i 列同样也会有一个元素，这个元素与约束力 $(\vec{F}_c)_i$ 对铰链 J_j 处的铰接点 $(\vec{a}_{p_2})_j$ 的影响有关。换句话说，一个铰链铰接点的加速度同样取决于施加在相同刚体其他节点上的约束力。更准确地说，铰接点的加速度

将牵涉与刚体上铰链一样多的铰链约束力。

为了更好地表达，我们考虑使图 5.1 所示的铰接体在图 5.8 中重复出现并带有分配给每个铰链的刚体下标。为了简化，假设所有的 8 个铰链都是球形铰链①。

在随意分配下标的情况下，连接到多个铰链的刚体可能根据所连接的铰链而分配到不同的下标。例如，刚体 B_3 相对于铰链 J_3 的下标为 1，相对于铰链 J_2 和 J_8 的下标为 2。请记住，下标与作用于刚体的铰接力的符号有关，即下标 1 表示符号为正，下标 2 表示符号为负。因此，由应用于铰链 J_1 的约束方程（5.21），即：

$$\ddot{\xi}_1 = \vec{a}_{p_1} - \vec{a}_{p_2} = 0$$

可以得出：

$$((\boldsymbol{A}_1)_1^1 \vec{F}_1 + (\vec{b}_1)_1) - (-(\boldsymbol{A}_2)_1^1 \vec{F}_1 + (\boldsymbol{A}_1)_2^1 \vec{F}_2 + (\vec{b}_2)_1) = 0 \tag{5.43}$$

也就是说，加速度 $(\vec{a}_{p1})_1$ 仅依赖于铰接力$\vec{F}_1$，而加速度 $(\vec{a}_{p2})_1$ 取决于铰接力$\vec{F}_1$ 和$\vec{F}_2$，因为刚体 B_2 连接到铰链 J_1 和 J_2（图 5.8）。由于刚体 B_2 相对于铰链 J_1 的下标为 2，相对于铰链 J_2 的下标为 1，因此，我们对方程（5.43）右边的项使用负号处理$\vec{F}_1$，使用正号处理$\vec{F}_2$。

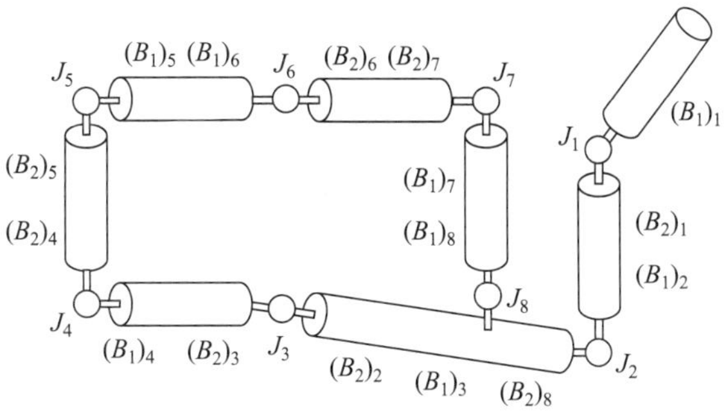

图 5.8　对于系统中的每个铰链，我们为其所连接的刚体分配下标（连接到多个铰链的刚体将分配到多个下标；接着，使用分配结果，构建一个含有所有铰链方程的线性系统）

请注意方程（5.43）的所有矩阵使用的额外上标。这些上标表示计算所涉及的铰接点。例如，矩阵 $(\boldsymbol{A}_2)_1^1$ 是作为刚体系数矩阵而进行计算的，铰链 J_1 的下标 2 应用于 J_1 的铰接点；而矩阵 $(\boldsymbol{A}_1)_2^1$ 是刚体的系数矩阵，铰链 J_2 的下标 1 应用于 J_1 的铰接点。

总的来说，$(\boldsymbol{A}_i)_j^q \vec{F}_j$ 和 $(\vec{b}_i)_j^q$ 项是指刚体的系数，其具有 J_j 铰链的下标 $i \in \{1, 2\}$，并施加于 J_q 的铰接点，可计算为：

$$(\boldsymbol{A}_i)_j^q = \left(\frac{1}{m_i} I - \tilde{x}_i^q \boldsymbol{I}_i^{-1} \tilde{x}_i^q\right)$$

$$(\vec{b}_1)_j^q = \frac{1}{m_i}(\vec{F}_i)_{\text{ext}} + (\boldsymbol{I}_i^{-1}\ (\vec{r}_i)_{\text{ext}} + \vec{H}_i \times \vec{\omega}_i))\ \tilde{x}_i^i + \vec{\omega}_i \times (\vec{\omega}_i \times \tilde{x}_i^i)$$

其中，

$$\tilde{x}_i^q = (\vec{p}_i)_q - \vec{r}_i$$

① 下列分析对任意种类的铰链都适用。

请注意，对于双刚体的情形，我们只有一个铰链，即 $q=i$，因此上标 q 可以被忽略。

将所有未知的作用力移动至方程（5.43）的左侧，可以将其改写为：

$$((\boldsymbol{A}_1)_1^1+(\boldsymbol{A}_2)_1^1)\vec{F}_1-(A_1)_2^1\vec{F}_2=-(\vec{b}_1)_1+(\vec{b}_2)_1$$

接下来，将约束方程（5.21）代入铰链 J_2，得出：

$$(-(\boldsymbol{A}_2)_1^2\vec{F}_1+(\boldsymbol{A}_1)_2^2\vec{F}_2+(\vec{b}_1)_2)-(-(\boldsymbol{A}_2)_2^2\vec{F}_2+(\vec{b}_2)_2+(\boldsymbol{A}_1)_3^2\vec{F}_3-(\boldsymbol{A}_2)_8^2\vec{F}_8)=0$$

也可以重新排列为：

$$-(\boldsymbol{A}_2)_1^2\vec{F}_1+((\boldsymbol{A}_1)_2^2+(\boldsymbol{A}_2)_2^2)\vec{F}_2-(\boldsymbol{A}_1)_3^2\vec{F}_3+(\boldsymbol{A}_2)_8^2\vec{F}_8=-(\vec{b}_1)_2+(\vec{b}_2)_2$$

对所有其他铰链执行相同的操作，则可将 8 个铰链方程重组为以下线性系统：

$$\begin{pmatrix}
(\boldsymbol{A}_1)_1^1+(\boldsymbol{A}_2)_1^1 & -(\boldsymbol{A}_1)_2^1 & \boldsymbol{0} & \boldsymbol{0} & \boldsymbol{0} & \boldsymbol{0} & \boldsymbol{0} & \boldsymbol{0} \\
-(\boldsymbol{A}_2)_1^2 & (\boldsymbol{A}_1)_2^2+(\boldsymbol{A}_2)_2^2 & -(\boldsymbol{A}_1)_3^2 & \boldsymbol{0} & \boldsymbol{0} & \boldsymbol{0} & \boldsymbol{0} & (\boldsymbol{A}_2)_8^2 \\
\boldsymbol{0} & -(\boldsymbol{A}_2)_2^3 & (\boldsymbol{A}_1)_3^3+(\boldsymbol{A}_2)_3^3 & -(\boldsymbol{A}_1)_4^3 & \boldsymbol{0} & \boldsymbol{0} & \boldsymbol{0} & -(\boldsymbol{A}_2)_8^3 \\
\boldsymbol{0} & \boldsymbol{0} & -(\boldsymbol{A}_2)_3^4 & (\boldsymbol{A}_1)_4^4+(\boldsymbol{A}_2)_4^4 & (\boldsymbol{A}_2)_5^4 & \boldsymbol{0} & \boldsymbol{0} & \boldsymbol{0} \\
\boldsymbol{0} & \boldsymbol{0} & \boldsymbol{0} & (\boldsymbol{A}_2)_4^5 & (\boldsymbol{A}_1)_5^5+(\boldsymbol{A}_2)_5^5 & (\boldsymbol{A}_1)_6^5 & \boldsymbol{0} & \boldsymbol{0} \\
\boldsymbol{0} & \boldsymbol{0} & \boldsymbol{0} & \boldsymbol{0} & (\boldsymbol{A}_1)_5^6 & (\boldsymbol{A}_1)_6^6+(\boldsymbol{A}_2)_6^6 & (\boldsymbol{A}_2)_7^6 & \boldsymbol{0} \\
\boldsymbol{0} & \boldsymbol{0} & \boldsymbol{0} & \boldsymbol{0} & \boldsymbol{0} & (\boldsymbol{A}_2)_6^7 & (\boldsymbol{A}_1)_7^7+(\boldsymbol{A}_2)_7^7 & (\boldsymbol{A}_1)_8^7 \\
\boldsymbol{0} & (\boldsymbol{A}_2)_2^8 & -(\boldsymbol{A}_1)_3^8 & \boldsymbol{0} & \boldsymbol{0} & \boldsymbol{0} & (\boldsymbol{A}_1)_7^8 & (\boldsymbol{A}_1)_8^8+(\boldsymbol{A}_2)_8^8
\end{pmatrix}
\begin{pmatrix}\vec{F}_1\\ \vec{F}_2\\ \vec{F}_3\\ \vec{F}_4\\ \vec{F}_5\\ \vec{F}_6\\ \vec{F}_7\\ \vec{F}_8\end{pmatrix}
=
\begin{pmatrix}
-(\vec{b}_1)_1+(\vec{b}_2)_1\\
-(\vec{b}_1)_2+(\vec{b}_2)_2\\
-(\vec{b}_1)_3+(\vec{b}_2)_3\\
-(\vec{b}_1)_4+(\vec{b}_2)_4\\
-(\vec{b}_1)_5+(\vec{b}_2)_5\\
-(\vec{b}_1)_6+(\vec{b}_2)_6\\
-(\vec{b}_1)_7+(\vec{b}_2)_7\\
-(\vec{b}_1)_8+(\vec{b}_2)_8
\end{pmatrix}$$

对上述线性系统求出铰接力，即可获得每个铰链的接触力，计算作用于每个刚体的净作用力和净扭矩。这样一来，我们便能对铰接式系统的运动方程进行数值积分计算。

5.5 碰撞检测

铰接式刚体与其他刚体、铰接式刚体与粒子之间的碰撞检测可被视为第4章介绍的碰撞检测方法的延伸。铰接式刚体与其他刚体之间的碰撞检测，与铰接式系统中每个单独链接与其他刚体之间的碰撞检测是大体相同的。通过利用铰接式系统的每个链接的层次结构树表达法，构建铰接式系统的整体层次结构树表达，从而实现高效检测。

我们的思路是利用铰接式系统的双级层次结构树表达法，有效执行碰撞检测。在第一级，用自身的层次结构树表达每个单独的链接。这些树形结构的子节点为三角形面，用于定义链接的几何边界。在第二级，用树形结构的根节点替代每个链接的单个层次结构树表达，构建另一个层次结构树，将每个链接的根节点作为其子节点。换言之，第二级层次结构树的子节点本身就是一个层次结构树。图5.9～图5.11所示是简单铰接式刚体的双级层次结构树表达。

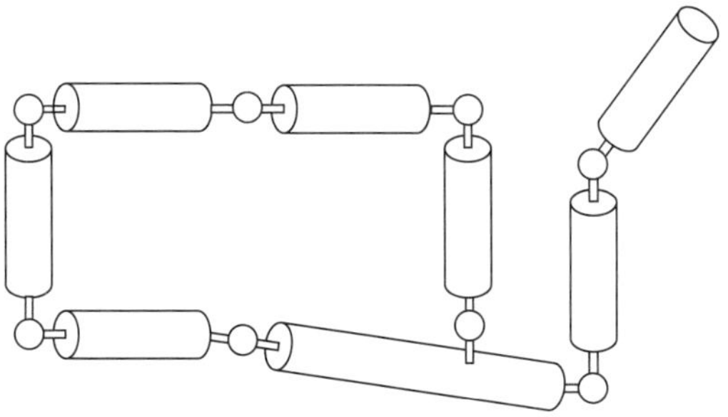

图5.9 铰接式刚体

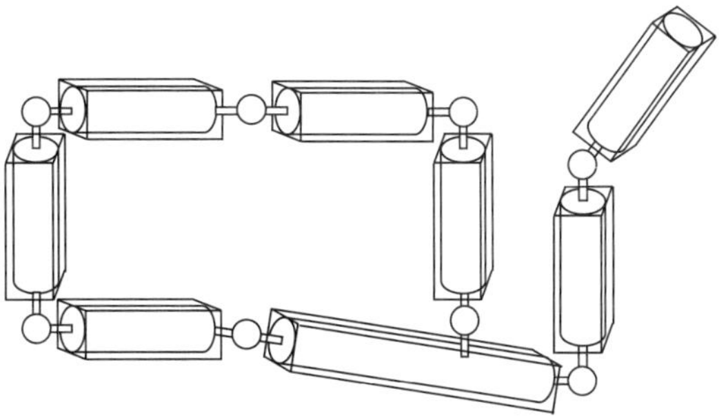

图5.10 第一级层次结构树表达（包含图5.9所示的铰接式刚体的各个链接的单独表达）

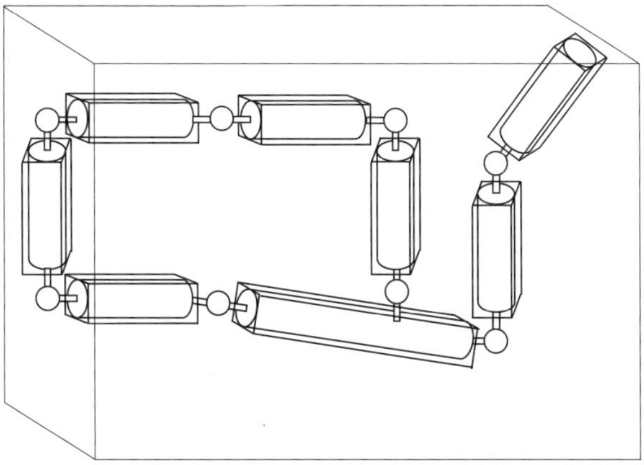

图5.11 将第一级获得的每个链接的层次结构树表达的根节点用作第二级构建的层次结构树的子节点（第二级的树形结构的根节点包含整个铰接式结构）

因此，涉及铰接式刚体的碰撞检测需要执行两个步骤。首先，检测刚体第二级层次结构树表达之间是否几何相交。如果未发现相交，则铰接式刚体不发生碰撞。否则，用相应的第一级层次结构树来替代第二级层次结构树的相交子节点（请记住，第二级的每个子节点本身就是一个层次结构树）。该算法继续检查相交子节点的层次结构树表达之间的碰撞情况。

如果未发现相交，则铰接式刚体不发生碰撞。否则，用它们表示的三角形面来替代第一级的相交子节点。此时，执行多个三角形间相交检测，检测是否有成对的三角形面发生相交，是否在待检测碰撞情况的每个铰接式刚体之上各存在一个相交的三角形面。当检测到相交时，则认为铰接式刚体发生碰撞，将它们的轨迹时间回溯至最近一次碰撞的前一刻，也就是，在一对三角形面首次相交的前一刻。接下来，使用面的几何位移，计算碰撞法线和切面，计算方法与第 4.4 节介绍的刚体间碰撞的计算方法相同。

检测铰接式刚体与单个刚体之间的碰撞情况等同于检测两个铰接式刚体之间的碰撞情况，这两个铰接式刚体的其中一个只有一个链接，无铰链。同样地，我们首先检测刚体层次结构树表达的根节点与表示铰接式刚体的第二级层次结构树之间的几何相交关系。如果检测到相交，则与单个刚体根节点相交的第二级树形结构的子节点可以进一步扩展到相应的第一级层次结构树中。接下来的碰撞检测涉及检测扩展的子节点和刚体层次结构树之间的相交关系。后者与两个刚体相交情况相似。

铰接式刚体的双级层次结构树表达法还可用来检测自碰撞情形。正如在第 2.5.2 节中解释的那样，铰接式刚体的第二级层次结构树表达自相交返回一个包含所有轨迹在它们运动过程相交的节点对列表。对于这个列表中的每个节点对，算法按照与第 4 章刚体 - 刚体碰撞的同样方法检测它们第一级层次结构树表达间的碰撞。

5.6 碰撞响应

涉及铰接式刚体的碰撞响应，必然是一个多碰撞问题。当检测到其中一个铰接式链接发生碰撞时，得到的碰撞冲力通过铰链链接的形式，将其响应传播到铰接式系统的所有其他刚体中。换言之，铰接式刚体和其他刚体（通常也是其他铰接式刚体）之间的外部碰撞对铰接点之间的链接创建了一个内部碰撞序列。求解该内部碰撞序列的方法取决于用于描述这些碰撞的数学模型。

考虑图 5.12（a）所示的情形，即两个铰接式刚体碰撞于点 $\vec{p}_i$。对于刚体间碰撞，使用第 4.11 节探讨的方法，根据刚体在碰撞前一刻的相对几何位移，计算碰撞点 $\vec{p}_i$ 的碰撞法线和切面。

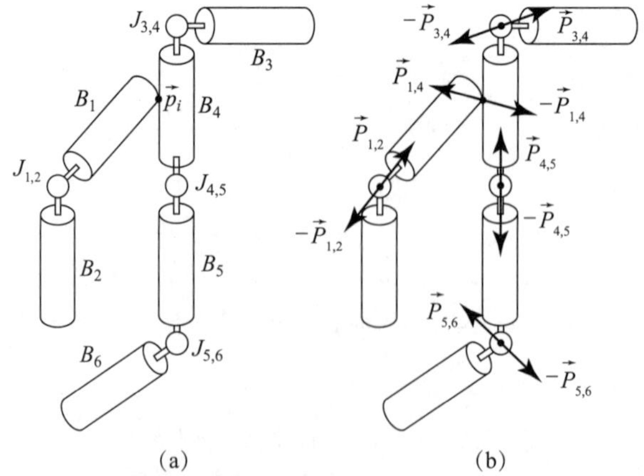

图 5.12 （a）两个铰接式刚体于点 $\vec{p}_i$ 碰撞；（b）刚体 B_1 和 B_4 之间的外部碰撞冲力 $\vec{P}_{1,4}$ 在每个铰链建立冲击反应

该碰撞生成的外部碰撞冲力$\vec{P}_{1,4}$将影响刚体 B_1 和 B_4，以及连接到这两个刚体的所有其他刚体的动力学状态。使用一组内部碰撞冲力集合表示对每个链接的动力学状态的调整，每个内部碰撞冲力分别对应铰接式系统的一个链接［图 5. 12（b）］。很显然，解决这一多碰撞问题的方法之一是将冲击反应视作经过每个铰链的波，传播到外部碰撞。此时，将对铰链冲击反应进行增量计算，如同它们发生在不同的时刻。例如，我们首先将计算$\vec{P}_{1,4}$，忽视铰接式系统的内部动力学状态。接着，对一个铰接式系统求解，得出$\vec{P}_{3,4}$和$\vec{P}_{4,5}$，并对另一个铰接式系统求解，得出$\vec{P}_{1,2}$。最后，我们考虑已经应用到该系统的其他冲力（发生在不同的时刻），计算$\vec{P}_{5,6}$。

这种方法存在两个根本性的问题。首先是效率问题。在图 5. 12 所示的特定情形中，我们将需要连续三次执行碰撞响应模块，一次用于计算$\vec{P}_{1,4}$，一次计算$\vec{P}_{3,4}$和$\vec{P}_{4,5}$，第三次计算$\vec{P}_{5,6}$。第二个问题在于，可能进入无限循环模式，永远无法顺利完成内部碰撞冲力计算。每当对铰接式系统的其中一个循环进行求解时，都很可能出现上述情况（图 5. 13）。

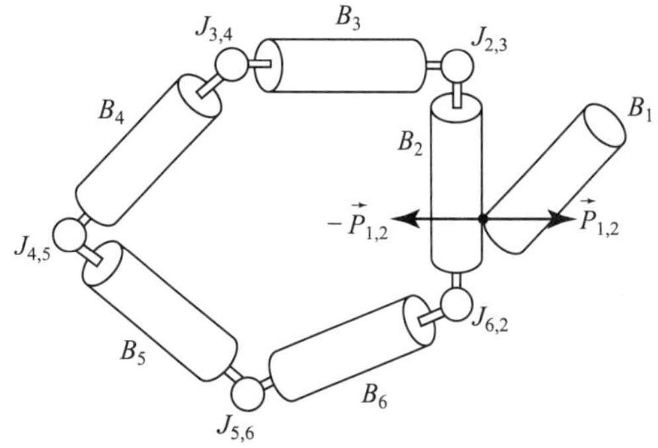

图 5. 13　当增量计算每个铰链在响应外部碰撞时的内部碰撞冲力时发生的危险情形（铰接式拓扑存在闭环，需要一次性计算所有内部冲力）

本书将忽略传播时间，假设所有内部碰撞与导致发生内部碰撞的外部碰撞同时发生。这样一来，外部碰撞冲力将同步影响所有链接的动力学状态。换句话说，通过对涉及刚体动力学状态和冲力的线性方程组进行求解，将同步计算所有碰撞冲力（无论是外部还是内部）。但是，请注意，即使这种假设对于含有少量链接的铰接式系统能够得到良好的效果，但对于含有大量互连链接的铰接式系统而言，它明显过分简化了冲力传播机制。

在以下章节中，我们将更详细地探讨如何调整第 4 章介绍的多个碰撞响应机制，使之适用于铰接式系统。

5. 6. 1　计算单个或多个外部碰撞的冲力

使用第 4. 11. 2 节介绍的多个刚体碰撞的计算方法，即可同时计算所有内部和外部碰撞冲力。请记住，计算多个碰撞冲力包括构建稀疏线性方程组并求解。可知稀疏矩阵可按照$\boldsymbol{A}_{i,q}$，$\boldsymbol{B}_{i,q}$，$\boldsymbol{C}_{i,q}$和$\boldsymbol{E}_{i,q}$的形式被分割为多个分块矩阵，其中，下标 i 和 q 指刚体 B_i 和 B_q之间的碰撞。通过对比沿着每个切线方向的摩擦系数以及与之相关的临界摩擦系数①，从一组四个可能的组合中选择每个分块矩阵的行数。

使用上述多刚体碰撞响应框架，将每个单独的链接视为单个独立刚体，而每个铰链将被视为与之相关的链接之间的碰撞点。当计算它们相关的碰撞冲力时，还要保证每个铰链的铰链约束。理解这个的最好方式就是考虑图 5. 8 中所有 8 个铰链都是球形铰链的铰接系统的例子。

对于球形铰链，其链接的相对运动仅限于旋转。根据方程（5. 20）和方程（5. 21），每

① 用来计算临界摩擦系数方法的详细讨论参见第 4. 11. 1 节。

个链接点的位置、速度和加速度应在整个运动过程中保持一致。第 5. 3. 1 节曾使用这个约束条件，推导出与铰接力和链接动力学状态相关的表达式。此处，我们使用关于位置和速度的另外两个约束条件，将每个铰链的冲力与相应链接的动力学状态相关联。

首先分析位置约束条件。由于每个链接节点的位置应在整个运动过程中保持一致［方程（5. 20）］，在碰撞时，它们无法相对于彼此滑动。换言之，不再需要使用临界摩擦系数值来确定碰撞点（铰接点）在碰撞过程中是滑动的还是固定的。无须计算每个铰链的位置，因为我们已知在碰撞过程中，碰撞点应彼此固定。

其次分析速度约束条件。在整个运动过程中，铰接点应始终保持相同的速度［方程（5. 21）］，也就是说，在碰撞之后，链接不应在铰接点处发生分离。该条件可以转换为：所有铰链碰撞的回弹系数均为 0（无弹性碰撞）。

最后根据所使用的铰链类型，得出相应的速度约束条件方程，并用于替代回弹系数方程。因此，在球形铰链这样一种特殊情况下，第 4. 11. 2 节介绍的定义每个分块矩阵 $\boldsymbol{A}_{i,q}$，$\boldsymbol{B}_{i,q}$，$\boldsymbol{C}_{i,q}$和 $\boldsymbol{E}_{i,q}$的行的四种可能情形被简化为一种，即：

$$\boldsymbol{A}_{i,q}=0,\ \boldsymbol{B}_{i,q}=I,\ \boldsymbol{C}_{i,q}=-\tilde{r}_i,\ \boldsymbol{E}_{i,q}=\tilde{r}_q \tag{5.44}$$

但这并不适用于所有其他铰链类型，如第 5. 3. 3 节中讨论的旋转铰链和第 5. 3. 5 节中讨论的棱柱铰链。

总之，我们要为每个碰撞选择适当的分块矩阵表示，从而构建一个包含所有内部和外部冲力的系统矩阵。根据适用于单个刚体碰撞情形的相同原则，选择与所有外部碰撞相关的分块矩阵表示，其中碰撞点在碰撞过程中相对于彼此可以滑动或固定。

5. 6. 2　计算单个或多个外部接触的接触力

当铰接式刚体的一个或多个链接彼此接触，或者与仿真世界的其他刚体接触时，每个接触点的接触力都将影响整个铰接式系统的运动状态。这与第 4. 11. 4 节介绍的多个刚体接触情形类似。请记住，同步计算所有接触力涉及构建一个线性互补问题（LCP）并进行求解，其中接触力和加速度都受限于非负值。在施加接触力之后，在接触结束时相对加速度为 0 的接触点仍然保持接触，而加速度为正值的接触将在施加接触力时立刻分离。接触力为 0 的接触仅仅只是彼此接触，不一定会分离，具体取决于相应的相对加速度值。

我们的思路是使用第 4. 11. 4 节介绍的相同方法。所需的唯一修改是在对系统施加接触力之后，确保球形铰链的约束条件。这些修改应作为附录 I（第 14 章）所述的 LCP 求解方法的一个组成部分。根据附录 I（第 14 章）所示的结果，用 LCP 求解方法增量计算接触 C_i 的接触力，同时对所有其他已经考虑的接触 j（其中 $j<i$）执行正常接触条件和摩擦接触条件。这就要求我们记录已经考虑的所有接触点的下标，使得对于计算过程中的任意点，其下标均为以下三组之一的一个子集。

（1）ZA_n 或 ZF_n，取决于沿着法线方向 $\vec{n}$ 的法向加速度和接触力分量。

（2）ZA_t，$\mathrm{Max}F_t$ 或 $\mathrm{Min}F_t$，取决于沿着切线方向$\vec{t}$的切线加速度和接触力分量。

（3）ZA_k，$\mathrm{Max}F_k$ 或 $\mathrm{Min}F_k$，取决于沿着切线方向 $\vec{k}$ 的切线加速度和接触力分量。

让我们考虑图 5. 8 所示中所有 8 个铰链都是球形铰链的例子。由于在整个运动过程中，铰接点的位置必须保持一致，因此有必要确保所有铰链接触的相对加速度必须始终为 0。这要求我们修改 LCP 求解方法，将铰链接触对应的所有下标分配到 ZA_n，ZA_t 和 ZA_k 组，但并不替代它们。这样可以确保在施加所有接触力之后，铰接点的相对加速度为 0，也就是说，链接在整个运动过程中都将连接在铰接点处。

根据附录 I（第 14 章）所述的 LCP 求解方法，在这三个主要组的不同子集之间来回移动接触点下标，具体取决于所分配到的相对加速度或接触力是否为负值。例如，对于下标在 ZA_n 中的接触点，其法线接触力分量为正，相对法线加速度为 0。如果在 LCP 求解算法的下一个迭代中，法线接触力分量假设为负值，则系统演变至法线接触力分量为 0 的一个点，这个接触点的下标从 ZA_n 变成 ZF_n，以避免法线接触力分量变成负值。这也相应地允许相对法线加速度使用任何正值。

对于球形铰链接触，我们需要设置相对加速度始终为 0。这可能要求铰链的接触力为负，因为我们无法将接触下标移出 0 加速度子集。当接触下标是指铰链接触时，需要进行以下修改，才能计算接触力。

（1）铰链接触力可以是任何值，而不仅仅只是非负值（如外部接触情形所示）。在实际操作中，铰链接触力为负，这就意味着铰链接触所使用的局部坐标系（法线和切线坐标轴的方向）是倒置的。

（2）铰链接触力的切向分量还可以是任何值，而不仅限于 μF_n，也就是说，法向分量乘以切向相关的摩擦系数。

总之，对附录 I（第 14 章）讨论的 LCP 求解方法可以略加修改，将它们的下标设置为始终包含在 0 加速度子集，且假设铰链接触力为有限值，从而适用于铰链接触力的情形。这需要跟踪哪些下标与铰链接触对应，并在作用力计算模块中添加条件语句，从而无须担忧铰链接触的接触力变成负值。

在实现过程中，每当执行仿真循环时，数值四舍五入误差能够以较小数值偏离铰接点。在前几个仿真时步中，这些偏离值通常并不引人注目，但是对于执行时间较长的仿真而言，会带来一定的问题。在这些情况下，使用铰接点相应链接的动力学状态所计算出来的铰接点位置不再保持一致，因此在屏幕上能够发现铰接点发生分离。很显然，这并非动态仿真系统想要展示的“特征”。对于诸如此类的情形，比较实用的解决方案是增加一个静止长度为 0 的虚拟弹簧连接铰接点。当由于四舍五入误差，铰接点彼此分离时，弹簧力将使得铰接点再次连接在一起。所需的弹簧刚度取决于铰链所连接的刚体质量（刚体越重，弹簧的刚度应越大）。

5.7 注释和评论

本章已经尝试介绍了一部分适用于铰接式系统动态仿真的常用机制的方法类型，虽然内容不多，但是非常重要。虽然我们的分析侧重于常用铰链连接的刚体，但上述方法仍可以用于其他铰链类型。不同类型的铰链需要执行不同的铰链约束条件，因此需要对使用的实际约束方程进行调整。但是，定义铰链约束，并在时间上进行两次微分运算，以便将铰接力以及铰接式系统的动力学状态相关联的基本原理保持不变。根据所考虑的铰链，在时间上进行微分运算的难度可能各不相同，但是原理是一样的。

作为对碰撞的响应，无论所使用的铰链是何种类型，其速度约束条件应始终替代回弹系数方程。后者仅适用于碰撞刚体在碰撞点未互连的情况。另外，接触力计算可能要求在附录I（第14章）所述的LCP求解方法中创建其他类型的分组，以便适应铰链约束条件。例如，对于棱柱铰链而言，互连刚体的约束条件是仅能够沿着连接轴平移。刚体沿着连接轴的相对加速度可以是0、正值或负值，而它们在垂直于连接轴的接触面的相对加速度分量应始终为0。这就要求创建特定功能的子集，以便跟踪棱柱铰链接触力的下标。例如，我们可以考虑为法线分量加速度创建 $ZAany_n$ 子集，该子集可以是任意值。

本书涉及的铰链约束方程基于 Shabana［Sha10，Sha98］，Casolo 等［Cas10］，Garstenauer 等［Gar06］，Hecker［Hec00a，Hec00b］和 Baraff［Bar96］。其他有趣的约束方程类型请参见 Barzel 等［BB88］。使用弹簧以及其他方法抵消铰接点位置的数值舍入误差可参见 Baumgarte［Bau72］和 Barzel 等［BB88］等的介绍。

Mirtich［Mir96b］关于约束刚体动力学的研究侧重于使用旋转和棱柱铰链来连接的刚体。他的方程使用了空间算子代数（也可参见 Rodriguez 等［RJKD92］），并扩展了 Featherstone［Fea83，Fea87］的研究，以用于树形链接结构；他还介绍了一些控制系统方法，以便从运动学角度控制①铰接式刚体的运动。Brach［Bra91］考虑了由多种铰链类型互连的刚体链，但他的分析仅限于二维情形。

5.8 练　　习

1. 在大多数情况下，对铰链约束的运动进行限制是必要的。例如，棱柱铰链相对平移量受限于用来构建铰链的硬件的实际物理大小，取决于铰链种类，铰接刚体间可能有平移和旋转的限制。

（1）定义一个可以用来限制铰接点处相对平移的通用铰链约束函数。

（2）定义一个可以用来限制铰接点处沿着一根铰链旋转轴的相对旋转的通用铰链约束函数。

（3）计算在上述（1）和（2）中的铰链约束函数的一阶和二阶时间导数。

（4）下列用来限制铰链约束的方法哪一种更好：基于力的、基于冲力的、基于位置的或彼此的组合？说明原因。

2. 固定铰链可用来模拟刚体动力学中的断裂。通常，用刚性铰链将刚体脆片连接在一起组成破裂的刚体。随着仿真的进行，监测这些铰链处的力和力矩来检测是否达到了用户定义的极限。一旦达到极限，刚性铰链失效并且允许刚体碎片像独立的刚体一样按照各自的方向移动。

（1）怎样由碎片的质量属性计算刚体的质量属性？

（2）即使当碎片还由刚性铰链连接时，碰撞检测模块应该将整个物体视为一个单独实体，还是应该将每个碎片作为一个独立的物体？

3. 约束函数还能被用来应用电动机来控制物体的相对线速度和相对角速度。让我们考虑一个在铰接点 $\vec{p}_1$ 和 $\vec{p}_2$ 处分别连接刚体 B_1 和 B_2 的电动机。

（1）假设电动机有3个自由度并且用来控制铰接点处的相对线速度。更准确地说，用电动机来使它们的相对线速度按照一个用户定义的函数 $f(t)$ 来变化。

① 从运动学角度控制，这是指刚体的线性位置和角位置、速度和加速度是从动画系统中获得的，可能是在连续两个动画帧中进行插值。

①写出这个电动机速度的约束函数。

②计算上述约束函数的一阶时间导数，获得这个电动机使用的加速度约束函数。

③针对电动机用来控制相对角速度的情形，重复上述步骤。

（2）假设电动机有一个自由度并且用来控制相对线速度沿着刚体 B_1 上的一根局部坐标轴 $\vec{m}_l$。令 $\vec{m}$ 为 $\vec{m}_l$ 的世界坐标系表达。

①将 $\vec{m}$ 作为刚体 B_1 的旋转矩阵的函数，并求解。

②写出这个电动机沿 $\vec{m}$ 的速度约束函数。

③计算上述函数的一阶时间导数来获得这个电动机使用的加速度约束函数。

④针对电动机被用来控制沿 $\vec{m}$ 的相对角速度的情形，重复上述步骤。

参考文献

[Bar96] Baraff, D.: Linear – time dynamics using Lagrange multipliers. Comput. Graph. (Proc. SIGGRAPH) 30, 137 – 146 (1996).

[Bau72] Baumgarte, J.: Stabilization of constraints and integrals of motion in dynamical systems. Comput. Methods Appl. Mech., 1 – 36 (1972).

[BB88] Barzel, R., Barr, A. H.: A modeling system based on dynamic constraints. Comput. Graph. (Proc. SIGGRAPH) 22, 179 – 188 (1988).

[Bra91] Brach, R. M. (ed.): Mechanical impact dynamics: rigid body collisions. Wiley, New York (1991).

[Cas10] Casolo, F. (ed.): Motion control, pp. 1 – 30. InTech (www. intechopen. com) (2010).

[Fea83] Featherstone, R.: The calculation of robot dynamics using articulated – body inertias. Int. J. Robot. Res. 2, 13 – 30 (1983).

[Fea87] Featherstone, R. (ed.): Robot dynamics algorithms. Kluwer Academic, Dordrecht (1987).

[Gar06] Garstenauer, H.: A unified framework for rigid body dynamics. Master's Thesis, Johannes Kepler University (2006).

[Hec00a] Hecker, C.: How to simulate a ponytail, part 1. Game Developer Mag., 34 – 42 (March 2000).

[Hec00b] Hecker, C.: How to simulate a ponytail, part 2. Game Developer Mag., 42 – 53 (April 2000).

[Mir96b] Mirtich, B. V.: Impulse – based dynamic simulation of rigid body systems. PhD Thesis, University of California, Berkeley (1996).

[RJKD92] Rodriguez, G., Jain, A., Kreutz – Delgado, K.: Spatial operator algebra for multibody system dynamics. J. Astronaut. Sci. 40, 27 – 50 (1992).

[Sha98] Shabana, A. A.: Dynamics of multibody systems. Cambridge University Press, Cambridge (1998).

[Sha10] Shabana, A. A.: Computational dynamics. Wiley, New York (2010).

第2部分　数学工具

接下来的9章将带领读者详细了解在第1部分讨论实时动态仿真引擎的应用时作为“黑箱”模块使用的一些数学算法。每个模块自身都可以作为一个范围广阔和复杂的主题。

6

附录 A　实用的三维几何结构

6.1　简　　介

在本附录中，我们将介绍用于作为模块执行多种相交检测的几何结构，它们是本书介绍的粒子间、粒子 - 刚体和刚体间碰撞检测算法的组成部分。我们还将在第 6.6 节介绍在已知碰撞（或接触）法线向量的情况下如何确定碰撞（或接触）切面。

我们将使用以下符号描述上述部分检测。在三维空间的一个点 $\vec{p}_i$ 将被表示为：

$$\vec{p}_i = ((p_i)_x, (p_i)_y, (p_i)_z)$$

线段 L_s 的两个端点是 $\vec{p}_1$ 和 $\vec{p}_2$，由以下方程得出：

$$\vec{p} = \vec{p}_1 + k(\vec{p}_2 - \vec{p}_1)$$

其中，$0 \leqslant k \leqslant 1$。

平面 β 由其法线 $\vec{n}_\beta$ 和平面中的点 $\vec{p}_\beta$ 描述。任意点 $\vec{p} \in \beta$ 满足等式：

$$\vec{p} \cdot \vec{n}_\beta = d_\beta$$

其中，d_β 为平面常数，由以下方程得出：

$$d_\beta = \vec{p}_\beta \cdot \vec{n}_\beta$$

6.2　点在线上的投影

点 $\vec{p}$ 在经过点 $\vec{p}_1$ 和 $\vec{p}_2$ 的线 L 上的投影 $\vec{q}$ 为 L 上的一个点（图 6.1），因此满足直线方程，即：

$$\vec{q} = \vec{p}_1 + k(\vec{p}_2 - \vec{p}_1) \tag{6.1}$$

其中，$k \in IR$ 为待确定的标量变量。请注意，向量 $(\vec{p} - \vec{q})$ 垂直于线 L，即：

$$(\vec{p} - \vec{q}) \cdot (\vec{p}_2 - \vec{p}_1) = 0 \tag{6.2}$$

将方程（6.1）代入方程（6.2），求出 k，则得到：

$$k = \frac{(\vec{p} - \vec{p}_1) \cdot (\vec{p}_2 - \vec{p}_1)}{(\vec{p}_2 - \vec{p}_1) \cdot (\vec{p}_2 - \vec{p}_1)} \tag{6.3}$$

将方程（6.3）代入方程（6.1），直接得出投影点 $\vec{q}$。点 $\vec{p}$ 与线 L 之间的距离 d 由以下方程得出：$d = |\vec{p} - \vec{q}|$。

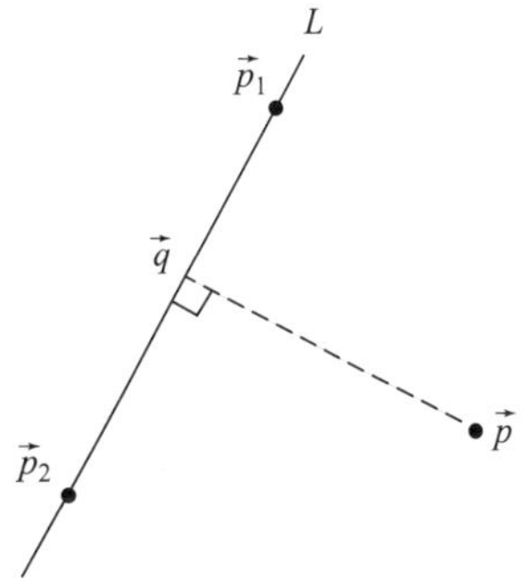

图 6.1　将点 $\vec{p}$ 投影到线 L

6.3 点在面上的投影

可按照如下方法计算点 $\vec{p}$ 在面 β 的投影 $\vec{q}$。投影点 $\vec{q}$ 满足平面方程，即：

$$\vec{q} \cdot \vec{n}_\beta = d_\beta \tag{6.4}$$

此外，向量 $(\vec{p}-\vec{q})$ 平行于平面法线 $\vec{n}_\beta$（图 6.2），即：

$$(\vec{p}-\vec{q}) = k\vec{n}_\beta \tag{6.5}$$

其中，k 为一个待定标量。

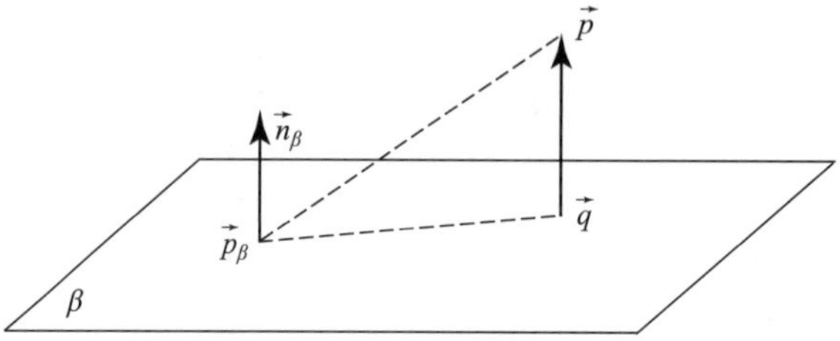

图 6.2　将点 $\vec{p}$ 投影到面 β 上

将方程（6.5）代入方程（6.4），求出 k，则得到：

$$k = \frac{\vec{p} \cdot \vec{n}_\beta - d_\beta}{\vec{n}_\beta \cdot \vec{n}_\beta} \tag{6.6}$$

将方程（6.6）代入方程（6.5），得到投影点 $\vec{q}$：

$$\vec{q} = \vec{p} - \frac{\vec{p} \cdot \vec{n}_\beta - d_\beta}{\vec{n}_\beta \cdot \vec{n}_\beta}\vec{n}_\beta$$

点 $\vec{p}$ 与面 β 之间的距离 d 由以下方程得到：

$$d = |\vec{p}-\vec{q}| = \left|\frac{\vec{p} \cdot \vec{n}_\beta - d_\beta}{\vec{n}_\beta \cdot \vec{n}_\beta}\right|$$

6.4 线段与面相交

线段与面的交集可能是线段本身（如果线位于面内）、一个点或一个空集。令 L 为连接点 $\vec{p}_1$ 和 $\vec{p}_2$ 的线段，令 β 为我们要计算相交的平面。

当 $(\vec{p}_2-\vec{p}_1) \cdot \vec{n}_\beta = 0$，即线段垂直于平面法线，且 $\vec{p}_1 \cdot \vec{n}_\beta = d_\beta = \vec{p}_2 \cdot \vec{n}_\beta$，即线段的点属于平面时，二者的相交为线段本身。

现在，假设直线满足 $(\vec{p}_2-\vec{p}_1) \cdot \vec{n}_\beta \neq 0$。

接下来首先让线段所在的无限长直线与平面相交（令交点为 $\vec{g}$），然后检测点 $\vec{g}$ 是否位于定义线段的端点之间。如果是，则点 $\vec{g}$ 为实际交点。否则，线段与平面不相交。我们首先计算交点 $\vec{g}$。我们知道，点 $\vec{g}$ 位于线段所在的无限长直线上，即：

$$\vec{g} = \vec{p}_1 + k_g(\vec{p}_2-\vec{p}_1) \tag{6.7}$$

其中，$k_g \in IR$ 为待确定的标量变量。我们还已知该交点属于平面，即：

$$\vec{g}\cdot\vec{n}_\beta = d_\beta \tag{6.8}$$

将方程（6.8）代入方程（6.7），求出 k_g，则得到：

$$k_g = \frac{d_\beta - \vec{p}_1\cdot\vec{n}_\beta}{(\vec{p}_2-\vec{p}_1)\cdot\vec{n}_\beta}$$

如果 $0\leqslant k_g\leqslant 1$，则交点位于线段的端点之间，则线段与平面相交。否则，交点位于线段之外，平面与线段不相交。

6.5　直线与线段之间最近的点

假设直线 L 经过点 $\vec{h}_1$ 和 $\vec{h}_2$，线段 L_s 由其两个端点 $\vec{p}_1$ 和 $\vec{p}_2$ 定义，我们想要确定点 $\vec{p}\in L_s$ 比 L_s 上的任意点更接近直线 L，如图 6.3 所示。

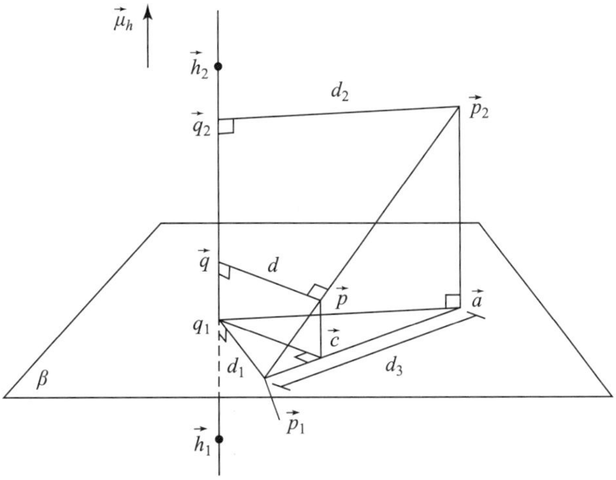

图 6.3　计算线和线段之间最近的点

最近的点 $\vec{p}$ 属于线段 L_s，即：

$$\vec{p} = \vec{p}_1 + k_p(\vec{p}_2 - \vec{p}_1) \tag{6.9}$$

其中，$0\leqslant k_p\leqslant 1$ 为待确定的标量变量。或者，我们可将方程（6.9）重写为：

$$k_p = \frac{(\vec{p}-\vec{p}_1)}{(\vec{p}_2-\vec{p}_1)} \tag{6.10}$$

令点 $\vec{q}_1$ 和 $\vec{q}_2$ 为点 $\vec{p}_1$ 和 $\vec{p}_2$ 在线[①] L 上的投影。计算点 $\vec{p}_1$ 和 $\vec{p}_2$ 到相应投影点的距离 d_1 和 d_2。

现在，考虑垂直于线 L 并经过点 $\vec{p}_1$ 的辅助平面 β（图 6.3）。令 $\vec{a}$ 为点 $\vec{p}_2$ 在平面 β 上的投影，根据第 6.3 节进行计算。计算 $\vec{a}$ 与点 $\vec{p}_1$ 之间的距离 d_3。

令 $\vec{c}$ 表示点 $\vec{p}$（仍然待定）在平面 β 上的投影。作图，三角形（$\vec{p}_1$，$\vec{c}$，$\vec{p}$）与（$\vec{p}_1$，$\vec{a}$，$\vec{p}_2$）相似，即：

$$\frac{|\vec{c}-\vec{p}_1|}{|\vec{a}-\vec{p}_1|} = \frac{|\vec{p}-\vec{p}_1|}{|\vec{p}_2-\vec{p}_1|} = k_p \tag{6.11}$$

---

① 第 6.2 节已经介绍了点在线上的投影。

其中，使用方程（6.10）可以得到最终方程。同样，请注意，三角形（$\vec{a}$，$\vec{q}_1$，$\vec{c}$）和（$\vec{p}_1$，$\vec{c}$，$\vec{q}_1$）在 $\vec{c}$ 上是矩形，且：

$$|\vec{q}_1 - \vec{a}| = |\vec{q}_2 - \vec{p}_2| = d_2$$

对每个三角形应用勾股定理，得到：

$$d_1^2 = |\vec{c} - \vec{q}_1|^2 + |\vec{c} - \vec{p}_1|^2$$

$$d_2^2 = |\vec{c} - \vec{q}_1|^2 + |\vec{c} - \vec{c}|^2$$

从上述方程中消去 $|\vec{c} - \vec{q}_1|^2$，得到：

$$d_1^2 - d_2^2 = |\vec{c} - \vec{p}_1|^2 - |\vec{a} - \vec{c}|^2 \tag{6.12}$$

算出方程（6.12）的右边：

$$d_1^2 - d_2^2 = (|\vec{c} - \vec{p}_1| + |\vec{a} - \vec{c}|)(|\vec{c} - \vec{p}_1| - |\vec{a} - \vec{c}|) \tag{6.13}$$

根据图 6.3，我们立即得到：

$$|\vec{c} - \vec{p}_1| + |\vec{a} - \vec{c}| = d_3 \tag{6.14}$$

将方程（6.14）代入方程（6.13），得到：

$$|\vec{c} - \vec{p}_1| - |\vec{a} - \vec{c}| = \frac{d_1^2 - d_2^2}{d_3} \tag{6.15}$$

对方程（6.15）和方程（6.14）求解 $|\vec{c} - \vec{p}_1|$，得到：

$$|\vec{c} - \vec{p}_1| = \frac{d_1^2 - d_2^2 + d_3^2}{2\,d_3^2} \tag{6.16}$$

最后，将方程（6.16）和方程（6.14）代入方程（6.11），计算标量 k_p：

$$k_p = \frac{d_1^2 - d_2^2 + d_3^2}{2\,d_3^2}$$

如果 $0 < k_p < 1$，则最近的点 $\vec{p}$ 位于线段 L_s 内，可直接从方程（6.9）得出。如果 $k_p \leqslant 0$，则设置 $\vec{p} = \vec{p}_1$。否则，$k_p \geqslant 1$，设置 $\vec{p} = \vec{p}_2$。

6.6 从碰撞或接触法线向量计算碰撞或接触局部坐标系

使用碰撞粒子或刚体的相对位移来确定碰撞点的碰撞法线。碰撞法线的实际计算略有不同，具体取决于我们所考虑的是粒子间、粒子－刚体还是刚体间的碰撞。假设碰撞或接触法线向量为 $\vec{n}$，切面由两个向量$\vec{t}$和 $\vec{k}$ 定义，这两个向量互相垂直，并垂直于 $\vec{n}$。它们共同构成局部坐标系，通常称为碰撞坐标系，原点位于碰撞（或接触）点。切面的计算严格依赖于碰撞法线，在确定碰撞法线之后即可完成切面的计算。

所有冲力和接触力都是相对于局部碰撞坐标系计算的。假设 $\vec{n}$ 已知，我们的问题是如何确定其他两个向量$\vec{t}$和 $\vec{k}$。答案很简单：我们可以使用多种方法，根据法线向量来生成其他两个向量。但是，本书将使用以下方法。

令碰撞法线为 $\vec{n} = (n_x, n_y, n_z)$。向量 $\vec{t} = (t_x, t_y, t_z)$ 垂直于 $\vec{n}$，即：

$$\vec{t} \cdot \vec{n} = t_x n_x + t_y n_y + t_z n_z = 0 \tag{6.17}$$

很显然，我们只有一个方程和三个变量，即 t_x，t_y 和 t_z。接下来，制定一些规则，将值分配给这些变量，以便满足方程（6.17）。为此，我们执行以下步骤。计算并对比法线向量

$\vec{n}$ 的每个分量的绝对值：

（1）如果 $|n_x| \leqslant |n_y|$ 且 $|n_x| \leqslant |n_z|$，则将辅助向量 $\vec{a}$ 设置为：

$$\vec{a} = (0,\ -n_x,\ n_y)$$

（2）如果 $|n_y| \leqslant |n_x|$ 且 $|n_y| \leqslant |n_z|$，则将辅助向量 $\vec{a}$ 设置为：

$$\vec{a} = (-n_z,\ 0,\ n_x)$$

否则，将辅助向量 $\vec{a}$ 设置为：

$$\vec{a} = (n_y,\ -n_x,\ 0)$$

切面向量$\vec{t}$将由以下方程得到：

$$\vec{t} = \frac{\vec{a}}{|\vec{a}|}$$

由于另一个向量 $\vec{k}$ 垂直于 $\vec{n}$ 和 $\vec{t}$，因此也可以立即得到：

$$\vec{k} = \vec{n} \times \vec{t}$$

我们注意到，$\vec{a}$ 的选择组成了一个正向基（$\vec{n}$，$\vec{t}$，$\vec{k}$），这个正向基按照碰撞点或接触点处局部坐标右手系建立。

6.7 将叉积表示为矩阵 - 向量乘法

有时候，将叉积表示为矩阵 - 向量乘法是非常有用的。考虑向量 $\vec{a} = (a_x,\ a_y,\ a_z)$ 和 $\vec{b} = (b_x,\ b_y,\ b_z)$ 之间的叉积，即：

$$\vec{a} \times \vec{b} = \begin{pmatrix} a_y b_z - b_y a_z \\ -a_x b_z + b_x a_z \\ a_x b_y - b_x a_y \end{pmatrix} \tag{6.18}$$

现在，将向量 $\vec{a}$ 得到的矩阵 $\tilde{a}$ 定义为：

$$\tilde{a} = \begin{pmatrix} 0 & -a_z & a_y \\ a_z & 0 & -a_x \\ -a_y & a_z & 0 \end{pmatrix} \tag{6.19}$$

如果将 $\vec{b}$ 乘以矩阵 $\tilde{a}$，则得到：

$$\tilde{a}\vec{b} = \begin{pmatrix} 0 & -a_z & a_y \\ a_z & 0 & -a_x \\ -a_y & a_z & 0 \end{pmatrix} \begin{pmatrix} b_x \\ b_y \\ b_z \end{pmatrix} = \begin{pmatrix} a_y b_z - b_y a_z \\ -a_x b_z + b_x a_z \\ a_x b_y - b_x a_y \end{pmatrix} \tag{6.20}$$

对比方程（6.18）和方程（6.20），可以立即得出结论：

$$\vec{a} \times \vec{b} = \tilde{a}\vec{b} \tag{6.21}$$

方程（6.21）是向量 $\vec{a}$ 和 $\vec{b}$ 叉积的矩阵向量表示，其中，矩阵 $\tilde{a}$ 是根据向量 $\vec{a}$ 构建的，如方程（6.19）所示。

6.8 位置和方向插值

在碰撞检测中，用一个速度和角速度恒定的线性运动代替物体的非线性运动，物体的非线性运动是对物体从 t_0 到 t_1 的动力学状态参量进行数值积分获得的。

令物体在 t_0 时刻的位置和方向分别由向量 $\vec{p}_0$ 和旋转矩阵 $\boldsymbol{R}_0$ 表示。类似地，令物体在 t_1 时刻的位置和方向分别由向量 $\vec{p}_1$ 和旋转矩阵 $\boldsymbol{R}_1$ 表示。

与线性运动相关的恒定线速度和角速度 $\vec{v}$ 和 $\vec{\omega}$ 的计算如下：

$$\vec{v} = \frac{(\vec{p}_1 - \vec{p}_0)}{(t_1 - t_0)}$$

$$\vec{\omega} = \frac{\alpha \vec{r}}{(t_1 - t_0)}$$

其中，$\vec{r}$ 和 α 为三角旋转矩阵的旋转轴和角度。

$$\Delta \boldsymbol{R} = \boldsymbol{R}_1 \boldsymbol{R}_0^{\mathrm{T}}$$

正如在附录 C（第 8 章）中讨论的，一个物体的旋转可以表示为一个旋转矩阵或一个单位四元数。令 $\vec{q}_0$ 为旋转矩阵 $\boldsymbol{R}_0$ 的单位四元数。物体在任意时刻 t，其中 $t_0 \leqslant t \leqslant t_1$ 的位置和方向，可以采用线性插值获得：

$$\begin{aligned} \vec{p}(t) &= \vec{p}_0 + (t - t_0)\vec{v} \\ \vec{q}(t) &= \vec{q}_0 + \frac{(t - t_0)}{2}\vec{\omega}\vec{q}_0 \end{aligned} \tag{6.22}$$

其中，$\vec{q}(t)$ 为旋转矩阵 $\boldsymbol{R}(t)$ 的四元数。我们注意到，在它能被转换为其旋转矩阵 $\boldsymbol{R}(t)$ 前，需要对 $\vec{q}(t)$ 进行正规化（转化为一个单位四元数）。同样，方程（6.22）中的角速度向量 $\vec{\omega}$ 在它与 $\vec{q}_0$ 相乘之前也需要转化为一个纯四元数。附录 C（第 8 章）的第 8.3 节描述了怎样用一个纯四元数表示一个任意的向量 $\vec{v} \in IR^3$。

6.9 建议读物

本附录介绍的大部分几何结构均是标准化结构，可在几乎所有计算机图形书籍中找到相关信息。在本附录中，我们决定采用 Glassner［Gla90］提出的同样的符号和求解方法，但计算直线与线段之间最近的点（根据 Karabassi 等［KPTB99］得出），以及在已知法线向量的情况下确定切面（根据 Stark［Sta09］和 Hughes 等［HM99］）的除外。

参考文献

[Gla90] Glassner, A.: Useful 3D geometry. In: Graphics Gems I, pp. 297–300 (1990).

[HM99] Hughes, J. F., Möller, T.: Building an orthonormal basis from a unit vector. J. Graph. Tools 4 (4), 33–35 (1999).

[KPTB99] Karabassi, E.-A., Papaioannou, G., Theoharis, T., Boehm, A.: Intersection test for collision detection in particle systems. J. Graph. Tools 4 (1), 25–37 (1999).

[Sta09] Stark, M. M.: Efficient construction of perpendicular vectors without branching. J. Graph. Tools 14 (1), 55–62 (2009).

7

附录 B　运动常微分方程的数值求解

7.1　简　　介

由于对情景[①]中的所有刚体和粒子施加了净扭矩与净作用力，仿真引擎需要持续计算所有刚体和粒子的动力学状态。对于刚体，这种计算要求对关于四个一阶运动常微分方程（ODE）进行数值求解：两个耦合方程用于计算刚体的线动量和线位置，两个耦合方程用于计算刚体的角动量和角位置。这四个运动的 ODE 为：

$$
\begin{aligned}
\frac{\mathrm{d}\vec{x}(t)}{\mathrm{d}t} &= \vec{v}(t) = f_x(t, \vec{x}) \\
\frac{\mathrm{d}\vec{L}(t)}{\mathrm{d}t} &= \vec{F}(t) = f_L(t, \vec{L}) \\
\frac{\mathrm{d}\boldsymbol{R}(t)}{\mathrm{d}t} &= \vec{\omega}(t)\boldsymbol{R}(t) = f_R(t, \boldsymbol{R}) \\
\frac{\mathrm{d}\vec{H}(t)}{\mathrm{d}t} &= \vec{\tau}(t) = f_H(t, \vec{H})
\end{aligned}
\tag{7.1}
$$

其中，$\vec{x}(t)$，$\vec{v}(t)$，$\vec{L}(t)$，$\vec{\omega}(t)$ 和 $\vec{H}(t)$ 分别为正在移动的刚体的线位置、线速度、线性动量、角速度和角动量。方程（7.1）的时间导数可选函数表示法来简化符号，使本附录的方程更加易读。

请回忆第 4 章有关线动量和角动量的如下计算：

$$\vec{L}(t) = m\vec{v}(t)$$
$$\vec{H}(t) = \boldsymbol{I}(t)\vec{\omega}(t)$$

其中，m 和 $\boldsymbol{I}(t)$ 为刚体在时间 t 的质量和惯性张量。刚体的惯性张量是相对于世界（固定）坐标系计算的，由以下方程得到：

$$\boldsymbol{I}(t) = R(t)\boldsymbol{I}_b\boldsymbol{R}^{-1}(t)$$

其中，$\boldsymbol{I}_b$ 为相对于刚体坐标系[②]的（恒定的）惯性张量。方程（7.1）中剩余的变量是旋转矩阵 $\boldsymbol{R}(t)$，表示刚体在时间 t 的角位置，净作用力 $\vec{F}(t)$ 作用于刚体的质心，净扭矩 $\vec{\tau}(t)$ 根据以下方程得到：

---

① 在本附录中，情景一词用来表示包含待仿真的所有刚体的仿真世界。

② 参见附录 D 了解如何在刚体坐标系中计算惯性张量 $\boldsymbol{I}_b$。

$$\vec{\tau}(t)=\sum_{i=1}^{n}(\vec{x}_i(t)-\vec{x}_{cm}(t))\times\vec{F}_i(t)$$

其中，n 为在时间 t 作用于刚体的外力总数；$\vec{F}_i(t)$ 为第 i 个外力；$\vec{x}_i$ 为力$\vec{F}_i(t)$ 的作用点；$\vec{x}_{cm}(t)$ 为刚体质心的当前位置。

对于粒子系统仿真，方程（7.1）的角动量和角位置等式并不适用，运动 ODE 简化为两个耦合方程，涉及粒子的线动量和线位置。此时，我们将动态方程表示为单个状态向量 $\vec{Y}(t)$，对于粒子，即为：

$$\vec{Y}(t)=\begin{pmatrix}\vec{x}(t)\\ \vec{L}(t)\end{pmatrix},\ \frac{d\vec{Y}(t)}{dt}=\begin{pmatrix}\vec{v}(t)\\ \vec{F}(t)\end{pmatrix} \tag{7.2}$$

对于刚体，即为：

$$\vec{Y}(t)=\begin{pmatrix}\vec{x}(t)\\ \boldsymbol{R}(t)\\ \vec{L}(t)\\ \vec{H}(t)\end{pmatrix},\ \frac{d\vec{Y}(t)}{dt}=\begin{pmatrix}\vec{v}(t)\\ \vec{\omega}(t)\boldsymbol{R}(t)\\ \vec{F}(t)\\ \vec{\tau}(t)\end{pmatrix} \tag{7.3}$$

本附录所示的大部分方程均根据这个状态向量表示法表示，也可参见第 3 章和第 4 章分别介绍的粒子或刚体的动力学状态向量。由于粒子 ODE 是刚体 ODE 的子集，我们将关注后者的求解方程。

运动 ODE 方程的数值积分运算首先是进行初始设置，所有位置和动量均为已知值，接下来逐渐增加独立变量 t（时间）至有限步数 h（时步），并计算正在移动的刚体的线位置、角位置、线动量和角动量的近似值，该近似值最接近精确解的泰勒级数展开式。当 $\vec{Y}(t_i)$（初始条件）和 h 为已知值时，精确解 $\vec{Y}(t)$在 $t=(t_i+h)$ 的泰勒级数展开式由无穷级数得到：

$$\vec{Y}(t_i+h)=\sum_{n=0}^{\infty}\frac{h^n}{n!}\frac{\partial^n\vec{Y}(t_i)}{\partial t^n}=\vec{Y}(t_i)+h\frac{\partial\vec{Y}(t_i)}{\partial t}+\frac{h^2}{2!}\frac{\partial^2\vec{Y}(t_i)}{\partial t^2}+\cdots \tag{7.4}$$

近似解与精确解匹配的程度取决于近似解匹配精确解的泰勒级数展开式的程度。换言之，近似值通常是泰勒级数展开式的截断，省略项体现了精确解和近似解之间的误差。进行截断的点取决于所使用的积分方法。

总之，对于 $t=(t_i+h)$，方程（7.2）和方程（7.3）的数值解需要完全知道系统在 $t=t_i$ 时的状态。首先从最初时步 $t=t_0$ 开始，仿真引擎知道系统的初始状态，即知道每个刚体在情景中的线位置、角位置、线动量和角动量。在大多数情况下，初始线动量和角动量设置为 0，但我们可以为其赋予任意有限值。在每个后续时步中，仿真引擎计算作用于情景中各个刚体的净作用力和扭矩，并对方程（7.2）和方程（7.3）进行数值求解，得出这些值。

一定要认识到，无论使用何种数值方法，仿真引擎都需要计算在所考虑的时间间隔中，作用于各个刚体的净作用力和净扭矩。简单的数值方法通常仅需要在每个时步开始时计算一次。但是，正如我们即将在第 7.3 节介绍的，有些数值方法要求在每个时步开始时计算作用于各个刚体的净作用力和净扭矩，但同时也需要在沿着当前时步的一些中间时间进行计算。这些方法通常将合并部分中间信息，从而获得整个时步的近似解。这时，仿真引擎需要在这些中间时间值临时确定刚体位置，然后才能够计算作用于这些刚体的净作用力和净扭矩。

很显然，根据方程（7.4），时步 h 的选择直接影响到所使用的数值方法的效率和稳定性。如果时步太大，近似解可能与精确解不再接近；如果时步太短，则可能会把效率降低到无法忍受的程度。对于本附录介绍的所有方法，这一点都是真实存在的。关于如何估计误差，确定待使用的正确时步 h，以便使得误差低于阈值，我们将在第 7.4 节详细探讨。目前，我们在考虑每个数值积分方法之前，假设时步 h 足以将数值误差控制在可控范围内。

7.2　欧　拉　法

欧拉法是本附录所介绍的所有方法中最简单但准确率也最低的方法。尽管如此，由于其他方法都是建立在该方法介绍的基础原理之上，因此了解该方法也是非常重要的。

7.2.1　显式欧拉法

显式欧拉法，也就是前向欧拉法，将泰勒级数展开式近似到一阶，也就是说，它以直线近似地逼近方程（7.4）给出的无穷和。近似解 $\vec{Y}(t_i+h)$ 可通过下面的方程得到：

$$\begin{aligned}\vec{Y}(t_i+h) &= \vec{Y}(t_i)+h\frac{\mathrm{d}\vec{Y}(t_i)}{\mathrm{d}t}+O(h^2)\\ &= \vec{Y}(t_i)+hf_Y(t_i,\vec{Y})+O(h^2)\end{aligned}\tag{7.5}$$

其中，$O(h^2)$ 表示从方程（7.4）截断第二项得出的误差阶。图 7.1 所示为显式欧拉法的基本原理。在时间 t_i 计算曲线的斜率后，假设在整个时步中斜率保持恒定（请记住，这里是指直线逼近）。

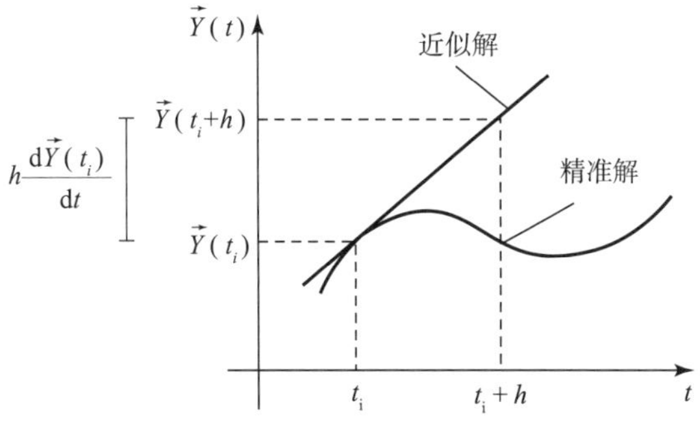

图 7.1　一条直线逼近精确值（直线的斜率由时间 t_i 确定，并假设在整个时步 h 中保持恒定）

如下所述，对于情景中正在移动的任何刚体，显式欧拉法均可用于对方程（7.2）和方程（7.3）给出的运动 ODE 进行数值积分计算。在已知初始时间 t_0 和所使用的时步 h 之后，我们可知刚体在时间 t_0 的线位置、角位置、线动量和角动量，即：

$$\vec{Y}(t_0)=\begin{pmatrix}\vec{x}(t_0)\\ \boldsymbol{R}(t_0)\\ \vec{L}(t_0)\\ \vec{H}(t_0)\end{pmatrix}\tag{7.6}$$

其中，

$$\vec{L}(t_0)=m\vec{v}(t_0)$$
$$\vec{H}(t_0)=\boldsymbol{I}(t_0)\vec{\omega}(t_0)$$

根据方程（7.5），在时间 t_0 计算刚体动力学状态参量的时间导数。它包括首先确定在 t_0 时刻作用于刚体质心的净作用力 $\vec{F}(t_0)$ 和净扭矩 $\vec{\tau}(t_0)$，接着将该信息代入方程（7.3），得到：

$$\frac{d\vec{Y}(t_0)}{dt}=\begin{pmatrix}\vec{v}(t_0)\\ \vec{\omega}(t_0)\boldsymbol{R}(t_0)\\ \vec{F}(t_0)\\ \vec{\tau}(t_0)\end{pmatrix} \tag{7.7}$$

因此，使用显式欧拉法的数值求解法由以下方程得到：

$$\vec{Y}(t_0+h)=\vec{Y}(t_0)+h\frac{d\vec{Y}(t_0)}{dt}=\begin{pmatrix}\vec{x}(t_0)+h\vec{v}(t_0)\\ \boldsymbol{R}(t_0)+h\vec{\omega}(t_0)\boldsymbol{R}(t_0)\\ m\vec{\omega}(t_0)+h\vec{F}(t_0)\\ \boldsymbol{I}(t_0)\vec{\omega}(t_0)+h\vec{\tau}(t_0)\end{pmatrix}$$

7.2.2 隐式欧拉法

根据作用于刚体的外部作用力类型，净扭矩和净作用力计算可能有时会在情景中刚体的加速度、位置与速度之间引进线性或非线性的关系。这种依赖关系会在运动 ODE 中产生线性（或非线性）系数，使得数值积分计算更加复杂。例如，如果两个刚体是由弹簧连接的，作用于刚体的净扭矩和净作用力将受到弹簧力的影响，该弹簧力取决于刚体的相对位置。同一个弹簧可以在一个时步中将所有刚体聚拢在一起，在后续另一个时步中将刚体分离。此时，弹簧力对位置的依赖性在运动 ODE 中引进了线性系数。

在更普遍的情况下，净作用力与刚体的位置和速度之间存在依赖性，因此方程（7.1）可以改写为：

$$\begin{aligned}\frac{d\vec{x}(t)}{dt}&=-(\vec{c}_x(t))^{T}\vec{v}(t)\\ \frac{d\vec{L}(t)}{dt}&=-(\vec{c}_L(t))^{T}\vec{F}(t)\\ \frac{dR(t)}{dt}&=-(\vec{c}_R(t))^{T}\vec{\omega}(t)\boldsymbol{R}(t)\\ \frac{d\vec{H}(t)}{dt}&=-(\vec{c}_H(t))^{T}\vec{\tau}(t)\end{aligned} \tag{7.8}$$

其中，$(\vec{c}_x(t))^T$，$(\vec{c}_L(t))^T$，$(\vec{c}_R(t))^T$ 和 $(\vec{c}_H(t))^T$ 是正变量，可以是线性或非线性。在后文中，我们的讨论将仅限于所有 $\vec{c}$ 是线性系数的情形，并在所考虑的时间间隔中为定值①。本书所介绍的所有相互作用力均属于该范畴。

① 在不同的时间间隔，可能有不同的定值，但是在同一个时间间隔中，它们的值是不变的。

当存在这些系数时，值得特别关注的一个实际问题是所使用的求解方法的数值稳定性。很显然，方程（7.8）的数值稳定性与所使用的时步 h 密切相关。如果时步太大，数值解可能与精确解大相径庭，随着积分运算的继续，可能不再与精确值相对应。在极端情况下，数值积分计算变得不稳定，振幅增加，不断震荡，并距离精确解越来越远。

在方程（7.8）的数值积分计算中可以使用的最大时步 h 直接与系数 $\vec{c}(t)$ 的大小相关，但仍然会生成稳定的结果。如果它们的大小差距显著（其中一个比另一个大若干数量级），则最大时步 h 将受到最大振幅值倒数的限制。请注意，这种限制是为了保证稳定性，而非准确性。正如我们即将在第 7.4 节详细介绍的，即使数值误差分析可能表明我们能够安全地增加所使用的当前时步 h，稳定性分析可能指出，如果想要保持数值积分的稳定性，不应增加时步。由于最大时步 h 受到最大振幅值倒数的限制，有时可能需要使用最大时步 h，以确保数值稳定性低到严重影响效率的程度，此时仿真似乎无法在时间上向前进行。当出现类似的情况时，我们认为方程（7.8）是刚性的。

隐式欧拉法，也称后向欧拉法，一般用于运动 ODE 构成一组刚性方程的情形。这种方法可以让我们在得到刚性方程时，使用较大的时步 h，但代价是降低准确性；考虑到使用较小的时步无法前移，这是一种不错的折中方法。因此，在隐式欧拉法中，我们更专注的是稳定性，而非准确性①。基本原理是使用相似的欧拉近似法，计算方程（7.5）中的 $\vec{Y}(t_0+h)$。其中的差别在于，我们不是计算时间间隔一开始的时间导数，而是计算时间间隔结束时的时间导数，即：

$$\vec{Y}(t_i+h)=\vec{Y}(t_i)+h\frac{\mathrm{d}\vec{Y}(t_i+h)}{\mathrm{d}t} \tag{7.9}$$

根据方程（7.8），我们知道：

$$\frac{\mathrm{d}\vec{Y}(t_i+h)}{\mathrm{d}t}=-(\vec{c}_Y)^{\mathrm{T}}\vec{Y}(t_i+h)$$

其中，

$$(\vec{c}_Y)^{\mathrm{T}}=(\vec{c}_x(t),\ \vec{c}_L(t),\ \vec{c}_R(t),\ \vec{c}_H(t))^{\mathrm{T}}$$

将此代入方程（7.9），得到：

$$(1+h(\vec{c}_Y)^{\mathrm{T}})\vec{Y}(t_i+h)=\vec{Y}(t_i) \tag{7.10}$$

我们可以借此求出 $\vec{Y}(t_i+h)$。即使方程（7.10）的导数仅考虑单个变量的情形，实际上，我们可以将刚体相关的所有线性和角方程合并成一个线性系统，形式如下：

$$(\boldsymbol{I}+h\boldsymbol{C})\vec{Y}(t_i+h)=\vec{Y}(t_i) \tag{7.11}$$

其中，$\boldsymbol{C}$ 为正定的系数矩阵。在实践中，方程（7.11）的线性系统通常是稀疏系统，这取决于情景中刚体之间作用力的交互类型。这意味着，我们不采用通用的 $O(n^3)$ 线性方程解算器来确定 n 维系统的解，而是利用专用的稀疏矩阵解算器来计算在 $O(n)$ 内方程（7.11）的解。

7.3 龙格－库塔法

龙格－库塔法将显式欧拉法在时间间隔一开始时计算时间导数的方法进行了延伸，它计

① 该方法的稳定性分析表明，数值解对于所有大小的时步都是稳定的。

算整个时间间隔的时间导数中间值，将这些值合并，以匹配泰勒级数展开式的部分截断项。仔细选择正在合并的每个项的系数（或权重），尽可能抵消方程（7.4）中无穷和的低阶导数项，留下未被抵消的高阶导数，作为截断误差。所使用的中间值的数量取决于所使用的龙格－库塔法的阶数。

7.3.1 二阶龙格－库塔法

二阶龙格－库塔法，也称中点法，将两个“类似欧拉法”步骤的信息进行合并，近似至泰勒级数展开式的第三项，则 $\vec{Y}(t_i+h)$ 的近似解由以下方程得到：

$$\vec{k}_1 = hf_Y(t_i,\ \vec{Y}) \tag{7.12}$$

$$\vec{k}_2 = hf_Y\left(t_i+\frac{h}{2},\ \vec{Y}+\frac{\vec{k}_1}{2}\right) \tag{7.13}$$

$$\vec{Y}(t_0+h) = \vec{Y}(t_0)+\vec{k}_2+O(h^3) \tag{7.14}$$

图 7.2 所示为该方法的基本原理。在时间 t_0 估算时间导数，获得关于曲线斜率的第一个估算值。该估算值用于确定在时间 $t=(t_0+h/2)$ 的曲线中点；接着估算另一个时间导数，得出中点的曲线斜率，将该斜率用作整个时步的曲线斜率近似值，如图 7.2（b）所示。根据以下流程，使用二阶龙格－库塔法，可以对运动 ODE 进行数值积分计算。

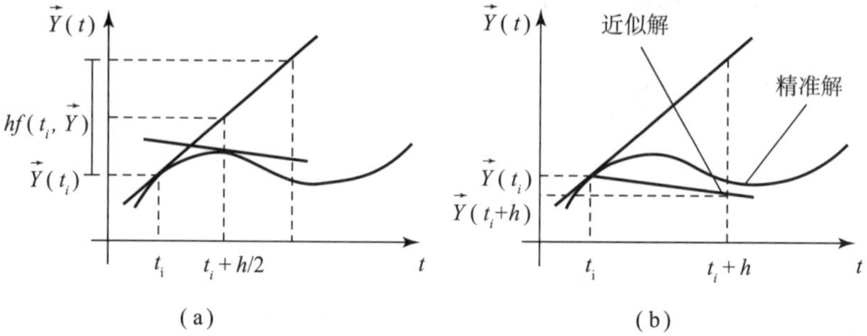

图 7.2 （a）使用时间 t_i 的信息，按照类似欧拉法的步骤计算，得出曲线斜率的第一个估算值 $f_y(t_0,\ \vec{Y})$ ［利用这个结果，计算曲线在中点的斜率，即 $f_Y(t_0+h/2,\ \vec{Y}+\vec{k}_1/2)$］；（b）中点的斜率近似整个时步的曲线斜率［请注意，逼近曲线的直线平行于图（a）所示中点的曲线切线，也就是说，与 $f_Y(t_0+h/2,\ \vec{Y}+\vec{k}_1/2)$ 斜率相同］

如同显式欧拉法所述，我们已知初始时间 t_0 和时步 h。我们还已知刚体在时间 t_0 的线位置、角位置、线动量和角动量，即

$$\vec{Y}(t_0)=\begin{pmatrix}\vec{x}(t_0)\\ \boldsymbol{R}(t_0)\\ \vec{L}(t_0)\\ \vec{H}(t_0)\end{pmatrix} \tag{7.15}$$

其中，

$$\begin{aligned}\vec{L}(t_0)&=m\vec{v}(t_0)\\ \vec{H}(t_0)&=\boldsymbol{I}(t_0)\vec{\omega}(t_0)\end{aligned} \tag{7.16}$$

同样地，我们还可以计算在时间 t_0 作用于刚体的净作用力 $\vec{F}(t_0)$ 和净扭矩 $\vec{\tau}(t_0)$。将

这些值代入方程（7.12），即可计算 $\vec{k}_1$ 值，得出刚体的线位置、角位置、线动量和角动量。按照函数法符号表达时间导数，得到：

$$\vec{k}_1 = \begin{pmatrix} \vec{k}_{1x} \\ \vec{k}_{1R} \\ \vec{k}_{1L} \\ \vec{k}_{1H} \end{pmatrix} = \begin{pmatrix} hf_x(t_0,\ \vec{x}) \\ hf_R(t_0,\ \boldsymbol{R}) \\ hf_L(t_0,\ \vec{L}) \\ hf_H(t_0,\ \vec{H}) \end{pmatrix} = \begin{pmatrix} h\vec{v}(t_0) \\ h\vec{\omega}(t_0)\boldsymbol{R}(t_0) \\ h\vec{F}(t_0) \\ h\vec{\tau}(t_0) \end{pmatrix} \tag{7.17}$$

现在，根据方程（7.13），我们需要使用这些估算值来估算刚体在中点的线加速度和角加速度。我们需要计算：

$$\vec{k}_2 = \begin{pmatrix} hf_x(t_0 + h/2,\ \vec{x} + \vec{k}_{1x}/2) \\ hf_R(t_0 + h/2,\ \boldsymbol{R} + \vec{k}_{1R}/2) \\ hf_L(t_0 + h/2,\ \vec{L} + \vec{k}_{1L}/2) \\ hf_H(t_0 + h/2,\ \vec{H} + \vec{k}_{1H}/2) \end{pmatrix} \tag{7.18}$$

通俗一点的解释是，方程（7.18）表示刚体在中点的位置为 $(\vec{x} + \vec{k}_{1x}/2)$，方向为 $(\boldsymbol{R} + \vec{k}_{1R}/2)$，线动量和角动量分别为 $(\vec{L} + \vec{k}_{1L}/2)$ 和 $(\vec{H} + \vec{k}_{1H}/2)$。换言之，$f$ 函数在方程（7.18）的第二个参数实际上就是中点的初始条件，即：

$$\vec{Y}\left(t_0 + \frac{h}{2}\right) = \begin{pmatrix} \vec{x}(t_0 + h/2) \\ \boldsymbol{R}(t_0 + h/2) \\ \vec{L}(t_0 + h/2) \\ \vec{H}(t_0 + h/2) \end{pmatrix} = \begin{pmatrix} \vec{x}(t_0) + (h/2)\vec{v}(t_0) \\ \boldsymbol{R}(t_0) + (h/2)\vec{\omega}(t_0)\boldsymbol{R}(t_0) \\ \vec{L}(t_0) + (h/2)\vec{F}(t_0) \\ \vec{H}(t_0) + (h/2)\vec{\tau}(t_0) \end{pmatrix}$$

我们还需要确定在中点时作用于刚体的净作用力和净扭矩。首先将刚体置于 $\vec{x}(t_0 + h/2)$，方向为 $\boldsymbol{R}(t_0 + h/2)$，然后将其线动量和角动量分别设置为 $\vec{L}(t_0 + h/2)$ 和 $\vec{H}(t_0 + h/2)$。既然刚体按照正确的位置和方向放在中点，我们可以计算作用于刚体的净作用力 $\vec{F}(t_0 + h/2)$ 和净扭矩 $\vec{\tau}(t_0 + h/2)$。将该信息代入方程（7.18），展开函数表达式，得到：

$$\vec{k}_2 = \begin{pmatrix} h\vec{v}(t_0 + h/2) \\ h\vec{\omega}(t_0 + h/2)\boldsymbol{R}(t_0 + h/2) \\ h\vec{F}(t_0 + h/2) \\ h\vec{\tau}(t_0 + h/2) \end{pmatrix} = \begin{pmatrix} h\dfrac{L(t_0 + h/2)}{m} \\ h\dfrac{\vec{H}(t_0 + h/2)}{\boldsymbol{I}(t_0 + h/2)} \\ h\vec{F}(t_0 + h/2) \\ h\vec{\tau}(t_0 + h/2) \end{pmatrix} \tag{7.19}$$

接下来，将方程（7.15）和方程（7.19）代回至方程（7.14），使用二阶龙格 - 库塔法，得出刚体的线位置、角位置、线动量和角动量的近似值。

7.3.2 四阶龙格 - 库塔法

四阶龙格 - 库塔法将四个“类似欧拉法”步骤的信息合并，将泰勒级数展开式近似到第五项，则可以由以下方程得到近似解 $\vec{Y}(t_0 + h)$：

$$\vec{k}_1 = hf_Y(t_0,\ \vec{Y}) \tag{7.20}$$

$$\vec{k}_2 = hf_Y\left(t_0 + \frac{h}{2}, \vec{Y} + \frac{\vec{k}_1}{2}\right) \tag{7.21}$$

$$\vec{k}_3 = hf_Y\left(t_0 + \frac{h}{2}, \vec{Y} + \frac{\vec{k}_2}{2}\right) \tag{7.22}$$

$$\vec{k}_4 = hf_Y(t_0 + h, \vec{Y} + \vec{k}_3) \tag{7.23}$$

$$\vec{Y}(t_0 + h) = \vec{Y}(t_0) + \frac{\vec{k}_1}{6} + \frac{\vec{k}_2}{3} + \frac{\vec{k}_3}{3} + \frac{\vec{k}_4}{6} + O(h^5) \tag{7.24}$$

如图 7.3 所示，该方法在中点处再次计算时间导数，在待考虑的时间间隔结束点又一次计算时间导数，从而扩展了二阶龙格 - 库塔法。方程（7.24）使用的（1/3）和（1/6）系数用来抵消低阶的时间导数项，使得近似解与精确解仅相差 $O(h^5)$。

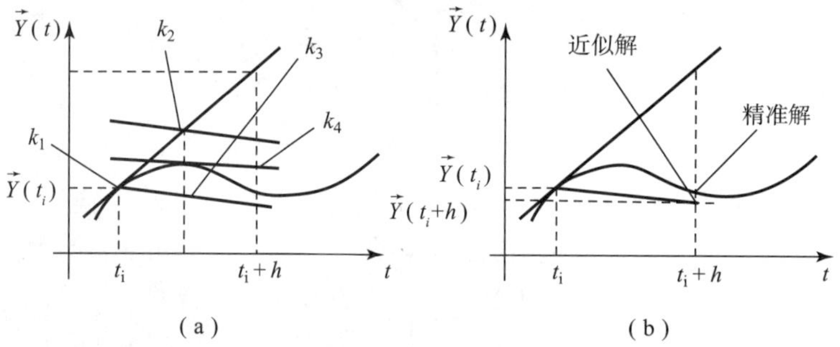

图 7.3 （a）计算 4 个时间导数（在时间间隔一开始时计算 1 个，在中间计算 2 个，在结束时计算 1 个。点的下标表示使用哪个 $\vec{k}$ 来计算时间导数）；（b）合并所有中间值，得到线性近似值，与精确解相差 $O(h^5)$

在三个中间值分别计算时间导数时，要求根据方程（7.20）~ 方程（7.24）的 f 函数的第二个参数，确定刚体的位置、方向以及设置动力学状态。仅当此时，我们才能够计算在所考虑的时间间隔中作用于刚体的净作用力和扭矩。

时间导数向量 $\vec{k}_1$ 和 $\vec{k}_2$ 的计算方法与二阶龙格 - 库塔法相同。我们可以继续使用计算 $\vec{k}_2$ 的方法，分别求出方程（7.22）和方程（7.23）所给出的时间导数向量 $\vec{k}_3$ 和 $\vec{k}_4$。首先考虑计算 $\vec{k}_3$，即：

$$\vec{k}_3 = \begin{pmatrix} hf_x(t_0 + h/2, \vec{x} + \vec{k}_{2x}/2) \\ hf_R(t_0 + h/2, \boldsymbol{R} + \vec{k}_{2R}/2) \\ hf_L(t_0 + h/2, \vec{L} + \vec{k}_{2L}/2) \\ hf_H(t_0 + h/2, \vec{H} + \vec{k}_{2H}/2) \end{pmatrix} \tag{7.25}$$

方程（7.25）表明，在时间 $t = (t_0 + h/2)$ 时，刚体的位置为 $(\vec{x} + \vec{k}_{2x}/2)$，方向为 $(\boldsymbol{R} + \vec{k}_{2R}/2)$，线动量和角动量分别为 $(\vec{L} + \vec{k}_{2L}/2)$ 和 $(\vec{H} + \vec{k}_{2H}/2)$。换言之，$f$ 函数在方程（7.25）中的第二个参数正是在时间 $t = (t_0 + h/2)$ 时的初始条件，即①：

① 公式中上标 * 用来区分 $\vec{k}_3$ 时间导数估算值与 $\vec{k}_2$ 估算值，因为二者都指代同一个时间，即 $t = (t_0 + h/2)$。

$$\vec{Y}^*(t_0+h/2)=\begin{pmatrix}\vec{x}^*(t_0+h/2)\\ \boldsymbol{R}^*(t_0+h/2)\\ \vec{L}^*(t_0+h/2)\\ \vec{H}^*(t_0+h/2)\end{pmatrix}=\begin{pmatrix}\vec{x}(t_0)+(h/2)\dfrac{L(t_0+h/2)}{m}\\ \boldsymbol{R}(t_0)+(h/2)\dfrac{\vec{H}(t_0+h/2)}{\boldsymbol{I}(t_0+h/2)}\\ \vec{L}(t_0)+(h/2)\vec{F}(t_0+h/2)\\ \vec{H}(t_0)+(h/2)\vec{\tau}(t_0+h/2)\end{pmatrix}$$

在刚体正确置于 $\vec{x}^*(t_0+h/2)$，且方向为 $\boldsymbol{R}^*(t_0+h/2)$ 后，线动量和角动量分别设置为 $\vec{L}^*(t_0+h/2)$ 和 $\vec{H}^*(t_0+h/2)$ 时，即可计算净作用力 $\vec{F}^*(t_0+h/2)$ 和净扭矩 $\vec{\tau}^*(t_0+h/2)$。将该信息代入方程（7.25），展开函数表达式，得到：

$$\vec{k}_3=\begin{pmatrix}h\vec{v}^*(t_0+h/2)\\ h\vec{\omega}^*(t_0+h/2)\boldsymbol{R}^*(t_0+h/2)\\ h\vec{F}^*(t_0+h/2)\\ h\vec{\tau}^*(t_0+h/2)\end{pmatrix}=\begin{pmatrix}h\dfrac{\vec{L}^*(t_0+h/2)}{m}\\ h\dfrac{\vec{H}^*(t_0+h/2)}{\boldsymbol{I}(t_0+h/2)}\\ h\vec{F}^*(t_0+h/2)\\ h\vec{\tau}^*(t_0+h/2)\end{pmatrix} \tag{7.26}$$

其中，

$$\boldsymbol{I}^*(t_0+h/2)=\boldsymbol{R}^*(t_0+h/2)\boldsymbol{I}_b(\boldsymbol{R}^*(t_0+h/2))^{-1}$$

首先将刚体的动力学状态设置为：

$$\vec{Y}(t_0+h)=\begin{pmatrix}\vec{x}(t_0+h)\\ \boldsymbol{R}(t_0+h)\\ \vec{L}(t_0+h)\\ \vec{H}(t_0+h)\end{pmatrix}=\begin{pmatrix}\vec{x}(t_0)+h\dfrac{\vec{L}^*(t_0+h/2)}{m}\\ \boldsymbol{R}(t_0)+h\dfrac{\vec{H}^*(t_0+h/2)}{\boldsymbol{I}^*(t_0+h/2)}\\ \vec{L}(t_0)+h\vec{F}^*(t_0+h/2)\\ \vec{H}(t_0)+h\vec{\tau}^*(t_0+h/2)\end{pmatrix}$$

然后确定在时间 $t=(t+h)$ 时作用于刚体的净作用力 $\vec{F}(t_0+h)$ 和净扭矩 $\vec{\tau}(t_0+h)$，最后将该信息代入方程（7.27），求出：

$$\vec{k}_4=\begin{pmatrix}h\vec{v}(t_0+h)\\ h\vec{\omega}(t_0+h)\boldsymbol{R}(t_0+h)\\ h\vec{F}(t_0+h)\\ h\vec{\tau}(t_0+h)\end{pmatrix}=\begin{pmatrix}h\dfrac{\vec{L}(t_0+h)}{m}\\ h\dfrac{\vec{H}(t_0+h)}{\boldsymbol{I}(t_0+h)}\\ h\vec{F}(t_0+h)\\ h\vec{\tau}(t_0+h)\end{pmatrix} \tag{7.27}$$

从而得出时间导数向量：

$$\vec{k}_4 = \begin{pmatrix} hf_x(t_0+h,\ \vec{x}+\vec{k}_{3x}/2) \\ hf_R(t_0+h,\ \boldsymbol{R}+\vec{k}_{3R}/2) \\ hf_L(t_0+h,\ \vec{L}+\vec{k}_{3L}/2) \\ hf_H(t_0+h,\ \vec{H}+\vec{k}_{3H}/2) \end{pmatrix} \tag{7.28}$$

将通过方程（7.17）、方程（7.19）、方程（7.6）和方程（7.28）计算的 $\vec{k}$ 值合并至方程（7.24），使用四阶龙格－库塔法，得出刚体的线位置、角位置、线动量和角动量的近似值。

7.4　使用自适应时步加速计算

如前所述，时步 h 的选择直接影响到所使用的数值方法的效率和稳定性。如果时步 h 太大，则近似解可能与精确解大相径庭，数值积分运算便失去了意义。另外，如果时步 h 太小，则近似解可能与精确解更加接近，但在时间上的前移速度可能会低于需要的速度。h 的最佳选择取决于所求解的方程以及它们的初始条件。很显然，随着系统的变化，每个时步的初始条件都在发生变化，对 h 的选择也是如此。

在理想状态下，我们应当能够根据每个时步求解的系统，选择恰当的时步 h。恰当的时步可以使数值积分法在时间上尽快前移，同时保持近似解与精确解之间的误差小于期望的阈值。如果误差小于或大于允许的最大阈值，我们应能够在运行时分别增加或减小时步的值。

基于前述章节，我们已知，显式欧拉法和龙格－库塔法所得到的近似解与精确解之间的误差可以表示为与 h 的幂函数成正比。我们还需要知道的是，随着仿真的变化，如何计算这一误差，并利用其与 h 幂函数的关系适当地调整该数值。

估算截断误差的一个常见方法是“双步法”。顾名思义，其原理是使用时步 h 计算线位置、角位置、线动量和角动量，然后再使用两步时步（$h/2$）进行计算。即使在这两种情形下，最终时步是 h，使用两步时步（$h/2$）计算得出的结果比使用单个时步 h 计算的结果更加准确。将二者之间的差作为截断误差的估算值，其与 h 的幂函数成正比。

为了解释这一原理，令 $\vec{Y}(t_0+h)$ 和 $\vec{Y}(t_0+h/2+h/2)$ 分别为使用一个时步 h 和两步时步（$h/2$）通过方程（7.1）的数值积分计算得到的近似值。这些数值之间的差值由以下方程得到：

$$\Delta_Y = \vec{Y}(t_0+h/2+h/2) - \vec{Y}(t_0+h)$$

已知该差值与 h 的幂函数成正比，即：

$$|\Delta_Y| \approx h^p \tag{7.29}$$

其中，p 值取决于所使用的数值方法。表 7.1 列出了本附录所使用的数值方法的 p 值。

表 7.1　所使用的 p 值取决于所选用的数值方法

数值积分方法	p 值
显式欧拉法	2
隐式欧拉法	不适用
二阶龙格－库塔法	3
四阶龙格－库塔法	5

到目前为止，我们已经计算了差 $\Delta_Y(t_0+h)$，并确定了其与所使用的时步 h 之间的关系。现在，我们需要确定的是，如何使用该信息来调整时步 h，使得误差低于所需阈值。

令 Δ_d 为所需（用户可定义）阈值，令 h_d 为相关的时步，即该时步用于得到与 Δ_d 等价的误差，我们得到：

$$|\Delta_d| \approx h_d^p \tag{7.30}$$

由于方程（7.29）和方程（7.30）指代相同的ODE，它们的比例常数是相同的，因此，如果用其中的一个除以另一个，我们就可以抵消它们的比例常数，得到：

$$\left|\frac{\Delta_Y}{\Delta_d}\right| = \left(\frac{h}{h_d}\right)^p$$

现在，我们已经得到 Δ_Y、所使用的时步 h 以及所需的阈值误差值 Δ_d。求解未知值 h_d，得到：

$$h_d = h\left|\frac{\Delta_d}{\Delta_Y}\right|^{\frac{1}{p}} \tag{7.31}$$

方程（7.31）表示如何使用双步法，调整时步 h。如果计算得到的误差 Δ_Y 大于所需的阈值误差值 Δ_d，即 $|\Delta_d/\Delta_Y|<1$，则 h_d 小于 h，那么当前时步 h 应减少为 h_d。此时，积分器需要“撤销”计算结果，重新开始计算新的（减小的）时步值。另外，如果计算得到的误差 Δ_Y 小于所需的阈值误差值 Δ_d，即 $|\Delta_d/\Delta_Y|>1$，则 h_d 大于 h，那么下一个时步 h 应增加到 h_d。

在实际操作中，由于减少 h 值是一项高成本的操作（我们需要重新执行所有计算，以便得出新的值），很重要的一点是要预留出空间，以便提高 h 值。切记，方程（7.31）给出的估算值是指根据所得到的误差差值得出的，它给出了我们可以将时步 h 增加或减少的量。如果我们有空间增加，且增加得过多，则在下一个时步中，我们可能发现该误差大于阈值误差值，所以不得不减少时步，撤销当前操作，重新开始执行所有计算。因此，增加时步，在时间上快速移动的增益立即变成一项巨大的损失。所以，我们强烈建议在增加时步时，仅仅增加由方程（7.31）计算得到的实际值的一部分。例如，我们不将 h 增加到 h_d，而是将其增加到 $(0.8h_d)$，留出20%的安全裕量。

7.5 推荐参考读物

参考文献中还有多种其他数值方法适用于运动ODE求解，不过普及度不如本附录所介绍的欧拉法和龙格－库塔法。例如，Press等［PTVF96］介绍的其他方法，如Bulirsch-Stoer算法和五阶龙格－库塔法，效率与本文所介绍的不相上下。在五阶龙格－库塔法中，可以不使用双步法也能估算截断误差。这是因为，五阶龙格－库塔法内置四阶龙格－库塔法，因此可以使用相同的时步来评估两种龙格－库塔法的结果，进行对比后估算出积分误差。Sharp等［SV94］提出了一个通用的方程，可用于确定成对的内置龙格－库塔积分器。

有关隐式欧拉法，以及这些系数与所用的时步之间的关系的深入介绍，请参见Press等［PTVF96］以及Baraff和Witkin［BW98］的SIGGRAPH 98课程笔记。

参考文献

[BW98] Baraff, D., Witkin, A.: Physically based modeling. SIGGRAPH Course Notes 13 (1998).

[PTVF96] Press, W. H., Teukolsky, S. A., Vetterling, W. T., Flannery, B. P.: Numerical recipes in C: the art of scientific computing. Cambridge University Press, Cambridge (1996).

[SV94] Sharp, P. W., Verner, J. H.: Completely embedded Runge-Kutta pairs. SIAM J. Numer. Anal. 31, 1169 - 1190 (1994).

8

附录 C　四元数

8.1　简　　介

四元数基于代数几何的数学结构，广泛应用于计算机图形领域，表达物体的三维旋转以及在场景中的方向。四元数使用四维符号来表示 3×3 旋转矩阵，操作效率更高，与合并旋转矩阵时发现的数值四舍五入误差相比，结果更稳健。

四元数的四维空间由一条实轴和三条正交轴$\vec{i}$，$\vec{j}$，$\vec{k}$（被称为主虚轴）组成。我们可以将主虚轴视为复数的延伸，因为它们都具有复数的基本特点，满足：

$$\vec{i}^2=\vec{j}^2=\vec{k}^2=-1$$

作为一种四维结构，四元数可表示为实数的四元数组，即：

$$q=s+x\vec{i}+y\vec{i}+z\vec{k}=s+\vec{v} \tag{8.1}$$

包括实部 s 和纯虚部 $\vec{v}$，后者由以下方程得到：

$$\vec{v}=\begin{pmatrix}x\\y\\z\end{pmatrix}=x\vec{i}+y\vec{i}+z\vec{k}$$

8.2　四元数基本运算

四元数的合并和运算方法与复数相似，其中实部与虚部需要分别运算。对于给定的两个四元数 $q_1=s_1+\vec{v}_1$ 和 $q_2=s_2+\vec{v}_2$，以下基本规则定义了四元数最常用的运算集。

8.2.1　加法

两个四元数的加法类似于两个复数的加法，由以下方程计算：

$$q_1+q_2=(s_1+s_2)+(\vec{v}_1+\vec{v}_2)$$

其中，(s_1+s_2) 为结果的实部（请注意，所有加项均为标量）；$(\vec{v}_1+\vec{v}_2)$ 为结果的虚部（请注意，所有加项均为向量）。相加得到的结果是四元数。

8.2.2　点积

两个四元数的点积等于它们的实部（标量）和虚部（向量）的点积相加，即：

$$q_1\cdot q_2=s_1s_2+\vec{v}_1\cdot\vec{v}_2$$

其中，$\vec{v}_1 \cdot \vec{v}_2$ 为两个向量①在 IR^3 的通用点积。请注意，点积结果是一个标量。

8.2.3 乘法

两个四元数的乘法计算与两个复数的乘法类似，但由于虚部是一个向量，因而更加复杂一些。此时，虚轴 $\vec{i}$，$\vec{j}$ 和 $\vec{k}$ 的乘法遵守以下基本规则：

$$\begin{gathered}\vec{j}\vec{i} = -\vec{k},\ \vec{k}\vec{j} = -\vec{i},\ \vec{i}\vec{k} = -\vec{j}\\ \vec{k}\vec{i} = +\vec{j},\ \vec{i}\vec{j} = +\vec{k},\ \vec{j}\vec{k} = +\vec{i}\\ \vec{j}\vec{i}\vec{k} = -1\end{gathered} \tag{8.2}$$

我们还可以将一个虚轴与另一个虚轴的乘法视作三维旋转［图 8.1（a）］。例如，右边乘以 $\vec{k}$ 还可以视作应用右手法则，旋转图 8.1（b）所示的轴 $\vec{i}$ 和 $\vec{j}$。

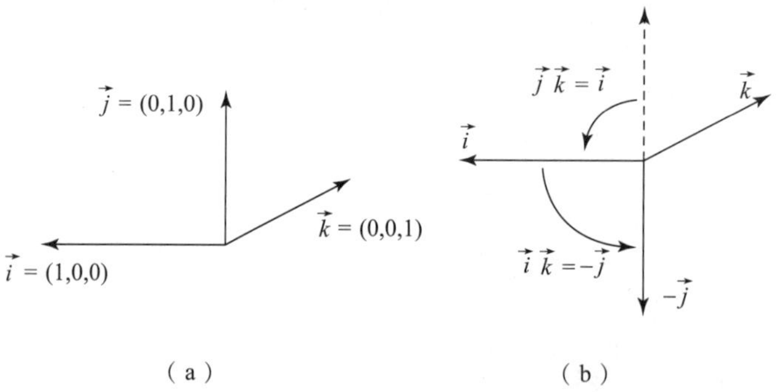

图 8.1（**a**）三条正交主虚轴被视作三维欧几里得空间的规范基；（**b**）右侧乘以 $\vec{k}$ 之后，四维空间围绕 $\vec{k}$ 轴进行顺时针 **90°** 旋转，将 $\vec{i}$ 轴旋转至 $-\vec{j}$ 轴［从方程（**8.2**）的 $\vec{i}\vec{k} = -\vec{j}$］，并将 $\vec{j}$ 轴旋转至 $\vec{i}$ 轴［从方程（**8.2**）的 $\vec{j}\vec{k} = \vec{i}$，可以通过应用右手法则旋转右手坐标系表示的旋转向量进行验证］

为了计算两个四元数乘法的代数表示法，我们需要展开它们的虚部，使用方程（8.2）来计算各自之间的虚轴乘法，即：

$$\begin{aligned}q_1q_2 &= (s_1 + \vec{v}_1)(s_2 + \vec{v}_2) = (s_1 + \vec{v}_{1x}\vec{i} + \vec{v}_{1y}\vec{j} + \vec{v}_{1z}\vec{k})(s_2 + \vec{v}_{2x}\vec{i} + \vec{v}_{2y}\vec{j} + \vec{v}_{2z}\vec{k})\\ &= (s_1s_2 - v_{1x}v_{2x} - v_{1y}v_{2y} - v_{1z}v_{2z}) + s_1(v_{2x}\vec{i} + \vec{v}_{2y}\vec{j} + \vec{v}_{2z}\vec{k}) + s_2(v_{1x}\vec{i} + \vec{v}_{1y}\vec{j} + \vec{v}_{1z}\vec{k}) +\\ &\quad (v_{1y}v_{2z} - v_{1z}v_{2y})\vec{i} + (v_{1z}v_{2x} - v_{1x}v_{2z})\vec{j} +\\ &\quad (v_{1x}v_{2y} - v_{1y}v_{2x})\vec{k}\\ &= (s_1s_2 - \vec{v}_1 \cdot \vec{v}_2) + (s_1\ \vec{v}_2 + s_2\ \vec{v}_1 + \vec{v}_1 \times \vec{v}_2)\end{aligned}$$

请注意，四元数的乘法不满足交换律。由于四元数的乘法等同于三维旋转，其本身对于乘法运算是不具备交换属性的，因此这一点也在意料之中。

8.2.4 共轭

共轭运算与其在复数理论的相应运算一致。我们只需对虚部求反，得出四元数的共轭，即：

$$\bar{q}_1 = \overline{s_1 + \vec{v}_1} = s_1 - \vec{v}_1 \tag{8.3}$$

---

① 除非另有说明，当提到 IR^n 时，我们指的是 n 维欧几里得空间及其相关属性。

共轭运算的另一个基本性质是，两个四元数相乘的共轭等于每个四元数的共轭相乘，即：

$$\overline{\vec{q}_1 \vec{q}_2} = (s_1 - \vec{v}_1)(s_2 - \vec{v}_2)$$
$$= (s_1 s_2 - \vec{v}_1 \cdot \vec{v}_2) + (-s_1 \vec{v}_2 - s_2 \vec{v}_1 + (-\vec{v}_1) \times (-\vec{v}_2))$$
$$= (s_1 s_2 - \vec{v}_1 \cdot \vec{v}_2) - (s_1 \vec{v}_2 + s_2 \vec{v}_1 + \vec{v}_2 \times \vec{v}_1)$$
$$= \overline{q_1 q_2}$$

8.2.5　模

模，也称大小，是四元数与其共轭之间的点积，为

$$|q_1|^2 = q_1 \cdot \vec{q}_1 = \vec{q}_1 \cdot q_1 = s_1^2 + v_{1x}^2 + v_{1y}^2 + v_{1z}^2$$

两个四元数相乘的模与每个四元数模的相乘结果相同，因为：

$$|q_1 q_2|^2 = (q_1 q_2)(\overline{q_1 q_2}) = (q_1 q_2)(\bar{q}_2 \bar{q}_1)$$
$$= q_1 (q_2 \bar{q}_2) \bar{q}_1 = q_1 |q_2|^2 \bar{q}_1$$
$$= |q_2|^2 q_1 \bar{q}_1 = |q_1|^2 |q_2|^2$$

8.2.6　逆

四元数的逆可直接从四元数模的表达式中推导出来，其结果是

$$q_1^{-1} = \frac{\bar{q}_1}{|q_1|^2} \tag{8.4}$$

8.3　单位四元数

四元数 $q = s + \vec{v}$ 的另一个常用表示法是将其写为 $s + a\vec{u}$，其中，虚部 $\vec{u}$ 是单位向量（$|\vec{u}| = 1$）。我们可以按照如下方程，从 $\vec{v}$ 计算 a 和 $\vec{u}$：

$$\vec{u} = \begin{pmatrix} x/a \\ y/a \\ z/a \end{pmatrix} = \frac{x}{|\vec{v}|} \vec{i} + \frac{y}{|\vec{v}|} \vec{j} + \frac{z}{|\vec{v}|} \vec{k}$$

实部为 0 的四元数被称为纯四元数。任意向量 $\vec{v} \in IR^3$ 均可使用式（8.1）的符号，用纯四元数表示为：

$$q = 0 + \vec{v} \tag{8.5}$$

模等于 1 的四元数被称为单位四元数，也称单位长度四元数。纯单位四元数是实部为 0、模为 1 的四元数。由于 IR^3 中的任意向量均可以表示为纯四元数，IR^3 中的任意单位向量（任何归一化向量）均可表示为纯单位四元数。

所有单位四元数（所有满足 $|q| = 1$ 的 q）在四元数的四维空间内构成一个半径为 1 的超球面。由于单位四元数 q 始终满足条件 $|q| = 1$，根据方程（8.4），我们可以直接得到结论：

$$q^{-1} = \frac{\bar{q}}{|q|^2} = \bar{q} \tag{8.6}$$

也就是说，单位四元数的逆等于其共轭，可通过对其虚部求反得到［参见方程（8.3）］。

8.3.1 使用单位四元数的旋转矩阵表示法

单位四元数在计算机图形领域发挥着重要的作用，因为它们是 3×3 旋转矩阵的等价表达。本节将简要介绍在单位四元数和右手坐标系旋转矩阵表示法之间来回切换所需的所有变换。

对于围绕经过原点的单位长度坐标轴 $\vec{u}$、角度为 $\theta°$ 的旋转，其 3×3 旋转矩阵可表示如下：

$$\boldsymbol{R}=\begin{pmatrix} tu_x^2+\cos\theta & tu_xu_y-u_z\sin\theta & tu_xu_z-u_y\sin\theta \\ tu_xu_y-u_z\sin\theta & tu_y^2+\cos\theta & tu_yu_z-u_x\sin\theta \\ tu_xu_z+u_y\sin\theta & tu_yu_z-u_x\sin\theta & tu_z^2+\cos\theta \end{pmatrix} \tag{8.7}$$

其中，u_x，u_y 和 u_z 为单位长度向量 $\vec{u}$ 的分量，$t=(1-\cos\theta)$。该旋转可以用单位四元数表示：

$$q=\cos\frac{\theta}{2}+\sin\frac{\theta}{2}\vec{u} \tag{8.8}$$

反之，对于单位四元数 $q=s+\vec{v}$，旋转轴 $\vec{u}$ 和四元数表示的旋转角 θ 可计算为：

$$\begin{aligned}\cos\theta&=2s^2-1\\ \sin\theta&=2s\sqrt{1-s^2}\end{aligned} \tag{8.9}$$

以及

$$\vec{u}=\frac{\vec{v}}{\sqrt{1-s^2}} \tag{8.10}$$

如果我们使用 3×3 矩阵表示，旋转轴 $\vec{u}$ 和旋转角 θ 可根据以下方程得到：

$$\cos\theta=\frac{R_{xx}+R_{yy}+R_{zz}-1}{2} \tag{8.11}$$

以及

$$\begin{aligned}u_x&=\frac{R_{yz}-R_{zy}}{2\sin\theta}\\ u_y&=\frac{R_{zx}-R_{xz}}{2\sin\theta}\\ u_z&=\frac{R_{xy}-R_{yx}}{2\sin\theta}\end{aligned} \tag{8.12}$$

其约束条件为 $\sin\theta\neq0$。如果不满足该约束条件，则旋转轴未定。

最后，对于单位四元数 $q=s+\vec{v}$，将方程（8.9）和方程（8.10）代入方程（8.7），即可直接计算其等价的 3×3 矩阵表达。单位四元数的矩阵表达为：

$$\boldsymbol{R}=2\begin{pmatrix} s^2+v_x^2-\frac{1}{2} & v_xv_y-sv_z & v_xv_z+sv_y \\ v_xv_y+sv_z & s^2+v_y^2-\frac{1}{2} & v_yv_z-sv_x \\ v_xv_z-sv_y & v_yv_z+sv_x & s^2+v_z^2-\frac{1}{2} \end{pmatrix} \tag{8.13}$$

其中，v_x，v_y 和 v_z 为单位四元数 q 虚部 $\vec{v}$ 的分量。

此时，对于围绕单位长度轴 $\vec{u}$、角度为 θ 的旋转，我们可以使用方程（8.7）~方程（8.13），在四元数和 3×3 矩阵表示之间轻松切换。剩下的唯一问题是如何使用这些表示旋转任意向量 $\vec{p} \in IR^3$。如果我们使用 3×3 矩阵表示，则只需通过计算

$$\vec{p}_r = \boldsymbol{R}\vec{p} \tag{8.14}$$

即可旋转 $\vec{p}$，其中，$\boldsymbol{R}$ 为旋转矩阵；$\vec{p}_r$ 为旋转向量。

如果我们使用四元数表示法，向量 $\vec{p} \in IR^3$ 可由纯四元数 $q_p = 0 + \vec{p}$ 表示［参见方程（8.5）］，则可以通过四元数乘法计算旋转，即由以下方程得到：

$$\begin{aligned} q_{pr} &= qq_p\bar{q} = (s + \vec{u})(0 + \vec{p})(s - \vec{u}) \\ &= 0 + ((s^2 - \vec{u} \cdot \vec{u})\vec{p} + 2(\vec{p} \cdot \vec{u})\vec{u} + 2s(\vec{u} \times \vec{p})) \\ &= 0 + \vec{p}_r \end{aligned} \tag{8.15}$$

其中，q_{pr} 表示旋转向量 $\vec{p}_r$ 的纯四元数。

8.3.2 使用单位四元数的优势

对于旋转而言，使用四元数表示法，而不是 3×3 矩阵表示法，具有多种优势。本文将着重介绍最重要的几个优势。

直接的优势在于，四元数通过 4 个实数对旋转进行编码，而如果要将这些变化表示为 3×3 矩阵，则需要 9 个。这样可以为存在大量仿真物体的复杂场景节省大量的空间。

除了需要额外空间，使用更多参数编码旋转矩阵会带来另一个问题，即这些矩阵如果彼此相乘，容易“漂移”。出现漂移的原因在于，针对旋转的“sin”和“cos”计算绕任意轴旋转，使得 3×3 旋转矩阵编码所需的 9 个元素出现了四舍五入误差。当乘以另一个旋转矩阵时，得出的矩阵可能不再是一个旋转矩阵。四舍五入误差可能使得求出的矩阵的秩与 1 存在少量偏差。如果秩不等于 1，则得出的矩阵不再是正交的，因此不是旋转矩阵。后续乘以其他旋转矩阵之后，将会使得误差变得更加显著，因此在场景中渲染时，被“旋转”的物体实际上将被旋转和变形，或者被任意缩放。

针对旋转的矩阵表示，解决漂移问题的常用方法是使用 Gram-Schmidt 正交化算法，以保证得出的矩阵是正交的。原理是，时常检测得出的矩阵的秩是否与 1 存在偏差，且偏差值是否超过误差范围，若是，应用该算法，将得出的矩阵分解为一个正交矩阵乘以一个上三角形矩阵。这种分解就是 QR 分解。得出的矩阵可以被正交矩阵替代，而上三角形矩阵可用于估算目前为止产生的四舍五入误差。使用该方法，当合并旋转矩阵时，可以校正不可避免的四舍五入误差，但问题在于这个方法非常耗时，可能不适用于具有严格运行要求的仿真引擎。

使用单位四元数表示，用“sin”和“cos”计算所产生的漂移问题，以及两个单位四元数乘法运算时产生的四舍五入误差仍然存在。在这些情况下，得出的四元数的模可能不再等于 1，因此不再表示旋转矩阵。但是，使用四元数表示，可以通过对得出的四元数进行重新归一化处理来轻松处理漂移问题。如果我们认为单位四元数被约束在半径为 1 的四维超球面的表面，在四舍五入误差的影响下四元数被移动经过表面的内部或外部，则我们就能够通过肉眼发现漂移问题。重新归一化处理相当于将四元数投影回位于曲面的另一个位置，该位置靠近四元数未发生漂移时应位于的正确位置。

最后，大部分图形软件包使用四元数的一个主要原因在于，该方法能够在两个连续的动画帧里，在用于表示物体方向的单位四元数之间轻松内插。同样，如果我们认为单位四元数被约束在半径为 1 的四维超球面的表面，中间内插的单位四元数将位于最小的超弧中，该超弧连接被内插的单位四元数（图 8.2）。

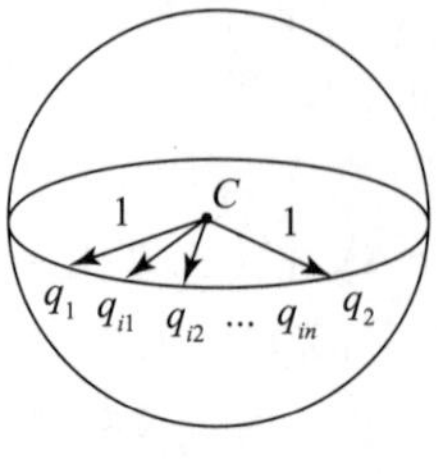

图 8.2　在四元数的四维空间中半径为 1 的超球面［中间内插的四元数 q_{i1}，…，q_{in} 位于包含 q_1 和 q_2（被内插的四元数）的超圆的最小的超弧中］

如果我们使用旋转矩阵表示，情况将会大不相同。通常很难使用旋转矩阵表示实现在两个方向之间内插旋转，并在场景动画时保证在两个方向之间平滑过渡（不存在突变）。

8.4　推荐参考读物

最初，四元数将三维向量乘以另一个三维向量，从而旋转三维向量。通过单位四元数制定坐标系的旋转和方向，是由 Shoemake［Sho85］正式引入计算机图形领域的。可以参阅 Shoemake［Sho85］了解为何可以使用方程（8.15）计算单位四元数 q 旋转的向量 $\vec{p} \in IR^3$，以及使用贝塞尔曲线内插一组四元数的更复杂方法的推导。对四元数可视化方法感兴趣的读者，我们强烈推荐你们查阅 Hart 等［HFK94］，其中介绍了表示单位四元数的替代指数符号。

在确定旋转角和旋转轴之后，方程（8.7）的推导，得到 3×3 旋转矩阵表示，详情可参阅 Craig［Cra89］、Pique［Piq90］和机械学、机器人学或计算机图形等领域的其他书籍。有关通用三维变换，以及如何在右手坐标系和左手坐标系之间切换的详细介绍，请参见 Foley 等［FvDFH96］。

最后，对于多个旋转矩阵相乘时观察到的漂移问题，使用 Gram-Schmidt 算法进行校正，可参阅 Strang［Str91］，Golub 等［GL96］和 Horn 等［HJ91］。

参考文献

［Cra89］Craig，J. J.：Introduction to robotics，mechanics and control. Addison-Wesley，Reading（1989）.

［FvDFH96］Foley，J. D.，van Dam，A.，Feiner，S. K.，Hughes，J. F.：Computer graphics principles and practice. Addison-Wesley，Reading（1996）.

［GL96］Golub，G. H.，Van Loan，C. F.：Matrix computations. Johns Hopkins University Press，Baltimore（1996）.

[HFK94] Hart, J. C., Francis, G. K., Kauffman, L. H.: Visualizing quaternion rotation. ACM Trans. Graph. 13 (3), 256–276 (1994).

[HJ91] Horn, R. A., Johnson, C. R.: Matrix analysis. Cambridge University Press, Cambridge (1991).

[Piq90] Pique, M. E.: Rotation tools. In: Graphics Gems I, pp. 465–469 (1990).

[Sho85] Shoemake, K.: Animating rotation with quaternion curves. Comput. Graph. (Proc. SIGGRAPH) 19, 245–254 (1985).

[Str91] Strang, G.: Linear algebra and its applications. Academic Press, San Diego (1991).

9

附录 D　刚体质量属性

9.1　简　　介

在动态仿真中，刚体之间的相互作用方式在很大程度上取决于它们的质量分布。如附录 B（第 7 章）所述，刚体的总质量、质心和惯性张量直接影响到计算作用于刚体的净作用力和净扭矩，这些数据用于对运动微分方程进行求解。这些量，即总质量、质心和惯性张量，通常称为刚体的质量属性，取决于刚体的形状和密度。

目前，在计算机图形、仿真和建模参考文献中提出了多种算法，用于计算给定刚体的质量属性。它们通常可归为以下两类高级算法之一。第一类算法通常用于计算机固体建模。这类算法将物体的原始固体建模表达分解为多个小单元格，通过对每个单元格质量属性进行求和，计算物体质量属性的近似值。近似值与精确值的匹配程度取决于单元格分解的粒度。但是，无论分解得多么精细，由于物体的体积和单元格在分解中所占的体积之间难免存在不匹配情况，使用这类算法计算得到的质量属性始终只是精确值的近似值。

第二类算法假设物体的边界表达已定，即物体的多边形面、顶点及其邻接信息都是确定的，并据此直接计算物体的质量属性。这些算法中，有一部分专门用于物体的面为三角形的情况。此时，三角形面连接到坐标系原点，构成多个四面体。合并每个四面体的质量属性，即可得到物体的质量属性。使用该方法的缺点在于，部分四面体可能又窄又长，会对计算结果造成数值误差，从而影响最终结果的准确性。

在本附录中，我们介绍 Mirtich 算法，该算法根据刚体的边界表达法，计算刚体质量属性的精确值。假设刚体由一组均质的多面体构成，每个多面体都具有各自的恒定密度值。通过逐步地将初始体积分简化为物体各个面的面积分，再到投影至其中一个坐标平面的面积分，进而为沿着各投影面各边的线积分，最后直接从顶点计算质量属性。尽管推导过程复杂，但本文介绍的算法具有较高的效率，随着物体的面、边和顶点总数的不同呈现出线性变化。

9.2　Mirtich 算法

计算质量属性，是指根据各个均质多面体的质心、总质量和惯性张量，计算物体的质心、总质量和惯性张量。假设物体用 n_p 个均质多面体表示，其总质量可直接由以下方程得到：

$$M = \sum_{i=1}^{n_p} \rho_i V_i \tag{9.1}$$

其中，ρ_i 和 V_i 分别为多面体 i 的密度和体积。密度值假设已定，那么每个多面体的体积都可以根据其形状进行计算：

$$V_i = \int \mathrm{d}V \tag{9.2}$$

当前，假设已知如何计算方程（9.2）的体积分，那么我们可以确定每个多面体的体积，并利用方程（9.1）计算物体的总质量。在知道物体总质量之后，可以计算质心 C 的坐标，如下所述：

$$\begin{aligned}
C_x &= \frac{1}{M}\sum_{i=1}^{n_p}\int_{V_i} x\mathrm{d}M = \frac{1}{M}\sum_{i=1}^{n_p}\rho_i\int_{V_i} x\mathrm{d}V \\
C_y &= \frac{1}{M}\sum_{i=1}^{n_p}\int_{V_i} y\mathrm{d}M = \frac{1}{M}\sum_{i=1}^{n_p}\rho_i\int_{V_i} y\mathrm{d}V \\
C_z &= \frac{1}{M}\sum_{i=1}^{n_p}\int_{V_i} z\mathrm{d}M = \frac{1}{M}\sum_{i=1}^{n_p}\rho_i\int_{V_i} z\mathrm{d}V
\end{aligned} \tag{9.3}$$

在方程（9.3）中，由于每个多面体 i 的 $\mathrm{d}M = \rho_i \mathrm{d}V$，借助均质假设将多面体的质量积分转换为体积分。

在推导出计算物体总质量和质心的方程之后，接下来需要确定的质量属性就是惯性张量。惯性张量是一个 3×3 矩阵，包含对物体质心的惯性矩和惯性积。换言之，它表示物体质量相对于质心的分布情况。

计算惯性张量涉及确定 3×3 矩阵中的 9 个元素，通过以下方程得到：

$$\boldsymbol{I} = \begin{pmatrix} \boldsymbol{I}_{xx} & -\boldsymbol{I}_{xy} & -\boldsymbol{I}_{xz} \\ -\boldsymbol{I}_{yx} & \boldsymbol{I}_{yy} & -\boldsymbol{I}_{yz} \\ -\boldsymbol{I}_{zx} & -\boldsymbol{I}_{zy} & \boldsymbol{I}_{zz} \end{pmatrix} \tag{9.4}$$

其中，$\boldsymbol{I}_{xx}$，$\boldsymbol{I}_{yy}$ 和 $\boldsymbol{I}_{zz}$ 分别为关于 x，y 和 z 轴的惯性矩；$\boldsymbol{I}_{xy}$，$\boldsymbol{I}_{yx}$，$\boldsymbol{I}_{xz}$，$\boldsymbol{I}_{zx}$，$\boldsymbol{I}_{zy}$ 和 $\boldsymbol{I}_{yz}$ 为这些轴之间的惯性积。根据机械工程参考文献，惯性张量 $\boldsymbol{I}$ 是一个实对称矩阵，即：

$$\boldsymbol{I}_{xy} = \boldsymbol{I}_{yx},\ \boldsymbol{I}_{xz} = \boldsymbol{I}_{zx},\ \boldsymbol{I}_{zy} = \boldsymbol{I}_{yz}$$

因此，我们只需考虑方程（9.4）的 9 个元素中的 6 个。惯性张量的另一个属性在于，始终可以找到一个所有惯性积均为 0 的物体坐标系。此时，$\boldsymbol{I}$ 是对角矩阵，我们只需计算它的三个对角元素。

还有一点需要留意，如果物体的质量分布不随着时间变化而变化，其相对于物体坐标系的惯性张量将保持恒定。但是，只在物体坐标系内保持恒定，在世界坐标系内不会保持恒定，这是因为，随着仿真的进行，物体的位置和方向都会发生变化，其相对于世界坐标系的质量分布也会发生变化。如果 $\boldsymbol{I}$ 是相对于物体坐标系的惯性张量，$\boldsymbol{R}$ 是将物体坐标系转换为世界坐标系的旋转矩阵，则相对于世界坐标系的惯性张量 $\boldsymbol{I}^w$ 由以下方程得到：

$$\boldsymbol{I}^w = \boldsymbol{RIR}^{-1} = \boldsymbol{RIR}^{\mathrm{T}} \tag{9.5}$$

物体相对于世界坐标系的惯性矩和惯性积可分别从以下方程组得到：

$$\boldsymbol{I}_{xx}^w = \sum_{i=1}^{n_p}\rho_i\int_{V_i}(y^2 + z^2)\mathrm{d}V$$

$$
\begin{aligned}
\boldsymbol{I}_{yy}^{w} &= \sum_{i=1}^{n_p} \rho_i \int_{V_i} (z^2 + x^2)\mathrm{d}V \\
\boldsymbol{I}_{zz}^{w} &= \sum_{i=1}^{n_p} \rho_i \int_{V_i} (x^2 + y^2)\mathrm{d}V \\
\boldsymbol{I}_{xy}^{w} = \boldsymbol{I}_{yx}^{w} &= \sum_{i=1}^{n_p} \rho_i \int_{V_i} xy\mathrm{d}V \\
\boldsymbol{I}_{yz}^{w} = \boldsymbol{I}_{zy}^{w} &= \sum_{i=1}^{n_p} \rho_i \int_{V_i} yz\mathrm{d}V \\
\boldsymbol{I}_{zx}^{w} = \boldsymbol{I}_{xz}^{w} &= \sum_{i=1}^{n_p} \rho_i \int_{V_i} xz\mathrm{d}V
\end{aligned}
\tag{9.6}
$$

我们可以使用机械工程中的平行轴定理，计算相对于物体坐标系的惯性张量，这个物体坐标系与世界坐标系平行，但原点位于物体的质心。在新坐标系中的惯性矩和惯性积如下所示：

$$
\begin{aligned}
\boldsymbol{I}_{xx} &= \boldsymbol{I}_{xx}^{w} - M(C_y^2 + C_z^2) \\
\boldsymbol{I}_{yy} &= \boldsymbol{I}_{yy}^{w} - M(C_z^2 + C_x^2) \\
\boldsymbol{I}_{zz} &= \boldsymbol{I}_{zz}^{w} - M(C_x^2 + C_y^2) \\
\boldsymbol{I}_{xy} = \boldsymbol{I}_{yx} &= \boldsymbol{I}_{xy}^{w} - MC_xC_y \\
\boldsymbol{I}_{yz} = \boldsymbol{I}_{zy} &= \boldsymbol{I}_{yz}^{w} - MC_yC_z \\
\boldsymbol{I}_{zx} = \boldsymbol{I}_{xz} &= \boldsymbol{I}_{zx}^{w} - MC_zC_x
\end{aligned}
\tag{9.7}
$$

方程组（9.7）介绍了计算相对于物体坐标系的恒定惯性张量的方法，其中，物体坐标系平行于世界坐标系，但原点是物体的质心。

仔细检查方程（9.2）、方程（9.3）、方程（9.6）和方程（9.7），可以很快得出：为了计算物体的质量属性，我们需要能够估算以下体积分，这些体积分是由物体的每个多面体定义的：

$$
\begin{aligned}
T_x &= \int_f x\mathrm{d}V,\ T_{x^2} = \int_f x^2\mathrm{d}V \\
T_y &= \int_f y\mathrm{d}V,\ T_{y^2} = \int_f y^2\mathrm{d}V \\
T_z &= \int_f z\mathrm{d}V,\ T_{z^2} = \int_f z^2\mathrm{d}V \\
T_1 &= \int_f \mathrm{d}V,\ T_{xy} = \int_f xy\mathrm{d}V \\
T_{yz} &= \int_f yz\mathrm{d}V,\ T_{zx} = \int_f zx\mathrm{d}V
\end{aligned}
\tag{9.8}
$$

对方程组（9.8）的体积分进行求解的基本思路是逐渐降低复杂性，从体积分变成面积分，然后从面积分再变成投影后的面积分，接着从投影后的面积分变成线积分，最终从物体的顶点坐标求出线积分。复杂性降低依赖于高等微积分的一些著名定理。

9.2.1 体积分转换为面积分

对方程组（9.8）的体积分进行转换的第一步是转换为物体各个面的面积分。从体积分到面积分的转换是借助散度定理实现的。散度定理指出，当给出空间中的边界体积 V 及其外法线（从 V 的内部指向外部的法线）时，对于在 V 上定义的任何连续向量场 $\vec{F}$，我们有：

$$\int_V \nabla\cdot \vec{F}\mathrm{d}V = \int_{\partial V} \vec{F}\cdot \vec{n}\mathrm{d}A \tag{9.9}$$

其中，∂V 为 V 的边界；∇为散度算子，由以下方程得到：

$$\nabla\cdot \vec{F} = \frac{\partial \vec{F}}{\partial x} + \frac{\partial \vec{F}}{\partial y} + \frac{\partial \vec{F}}{\partial z} \tag{9.10}$$

方程（9.9）明确指明了将体积分转换为面积分的方式。通过为积分选择连续的力场，可以将方程组（9.8）的体积分转换为面积分。当然，也可以借助猜想，但是我们倾向于使用可以简化面积分计算的方法。例如，让我们检测一下哪种力场是下列体积分的合适之选：

$$T_x = \int_V x\mathrm{d}V$$

我们需要找到满足以下条件的力场 $\vec{F}$：

$$\nabla\cdot \vec{F} = \frac{\partial \vec{F}}{\partial x} + \frac{\partial \vec{F}}{\partial y} + \frac{\partial \vec{F}}{\partial z} = x$$

针对上述例子，我们有多种力场可以选择，但最合适的就是令方程（9.9）的右边尽可能的简单直接、易于计算。因此，我们应选择的力场是能够将方程（9.9）的右边的点积分转变成简单的标量乘法，或

$$\vec{F} = \left(\frac{x^2}{2},\ 0,\ 0\right)^{\mathrm{T}}$$

将其代入方程（9.9）得到：

$$T_x = \int_V s\mathrm{d}V = \int_{\partial V} \vec{F}\cdot \vec{n}\mathrm{d}A = \sum_{f\in \partial V}\int_f \left(\frac{n_x x^2}{2}\right)\mathrm{d}A \tag{9.11}$$

其中，需要计算物体各个面的面积分。由于此时每个多面体的面都有恒定的法线，我们可以从方程（9.11）的积分中得到法线分量，将表达式进一步简化为：

$$T_x = \sum_{f\in \partial V}\frac{n_x}{2}\int_f x^2\mathrm{d}A$$

相同的步骤适用于方程组（9.8）的所有体积分，请参见表 9.1 的汇总结果。该表格指明了方程组（9.8）中每个体积分的合适力场选择和等效面积分。

表 9.1 对于方程组（9.8）中的每个体积分，从体积分转换为面积分（即使有多种可使用的力场，本表格所选择的力场将显著简化面积分的计算）

索引 i	体积分 T_i	力场 $\vec{F}_i$	等效面积分
1	$\int_V 1\mathrm{d}V$	$(x,0,0)^{\mathrm{T}}$	$\sum_{f\in\partial V} n_x \int_f x\mathrm{d}A$
x	$\int_V x\mathrm{d}V$	$\left(\frac{x^2}{2},0,0\right)^{\mathrm{T}}$	$\sum_{f\in\partial V} \frac{n_x}{2}\int_f x^2\mathrm{d}A$

续表

索引 i	体积分 T_i	力场 $\overrightarrow{F}_i$	等效面积分
y	$\int_V y\mathrm{d}V$	$\left(0,\ \frac{y^2}{2},\ 0\right)^{\mathrm{T}}$	$\sum_{f\in\partial V}\frac{n_y}{2}\int_f y^2\mathrm{d}A$
z	$\int_V z\mathrm{d}V$	$\left(0,\ 0,\ \frac{z^2}{2}\right)^{\mathrm{T}}$	$\sum_{f\in\partial V}\frac{n_z}{2}\int_f z^2\mathrm{d}A$
x^2	$\int_V x^2\mathrm{d}V$	$\left(\frac{x^3}{3},\ 0,\ 0\right)^{\mathrm{T}}$	$\sum_{f\in\partial V}\frac{n_x}{3}\int_f x^3\mathrm{d}A$
y^2	$\int_V y^z\mathrm{d}V$	$\left(0,\ \frac{y^3}{3},\ 0\right)^{\mathrm{T}}$	$\sum_{f\in\partial V}\frac{n_y}{3}\int_f y^3\mathrm{d}A$
z^2	$\int_V x^2\mathrm{d}V$	$\left(0,\ 0,\ \frac{z^3}{3}\right)^{\mathrm{T}}$	$\sum_{f\in\partial V}\frac{n_z}{3}\int_f z^3\mathrm{d}A$
xy	$\int_V xy\mathrm{d}V$	$\left(\frac{x^2y}{2},\ 0,\ 0\right)^{\mathrm{T}}$	$\sum_{f\in\partial V}\frac{n_x}{2}\int_f x^2y\mathrm{d}A$
yz	$\int_V yz\mathrm{d}V$	$\left(0,\ \frac{y^2z}{2},\ 0\right)^{\mathrm{T}}$	$\sum_{f\in\partial V}\frac{n_y}{2}\int_f y^2z\mathrm{d}A$
zx	$\int_V zx\mathrm{d}V$	$\left(0,\ 0,\ \frac{z^2x}{2}\right)^{\mathrm{T}}$	$\sum_{f\in\partial V}\frac{n_z}{2}\int_f z^2x\mathrm{d}A$

在计算出与方程组（9.8）的体积分相关的面积分之后，我们已经准备就绪，可以执行下一步积分运算，即将面积分简化为线积分。但是，在此之前，我们应首先将多面体的每个面投影到一个坐标平面中，使得这种简化变得“标准化”。

9.2.2 面积分转换为投影面积分

将多面体的每个面投影到坐标平面 xOy，yOz 或 zOx 其中的一个，从而使多面体的面转换为投影面。至于将面投影到哪个坐标平面，这取决于相对于坐标平面，多面体面的相对方向，也就是说，取决于面法线的分量 n_x，n_y 和 n_z。

面 f 的面积分与其投影 f_p 的面积分之间的关系如下。

令面 $f\in\partial V$ 的平面方程如下：

$$n_x\vec{x}+n_y\vec{y}+n_z\vec{z}+d=0$$

其中，对于任意点 $\vec{p}\in f$，标量常数 d 可由以下方程得到：

$$d=-\vec{n}\cdot\vec{p}$$

接下来，面 f 的面积分可由投影面 f_p 的面积分得到，如下所示：

$$\int_f g(\alpha,\ \beta,\ \gamma)\mathrm{d}A=\frac{1}{|n_\gamma|}\int_{f_p}g(\alpha,\ \beta,\ h(\alpha,\ \beta))\mathrm{d}\alpha\mathrm{d}\beta \tag{9.12}$$

其中，$g(\alpha,\ \beta,\ \gamma)$ 为 α，β 和 γ 的多项式函数，$h(\alpha,\ \beta)$ 由以下方程得到：

$$h(\alpha,\beta)=-\frac{1}{n_{\gamma}}(n_{\alpha}a+n_{\beta}\beta+d) \tag{9.13}$$

使用α，β和γ，而不是方程（9.12）和方程（9.13）中的x，y和z，强调了一个事实：根据最大化n_{γ}进行选择，也就是将投影平面的面积最大化进行选择，在运行时选定面投影平面（图9.1）。(α,β,γ)可能的组合为(x,y,z)，(y,z,x)和(z,x,y)。

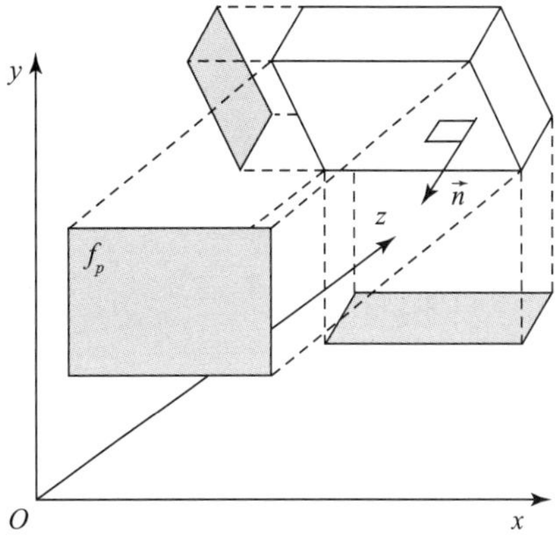

图9.1 在运行时，面法线的最大分量被选定为n_{γ}，根据该选择，将$\boldsymbol{\alpha}$，$\boldsymbol{\beta}$和$\boldsymbol{\gamma}$轴映射到x，y和z轴［对于此处示出的立方体，面f的法线$\vec{n}$的最大分量为n_z，因此，对于$(\boldsymbol{\alpha},\boldsymbol{\beta},\boldsymbol{\gamma})=(x,y,z)$，$\boldsymbol{\gamma}$与$z$相关］

无论使用哪种组合，表9.1的等效面积分均能够转换为以下形式的面积分：

$$\begin{aligned}&\int_f \alpha \mathrm{d}A,\ \int_f \alpha^2 \mathrm{d}A,\ \int_f \alpha^3 \mathrm{d}A,\ \int_f \alpha^2\beta \mathrm{d}A\\ &\int_f \beta \mathrm{d}A,\ \int_f \beta^2 \mathrm{d}A,\ \int_f \beta^3 \mathrm{d}A,\ \int_f \beta^2\gamma \mathrm{d}A\\ &\int_f \gamma \mathrm{d}A,\ \int_f \gamma^2 \mathrm{d}A,\ \int_f \gamma^3 \mathrm{d}A,\ \int_f \gamma^2\alpha \mathrm{d}A\end{aligned} \tag{9.14}$$

在表9.1中，对于(α,β,γ)任意三种可能的组合，等效面积分的项具有如下形式α，α^2，α^3和$\alpha^2\beta$，因此可实现方便的表示。由于实际组合值只能在运行时确定，我们将把每个面的投影面积分作为α，β和γ的函数进行计算。方法是：将方程（9.12）和方程（9.13）代入方程（9.14）的各个面积分。

将物体每个面的面积分作为投影面积分的函数，表达式如下：

$$\int_f \alpha \mathrm{d}A = \frac{1}{|n_{\gamma}|}P_{\alpha} \tag{9.15}$$

$$\int_f \alpha^2 \mathrm{d}A = \frac{1}{|n_{\gamma}|}P_{\alpha^2} \tag{9.16}$$

$$\int_f \alpha^3 \mathrm{d}A = \frac{1}{|n_{\gamma}|}P_{\alpha^3} \tag{9.17}$$

$$\int_f \alpha^2\beta \mathrm{d}A = \frac{1}{|n_{\gamma}|}P_{\alpha^2\beta} \tag{9.18}$$

$$\int_f \beta \mathrm{d}A = \frac{1}{|n_{\gamma}|}P_{\beta} \tag{9.19}$$

$$\int_f \beta^2 \mathrm{d}A = \frac{1}{|n_{\gamma}|}P_{\beta^2} \tag{9.20}$$

$$\int_f \beta^3 \mathrm{d}A = \frac{1}{|n_{\gamma}|}P_{\beta^3} \tag{9.21}$$

$$\int_f \beta^2\gamma \mathrm{d}A = -\frac{1}{|n_{\gamma}|n_{\gamma}}(n_{\alpha}P_{\alpha\beta^2}+n_{\beta}P_{\beta^3}+dP_{\beta^2}) \tag{9.22}$$

$$\int_f \gamma \mathrm{d}A = -\frac{1}{|n_{\gamma}|n_{\gamma}}(n_{\alpha}P_{\alpha}+n_{\beta}P_{\beta}+dP_{1}) \tag{9.23}$$

$$\int_f \gamma^2 \mathrm{d}A = -\frac{1}{|n_\gamma| n_\gamma^2}(n_\alpha^2 P_{\alpha^2} + 2n_\alpha n_\beta P_{\alpha\beta} + n_\beta^2 P_{\beta^2} + 2dn_\alpha P_\alpha + 2dn_\beta P_\beta + d^2 P_1) \tag{9.24}$$

$$\int_f \gamma^3 \mathrm{d}A = -\frac{1}{|n_\gamma| n_\gamma^3}(n_\alpha^3 P_{\alpha^3} + 3\, n_\alpha^2 n_\beta P_{\alpha^2\beta} + 3n_\alpha n_\beta^2 P_{\alpha\beta^2} + n_\alpha^3 P_{\beta^3} + 3dn_\alpha^2 P_{\alpha^2} + 6dn_\alpha n_\beta P_{\alpha\beta} + 3dn_\beta^2 P_{\alpha\beta^2} + 3d^2 n_\alpha P_\alpha + 3d^2 n_\beta P_\beta + d^3 P_1) \tag{9.25}$$

$$\int_f \gamma^2 \alpha \mathrm{d}A = \frac{1}{|n_\gamma| n_\gamma^2}(n_\alpha^2 P_{\alpha^3} + 2n_\alpha n_\beta P_{\alpha^2\beta} + n_\beta^2 P_{\alpha\beta^2} + 2dn_\alpha P_{\dot{\alpha}^2} + 2dn_\beta P_{\alpha\beta} + d^2 P_\alpha) \tag{9.26}$$

其中，投影面积分 $P_{\alpha^u\beta^v}$ 的计算方法如下：

$$P_{\alpha^u\beta^v} = \int_{f_p} \alpha^u \beta^v \mathrm{d}A \tag{9.27}$$

在将面积分作为投影面积分的函数计算出来之后，我们可以继续执行下一步操作，即将投影面积分转换为沿着投影面每条边的线积分。

9.2.3 投影面积分转换为线积分

借助格林定理，将投影面积分转换为线积分。格林定理可以被视为第 9.2.1 节介绍的散度定理的二维版。根据格林定理，对于给定的平面 f_p、在 f_p 上定义的连续力场 $\vec{H}$，以及沿着 f_p 边界 ∂f_p 的外法线 $\vec{m}$，面积分等价于线积分：

$$\int_{f_p} \Delta \cdot \vec{H} \mathrm{d}A = \oint_{\partial f_p} \vec{H} \cdot \vec{m} \mathrm{d}s \tag{9.28}$$

其中，封闭曲线积分沿着 f_p 的边界的逆时针方向进行（图 9.2）。同样地，我们需要选择适当的力场 $\vec{H}$，使得方程（9.28）的右边尽可能简化，用于接下来的线积分计算。

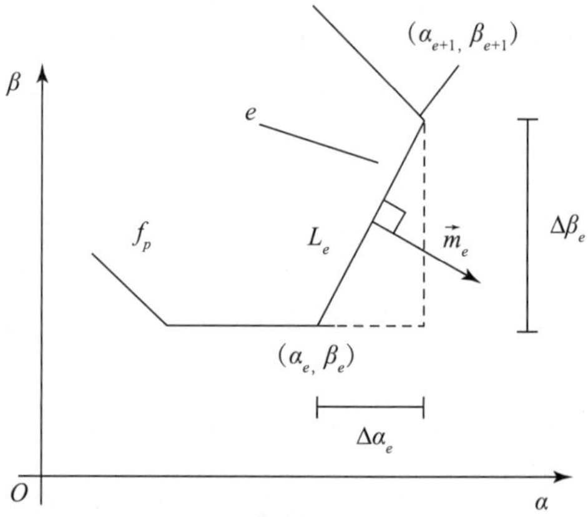

图 9.2 投影面积分转换为投影面 f_p 的各条边的线积分（沿着每条边 $e \in f_p$ 的逆时针方向进行线积分）

选择过程与第 9.2.1 节所述的相同。我们选择的力场 $\vec{H}$ 应能够将方程（9.28）右边的点积转变成简单的标量相乘。由于每条边都有一个恒定的外法线，可从积分运算中获得，所以我们还可以将线积分分解为沿着投影面的每条边的更小线段。表 9.2 总结了方程（9.15）~ 方程（9.26）出现的每个投影面积分的选定力场。

表 9.2 根据运行时选定的 α 和 β 分量沿着投影面 f_p 的每条边的线积分（变量 $\mathrm{d}s = L_e \mathrm{d}\lambda$ 在 0 ~ 1 变化，用来简化积分，其中 L_e 是边 e 的长度）

索引 i	投影面积分 P_i	力场 $\vec{H}_i$	等效线积分
α	$\int_{P_i} \alpha \mathrm{d}A$	$\left(\frac{\alpha^2}{2}, 0\right)^{\mathrm{T}}$	$\frac{\mathrm{sign}(n_\gamma)}{2} \sum_{e=1}^{n_e} \Delta\beta_e \int_0^1 \alpha^2 (L_e\lambda) \mathrm{d}\lambda$
α^2	$\int_{P_i} \alpha^2 \mathrm{d}A$	$\left(\frac{\alpha^3}{3}, 0\right)^{\mathrm{T}}$	$\frac{\mathrm{sign}(n_\gamma)}{3} \sum_{e=1}^{n_e} \Delta\beta_e \int_0^1 \alpha^3 (L_e\lambda) \mathrm{d}\lambda$

续表

索引 i	投影面积分 P_i	力场 $\overrightarrow{H_i}$	等效线积分
α^3	$\int_{P_i}\alpha^3\mathrm{d}A$	$\left(\frac{\alpha^4}{4},0\right)^{\mathrm{T}}$	$\frac{\mathrm{sign}(n_\gamma)}{4}\sum_{e=1}^{n_e}\Delta\beta_e\int_0^1\alpha^4(L_e\lambda)\mathrm{d}\lambda$
β	$\int_{P_i}\beta\mathrm{d}A$	$\left(0,\frac{\beta^2}{2}\right)^{\mathrm{T}}$	$-\frac{\mathrm{sign}(n_\gamma)}{2}\sum_{e=1}^{n_e}\Delta\alpha_e\int_0^1\beta^2(L_e\lambda)\mathrm{d}\lambda$
β^2	$\int_{P_i}\beta^2\mathrm{d}A$	$\left(0,\frac{\beta^3}{3}\right)^{\mathrm{T}}$	$-\frac{\mathrm{sign}(n_\gamma)}{3}\sum_{e=1}^{n_e}\Delta\alpha_e\int_0^1\beta^3(L_e\lambda)\mathrm{d}\lambda$
β^3	$\int_{P_i}\beta^3\mathrm{d}A$	$\left(0,\frac{\beta^4}{4}\right)^{\mathrm{T}}$	$-\frac{\mathrm{sign}(n_\gamma)}{4}\sum_{e=1}^{n_e}\Delta\alpha_e\int_0^1\beta^4(L_e\lambda)\mathrm{d}\lambda$
$\alpha\beta$	$\int_{P_i}\alpha\beta\mathrm{d}A$	$\left(\frac{\alpha^2\beta}{2},0\right)^{\mathrm{T}}$	$\frac{\mathrm{sign}(n_\gamma)}{2}\sum_{e=1}^{n_e}\Delta\beta_e\int_0^1\alpha^2(L_e\lambda)\beta(L_e\lambda)\mathrm{d}\lambda$
$\alpha^2\beta$	$\int_{P_i}\alpha^2\beta\mathrm{d}A$	$\left(\frac{\alpha^3\beta}{3},0\right)^{\mathrm{T}}$	$\frac{\mathrm{sign}(n_\gamma)}{3}\sum_{e=1}^{n_e}\Delta\beta_e\int_0^1\alpha^3(L_e\lambda)\beta(L_e\lambda)\mathrm{d}\lambda$
$\alpha\beta^2$	$\int_{P_i}\alpha\beta^2\mathrm{d}A$	$\left(0,\frac{\alpha\beta^3}{3}\right)^{\mathrm{T}}$	$\frac{\mathrm{sign}(n_\gamma)}{3}\sum_{e=1}^{n_e}\Delta\beta_e\int_0^1\alpha(L_e\lambda)\beta^3(L_e\lambda)\mathrm{d}\lambda$

此时，我们已经成功将体积分转换为包含物体的每个多面体的每个投影面的每条边的线积分。现在，我们需要解决该算法的最后一个问题，即将表 9.2 中的线积分作为每条边顶点坐标的函数进行计算。

9.2.4 根据顶点坐标计算线积分

表 9.2 给出的线积分均为以下形式：

$$\int_0^1\alpha^p(L_e\lambda)\beta^q(L_e\lambda)\mathrm{d}\lambda$$

其中，L_e 为积分计算所考虑的边 e 的长度；$0\leqslant p\leqslant 4$ 和 $0\leqslant q\leqslant 4$ 分别为 α 和 β 的系数。

顶点坐标的线积分包含每条边的积分，如下所示：

$$\int_0^1\alpha^p(L_e\lambda)\beta^q(L_e\lambda)\mathrm{d}\lambda = \frac{1}{k_{pq}}\sum_{i=0}^{p}\sum_{j=0}^{q}\frac{\binom{p}{i}\binom{q}{j}}{\binom{p+q}{i+j}}\alpha_{e+1}^{i}\,\alpha_e^{p-i}\,\beta_{e+1}^{j}\,\beta_e^{q-j}$$

其中，$k_{pq}=(p+q+1)$，且

$$\binom{p}{i}=\frac{p!}{i!\,(p-i)!}$$

表 9.3 给出了根据顶点计算表 9.2 中的每个线积分的方法。我们使用顶点坐标来计算线积分，将结果代入表 9.2，计算投影面的面积分。使用方程（9.15）~方程（9.26），根据投影面积分来计算面积分，它们的值被代回至表 9.1，用来计算所有体积分。最后，使用方程

(9.2)、方程 (9.3)、方程 (9.6) 和方程 (9.7)，根据体积分得到质量属性。

表 9.3 根据顶点计算表 9.2 中的线积分

线积分	等效基于顶点的计算
$\int_0^1 \alpha^2(L_e\lambda)\,\mathrm{d}\lambda$	$\frac{1}{3}\sum_{i=0}^{2}\alpha_{e+1}^{i}\alpha_e^{2-i}$
$\int_0^1 \alpha^3(L_e\lambda)\,\mathrm{d}\lambda$	$\frac{1}{4}\sum_{i=0}^{3}\alpha_{e+1}^{i}\alpha_e^{3-i}$
$\int_0^1 \alpha^4(L_e\lambda)\,\mathrm{d}\lambda$	$\frac{1}{5}\sum_{i=0}^{4}\alpha_{e+1}^{i}\alpha_e^{4-i}$
$\int_0^1 \beta^2(L_e\lambda)\,\mathrm{d}\lambda$	$\frac{1}{3}\sum_{j=0}^{2}\beta_{e+1}^{j}\beta_e^{2-j}$
$\int_0^1 \beta^3(L_e\lambda)\,\mathrm{d}\lambda$	$\frac{1}{4}\sum_{j=0}^{3}\beta_{e+1}^{j}\beta_e^{3-j}$
$\int_0^1 \beta^4(L_e\lambda)\,\mathrm{d}\lambda$	$\frac{1}{5}\sum_{j=0}^{4}\beta_{e+1}^{j}\beta_e^{4-j}$
$\int_0^1 \alpha^2(L_e\lambda)\beta(L_e\lambda)\,\mathrm{d}\lambda$	$\frac{1}{12}\left(\beta_{e+1}\sum_{i=0}^{2}(i+1)\,\alpha_{e+1}^{i}\alpha_e^{2-i}+\beta_e\sum_{i=0}^{2}(3-i)\,\alpha_{e+1}^{i}\alpha_e^{2-i}\right)$
$\int_0^1 \alpha^3(L_e\lambda)\beta(L_e\lambda)\,\mathrm{d}\lambda$	$\frac{1}{20}\left(\beta_{e+1}\sum_{i=0}^{3}(i+1)\,\alpha_{e+1}^{i}\alpha_e^{3-i}+\beta_e\sum_{i=0}^{3}(4-i)\,\alpha_{e+1}^{i}\alpha_e^{3-i}\right)$
$\int_0^1 \alpha(L_e\lambda)\,\beta^3(L_e\lambda)\,\mathrm{d}\lambda$	$\frac{1}{20}\left(\alpha_{e+1}\sum_{i=0}^{3}(j+1)\,\beta_{e+1}^{j}\,\beta_e^{3-j}+\alpha_e\sum_{j=0}^{3}(4-j)\,\beta_{e+1}^{i}\beta_e^{3-i}\right)$

9.3 推荐参考读物

本附录介绍的算法由 Mirtich [Mir96a, Mir96b] 开发。尽管推导过程复杂，将体积分关联至面积分、面积分关联至线积分、线积分关联至点计算的过程涉及的表达式较多，但实施过程是相当直接的。所有体积分均可一次通过多边形的面、边和顶点进行计算，因此算法快速、实用。Kallay [Kal06] 介绍了专门用于三角形网格的一种替代方法。

Lee 等 [LR82a] 全面介绍了用于计算物体质量属性的各种算法类型。简介部分提及的近似单元格分解法也可以参见 Lee 等 [LR82a, LR82b]。另一个专门用于具有三角形面的多面体的边界表达法由 Lien 等 [LK84] 开发。

最后，惯性张量方程以及平行轴定理的推导和分析可以参见 Beer 等 [BJ77a], Alonso 等 [AF67], 以及其他众多涉及机械零件动力学的机械工程书籍。

参考文献

[AF67] Alonso, M., Finn, E. J.: Fundamental university physics. Addison - Wesley, Reading (1967).

[BJ77a] Beer, F. P., Johnston, E. R.: Vector mechanics for engineers: vol. 1—statics. McGraw - Hill, New York (1977).

[Kal06] Kallay, M.: Computing the moment of inertia of a solid defined by a triangle mesh. J. Graph. Tools 11 (2), 51 - 58 (2006).

[LK84] Lien, S. - L., Kajiya, J. T.: A symbolic method for calculating the integral properties of arbitrary non-convex polyhedra. IEEE Comput. Graph. Appl. 4 (10), 34 - 41 (1984).

[LR82a] Lee, Y. T., Requicha, A. A. G.: Algorithms for computing the volume and other integral properties of solids. (1) known methods and open issues. Commun. ACM 25 (9), 635 - 641 (1982).

[LR82b] Lee, Y. T., Requicha, A. A. G.: Algorithms for computing the volume and other integral properties of solids. (2) A family of algorithms based on representation conversion and cellular approximation. Commun. ACM 25 (9), 642 - 650 (1982).

[Mir96a] Mirtich, B. V.: Fast and accurate computation of polyhedral mass properties. J. Graph. Tools 1 (2), 31 - 50 (1996).

[Mir96b] Mirtich, B. V.: Impulse-based dynamic simulation of rigid body systems. PhD Thesis, University of California, Berkeley (1996).

10

附录 E　实用的时间导数

10.1　简　　介

本附录将详细介绍如何计算法线向量、旋转矩阵和四元数的时间导数。第 4 章和第 5 章广泛使用了这些时间导数来介绍刚体的动态方程。

10.2　计算附着于刚体的向量的时间导数

附着于刚体的向量的时间导数是本附录后续大部分章节的基础结果。令刚体 B 的点 $\vec{p}_1(t)$ 和 $\vec{p}_2(t)$ 定义一个广义向量 $\vec{p}(t)$，由以下方程给出：

$$\vec{p}(t)=\vec{p}_1(t)-\vec{p}_2(t) \tag{10.1}$$

也就是说，广义向量 $\vec{p}(t)$ 附着于刚体，因此其线速度和角速度可以作为刚体线速度和角速度的函数进行计算，则广义向量 $\vec{p}(t)$ 的时间导数为：

$$\frac{\mathrm{d}\vec{p}(t)}{\mathrm{d}t}=\frac{\mathrm{d}\vec{p}_1(t)}{\mathrm{d}t}-\frac{\mathrm{d}\vec{p}_2(t)}{\mathrm{d}t} \tag{10.2}$$

假设在 t 时刻，刚体移动的线速度为 $\vec{v}(t)$，角速度为 $\vec{\omega}(t)$。由于 $\vec{p}_1$ 和 $\vec{p}_2$ 是刚体上的点，则它们位置的时间导数可以直接计算：

$$\begin{aligned}\frac{\mathrm{d}\vec{p}_1(t)}{\mathrm{d}t}&=\vec{v}(t)+\vec{\omega}(t)\times\vec{p}_1\\ \frac{\mathrm{d}\vec{p}_2(t)}{\mathrm{d}t}&=\vec{v}(t)+\vec{\omega}(t)\times\vec{p}_2\end{aligned} \tag{10.3}$$

将方程组（10.3）代入方程（10.2），得到：

$$\frac{\mathrm{d}\vec{p}(t)}{\mathrm{d}t}=\vec{\omega}(t)\times\vec{p}_1-\vec{\omega}(t)\times\vec{p}_2=\vec{\omega}(t)\times(\vec{p}_1-\vec{p}_2)$$

使用方程（10.1），可以立即得到附着于刚体的广义向量的时间导数：

$$\frac{\mathrm{d}\vec{p}(t)}{\mathrm{d}t}=\vec{\omega}(t)\times\vec{p}(t)$$

10.3　计算接触法线向量的时间导数

当粒子或刚体接触时，确定避免互穿所需的接触力需要计算接触法线的时间导数。该计算过程略有不同，具体取决于要计算的是粒子间、粒子 - 刚体还是刚体间的接触。

10.3.1 粒子间接触

在粒子间接触情形中，将接触法线方向定义为连接接触粒子 O_1 和 O_2 的向量，即：

$$\vec{n}(t)=\vec{p}_1(t)-\vec{p}_2(t)$$

该法线向量方向的时间导数计算如下：

$$\begin{aligned}\frac{\mathrm{d}\vec{n}(t)}{\mathrm{d}t}&=\frac{\mathrm{d}\vec{p}_1(t)}{\mathrm{d}t}-\frac{\mathrm{d}\vec{p}_2(t)}{\mathrm{d}t}\\&=\vec{v}_1-\vec{v}_2\end{aligned}\tag{10.4}$$

其中，$\vec{v}_1$ 和 $\vec{v}_2$ 分别为粒子 O_1 和 O_2 的速度。通过对方程（10.4）进行归一化处理，得到法线向量的实际导数，即：

$$\frac{\mathrm{d}\vec{n}(t)}{\mathrm{d}t}=\frac{\vec{v}_1-\vec{v}_2}{|\vec{v}_1-\vec{v}_2|}$$

10.3.2 刚体间接触

有两种方式可以计算刚体间接触的接触法线方向。如果接触发生在刚体 B_1 的顶点或边与刚体 B_2 的面之间，则接触法线方向由面 - 法线方向得到，即：

$$\vec{n}(t)=\vec{a}(t)\times\vec{b}(t)\tag{10.5}$$

其中，$\vec{a}(t)$ 和 $\vec{b}(t)$ 为面的两条边，用来计算面法线。但是，如果接触发生在 B_1 的边与 B_2 的边之间，则接触法线方向由以下方程得到：

$$\vec{n}(t)=\vec{e}_1(t)\times\vec{e}_2(t)\tag{10.6}$$

其中，$\vec{e}_1(t)$ 为 B_1 的边；$\vec{e}_2(t)$ 为 B_2 的边。

首先检测方程（10.6）的时间导数，即：

$$\frac{\mathrm{d}\vec{n}(t)}{\mathrm{d}t}=\frac{\mathrm{d}\vec{e}_1(t)}{\mathrm{d}t}\times\vec{e}_2(t)+\vec{e}_1(t)\times\frac{\mathrm{d}\vec{e}_2(t)}{\mathrm{d}t}\tag{10.7}$$

如果将边 $\vec{e}_1(t)$ 视作附着于刚体 B_1 的广义向量，则使用第10.2节的结果，我们得到：

$$\frac{\mathrm{d}\vec{e}_1(t)}{\mathrm{d}t}=\vec{\omega}_1(t)\times\vec{e}_1(t)\tag{10.8}$$

其中，$\vec{\omega}_1(t)$ 为刚体 B_1 的角速度。类似地，我们得到：

$$\frac{\mathrm{d}\vec{e}_2(t)}{\mathrm{d}t}=\vec{\omega}_2(t)\times\vec{e}_2(t)\tag{10.9}$$

其中，$\vec{\omega}_2(t)$ 为刚体 B_2 的角速度。将方程（10.8）和方程（10.9）代入方程（10.7），得到：

$$\frac{\mathrm{d}\vec{n}(t)}{\mathrm{d}t}=(\vec{\omega}_1(t)\times\vec{e}_1(t))\times\vec{e}_2(t)+\vec{e}_1(t)\times(\vec{\omega}_2(t)\times\vec{e}_2(t))\tag{10.10}$$

将叉积的性质

$$\vec{a}\times(\vec{b}\times\vec{c})=-(\vec{b}\times\vec{c})\times\vec{a}$$

应用于方程（10.10）的第一个叉积项，我们得到：

$$\frac{\mathrm{d}\vec{n}(t)}{\mathrm{d}t}=\vec{e}_1(t)\times(\vec{\omega}_2(t)\times\vec{e}_2(t))-\vec{e}_2(t)\times(\vec{\omega}_1(t)\times\vec{e}_1(t)) \tag{10.11}$$

然后，将叉积的另一个性质

$$\vec{a}\times(\vec{b}\times\vec{c})=(\vec{a}\cdot\vec{c})\vec{b}-(\vec{a}\cdot\vec{b})\vec{c} \tag{10.12}$$

替换方程（10.11）的两个叉积项，得到

$$\frac{\mathrm{d}\vec{n}(t)}{\mathrm{d}t}=(\vec{e}_1(t)\cdot\vec{e}_2(t))\vec{\omega}_2(t)-(\vec{e}_1(t)\cdot\vec{\omega}_2(t))\vec{e}_2(t)-$$
$$((\vec{e}_2(t)\cdot\vec{e}_1(t))\vec{\omega}_1(t)-(\vec{e}_2(t)\cdot\vec{\omega}_1(t))\vec{e}_1(t))$$

合并同类项，即可得出边与边接触情形中接触法线方向的时间导数，计算如下：

$$\frac{\mathrm{d}\vec{n}(t)}{\mathrm{d}t}=(\vec{e}_1(t)\cdot\vec{e}_2(t))(\vec{\omega}_2(t)-\vec{\omega}_1(t))+(\vec{e}_2(t)\cdot\vec{\omega}_1(t))\vec{e}_1(t)-(\vec{e}_1(t)\cdot\vec{\omega}_1(t))\vec{e}_2(t) \tag{10.13}$$

对于方程（10.5）表示的顶点－面接触，其导数与方程（10.5）表示的边－边接触的导数几乎相同，即

$$\frac{\mathrm{d}\vec{n}(t)}{\mathrm{d}t}=(\vec{a}(t)\cdot\vec{b}(t))(\vec{\omega}_b(t)-\vec{\omega}_a(t))+(\vec{b}(t)\cdot\vec{\omega}_a(t))\vec{a}(t)-(\vec{a}(t)\cdot\vec{\omega}_a(t))\vec{b}(t) \tag{10.14}$$

唯一的差别在于，由于顶点－面接触的法线是按照同一个面（同一个刚体）的两条边的叉积进行计算的，它们的角速度是相同的。换言之，

$$\vec{\omega}_a(t)=\vec{\omega}_b(t)=\vec{\omega}(t) \tag{10.15}$$

其中，$\vec{\omega}(t)$ 为面所在刚体的角速度。将方程（10.15）代入方程（10.14），得到：

$$\frac{\mathrm{d}\vec{n}(t)}{\mathrm{d}t}=(\vec{a}(t)\cdot\vec{b}(t))(\vec{\omega}(t)-\vec{\omega}(t))+(\vec{b}(t)\cdot\vec{\omega}(t))\vec{a}(t)-(\vec{a}(t)\cdot\vec{\omega}(t))\vec{b}(t))$$
$$=(\vec{b}(t)\cdot\vec{\omega}(t))\vec{a}(t)-(\vec{a}(t)\cdot\vec{\omega}(t))\vec{b}(t) \tag{10.16}$$

使用方程（10.12）所示的通用叉积关系，我们得到：

$$\frac{\mathrm{d}\vec{n}(t)}{\mathrm{d}t}=\vec{\omega}(t)(\vec{a}(t)\times\vec{b}(t))=\vec{\omega}(t)\times\vec{n}(t) \tag{10.17}$$

这与附着于刚体的广义向量的时间导数表达式兼容。

对于两种情形，接触法线的实际时间导数是通过对方程（10.13）和方程（10.17）归一化处理得到的，即通过以下计算得到：

$$\left(\frac{\mathrm{d}\vec{n}(t)}{\mathrm{d}t}\right)\Big/\left|\frac{\mathrm{d}\vec{n}(t)}{\mathrm{d}t}\right|$$

10.4 计算切面的时间导数

根据附录 A（第 6 章）第 6.6 节的规则，通过将具有最小绝对值的分量设置为 0，交换剩余两个分量，并对其中一个乘以 －1，可以直接由法线向量方向 $\vec{n}(t)=(n_x(t), n_y(t), n_z(t))$ 得出切面方向 $\vec{t}(t)$。如下借助辅助向量 $\vec{a}$：

（1）如果 $|n_x|\leqslant|n_y|$ 且 $|n_x|\leqslant|n_z|$，则将辅助向量 $\vec{a}$ 设置为：

$$\vec{a}=(0,\ n_z,\ -n_y) \tag{10.18}$$

（2）如果 $|n_y|\leqslant|n_x|$ 且 $|n_y|\leqslant|n_z|$，则将辅助向量 $\vec{a}$ 设置为：

$$\vec{a}=(-n_z,\ 0,\ n_x) \tag{10.19}$$

（3）如果 $|n_z|\leqslant|n_x|$ 且 $|n_z|\leqslant|n_y|$，则将辅助向量 $\vec{a}$ 设置为：

$$\vec{a}=(n_y,\ -n_x,\ 0) \tag{10.20}$$

切向量$\vec{t}$则设置为：

$$\vec{t}=\frac{\vec{a}}{|\vec{a}|}$$

切向量$\vec{t}$的时间导数作为辅助向量时间导数的函数进行计算，即：

$$\frac{\mathrm{d}\vec{t}}{\mathrm{d}t}=\left(\frac{\mathrm{d}\vec{a}}{\mathrm{d}t}\right)\Big/\left|\frac{\mathrm{d}\vec{a}}{\mathrm{d}t}\right|$$

其中：

（1）如果 $\vec{a}=(0,\ n_z,\ -n_y)$，则：

$$\frac{\mathrm{d}\vec{a}}{\mathrm{d}t}=\left(0,\ \frac{\mathrm{d}n_z(t)}{\mathrm{d}t},\ -\frac{\mathrm{d}n_y(t)}{\mathrm{d}t}\right)$$

（2）如果 $\vec{a}=(-n_z,\ 0,\ n_x)$，则：

$$\frac{\mathrm{d}\vec{a}}{\mathrm{d}t}=\left(-\frac{\mathrm{d}n_z(t)}{\mathrm{d}t},\ 0,\ \frac{\mathrm{d}n_x(t)}{\mathrm{d}t}\right)$$

（3）如果 $\vec{a}=(n_y,\ -n_x,\ 0)$，则：

$$\frac{\mathrm{d}\vec{a}}{\mathrm{d}t}=\left(\frac{\mathrm{d}n_y(t)}{\mathrm{d}t},\ -\frac{\mathrm{d}n_x(t)}{\mathrm{d}t},\ 0\right)$$

切面方向 $\vec{k}(t)$ 可以计算为 $\vec{n}(t)$ 与 $\vec{t}(t)$ 的叉积，即：

$$\vec{k}(t)=\vec{n}(t)\times\vec{t}(t)$$

因此，在对结果进行归一化处理之后，其时间导数可以计算如下：

$$\frac{\mathrm{d}\vec{k}(t)}{\mathrm{d}t}=\frac{\mathrm{d}\vec{n}(t)}{\mathrm{d}t}\times\vec{t}(t)+\vec{n}(t)\times\frac{\mathrm{d}\vec{t}(t)}{\mathrm{d}t}$$

10.5 计算旋转矩阵的时间导数

旋转矩阵 $\boldsymbol{R}(t)$ 可以被视作坐标系[①] $\mathscr{F}_1$ 和正则坐标系 $\mathscr{F}_0$ 之间的转换，其中，$\mathscr{F}_1$ 的原点与 $\mathscr{F}_0$ 的原点一致。令 $\mathscr{F}_1$ 由坐标向量$\vec{x}_1$，$\vec{y}_1$ 和 $\vec{z}_1$ 定义，令正则向量为$\vec{x}_0=(1,\ 0,\ 0)^{\mathrm{T}}$，$\vec{y}_0=(0,\ 1,\ 0)^{\mathrm{T}}$ 和 $\vec{z}_0=(0,\ 0,\ 1)^{\mathrm{T}}$，则通过应用旋转矩阵 $\vec{p}_0=\boldsymbol{R}(t)\vec{p}_1$，将坐标系 $\mathscr{F}_1$ 的点 $\vec{p}_1$ 转换为正则坐标系 $\mathscr{F}_0$ 的点 $\vec{p}_0$。

旋转矩阵 $\boldsymbol{R}(t)$ 被视作“基变换”，因此，可以自然地使用列向量进行描述：

$$\boldsymbol{R}(t)=(\vec{c}_1(t)\,|\,\vec{c}_2(t)\,|\,\vec{c}_3(t)) \tag{10.21}$$

其中，列向量 $\vec{c}_1(t)$，$\vec{c}_2(t)$ 和 $\vec{c}_3(t)$ 表示标准坐标系所表示的坐标轴$\vec{x}_1$，$\vec{y}_1$ 和 $\vec{z}_1$。

接下来，计算旋转矩阵的时间导数：

① 在刚体中，坐标系 $\mathscr{F}_1$ 是刚体坐标系。

$$\frac{\mathrm{d}\boldsymbol{R}(t)}{\mathrm{d}t}=(\mathrm{d}\vec{c}_1(t)/\mathrm{d}t\,|\,\mathrm{d}\vec{c}_2(t)/\mathrm{d}t\,|\,\mathrm{d}\vec{c}_3(t)/\mathrm{d}t) \tag{10.22}$$

令 $\vec{\omega}(t)$ 是正则坐标系表示的坐标系 $\mathscr{F}_1$ 的角速度。借助第 10.2 节中获得的结果，计算每个列向量的时间导数：

$$\begin{aligned}\frac{\mathrm{d}\vec{c}_1(t)}{\mathrm{d}t}&=\vec{\omega}(t)\times\vec{c}_1(t)\\ \frac{\mathrm{d}\vec{c}_2(t)}{\mathrm{d}t}&=\vec{\omega}(t)\times\vec{c}_2(t)\\ \frac{\mathrm{d}\vec{c}_3(t)}{\mathrm{d}t}&=\vec{\omega}(t)\times\vec{c}_3(t)\end{aligned} \tag{10.23}$$

将方程（10.23）代入方程（10.22），得到：

$$\frac{\mathrm{d}\boldsymbol{R}(t)}{\mathrm{d}t}=(\vec{\omega}(t)\times\vec{c}_1(t)\,|\,\vec{\omega}(t)\times\vec{c}_2(t)\,|\,\vec{\omega}(t)\times\vec{c}_3(t))$$

借助第 6.7 节所述的叉积的矩阵向量表示法，得到：

$$\frac{\mathrm{d}\boldsymbol{R}(t)}{\mathrm{d}t}=(\tilde{\omega}(t)\vec{c}_1(t)\,|\,\tilde{\omega}(t)\vec{c}_2(t)\,|\,\tilde{\omega}(t)\vec{c}_3(t)) \tag{10.24}$$

其中，$\vec{\omega}=(\omega_x,\ \omega_y,\ \omega_z)$，且

$$\tilde{\omega}(t)=\begin{pmatrix}0&-\omega_z&\omega_y\\ \omega_z&0&-\omega_x\\ -\omega_y&\omega_x&0\end{pmatrix}$$

方程（10.24）可以改写为：

$$\frac{\mathrm{d}\boldsymbol{R}(t)}{\mathrm{d}t}=\tilde{\omega}(t)(\vec{c}_1(t)\,|\,\vec{c}_2(t)\,|\,\vec{c}_3(t))$$

因此，旋转矩阵 $\boldsymbol{R}(t)$ 的时间导数由以下方程得到：

$$\frac{\mathrm{d}\boldsymbol{R}(t)}{\mathrm{d}t}=\tilde{\omega}(t)\boldsymbol{R}(t) \tag{10.25}$$

10.6 计算单位四元数的时间导数

借助已经获得的旋转矩阵的时间导数，计算单位四元数 $q=s+\vec{v}$ 的时间导数。请记住，在附录 C（第 8 章）中，单位四元数的旋转矩阵表示法由以下方程给出：

$$\boldsymbol{R}=2\begin{pmatrix}s^2+v_x^2-\frac{1}{2}&v_xv_y-sv_z&v_xv_y+sv_y\\ v_xv_y+sv_z&s^2+v_y^2-\frac{1}{2}&v_yv_z-sv_x\\ v_xv_z-sv_y&v_yv_z-sv_x&s^2+v_z^2-\frac{1}{2}\end{pmatrix} \tag{10.26}$$

其中，v_x，v_y 和 v_z 为单位四元数 q 的虚部 $\vec{v}$ 分量。该旋转矩阵的时间导数则为①：

$$\frac{\mathrm{d}\boldsymbol{R}}{\mathrm{d}t}=2\begin{pmatrix} 2(s\dot{s}+v_x\dot{v}_x) & \dot{v}_x v_y+v_x\dot{v}_y-\dot{s}v_z-s\dot{v}_z & \dot{v}_x v_z+v_x\dot{v}_z+\dot{s}v_y+s\dot{v}_y \\ \dot{v}_x v_y+v_x\dot{v}_y+\dot{s}v_z+s\dot{v}_z & 2(s\dot{s}+v_y\dot{v}_y) & \dot{v}_y v_z+v_y\dot{v}_z-\dot{s}v_x-s\dot{v}_x \\ \dot{v}_x v_z+v_x\dot{v}_z-\dot{s}v_y-s\dot{v}_y & \dot{v}_y v_z+v_y\dot{v}_z+\dot{s}v_x+s\dot{v}_x & 2(s\dot{s}+v_z\dot{v}_z) \end{pmatrix} \tag{10.27}$$

如第 10.5 节所述，旋转矩阵 $\boldsymbol{R}(t)$ 可以被视为物体坐标系和正则坐标系之间的转换。令 $\vec{\omega}(t)$ 为用正则坐标系表示的物体坐标系的角速度。借助方程（10.25），计算旋转矩阵的时间导数：

$$\frac{\mathrm{d}\boldsymbol{R}(t)}{\mathrm{d}t}=\tilde{\omega}(t)\boldsymbol{R}(t) \tag{10.28}$$

其中，$\vec{\omega}=(\omega_x,\ \omega_y,\ \omega_z)$，且

$$\tilde{\omega}(t)=\begin{pmatrix} 0 & -\omega_z & \omega_y \\ \omega_z & 0 & -\omega_x \\ -\omega_y & \omega_x & 0 \end{pmatrix} \tag{10.29}$$

在方程（10.28）的两边右乘 $\boldsymbol{R}^{-1}(t)=\boldsymbol{R}^{\mathrm{T}}(t)$，得到：

$$\tilde{\omega}(t)=\frac{\mathrm{d}\boldsymbol{R}(t)}{\mathrm{d}t}\boldsymbol{R}^{\mathrm{T}}(t) \tag{10.30}$$

将方程（10.26）、方程（10.27）和方程（10.29）代入方程（10.30），即可得到一个线性系统，对 ω_x，ω_y，ω_z 进行求解。

检查方程（10.29），将 $\mathrm{d}\boldsymbol{R}(t)/\mathrm{d}t$ 的第三行乘以 $\boldsymbol{R}^{\mathrm{T}}(t)$ 的第二列，得到 ω_x，即：

$$\frac{\omega_x}{4}=(\dot{v}_x v_z+\dot{v}_z v_x-\dot{v}_y s-\dot{s}v_y)(v_x v_y+v_z s)+(\dot{v}_y v_z+\dot{v}_z v_y+\dot{v}_x s+\dot{s}v_x)\left(s^2+v_y^2-\frac{1}{2}\right)+$$
$$2(\dot{s}s+\dot{v}_z v_z)(\dot{v}_y v_z-\dot{v}_x s)$$

将具有相同导数的项分组，得到：

$$\frac{\omega_x}{4}=\dot{v}_x\left[v_x v_y v_z+s\left(v_z^2+s^2+v_y^2-\frac{1}{2}\right)\right]+\dot{v}_y\left[v_z\left(v_y^2-\frac{1}{2}\right)-v_x v_y v_z\right]+$$
$$\dot{v}_z\left[v_y\left(v_x^2+v_y^2+v_z^2+s^2-\frac{1}{2}\right)+v_y v_z^2-v_x v_z s\right]+\dot{s}\left[s v_y v_z-v_x\left(s^2+\frac{1}{2}\right)\right] \tag{10.31}$$

由于 $q=s+\vec{v}$ 是一个单位四元数，它必须满足：

$$v_x^2+v_y^2+v_z^2+s^2=1 \tag{10.32}$$

$$\dot{v}_x v_x+\dot{v}_y v_y+\dot{v}_z v_z+\dot{s}s=0 \tag{10.33}$$

将方程（10.32）代入方程（10.31），得到：

$$\frac{\omega_x}{4}=\dot{v}_x\left[v_x v_y v_z+s\left(\overbrace{v_z^2+s^2+v_y^2}^{1-v_x^2}-\frac{1}{2}\right)\right]+\dot{v}_y\left[v_z\left(v_y^2-\frac{1}{2}\right)-v_x v_y v_z\right]+$$
$$\dot{v}_z\left[v_y\left(\overbrace{v_x^2+v_y^2+v_z^2+s^2}^{1}-\frac{1}{2}\right)+v_y v_z^2-v_x v_z s\right]+\dot{s}\left[s v_y v_z-v_x\left(s^2+\frac{1}{2}\right)\right]$$

---

① 为了表达简便，我们将使用 $\dot{a}$ 来代表时间导数 $\frac{\mathrm{d}a}{\mathrm{d}t}$。

$$= \dot{v}_x\left[v_xv_yv_z + s\left(\frac{1}{2} - v_x^2\right)\right] + \dot{v}_y\left[v_z\left(v_y^2 - \frac{1}{2}\right) - v_xv_yv_z\right] +$$

$$\dot{v}_z\left[v_y\left(\frac{1}{2} + v_z^2\right) + v_y v_z^2 - v_xv_zs\right] + \dot{s}\left[sv_yv_z - v_x\left(s^2 + \frac{1}{2}\right)\right]$$

对各个项进行重新分组，借助方程（10.33），得到：

$$\frac{\omega_x}{4} = (\overbrace{\dot{v}_xv_x + \dot{s}s}^{-\dot{v}_yv_y - \dot{v}_zv_z})v_yv_z - (\overbrace{\dot{v}_yv_y + \dot{v}_zv_z}^{-\dot{v}_xv_x - \dot{s}s})v_xs + \dot{v}_xs\left(\frac{1}{2} - v_x^2\right) + \dot{v}_yv_z\left(v_y^2 - \frac{1}{2}\right) +$$

$$\dot{v}_zv_y\left(\frac{1}{2} + v_z^2\right) - \dot{s}v_x\left(\frac{1}{2} + s^2\right) = \frac{s}{2}\dot{v}_x - \frac{v_z}{2}\dot{v}_y + \frac{v_y}{2}\dot{v}_z - \frac{v_x}{2}\dot{s}$$

即

$$\omega_x = 2s\dot{v}_x - 2v_z\dot{v}_y + 2v_y\dot{v}_z - 2v_x\dot{s} \tag{10.34}$$

再次检测方程（10.29），将 $\mathrm{d}\boldsymbol{R}(t)/\mathrm{d}t$ 的第一行乘以 $\boldsymbol{R}^{\mathrm{T}}(t)$ 的第三列，得到 ω_y，即：

$$\frac{\omega_y}{4} = 2(\dot{s}s + \dot{v}_xv_x)(v_zv_x - v_ys) + (\dot{v}_yv_x + \dot{v}_xv_y - \dot{v}_zs - \dot{s}v_z)(v_zv_y + v_xs) +$$

$$(\dot{v}_zv_x + \dot{v}_xv_z + \dot{v}_ys + \dot{s}v_y)\left(s^2 + v_z^2 - \frac{1}{2}\right)$$

采用与计算 ω_x 相似的分组法和替换法，得到：

$$\omega_y = 2v_z\dot{v}_x + 2s\dot{v}_y - 2v_x\dot{v}_z - 2v_y\dot{s} \tag{10.35}$$

最后，再次检测方程（10.29），将 $\mathrm{d}\boldsymbol{R}(t)/\mathrm{d}t$ 的第二行乘以 $\boldsymbol{R}^{\mathrm{T}}(t)$ 的第一列，得到 ω_z，即：

$$\frac{\omega_z}{4} = (\dot{v}_xv_y + \dot{v}_yv_x + \dot{v}_zs + \dot{s}v_z)\left(s^2 + v_x^2 - \frac{1}{2}\right) + 2(\dot{s}s + \dot{v}_yv_y)(v_xv_y - sv_z) +$$

$$(\dot{v}_xv_y + \dot{v}_yv_z - \dot{v}_xs - \dot{s}v_x)(v_xv_z + v_ys)$$

再次采用与计算 ω_x 相似的分组法和替换法，得到：

$$\omega_z = -2v_y\dot{v}_x + 2v_x\dot{v}_y + 2s\dot{v}_z - 2v_z\dot{s} \tag{10.36}$$

方程（10.34）、方程（10.35）和方程（10.36）构成一个线性系统：

$$\begin{pmatrix}\omega_x\\ \omega_y\\ \omega_z\\ 0\end{pmatrix} = 2\begin{pmatrix} s & -v_z & v_y & -v_x\\ v_z & s & -v_x & -v_y\\ -v_y & v_x & s & -v_z\\ v_x & v_y & v_z & s\end{pmatrix}\begin{pmatrix}\dot{v}_x\\ \dot{v}_y\\ \dot{v}_z\\ \dot{s}\end{pmatrix} \tag{10.37}$$

其中，方程（10.33）为最后一行，使得矩阵成方阵。由于该矩阵的行列式秩为 -1，所以矩阵始终是可逆的。对方程（10.37）中的系统进行转置，得到：

$$\begin{pmatrix}\dot{v}_x\\ \dot{v}_y\\ \dot{v}_z\\ \dot{s}\end{pmatrix} = \frac{1}{2}\begin{pmatrix} s & v_z & -v_y & v_x\\ -v_z & s & v_x & v_y\\ v_y & -v_x & s & v_z\\ -v_x & -v_y & -v_z & s\end{pmatrix}\begin{pmatrix}\omega_x\\ \omega_y\\ \omega_z\\ 0\end{pmatrix} \tag{10.38}$$

即单位四元数的时间导数为角速度分量的函数。

10.7 推荐参考读物

本附录的大部分推导要么直接取自 Baraff 等［BW98］和 Mirtich［Mir96b］的工作，要么从中获取灵感。此处介绍的推导与他们的工作主要差别在于对单位四元数的时间导数的计算。Mirtich 假设刚体的角速度由物体坐标系表示，而不是本书所使用的正则坐标系。也正因为如此，第 10.6 节获得的结果不同于 Mirtich 的最终方程。

另外，有关单位四元数时间导数的计算，Baraff 等提出了截然不同的方法。他们将角速度 $\vec{\omega}(t)$ 表示为围绕 $(\vec{\omega}(t)/|\vec{\omega}(t)|)$ 轴、大小为 $|\vec{\omega}(t)|$ 的旋转，并根据该旋转轴和旋转角，构建了一个单位四元数 $q(t)$，如下所示：

$$q(t)=\cos\left(\frac{|\vec{\omega}(t)|t}{2}\right)+\sin\left(\frac{|\vec{\omega}(t)|t}{2}\right)\frac{\vec{\omega}(t)}{|\vec{\omega}(t)|}$$

接下来，经过处理之后，四元数的时间导数可以由以下方程得到：

$$\frac{\mathrm{d}q(t)}{\mathrm{d}t}=\frac{1}{2}q_{\omega}(t)q(t)$$

其中，$q_{\omega}(t)=0+\vec{\omega}(t)$ 表示角速度的纯四元数。

最后，叉积的一般性质来自 Gradshteyn 等［GR80］的文献。

参考文献

［BW98］ Baraff, D., Witkin, A.: Physically based modeling. SIGGRAPH Course Notes 13 (1998).

［GR80］ Gradshteyn, I. S., Ryzhik, I. M.: Table of integrals, series and products. Academic Press, San Diego (1980).

［Mir96b］ Mirtich, B. V.: Impulse-based dynamic simulation of rigid body systems. PhD Thesis, University of California, Berkeley (1996).

11

附录 F　三维多面体的凸分解

11.1 简　　介

本书介绍的大部分算法均是为凸刚体量身定制的。假设正在操作的物体均为凸刚体，则能够更快地进行求解，并通过充分利用凸多面体的良好特性，提高实施效率。然而，大部分有趣的动态仿真情境至少包含一个非凸刚体，因此，在应用本书所述的大部分算法之前，有必要将非凸刚体预处理为一组凸多面体。

在将非凸三维多面体分解为最小数量的凸体时，常见的凸分解问题非常复杂，也就是NP 困难问题（非确定性多项式困难问题）。在计算几何学参考文献中，有大量研究确定了在凸分解算法中时间复杂性最坏的情形，以及在分解中找到凸多面体总数的下界。但是，在动态仿真中，我们更关心的是凸分解的质量，而不是其包含的凸体的数量。我们希望凸分解是“优质”的，能够容忍计算时可能出现的数值四舍五入误差。我们希望凸分解适合计算物体的层次分解（如第 2 章所述），适合检测物体间的几何相交，即检测是否存在碰撞，并且适合精确计算两个物体在碰撞点的法线向量。

在本附录中，我们将介绍简化的 Joe 算法，该算法是在复杂三维形体有限元分析网格生成的情况下开发的凸分解算法，该算法将非凸三维多面体分解成“优质”的凸体集合。所谓“优质”，是指该算法能够避开细长的凸体，以及凸分解中过短的边和窄的子区。对于有限元分析，这意味着凸分解创建的四面体网格包含的四面体具有相近的尺寸和形状。对于动态仿真，这意味着凸分解能有效生成关于非凸刚体的优质层次分解。

尽管如此，该算法能够处理的三维多面体类型也有所限制。原始算法仅限于分解简单的非凸多面体，即满足以下五个条件的多面体。

（1）多面体无内孔。

（2）多面体的各个面可能有孔。这些孔能停在多面体内部的某处，或者穿过多面体，从一个面到达另一个面。

（3）多面体无自相交。

（4）每条边仅能在两个面上。

（5）围绕每个顶点的各个面构成简单回路。

最后一个条件表明，对于非凸多面体的每个顶点，如果我们构建邻接面的双向链表，且其中两个面共用一条边，这条边的一个端点为上述顶点，则这两个面互连，可以从链表中的任意其他面到达所有面。该条件是避免多面体被分割成共用一个顶点的两个部分的必要条件

(图 11.1)。

本附录所述的简化版本还进一步限制了原始算法中提及的简单多面体假设。除了简单外，待分解的多面体还必须满足以下两个条件：

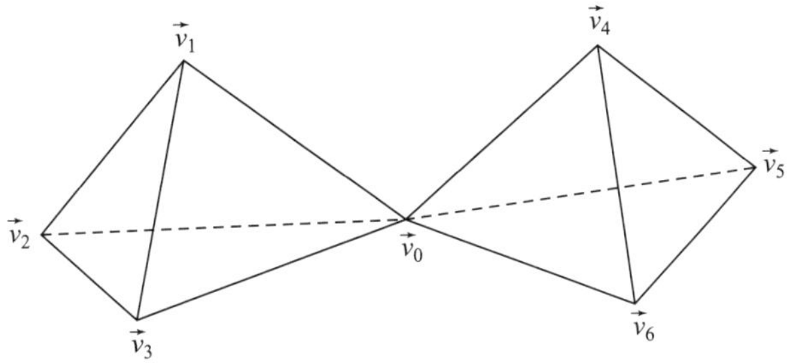

图 11.1 该算法无法处理的特殊情形示例（由单个顶点 $\vec{v}_0$ 连接的两个四面体构成的多面体）

(6) 多面体的各个面无孔。

(7) 各个面为凸多边形。

尽管第 6 个条件将多面体的面限制为简单的多边形，但这并不妨碍非凸多面体具有外孔。图 11.2 所示为具有一个孔的面与本身具有一个外孔的多面体之间的差异。允许存在外孔，其前提是它们不会穿过任何面的内部。

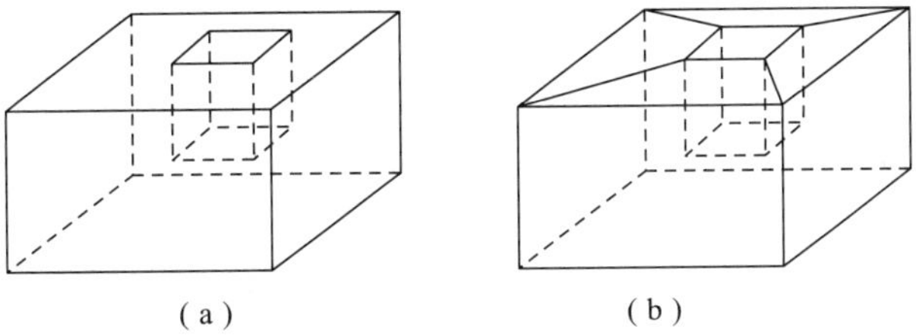

图 11.2 具有一个孔的面与本身具有一个外孔的多面体之间的差异：（a）某个面具有一个内孔，停在多面体内部的某处；（b）各个面无内孔。但是，多面体本身具有一个外孔，深度与图（a）相同

这些附加的假设不影响 Joe 算法本身的主体部分。但是，它们对于限制能够处理的非凸多面体类型、简化特殊情形的产生，以及降低软件实施的复杂度非常有用。简化版规避的特殊情形的方法之一就是用切面将非凸多面体分割之后，避免一个面出现两次（图 11.3）。

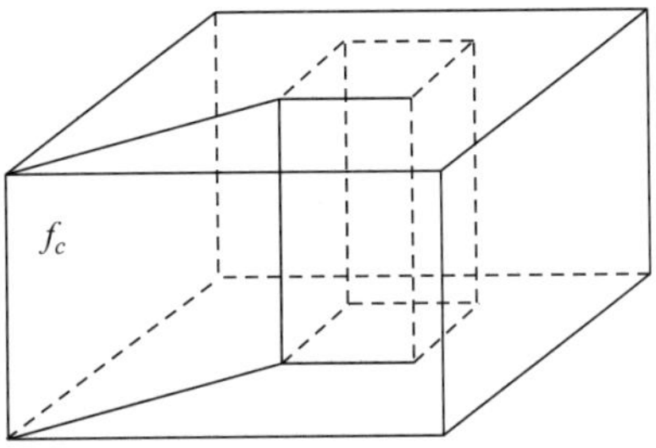

图 11.3 原始 Joe 算法可能存在出现两次的面，其中，这些面允许具有内孔（此时，切面 f_c 将原始非凸多面体细分成一个简单连接的多面体，其中面 f_c 出现两次）

11.2 Joe 算法

Joe 算法用于计算满足上述七个条件的三维多面体的凸分解，虽然说起来容易，但实施起来却复杂得多。基本原理是检查多面体的边列表，计算与每条边相关的二面角（参见第2.2.4节）。二面角是共用一条边的两个面所构成的角。如果二面角小于或等于 π，则多面体在这条边上为凸。否则，多面体在这条边上为非凸，这条边被称为凹边。很显然，当且仅当多面体至少有一条凹边时，该多面体将为非凸。

在确定非凸多面体的所有凹边之后，该算法继续递归式地对每条凹边求解。凹边求解过程包括将二面角分割成小于或等于 π 的分角。如何分割二面角，取决于获得“优质”凸分区所需满足的条件。在我们的例子中，在对凹边求解的过程中，我们要避免小的二面角、短边和窄的子区域。也就是说，选择用于切分凹边二面角切平面的过程，其实是一个接受（或拒绝）候选切平面的过程，这些切平面都是为了获得“优质”的凸分解而根据需要满足的一组条件计算出来的。

在得到满足条件的切平面后，跟踪与该切平面相关的切割面。将切平面与多面体的各个面相交，使切平面的内部位于多面体的内部，从而计算切割面。该过程通常将多面体分割成两个多面体，然后对两个多面体[①]递归式地使用凸分解算法，直至该算法最终得到一个有用的凸分解，或者一条或多条无法在既定条件下求解的凹边，并终止。

11.2.1 确定候选切平面

根据我们想要满足的下列条件，为每条待求解的凹边确定候选切平面。

（8）足够大的二面角。

（9）不太窄的子区域。

（10）长度合适的边。

为了对第8~10个条件进行量化，我们借助以下变量：

（11）可接受的最小内二面角，用 θ_{acc} 表示。

（12）切平面和其他顶点（这些顶点属于该多面体，但位于切平面之外）之间可接受的最小相对距离，用 d_{acc} 表示。请注意，实际距离取决于待分解的多面体的大小，计算方法为 $d_i = d_{acc}\vec{e}_i$，其中，$\vec{e}_i$ 是多面体 P_i 的各条边的平均长度。

第11个条件中的可接受的最小二面角用来量化第8个条件，即避免细长的凸体；而第12个条件中可接受的最小相对距离则用于量化第9个和第10个条件，即避免短边和狭窄的凸区域。

另一个考虑的重要变量是每条凹边的候选切平面总数量 n_c。该变量用于限制尝试对每条凹边进行求解所耗费的执行时间长短，并将候选切平面集合限制为最可能被接受的切平面。因此，对于每条凹边，最多计算 n_c 个候选切平面，并根据第8~10个条件进行检测。

按照如下方法建立每条凹边的候选切平面实际列表。令 e_r 为非凸多面体 P_i 的一条凹边，

---

① 这一点适用于切割面为简单多边形的情形。但是，有可能切割面是一个多连通多边形，且凹边位于孔的外边界或内边界上，或者切割面是一个简单连通但本身并不简单的多边形。

面 f_1 和 f_2 交于边 e_r，$\theta_e > \pi$ 为相关二面角。

很自然地，候选切平面的前两个选项是分别与面 f_1 和 f_2 构成二面角 $\theta = \theta_e - \pi$（图 11.4）。仅当二面角 θ 满足第 11 个条件时，即仅当

$$\theta_e > \theta_{\mathrm{acc}} \tag{11.1}$$

时，切平面会被添加到候选切平面列表中。

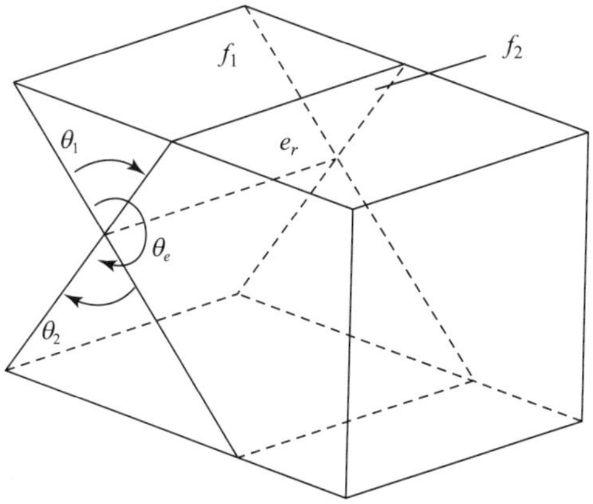

图 11.4 候选切平面的前两个选项是与入射到凹边 e_r 的面 f_1 和 f_2 构成角 $\theta_e - \pi$ 的平面［必须根据方程（11.1）的最小二面角条件，验证角 θ_1 和 θ_2 后才能将其添加到候选切平面列表中］

接下来，候选切平面的选项是包含凹边 e_r 和另一个多边形的边（这条边与 e_r 共用一个顶点）的平面。同样，仅当相应的二面角满足方程（11.1）时，这些选项将被添加到候选切平面列表中。

如果到目前为止获得的候选切平面列表尚未达到限值 n_c，则我们继续选择的候选切平面是将内二面角 θ_e 平分，并与面 f_1 构成角 θ 的平面，这些平面满足方程（11.1），且形式如下：

$$\theta = \rho\theta_e$$

其中，$\rho \in \{0.25, 0.5, 0.75, 0.375, 0.625\}$。最后一步添加的候选切平面实际数量取决于 θ_e 的值，以及已选择的候选切平面数量。

在确定凹边 e_r 的候选切平面列表之后，准备计算与每个候选切平面相关的切割面。在我们跟踪切割面的每条边时，持续检测第 8 ~ 10 个条件是否满足，以验证是否应拒绝候选切平面。

当出现以下一种情形时，拒绝候选切平面。

（13）不满足最小二面角条件。此时，我们已发现切割面的一条边构成内二面角 θ，不满足方程（11.1）。

（14）不满足可接受的最小相对距离条件。此时，多面体至少存在一个顶点位于切平面之外，与该平面的距离小于或等于可接受的最小距离 $d = d_{\mathrm{acc}}\vec{e}$，其中 $\vec{e}$ 是多边形各条边的平均长度。

（15）切割面不是简单的多边形，即它包含一个或多个孔。

如果列表中的候选切平面均不符合上述标准，则此时无法对凹边 e_r 求解，该算法继续前进至另一条凹边，稍后再来处理未求解的凹边。这样做的原因是，在对其他凹边求解之

后，含有凹边 e_r 的子多面体可能变得更小、更易于分解，或者凹边 e_r 可能被其他切割面细分为两个或多个复杂度有所降低的子凹边。

11.2.2 计算切平面的切割面

Joe 算法最复杂的部分无疑是计算与候选切平面相关的切割面的边。我们的思路是，将切平面与待分解的多面体的面相交，根据相交边，构造切割面，这样切割面便位于多面体的内部。

首先处理凹边 e_r。在切平面法线向量方向上移动，跟踪切割面，每次跟踪一条边，使得被切割的多面体的内部位于切割面边界的左边。在大部分情况下，该方向为逆时针方向，但也可能为顺时针方向。我们应当记录每个子多面体在被切平面切割时的各个面的相对方向。

每次跟踪切割面的一条边，此举的优势在于，使用方程（11.1）即可立即计算和检测每条新边的内二面角。如果新边的内二面角小于可接受的最小值，则拒绝该候选切平面。同时，在跟踪切平面新边的过程中，如果找到一个除第一个顶点以外的重复顶点，则该切割面至少是简单连接的，因此也拒绝该候选切平面。

按照如下方法确定与候选切平面相关的切割面。令 P 为运用凸分解算法的非凸多面体；f_c 为与切平面 α 相关并穿过 e_r 的切割面；$\vec{v}_0$，$\vec{v}_1$，…，$\vec{v}_i$ 为目前追踪的切割面顶点。假设最后计算得到切割面 f_c 的边（$\vec{v}_{i-1}$，$\vec{v}_i$）位于面 $f_k \in P$，根据以下两种可能的情形，计算切割面的下一个顶点 v_{i+1}。

在第一种情形中，最后计算得到的顶点 v_i 位于边 $e_k \in P$ 的内部（图 11.5）。

此时，切割面 f_c 的下一条边（$\vec{v}_i$，$\vec{v}_{i+1}$）的方向 $\vec{d}_{\text{next}}$ 是唯一的，可以根据切平面 α 的法线向量 $\vec{n}_a$ 与多面体面 f_j（入射到 e_r 的另一个面）的法线向量 $\vec{n}_f$ 的叉积确定。由于切割面 f_c 的下一个顶点 v_{i+1} 位于多面体面 f_j 的一条边上，且我们已知边（$\vec{v}_i$，$\vec{v}_{i+1}$）的方向 $\vec{d}_{\text{next}}$，则下一个顶点 $\vec{v}_{i+1}$ 可被视为当 $t>0$ 时射线（$\vec{v}_i + t\,\vec{d}_{\text{next}}$）的第一个交点，其中 f_j 的边同时与切平面相交①。

在第二种可能出现的情形中，最后计算得到的顶点 v_i 位于边 $e_k \in P$ 的内部（图 11.6）。

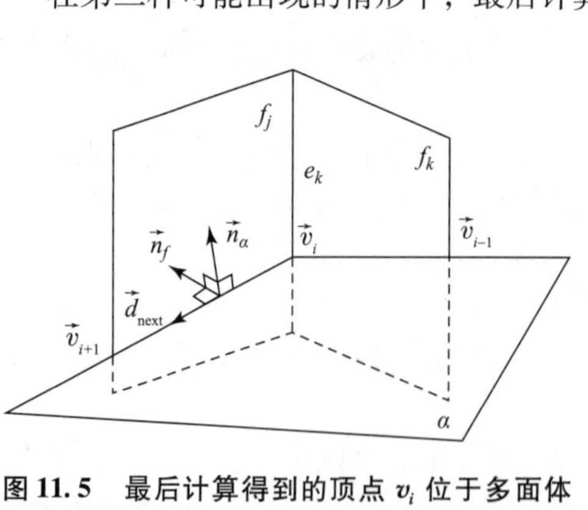

图 11.5　最后计算得到的顶点 v_i 位于多面体的边 e_k 内部［此时，仅有一种方法可以计算切割面 f_c 的下一条边（$\vec{v}_i$，$\vec{v}_{i+1}$）的方向］

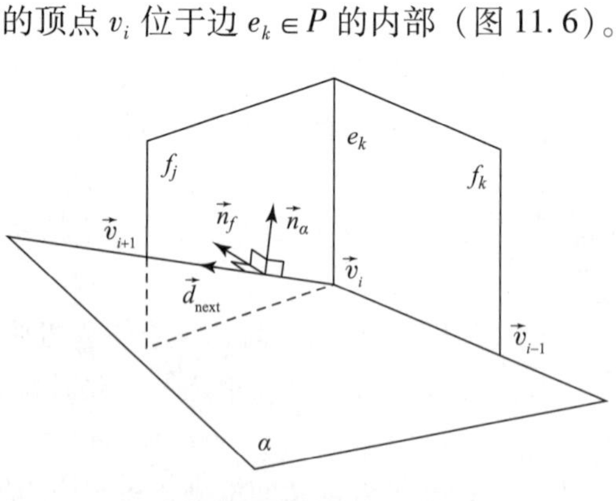

图 11.6　如果待分解的多面体与含有最后一条边（$\vec{v}_{i-1}$，$\vec{v}_i$）的切平面 α 不共面，则在点 $\vec{v}_i$ 实现最小内角的方向是唯一的［此时，用于计算下一个顶点 $\vec{v}_{i+1}$ 的流程与图 11.5 所述的一致］

① 在该算法的简化版本中，假设多面体的各个面为凸，因此，凸面 f_j 只有一条边与切平面 α 相交。

因此，切割面f_c的下一条边（$\vec{v}_i$，$\vec{v}_{i+1}$）的方向$\vec{d}_{\text{next}}$可能不是唯一的。事实上，如果待分解的多面体含有与切平面α共面的面，该切平面包含切割面f_c的最后一条边（$\vec{v}_{i-1}$，$\vec{v}_i$），则这些面的任意一条边都可能是下一条边。因此，下一个顶点$\vec{v}_{i+1}$可能位于f_j的一条边之内（图11.6），或者可能是多面体P的一个顶点（图11.7）。

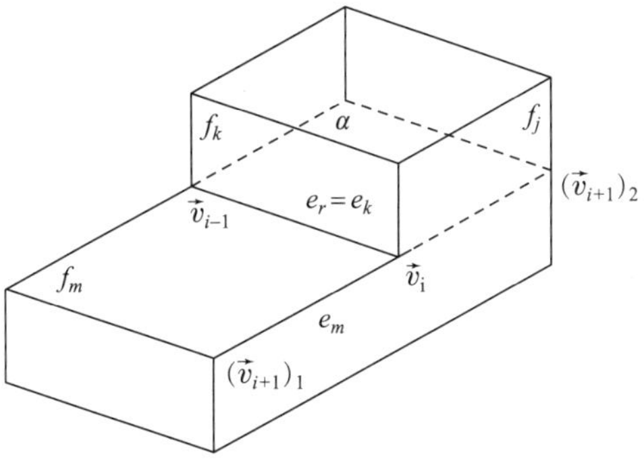

图11.7 多面体面f_m与切平面α共面［此时，有两种可能的方向可以计算下一条边（$\vec{v}_i$，$\vec{v}_{i+1}$），其中一个与f_m的边e_m一致，即（$\vec{v}_i$，$(\vec{v}_{i+1})_1$）；另一个方向是沿着面f_j的内部，即（$\vec{v}_i$，$(\vec{v}_{i+1})_2$）。在这两种情况下，$\vec{v}_i$的内角分别是$\frac{3\pi}{2}$和$\frac{\pi}{2}$。所选择的方向应能够在$\vec{v}_i$实现最小内角，因此$(\vec{v}_{i+1})_2$为下一个顶点$\vec{v}_{i+1}$的选择］

解决这种模棱两可局面的方法是，请记住，通过作图，我们可以始终保持多面体P的内部位于切割面f_c的左边，也就是说，位于定向子链（$\vec{v}_{i-1}$，$\vec{v}_i$，$\vec{v}_{i+1}$）的左侧，该子链定义了f_c的两条连续边（$\vec{v}_{i-1}$，$\vec{v}_i$）和（$\vec{v}_i$，$\vec{v}_{i+1}$）。因此，我们从候选方向集合中选择的用于确定下一个顶点$\vec{v}_{i+1}$的方向，必须是能够在顶点$\vec{v}_i$实现最小内角的方向。如果在顶点$\vec{v}_i$实现最小内角的方向与f_j的一条边的方向相同，则下一个顶点$\vec{v}_{i+1}$是边的另一个顶点。否则，下一个顶点$\vec{v}_{i+1}$位于f_j的一条边内，则可以按照前述方法计算。

在确定切割面f_c的所有边之后，我们还需要执行两个测试才能将f_c视为满足所需第8～10个条件的有效切割面。

第一个测试是检测切割面相对于切平面的法线向量是否为逆时针方向。将切割面每个顶点的外角求和，即可确定方向。通过作图，切割面的正确方向应该是相对于切平面的法线向量呈逆时针方向，这是因为多面体P的内部始终位于切割面各条边的左侧。但是，如果切割面是多重连接的，则该方向应该是顺时针的，而不是逆时针的。此时，与该切割面相关的切平面会被拒绝。

第二个测试是检测切割面内部是否有孔。检测方法如下。首先，我们考虑多面体P的各条边集合，这些边与切平面α相交。根据该集合，我们删除含有切割面顶点的所有边，无论顶点是位于内部还是边之上。最后，对集合中剩余的每条边，我们计算其与切平面α是否相交。如果交点位于切割面内部，则切割面上有孔，其相关的切平面会被拒绝。

11.2.3 终止条件

很显然，对于给定的最小内二面角和相对距离值，有时无法成功求出一条或多条凹边。

这时有一个折中方法，即减小可接受的最小值，并在已经找到的多面体凸分解（而不是原始的非凸多面体）中再次运行该算法。

即使该方法显著提高了对所有凹边进行求解的概率，仍然有可能出现无法求出部分凹边的情况。这时必须使用更为复杂的算法，如用原始 Joe 算法的扩展算法来创建简单连接或多重连接的切割面。

11.3 推荐参考读物

本附录介绍的算法是针对凸多面体和非凸多面体设计的四面体网格生成算法，由 Joe ［Joe94，Joe91］研究得出。初始算法本身是对 Chazelle 算法［Cha 84］进行的改良，它通过切割面对每条凹边进行求解，而不考虑所形成的凸分解的品质。Bajaj 等［BD92］提出了 Chazelle 算法的延伸版，能够处理非凸多面体内部的孔。

在对得到的凸分解的各个面进行三角形化处理时，根据面是凸多边形还是非凸多边形可以使用多种算法。如果面为凸，则我们建议使用 Joe［Joe86］介绍的算法计算每个面的 Delaunay 三角剖分算法。否则，建议针对凸多边形和非凸多边形使用更为复杂的三角形划分算法，如 Joe［JS86］和 Keil［Kei96］介绍的方法。

参考文献

［BD92］ Bajaj, C. L., Dey, T. K.: Convex decomposition of polyhedra and robustness. SIAM J. Comput. 21 (2), 339 - 364 (1992).

［Cha84］ Chazelle, B.: Convex partitions of polyhedra: a lower bound and worst-case optimal algorithm. SIAM J. Comput. 13 (3), 488 - 507 (1984).

［Joe86］ Joe, B.: Delaunay triangular meshes in convex polygons. SIAM J. Sci. Stat. Comput. 7, 514 - 539 (1986).

［Joe91］ Joe, B.: Delaunay versus max-min solid angle triangulations for three-dimensional mesh generation. Int. J. Numer. Methods Eng. 31, 987 - 997 (1991).

［Joe94］ Joe, B.: Tetrahedral mesh generation in polyhedral regions based on convex polyhedron decompositions. Int. J. Numer. Methods Eng. 37, 693 - 713 (1994).

［JS86］ Joe, B., Simpson, R. B.: Triangular meshes for regions of complicated shape. Int. J. Numer. Methods Eng. 23, 751 - 778 (1986).

［Kei96］ Keil, M.: Polygon decomposition. In: handbook of computational geometry. Elsevier, Amsterdam (1996).

12

附录 G　构建三维多面体的有符号距离场

12.1　简　　介

在这节附录中，我们将讨论碰撞检测背景下的三维多面体的有符号距离场的构建。总的来说，有符号距离场就是三维多面体与零等值轮廓线间距离的一种连续表达，即与它的边界面的距离。符号用来区分物体内部的点和物体外部的点。按照惯例，位于物体外部的点的距离值为正，位于物体表面的点的距离值为零，而位于物体内部的点的距离值为负。通常，通过在物体上叠加一个大得足够包围它体积的栅格来构建有符号距离场，并且让每个栅格顶点储存它与物体表面上最近点的有符号距离。除栅格顶点以外的栅格中一般点的有符号距离按照如下方法计算：首先找到包含这个点的栅格单元，然后在栅格顶点上采用三线性插值来计算这个点与物体表面的有符号距离。

有符号距离场的品质直接取决于用来表示物体表面的网格分辨率和栅格分辨率之间的关系。通常，低分辨率网格只包含少量的表面细节，与之相反，有符号距离场的低分辨率栅格通常足够提供好品质的距离值。随着网格分辨率的增加，也需要增加有符号距离场的栅格分辨率来采集高分辨率表面的准确距离值。被叠加到一个高分辨率网格上的低分辨率栅格通常会消除网格细节，导致原始网格的简化表达。这种简化的网格表达可以作为初始高分辨率物体的仿真引擎中的一个替代来提高仿真速度并且仍然获得优质的结果。

移动立方体算法是根据物体的有符号距离场创建物体表面的新的网格表达所使用的标准算法。这个算法的基本原理就是依次通过（移动）所有的栅格单元（立方体）并找出穿过物体表面的那些栅格单元。当栅格单元顶点处的有符号距离值没有相同的符号，即一些顶点在物体内部而另一些顶点在物体外部时，认为这个栅格单元穿过物体表面。在移动立方体算法中，尽管它们实际在物体表面上，有符号距离值为零的栅格顶点也被贴上内部顶点的标签。一个栅格单元总共有 256 种不同的符号分配组合。这是因为一个栅格单元有 8 个顶点，每个顶点都可以被贴上在物体内或在物体外的标签，形成 $2^8=256$ 种组合。按照栅格单元的组合类型，使用查表法来编码要使用的相应镶嵌图案。关于移动立方体算法的更多细节可以参阅第 12.5 节中列出的参考文献，包括近期对查表法的调整和拓展的工作，保证新建网格的拓扑结构不会有孔洞。

12.2　高效存储有符号距离场

构建有符号距离场的直接方法就是采用密集的栅格表达，即给整个栅格分配内存。然后依次通过每个栅格顶点并计算它与物体表面上最近点的距离。按照这个栅格顶点在物体内还是物体外选择这个最近距离的符号①。至于内存需求，一个沿着每根轴进行 n 等分的标准栅格采用直接方法需要 $O(n^3)$ 的内存。

在碰撞检测中，我们总是对如何获得物体内栅格顶点的高质量距离值感兴趣。这些距离值用来对穿透深度和栅格内部一个一般点处的梯度方向向量进行插值。梯度方向用于把给定点的位置移到物体零等值轮廓线上的最近点，即物体表面上的最近点。外点不与物体碰撞，所以它们的距离计算不需要像内点那么精确。事实上，如果能在碰撞检测中尽早检测并舍弃外点以避免不必要的计算是最好的。

在本书中我们介绍一种新的物体有符号距离表达，这种表达存储效率高并且特别适用于碰撞检测。它占用的内存比密集栅格法所需要的少一个数量级，从而使得使用上千个单元的栅格分辨率仍然可控并高效。

这种新表达的主要思想是不将栅格视为栅格顶点的一个集合，而是沿着三个坐标平面 XY，YZ 和 ZX 中每个面的扫描线的集合。这些扫描线可能与物体表面相交。相交时交点通常成对出现，一个进入物体而另一个离开物体。由于我们知道每条扫描线的起点和终点的三维坐标，我们可以采用从 0 到 1 之间的数表示交点，其中 0 对应扫描线的起点而 1 对应扫描线的终点。这种简化的表达是获得高效存储的关键，因为我们不再需要存储每个交点的实际三维坐标，而是使用一个标量值来代替组成一个交点的三维坐标的三个标量值。

理解节省内存的最好方式就是考虑一个凸体。对于凸体，每条扫描线上最多能有两个交点。由于在每根坐标轴上分成 n 等分的一个标准栅格在每个坐标平面 XY，YZ 和 ZX 上各有 $O(n^2)$ 条扫描线，总共要考虑 $O(3n^2)$ 条扫描线。假设所有扫描线都与凸刚体相交，即我们有 $2\times O(3n^2)=O(6n^2)$ 个交点，每个都由一个标量值表示。那么，我们需要 $O(6n^2)\approx O(n^2)$ 的内存来存储所有交点的有符号距离，而密集栅格表达需要 $O(n^3)$ 的内存来存储所有栅格顶点的有符号距离，与之相比，节省了一个数量级。

至于扫描线交点，有可能起点和终点是相同的，如当扫描线与物体刚好在一个交点处相交时。此时，因为物体内的扫描线区域为空，即起点和终点之间的距离为零，所以忽略这个交点。

12.2.1 计算栅格单元尺寸

栅格单元尺寸可以由物体的轴向包围盒表达得出。令 (b_x, b_y, b_z) 为包围物体的轴向包围盒的每根轴的长度，为了不失一般性，假设 b_x 是最大的，即：

$$b_x \geqslant b_y$$
$$b_x \geqslant b_z$$

令用户定义的参数 R 为沿着最大长度的轴的期望分辨率，在这里为 x 轴，那么沿着 x 轴的每个单元的长度就是：

$$n_x = \frac{b_x}{R}$$

由于最好采用标准大小的栅格单元，因此沿着 y 轴和 z 轴的栅格和 x 轴相同，即：

① 第 2.5.13 节详细介绍了点在物体内的检测。

$$n_y = n_x$$
$$n_z = n_x$$

那么每根轴上的栅格分辨率为：

$$r_x = R$$
$$r_y = \left[\frac{b_y}{n_y} \right]$$
$$r_z = \left[\frac{b_z}{n_z} \right]$$

圆整到最近的整数值。正如将要在第12.2.5节中介绍的，梯度计算需要根据正在计算的点开始沿着坐标轴每个方向上向前移动一个单元。因此，我们需要在每个方向上将物体的包围盒延伸至少一个单元来保证点处的梯度计算在它的边界附近。因此，沿着每根轴的实际单元数变为：

$$r_x = r_x + 2$$
$$r_y = r_y + 2$$
$$r_z = r_z + 2$$

其中物体的轴向包围盒扩大

$$\vec{n}_{\text{ext}} = (n_x,\ n_y,\ n_x)$$

以包含每个方向上的一个额外单元，即：

$$\vec{B}_{\min} = \vec{B}_{\min} - \vec{n}_{\text{ext}}$$
$$\vec{B}_{\max} = \vec{B}_{\max} + \vec{n}_{\text{ext}}$$

其中，$\vec{B}_{\min}$和$\vec{B}_{\max}$分别为定义物体的轴向包围盒的最低和最高角点。图12.1所示为扩大包围盒来包括新增单元。

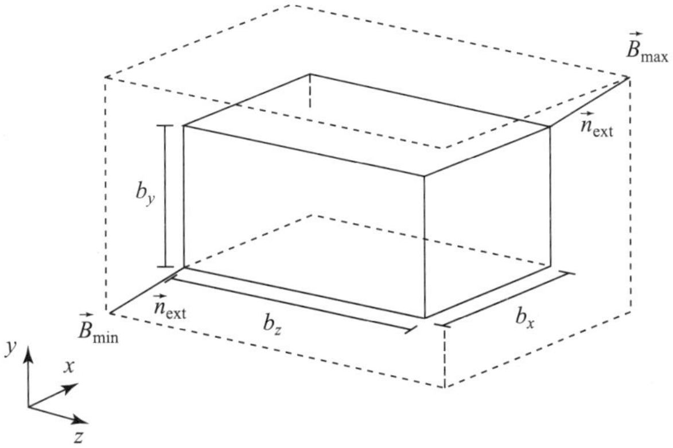

图12.1　将初始轴向包围盒在每个方向上延伸一个单元，计算边界附近各面梯度

12.2.2　扫描线光栅化

光栅化的过程包括将扫描线与物体的几何形状沿着 *XY*、*YZ* 和 *ZX* 平面相交。沿着 *XY* 平面有 $r_x r_y$ 条扫描线，沿着 *YZ* 平面有 $r_y r_z$ 条扫描线，沿着 *ZX* 平面有 $r_z r_x$ 条扫描线。沿着 *XY* 平面的扫描线与 z 轴平行，沿着 *YZ* 平面的与 x 轴平行，沿着 *ZX* 平面的与 y 轴平行。每条扫描线将作为一个向量存储它的相交信息，并按照交点值增加的顺序排列。注意：在这个向量中交点的数量是零或偶数，因为相交时入口点和出口点总是成对出现的。至于性能，扫描线－物体相交检测能被大大优化，因为表示扫描线的射线总是与一根坐标轴平行。

在我们探讨光栅化算法的细节之前，让我们考虑在这节附录中使用的一组概念，如图 12.2 所示。首先，由栅格索引（x_i，y_i，z_i）定义的一个栅格顶点 G_v 的三维坐标按照

$$
\begin{aligned}
x &= (\vec{B}_{\min})_x + x_i n_x \\
y &= (\vec{B}_{\min})_y + y_i n_y \\
z &= (\vec{B}_{\min})_z + z_i n_z
\end{aligned}
\tag{12.1}
$$

计算。

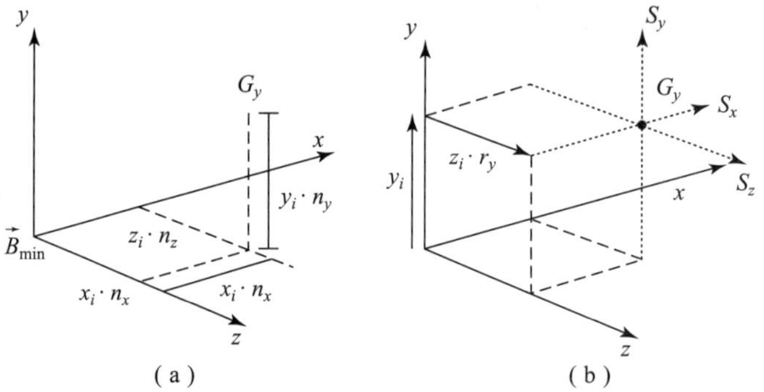

图 12.2 （a）一个栅格顶点 G_v 的三维坐标能由它的栅格索引（表示它与每根轴上的 $B_{\min}$ 距离多少个单元）和栅格尺寸获得；（b）穿过 G_v 的扫描线。它们的整数索引可以从 G_v 的栅格索引和每根轴的解析度获得

另一个使用的关系就是计算穿过 G_v 的扫描线的索引。穿过 G_v 的与 YZ 平面相关的 X 扫描线的索引由

$$s_x = y_i + z_i r_y \tag{12.2}$$

得出。

类似地，穿过 G_v 分别与 ZX 和 XY 平面相关的 Y 和 Z 扫描线的索引为：

$$
\begin{aligned}
s_y &= x_i + z_i r_x \\
s_z &= x_i + y_i r_x
\end{aligned}
\tag{12.3}
$$

XY，YZ 和 ZX 平面的光栅化算法是完全一样的，假设使用的扫描线索引是相应变化的。例如，让我们考虑 XY 平面的光栅化。

（1）对于每个 $x_i \in [0, r_x]$ 和每个 $y_i \in [0, r_y]$，构建表示这条扫描线的射线。这条射线与 z 轴平行，并且将起点 r_0 设置为与栅格索引（x_i，y_i，0）对应的点［采用方程（12.1）］。

（2）检测射线是否与物体相交。如果射线不与物体相交，或者如果所有的入口点和出口点是相同的，那么这条扫描线不与物体相交，执行下一条扫描线。

（3）如果有相交，那么对于每对交点（p_{entry}，p_{exit}），计算它们在扫描线上相对于 r_0 的相对位置，即

$$\frac{(\vec{p}_j - \vec{r}_0)_z}{(\vec{B}_{\max} - \vec{B}_{\min})_z}$$

其中，$j \in \{\text{entry}, \text{exit}\}$。将这些值按照递增的顺序存储在与这条扫描线对应的相交结果向量中，执行下一条扫描线。

一旦完成计算，光栅化过程将生成扫描线的三个向量，每个坐标面 XY, YZ 和 ZX 各一个，这些向量中的每个元素本身又是一个向量，这个向量包含按序排列的扫描线与物体交点的相对坐标值。注意：扫描线交点计算可以并行进行，因为在每个平面的交点计算之前不存在存储器重叠或同步性要求。

12.2.3　计算一个栅格顶点处的有符号距离

令 G_v 为一个栅格顶点，由它的栅格索引（x_i，y_i，z_i）定义。利用方程（12.2）和方程（12.3），我们可以计算穿过它的三条扫描线的索引 s_x，s_y 和 s_z。令 d_x，d_y 和 d_z 是 G_v 分别沿着扫描线 s_x，s_y 和 s_z 的有符号距离值。将穿过它的三条扫描线的有符号距离绝对值最小的设为 G_v，最后的有符号距离 d_g 有以下 3 种情况：

（1）如果 $|d_x| \leqslant |d_y|$ 且 $|d_x| \leqslant |d_z|$，则 $d_g = d_x$。

（2）如果 $|d_y| \leqslant |d_x|$ 且 $|d_y| \leqslant |d_z|$，则 $d_g = d_y$。

（3）如果 $|d_z| \leqslant |d_x|$ 且 $|d_z| \leqslant |d_y|$，则 $d_g = d_z$。

根据栅格顶点相对于每条扫描线上的交点的相对位置计算 G_v 的有符号距离 d_x，d_y 和 d_z。例如，如果栅格顶点在扫描线的起点和终点之间，那么栅格顶点位于扫描线在物体内的部分。这样，栅格顶点将有一个负的有符号距离，其绝对值与它自己和起点与终点之间的最小距离相等。否则，就认为栅格顶点位于扫描线在物体外的部分。针对一条扫描线的情形如图 12.3 所示。

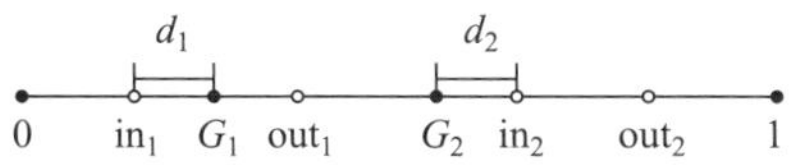

图 12.3　按照交点与起点 0 距离增加的顺序排列的扫描线（栅格顶点 G_1 在物体内的交点 in_1 和 out_1 之间。由于相较于 out_1 它离 in_1 更近，它的有符号距离的绝对值为 d_1。同时，栅格顶点 G_2 在物体外的点 out_1 和 in_2 之间。由于相较于 out_1 它离 in_2 更近，因此它的有符号距离的绝对值为 d_2）

为了说明以上情况，让我们详细检测用来计算穿过 G_v 的扫描线 S_x 的有符号距离值 d_x 的算法。一个类似的算法也能用来计算分别与扫描线 s_y 和 s_z 相关的有符号距离值 d_y 和 d_z。

（1）使用方程（12.1）来计算栅格顶点 G_v 的坐标（x，y，z）。

（2）计算 G_v 沿着 s_x 的相对位置，即：

$$\alpha = \frac{x - (\vec{B}_{\min})_x}{(\vec{B}_{\max} - \vec{B}_{\min})_x}$$

（3）依次通过与 s_x 相关的交点向量并计算栅格顶点的相对位置是否：

①位于 α_0 的第一个起点之前。这样，G_v 沿着 s_x 在物体外部，并且有一个正的距离值：

$$d_x=(\alpha_0-\alpha)(\vec{B}_{max}-\vec{B}_{min})_x$$

②沿着 s_x 在一个入口点 α_{in} 和出口点 α_{out} 之间。这样，G_v 在物体内，并且有一个负的距离值：

$$d_x=-\min((\alpha-\alpha_{in})(\vec{B}_{max}-\vec{B}_{min})_x,\ (\alpha_{out}-\alpha)(\vec{B}_{max}-\vec{B}_{min})_x)$$

③沿着 s_x 在一个出口点 α_{out} 和一个入口点 α_{in} 之间。这样，G_v 在物体外，并且有一个正的距离值：

$$d_x=\min((\alpha_{in}-\alpha)(\vec{B}_{max}-\vec{B}_{min})_x,\ (\alpha-\alpha_{out})(\vec{B}_{max}-\vec{B}_{min})_x)$$

④在最后的终点 α_1 之后。这样，栅格顶点沿着 s_x 在物体外，并且有一个正的距离值：

$$d_x=(\alpha-\alpha_1)(\vec{B}_{max}-\vec{B}_{min})_x$$

（4）如果与 s_x 有关的交点向量为空，那么 G_v 在物体外并且它的距离值为一个任意大小的正值，如包围物体的轴向包围盒的最大长度。

12.2.4 计算一个点处的有符号距离

删格内的一个一般点的有符号距离的计算比一个栅格顶点处的计算包含的内容多得多。首先，我们需要确定包含这个点的栅格；其次，我们需要计算定义这个栅格的所有 8 个栅格顶点的有符号距离；最后，我们需要使用三线性插值来计算这个点的有符号距离。

令 $\vec{p}_x=(p_x,\ p_y,\ p_z)$ 为栅格内的一个一般点。它相对于栅格中的最低点的相对位置由

$$t_x=(p_x-(\vec{B}_{min})_x)/n_x$$
$$t_y=(p_y-(\vec{B}_{min})_y)/n_y$$
$$t_z=(p_z-(\vec{B}_{min})_z)/n_z$$

计算，与栅格单元

$$c_x=[t_x]$$
$$c_y=[t_y]$$
$$c_z=[t_z]$$

相对应。

点相对于其栅格单元的最低点的位置为：

$$t_x=t_x-c_x$$
$$t_y=t_y-c_y$$
$$t_z=t_z-c_z$$

使用从第 12.2.3 节中获得的结果，我们可以计算包含这个点的栅格单元（c_x，c_y，c_z）的所有 8 个栅格顶点的有符号距离。更准确地说，我们需要计算下列 8 个栅格顶点的有符号距离：

$$x_0y_0z_0=d_g(c_x,\ c_y,\ c_z)$$
$$x_1y_0z_0=d_g(c_x+1,\ c_y,\ c_z)$$
$$x_0y_1z_0=d_g(c_x,\ c_y+1,\ c_z)$$
$$x_1y_1z_0=d_g(c_x+1,\ c_y+1,\ c_z)$$
$$x_0y_0z_1=d_g(c_x,\ c_y,\ c_z+1)$$
$$x_1y_0z_1=d_g(c_x+1,\ c_y,\ c_z+1)$$
$$x_0y_1z_1=d_g(c_x,\ c_y+1,\ c_z+1)$$
$$x_1y_1z_1=d_g(c_x+1,\ c_y+1,\ c_z+1)$$

其中，$d_g(x_i, y_i, z_i)$ 为由栅格索引 (x_i, y_i, z_i) 定义的栅格顶点的有符号距离。

图 12.4 展示了包含点 $\vec{p}$ 的一个栅格单元。点 $\vec{p}$ 处的有符号距离可以根据网格顶点的有符号距离采用三线性插值计算。首先，我们沿着 x 轴采用 t_x 进行线性插值来获得初始组成栅格单元的 8 个顶点之外的 4 个点（图 12.5）。然后，我们沿着 y 轴采用 t_y 对那 4 个点进行线性插值来获得 2 个新的点（图 12.6）。最后，我们沿着 z 轴采用 y_z 对那 2 个点进行线性插值来获得最终的距离值 $d(p_x, p_y, p_z)$（参见图 12.7），即：

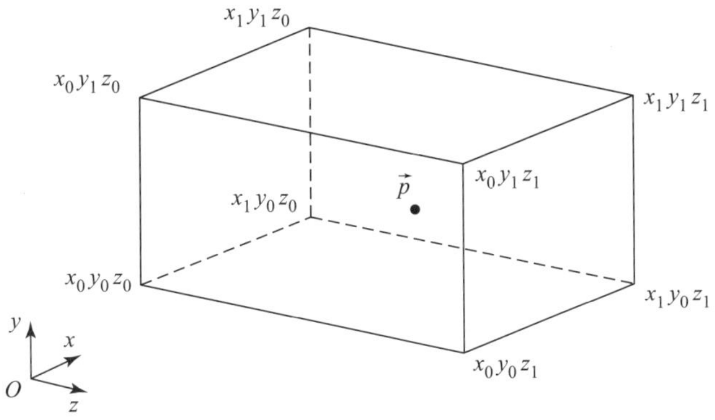

图 12.4　点 $\vec{p}$ 处的有符号距离可以根据栅格顶点的有符号距离采用三线性插值计算

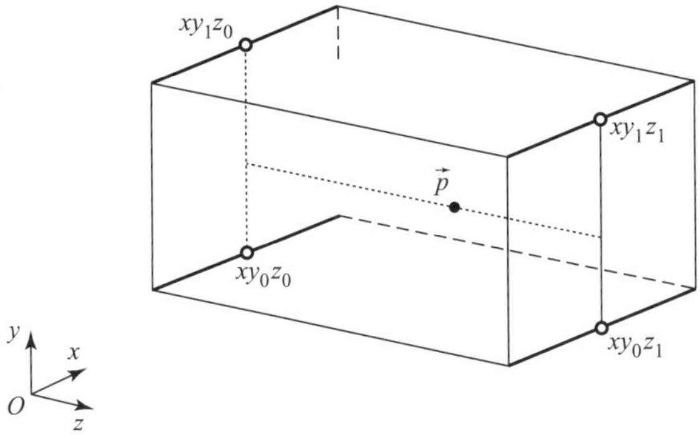

图 12.5　首先，我们用 t_x 沿着 4 条与 x 轴平行的边进行插值

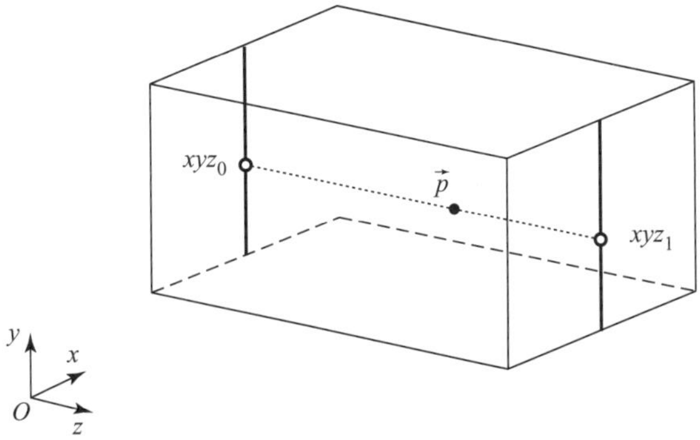

图 12.6　我们用 t_y 沿着 2 条与 y 轴平行的边进行插值，将第一次插值中的 4 个结果连接起来

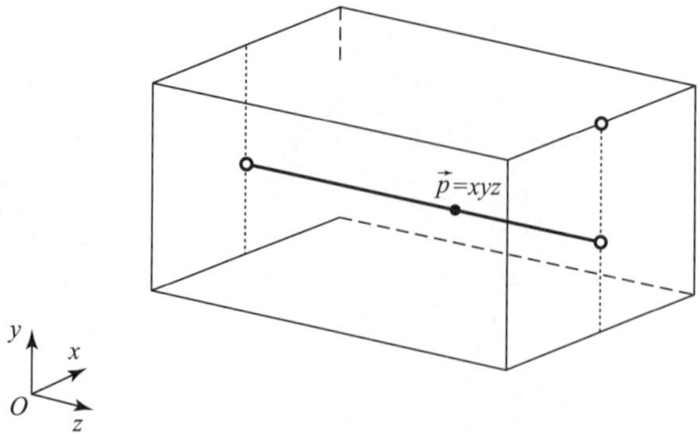

图 12.7　我们用 t_z 对之前 2 个构成一条平行于 z 轴的直线的结果进行插值

$$xy_0z_0 = x_0y_0z_0 + (x_1y_0z_0 - x_0y_0z_0)t_x$$
$$xy_1z_0 = x_0y_1z_0 + (x_1y_1z_0 - x_0y_1z_0)t_x$$
$$xy_0z_1 = x_0y_0z_1 + (x_1y_0z_1 - x_0y_0z_1)t_x$$
$$xy_1z_1 = x_0y_1z_1 + (x_1y_1z_1 - x_0y_1z_1)t_x$$
$$xyz_0 = xy_0z_0 + (xy_1z_0 - xy_0z_0)t_y$$
$$xyz_1 = xy_0z_1 + (xy_1z_1 - xy_0z_1)t_y$$
$$xyz = xyz_0 + (xyz_1 - xyz_0)t_z$$

12.2.5　计算一个点处的梯度

栅格内一个一般点处的梯度可以采用中心差分计算。基本原理是从点的位置向前和向后移动一个栅格并计算沿着每根轴的有符号距离的变化。这个变化组合成一个归一向量来定义这个点处的梯度。

令 $\vec{p}_x=(p_x,\ p_y,\ p_z)$ 为我们想要计算有符号距离场中的梯度的点的位置。借助中心差分，我们得到：

$$g_x = (d(p_x + n_x,\ p_y,\ p_z) - d(p_x - n_x,\ p_y,\ p_z))/(2n_x)$$
$$g_y = (d(p_x,\ p_y + n_y,\ p_z) - d(p_x,\ p_y - n_y,\ p_z))/(2n_y)$$
$$g_z = (d(p_x,\ p_y,\ p_z + n_z) - d(p_x,\ p_y,\ p_z - n_z))/(2n_z)$$

其中，$d(i,\ j,\ k)$ 为一般点（i，j，k）处的有符号距离。将它进行归一化后，将向量 $\vec{g}=(g_x,\ g_y,\ g_z)$ 设置为点 $\vec{p}$ 处的梯度。

12.2.6　计算零等值轮廓线上的最近点

计算与栅格内的一个一般点距离最近的零等值轮廓线上的点是一个迭代的过程。从给定顶点 $\vec{p}$ 开始，我们首先计算它的有符号距离和梯度向量。然后，我们沿着它的梯度方向按照它的有符号距离移动直到到达零等值轮廓线（物体的表面）。每次迭代的终止条件包括检测有符号距离的绝对值是否小于一个用户定义的允许值。视需要，我们还可以使用第二个终止条件，即将至此执行的迭代次数与一个用户定义的极限值比较，之后算法将返回它已有的中间值作为最终结果。

算法的每次迭代步骤总结如下。

（1）计算当前点 $\vec{p}$ 处的有符号距离 d。

（2）如果有符号距离的绝对值小于一个用户定义的阈值，则返回当前点的位置作为最近点。

（3）如果迭代的次数已经达到了一个用户定义的极限值，则返回当前点的位置作为最近点。

（4）计算当前点处的梯度 $\vec{g}$。

（5）将当前点位置更新为 $\vec{p}_{\text{new}} = \vec{p} - d\vec{g}$，然后进行下一次迭代。

12.3 碰撞检测

用有符号距离场表示法的碰撞检测通常考虑物体在当前时间间隔末尾与运动相关的几何位置。当物体刚要碰撞时，用来确定实际碰撞时间的时间回溯在这种情况下不执行。相反，根据当前时间间隔末尾的相交状态来获得近似的碰撞信息。当物体的一个或多个顶点有负的有符号距离值，即它们在另一个物体内时，我们说这个物体与另一个物体的有符号距离场表达碰撞。另一个物体的有符号距离场的零等值轮廓线上与每个顶点距离最近的点被设置为顶点的碰撞点。

我们如果使用物体的层次表达并且让它与另一个物体的有符号距离场表达相交，就能高效执行碰撞检测。现在，让我们假设没有哪个物体完全位于另一个物体内。我们使用层次结构的根节点来初始化需要与有符号距离场进行内部检测的内部节点辅助列表。对于列表中的每个节点，我们计算它的包围盒的角顶点处的有符号距离①。这时，有三种情况需要考虑。第一，如果所有顶点的有符号距离值都是正的，那么该内部节点完全在有符号距离场外并且将被舍弃。第二，如果所有顶点的有符号距离值都是负的，那么该内部节点完全在有符号距离场内。这样，我们循环地访问它的子节点直到我们到达它所有的叶节点。与每个叶节点有关的图元一定在有符号距离场内，因此我们计算它的每个顶点的有符号距离值、梯度和零等值轮廓线上的最近点。第三，如果角点处的符号距离函数值有不同的符号，那么该内部节点穿过零等值轮廓线。这样，我们将它的子节点添加到需要进行包含性检测的内部节点辅助列表中。如果子节点实际上是叶节点，那么我们计算每个叶节点的每个图元的顶点的有符号距离值来确定顶点是否在有符号距离场内。最后，内部节点辅助列表为空并且我们已经求出了所有存在的内部顶点。

很遗憾，如果有符号距离场区域完全位于层次的根包围盒内，上述算法就会失败。我们可以通过先检测表示有符号距离场的栅格是否完全位于层次的根包围盒内来避免这种缺陷。如果确实存在，那我们需要颠倒进行碰撞检测的顺序，即我们需要对第二个物体与第一个物体的有符号距离场表达进行检测。

---

① 在使用物体的包围球表达的特殊情况下，我们需要使用包围球体的轴平行包围盒的角顶点。

12.4 碰撞求解

由于用有符号距离场表达碰撞时没有执行时间回溯，我们使用当前内顶点集合以及它们相应的最近点作为实际碰撞的一个近似。想法是将每个内部顶点和它的最近点作为物体间的一个独立碰撞处理，然后合并它们各自的贡献来计算物体在这些碰撞同时发生后的净线速度和角速度。合并可以是它们各自穿透深度的加权平均值，即更深的顶点比浅的顶点的碰撞响应对物体运动的影响更大。这个过程的详细解释如下。

假设第一个物体的每个内部顶点都与第二个物体上相应的最近点碰撞。我们使用第 4.2 节中描述的刚体动力学方程来计算物体在这些点处的速度。碰撞冲力以及物体质心处的线速度和角速度采用在第 4.11.1 节中详细介绍过的计算刚体间单个碰撞的冲力的框架进行计算。采用顶点的穿透深度作为它的权重，计算每个内部碰撞顶点的新速度。用从这个求平均数的过程中计算出的净线速度和角速度来更新物体当前时间间隔的运动。此时的问题就是因为没有执行时间回溯，我们不知道物体实际的碰撞时刻。因此我们不知道在哪个时刻需要用新的速度替代当前物体的速度以求解碰撞，更新物体在当前时间间隔内剩余时间的运动。本书中提出的解决方案是假设所有碰撞在当前时间间隔开始时发生，这样在碰撞刚发生后的整个时间间隔内，采用碰撞后物体新的动力学状态重新开始数值积分，然后更新碰撞物体最后的位置和方向来反映由碰撞引起的变化。因为这些变化影响物体在时步中的轨迹，仿真引擎需要再次检测是否存在新的碰撞。

理论上，这个迭代过程持续进行直到所有碰撞都求解完毕。实际上，仿真引擎在它覆写每个碰撞物体的物理参数之前，执行一个用户定义的碰撞迭代次数，并在所有将来迭代中的它们之间采用非弹性碰撞（恢复系数为零）。目的是显著减少在将来迭代中新引进的碰撞，因为物体在碰撞过程中不再互相反弹，正如在标准弹性碰撞中的情形一样。

使用有符号距离场处理碰撞的主要难点在于点 - 内部检测通常不足以检测物体间的所有碰撞。例如，如果定义边的顶点有一个正的有符号距离值（在外部）但是边本身穿透物体，边 - 面碰撞就会被遗漏。在这些情况下，如果物体有足够的网格分辨率，就可以提高稳健性，但是分辨率过高的模型会降低仿真引擎的整体性能（需要更大的层次结构以及更多点 - 内部检测来进行碰撞检测）。

本书中，我们更倾向于在大多数情况下使用几何相交而不是有符号距离场进行物体的碰撞检测，因为它们能更好地处理稀疏和快速移动的物体，并且对于凸体有优化的算法（有符号距离场在凸体和非凸体之间没有区别）。唯一的例外就是处理与大的静止环境之间的碰撞，如一片地形或包围仿真世界的房间的不均匀的墙壁。用来包围这些环境的物体通常有无限的厚度，即无论其他物体有多厚，它们都在这些物体内，都需要被推回仿真世界中。这样，点 - 内部碰撞检测通常足够稳健，可以处理所有碰撞。

12.5 推荐参考读物

本附录介绍的内存高效有符号距离算法是 Coutinho 等 [CM] 开发的。Baerentzen 等 [BA02] 讨论了使用密集栅格表达的一个替代方法以及从几何上采用角加权法线来计算与网格的最近距离以保证内部以及外部问题的正确性。水平集条件下有符号距离场的使用在 Sethian［Set96，Set99］以及 Velho 等［VGdF02］的工作中进行了讨论。有很多优秀的参考文献涉及移动立方体算法，该算法是用来从有符号距离场构建三角形网格的。我们推荐读者参考 Lorensen 等［LC87］、Bloomenthal［Blo94］以及 Lewiner 等［LLVT03］的工作作为一个出发点。

最后，Guendelman 等［GBF03］介绍了一个替代的碰撞响应算法，该算法采用了有符号距离场，能被应用到本书讨论的高效内存表达中。

参考文献

［BA02］ Baerentzen, J. A., Aanaes, H.: Generating signed distance fields from triangle meshes. Technical Report IMM - TR - 2002 - 21, Technical University of Denmark (2002).

［Blo94］ Bloomenthal, J.: An implicit surface polygonizer. In: Graphics Gems IV, pp. 324 - 349 (1994).

［CM］ Coutinho, M., Marino, S.: Systems and methods for representing signed distance functions. US Patent 7, 555, 163. Sony Pictures Imageworks.

［GBF03］ Guendelman, E., Bridson, R., Fedkiw, R.: Nonconvex rigid bodies with stacking. Comput. Graph. (Proc. SIGGRAPH) 22, 871 - 878 (2003).

［LC87］ Lorensen, W. E., Cline, H. E.: Marching cubes: a high resolution 3D surface construction algorithm. Comput. Graph. (Proc. SIGGRAPH) 21 (4) (1987).

［LLVT03］ Lewiner, T., Lopes, H., Vieira, A. W., Tavares, G.: Efficient implementation of marching cubes cases with topological guarantees. J. Graph. Tools 8 (2), 1 - 18 (2003).

［Set96］ Sethian, J. A.: A fast marching level set method for monotonically advancing fronts. Proc. Natl. Acad. Sci. 93 (4), 1591 - 1595 (1996).

［Set99］ Sethian, J. A.: Level set methods and fast marching methods. Cambridge University, Cambridge (1999).

［VGdF02］ Velho, L., Gomes, J., deFigueiredo, L. H.: Implicit objects in computer graphics. Springer, Berlin (2002).

13

附录 H　凸刚体的保守时间推进算法

13.1　简　　介

两个在时间间隔 $[t_0, t_1]$ 内以恒定线速度和角速度移动的凸刚体之间的碰撞时间在用户定义的误差范围内能被精确地计算。这是因为凸刚体最近点之间距离的变化是单调的，即如果它们在 $t_c \leqslant t_1$ 时相交，那么当我们从 t_0 移动到 t_c 时，这个距离肯定只会减小。

通常，根据数值积分获得的运动是非线性的。为了进行碰撞检测，用一个恒定平移和旋转的线性运动来近似这个非线性运动。附录 A（第 6 章）的第 6.8 节介绍了怎样利用物体在 t_0 和 t_1 时刻的位置与方向来计算时间间隔内的恒定线速度和角速度。

图 13.1 所示为两个凸刚体在 t_0 时刻相距 $|\vec{d}|$，我们想要确定物体在时间间隔 $[t_0, t_1]$ 内的运动过程中是否相交。如果是这样，我们需要找到它们的碰撞时间 t_c，并且要满足用户定义的误差范围。

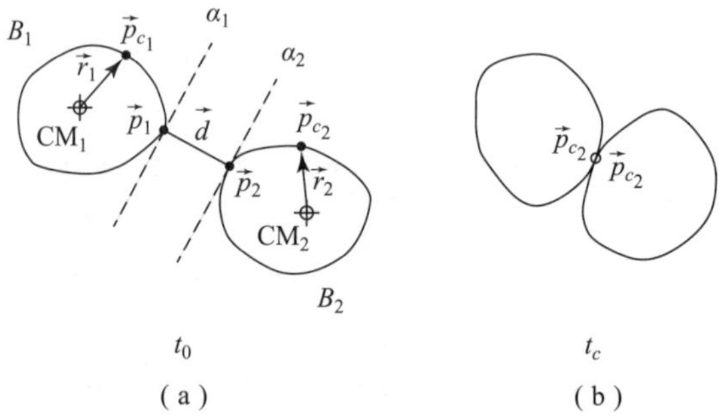

图 13.1　(a) 凸刚体在 t_0 时刻的位置和方向，最近点为 $\vec{p}_1$ 和 $\vec{p}_2$；(b) 物体在 t_c 时刻碰撞，碰撞点为 $\vec{p}_{c_1}$ 和 $\vec{p}_{c_2}$

令 $\vec{p}_1$ 和 $\vec{p}_2$ 为物体在 t_0 时刻的最近点，令 $\vec{d}$ 为连接它们的向量，即：

$$\vec{d} = \vec{p}_2 - \vec{p}_1$$

令 α_1 和 α_2 分别为穿过 $\vec{p}_1$ 与 $\vec{p}_2$ 并与向量 $\vec{d}$ 垂直的平面。令 $\vec{n}$ 定义 $\vec{d}$ 的方向，即：

$$\vec{n} = \frac{\vec{d}}{|\vec{d}|}$$

由于点 $\vec{p}_1$ 和 $\vec{p}_2$ 是 t_0 时刻凸刚体之间的最近点，所以可以保证物体上没有其他点位于面 α_1 和 α_2 之间。这意味着在碰撞时刻 t_c 要计算的实际碰撞点 $\vec{p}_{c_1}$ 和 $\vec{p}_{c_2}$ 之间沿着方向 $\vec{n}$ 的距离至

少比 t_0 时刻的 $\vec{d}$ 要远。因此，如果我们沿着 $\vec{n}$ 将物体移近 $|\vec{d}|$，我们肯定还没有到达它们的碰撞时刻 t_c，因为碰撞点之间的距离比物体移动的距离大。这个简单但很巧妙的观察揭示了保守时间推进算法的主要原理。这个算法迭代地使物体沿着连接它们最近点之间的向量定义的方向移动它们的最近距离，直到它们的最近距离小于一个用户定义的阈值或者物体被识别在这个时间间隔内不碰撞。

13.2 计算保守推进时间

令 $D_1(\Delta t)$ 为点 $\vec{p}_1$ 在一段时间 Δt 内沿着 $\vec{n}$ 方向移动的距离。同样，令 $D_2(\Delta t)$ 为点 $\vec{p}_2$ 在相同时间段 Δt 内沿着 $-\vec{n}$ 方向移动的距离。在不越过它们的相交时刻 t_c 的前提下物体能被移动的保守时间估计值 Δt 根据

$$D_1(\Delta t)+D_2(\Delta t)=|\vec{d}| \tag{13.1}$$

计算，Δt 是物体从它们当前最近距离点沿着 $\vec{n}$ 移动所花费的时间。为了求解这个方程得到 Δt，我们必须先计算关于时间的函数 $D_1(t)$ 和 $D_2(t)$。

根据方程（4.6），刚体 B_1 上的点 $\vec{p}_{c1}$ 在 t_0 时刻的速度为：

$$\vec{v}_{p_{c_1}}(t)=\vec{v}_1(t)+\vec{\omega}_1(t)\times\vec{r}_1 \tag{13.2}$$

其中，$\vec{v}_1$ 和 $\vec{\omega}_1$ 为物体 B_1 的线速度和角速度；$\vec{r}_1$ 为 $\vec{p}_{c_1}$ 与 B_1 的质心之间的距离。如之前提到的，物体按照常平移和常旋转进行运动，即线速度和角速度恒定。因此，方程（13.2）中的时间关联项是与 t 呈线性关系的，即：

$$\vec{v}_{p_{c_1}}(t)=(\vec{v}_1+\vec{\omega}_1\times\vec{r}_1)t \tag{13.3}$$

那么沿着 $\vec{n}$ 方向移动的距离为：

$$D_1(t)=\vec{v}_{p_{c_1}}\cdot\vec{n}=(\vec{v}_1+\vec{\omega}_1\times\vec{r}_1)t\cdot\vec{n}=(\vec{v}_1\cdot\vec{n}+(\vec{\omega}_1\times\vec{r}_1)\cdot\vec{n})t \tag{13.4}$$

当 $\vec{\omega}_1$ 垂直于 $\vec{r}_1$，并且它们的叉积与 $\vec{n}$ 平行时，得到由方程（13.4）中的角度项引起的运动的上界，即：

$$(\vec{\omega}_1\times\vec{r}_1)\cdot\vec{n}\leqslant|\vec{\omega}_1||\vec{r}_1| \tag{13.5}$$

如果我们计算物体 B_1 的顶点与它的质心之间的距离，并将它的最大值记为 $(r_1)_{\max}$①，那么接下来我们可以用 $(r_1)_{\max}$ 作为方程（13.5）中 $|r_1|$ 的上界，即：

$$(\vec{\omega}_1\times\vec{r}_1)\cdot\vec{n}\leqslant|\vec{\omega}_1|(r_1)_{\max}$$

将这个结果回代至方程（13.4），我们得到 $\vec{p}_{c_1}$ 移动的最大距离的上界，即：

$$D_1(t)\leqslant(\vec{v}_1\cdot\vec{n}+|\vec{\omega}_1|(r_1)_{\max})_t \tag{13.6}$$

对物体 B_2 的点 $\vec{p}_{c_2}$ 进行类似的分析，并且注意到它的运动是沿着 $-\vec{n}$ 的，我们得到：

$$D_2(t)\leqslant(-\vec{v}_2\cdot\vec{n}+|\vec{\omega}_2|(r_2)_{\max})_t \tag{13.7}$$

将方程（13.6）和方程（13.7）代入方程（13.1），我们得到物体沿着 $\vec{n}$ 移动而不发生碰撞的距离的上界，即：

$$((\vec{v}_1-\vec{v}_2)\cdot\vec{n}+|\vec{\omega}_1|(r_1)_{\max}+|\vec{\omega}_2|(r_2)_{\max})\leqslant|\vec{d}|$$

保守推进时间，即在不到达它们的碰撞时刻 t_c 的前提下我们能推进物体的最大时间为：

---

① 如第 1.4.1 节中介绍的，一旦物体被注册到仿真引擎，这就能被执行。

$$\Delta t=\frac{|\vec{d}|}{(\vec{v}_1-\vec{v}_2)\cdot\vec{n}+|\vec{\omega}_1|(r_1)_{\max}+|\vec{\omega}_2|(r_2)_{\max}} \tag{13.8}$$

以下总结了保守时间推进使用的算法。注意：时间是归一化了的，数值 0 和 1 分别对应 t_0 和 t_1 时刻。算法从 $t_c=0$ 开始。

（1）利用第 4 章介绍的 V－Clip 算法或 GJK 算法，计算 t_c 时刻物体间的最近距离。检查这个最近距离是否比用户定义的阈值小。如果是这样，报告物体在当前 t_c 发生碰撞，并且通过检测最近距离是否为负说明数值舍入误差，即插值进行得太远以致超过了实际碰撞时间、物体在当前 t_c 已经相交。在这种情况下，报告物体在前一个 t_c（当它们还没相交时）发生碰撞，如果 $t_c=0$，报告物体在时间间隔开始时碰撞。

（2）计算方程（13.8）中的 Δt。如果分母为零，那么物体之间没有发生相对运动，这样我们可以舍弃这次碰撞。

（3）如果 $\Delta t<0$，那么物体之间的距离越来越远，这样我们也可以舍弃这次碰撞。

（4）更新当前碰撞时间 $t_c=t_c+\Delta t$。

（5）此时有两种终止条件要考虑：

①如果 $t_c>1$，那么物体在时间间隔［t_0，t_1］之间不碰撞，这样我们可以舍弃这次碰撞。

②如果迭代次数已经达到了用户定义的最大值，那么报告物体在当前 t_c 碰撞。

（6）计算物体在更新的 t_c 值时的位置和方向。附录 A（第 6 章）的第 6.8 节介绍了如何使用简单线性插值来重新定位物体。

（7）回到上述第一项进行下一次迭代。

13.3 推荐参考读物

Mirtich［Mir96b］最先介绍保守时间推进算法来限制凸刚体的运动。在他的研究中，距离 $D_1(t)$ 和 $D_2(t)$ 受冲击运动限制，假设重力为作用在物体上的唯一外力。在本附录中，我们介绍了 Coumans［Cou12，Cou05］对 Mirtich 的工作的拓展，其中包括更加实用的情形，即物体在考虑的时间间隔内以恒定线速度和角速度运动的情形。

参考文献

［Cou05］ Coumans，E.：Continuous collision detection and physics. Technical Report，Sony Computer Entertainment（2005）.

［Cou12］ Coumans，E.：Bullet software package. AMD（2012）. Game Physics Simulation web site http://www. bulletphysics. org/.

［Mir96b］ Mirtich，B. V.：Impulse-based dynamic simulation of rigid body systems. PhD Thesis，University of California，Berkeley（1996）.

14

附录 I　线性互补问题

14.1　简　　介

如第 3 章和第 4 章所述，两个接触物体之间的相对加速度 $\vec{a}_i$ 与接触点 C_i 的接触力$\vec{F}_i$ 之间存在线性关系，表示方法如下：

$$\vec{a}_i=\begin{pmatrix}(a_i)_n\\(a_i)_t\\(a_i)_k\end{pmatrix}=\begin{pmatrix}(a_{ii})_n & (a_{i(i+1)})_t & (a_{i(i+2)})_k\\(a_{(i+1)i})_n & (a_{(i+1)(i+1)})_t & (a_{(i+1)(i+2)})_k\\(a_{(i+2)i})_n & (a_{(i+2)(i+1)})_t & (a_{(i+2)(i+2)})_k\end{pmatrix}$$

$$\begin{pmatrix}(F_i)_n\\(F_i)_t\\(F_i)_k\end{pmatrix}+\begin{pmatrix}(b_i)_n\\(b_i)_t\\(b_i)_k\end{pmatrix}=\boldsymbol{A}_i\vec{F}_i+\vec{b}_i \tag{14.1}$$

其中，下标 n 表示沿着接触法线方向的分量；下标 t 和 k 表示沿着接触切面的分量（穿过接触点的平面，其法线向量平行于接触法线）。根据质量属性和接触物体在接触点 C_i 的相对几何位移，计算矩阵 $\boldsymbol{A}_i$ 和向量 $\vec{b}_i$ 的系数。例如，系数 $(a_{ii})_n$ 将法向接触力分量 $(F_i)_n$ 与接触点 C_i 的法向相对加速度分量 (a_i) 相关联。以此类推，系数 $(a_{i(i+1)i})_t$ 与 $(a_{i(i+2)i})_k$ 将分力 $(F_i)_t$ 和 $(F_i)_k$ 与沿着切面的加速度①分量 $(a_i)_t$ 和 $(a_i)_k$ 相关联。对于向量 $\vec{b}_i$，可以得知，该向量位于矩阵 $\boldsymbol{A}_i$ 的列空间，也就是说，存在一个非零向量 $\vec{z}$，从而使得 $\vec{b}_i=\boldsymbol{A}_i\vec{z}$。我们将在本附录后续部分看到，$\vec{b}$ 位于矩阵 $\boldsymbol{A}_i$ 的列空间，这是分析是否存在有效接触力的基础，因为它保证对于无摩擦接触，方程组始终有解。

对于多个同时接触的情形，每个接触点的加速度和接触力被合并为一个适用于整个方程组的加速度和接触力向量：

$$\begin{aligned}\vec{a}&=(\vec{a}_1,\ \vec{a}_2,\ \cdots,\ \vec{a}_m)^{\mathrm{T}}\\\vec{F}&=(\vec{F}_1,\ \vec{F}_2,\ \cdots,\ \vec{F}_m)^{\mathrm{T}}\end{aligned} \tag{14.2}$$

其中，m 表示同时接触的总数量。在同时接触情形中，用以下方程替换方程（14.1）：

---

① 除非另有说明，否则本附录所使用的术语“加速度”表示接触点的两个接触物体之间的相对加速度。

$$\vec{a}=\boldsymbol{A}\vec{F}+\vec{b}=\begin{pmatrix}\boldsymbol{A}_{11} & \boldsymbol{A}_{12} & \boldsymbol{A}_{13} & \cdots & \boldsymbol{A}_{1m}\\ \boldsymbol{A}_{12}{}^{t} & \boldsymbol{A}_{22} & \boldsymbol{A}_{23} & \cdots & \boldsymbol{A}_{2m}\\ \boldsymbol{A}_{13}{}^{t} & \boldsymbol{A}_{23}{}^{t} & \boldsymbol{A}_{33} & \cdots & \boldsymbol{A}_{3m}\\ \cdots & \cdots & \cdots & \cdots & \cdots\\ \boldsymbol{A}_{1m}{}^{t} & \boldsymbol{A}_{1m}{}^{t} & \boldsymbol{A}_{1m}{}^{t} & \cdots & \boldsymbol{A}_{mm}\end{pmatrix}\vec{F}+\begin{pmatrix}b_1\\ b_2\\ b_3\\ \vdots\\ b_m\end{pmatrix} \tag{14.3}$$

其中，每个子矩阵 $\boldsymbol{A}_{ij}$均是与方程（14.1）所述矩阵 $\boldsymbol{A}_i$ 具有相同形式的 3×3 矩阵。例如，子矩阵 $\boldsymbol{A}_{23}$将接触点 C_3 的接触力$\vec{F_3}=((F_3)_n,\ (F_3)_t,\ (F_3)_k)^{\mathrm{T}}$ 与接触点 C_2 的加速度 $\vec{a}_2=((a_2)_n,\ (a_2)_t,\ (a_2)_k)^{\mathrm{T}}$ 相关联。

根据第 3 章和第 4 章介绍的接触力的推导可知，如果每个接触点 C_i 的接触力满足非互穿条件（也被称为法向条件），则该接触点 C_i 被视为有效，即：

$$\begin{gathered}(F_i)_n(a_i)_n=0\\ (a_i)_n\geqslant0\\ (F_i)_n\geqslant0\end{gathered} \tag{14.4}$$

换言之，接触力或沿着接触法线的加速度分量之中可以有一个值大于 0，但不能两个值同时大于 0。

第 3 章和第 4 章已经详细介绍了方程（14.4）的实际推导，以及如何计算矩阵 $\boldsymbol{A}$ 和向量 $\vec{b}$ 的系数。此处，我们将重点说明如何对方程组进行求解。

方程（14.3）和方程（14.4）介绍的方程通常能够满足线性规划理论中著名的线性互补问题（LCP）方程。所采用的方法取决于是否考虑摩擦。有三种可能的情形需要解决：无摩擦接触、仅具有静摩擦的接触，以及更广泛的情形——具有动态摩擦的接触。在以下小节中，我们将介绍与这三种可能情形相关的 LCP 问题的求解方法。

14.2 Dantzig 算法：无摩擦情形

Dantzig 算法的原理是，对方程（14.3）和方程（14.4）所定义问题进行增量计算，得出中间解，其中，每次所考虑的接触点个数均比前一次多一个接触点。对于实例 i，该算法不违反实例 $(i-1)$ 中已经求解的 $(i-1)$ 个接触点的非互穿条件，可以计算第 i 个接触点的接触力。假设有 m 个同时接触点，在分别对 m 个实例进行求解之后，可以立即得出 LCP 问题的解。

在无摩擦的情形中，接触力的方向与接触法线的方向相同，也就是说，接触力没有切向分量。因此，仅使用方程（14.2）给出的接触力和加速度向量的法向分量，就能得出方程组。换言之，对于每个无摩擦的接触点 C_i，我们得到：

$$\begin{gathered}\vec{a}_i=((a_i)_n,\ (a_i)_t,\ (a_i)_k)^{\mathrm{T}}=((a_i)_n,\ 0,\ 0)^{\mathrm{T}}\\ \vec{F}_i=((F_i)_n,\ (F_i)_t,\ (F_i)_k)^{\mathrm{T}}=((F_i)_n,\ 0,\ 0)^{\mathrm{T}}\end{gathered}$$

使用简写形式，忽略切向分量，可以将表示加速度和接触力的方程组向量写为：

$$\begin{gathered}\vec{a}=((a_1)_n,\ \cdots,\ (a_i)_n,\ \cdots,\ (a_m)_n)^{\mathrm{T}}\\ \vec{F}=((F_1)_n,\ \cdots,\ (F_i)_n,\ \cdots,\ (F_m)_n)^{\mathrm{T}}\end{gathered}$$

由于无须计算与切向分量相关的系数，这可以显著简化与接触点 C_i 相关的矩阵 $\boldsymbol{A}_i$ 和向量 $\vec{b}_i$，因此，对于无摩擦情形，$\boldsymbol{A}_i$ 和向量 $\vec{b}_i$ 被简化为：

$$\boldsymbol{A}_i = ((a_{ii})_n)$$
$$\vec{b} = ((b_i)_n)$$

也就是说，它们变成了标量。

根据方程（14.4），当沿着每个接触点的接触法线的接触力或相对加速度为0时，可以得出解。如图14.1所示，正的相对法向加速度 $(a_i)_n > 0$ 表示接触物体在接触点 C_i 彼此远离，接触即将分离。此时，方程（14.4）的接触力 $(F_i)_n$ 应设置为0，以执行：

$$(F_i)_n (a_i)_n = 0$$

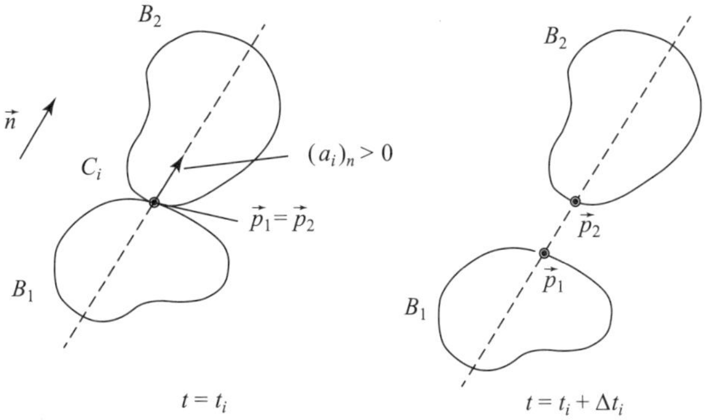

图 14.1　沿着接触法线方向的相对加速度分量 $(a_i)_n$ 为正，则接触力为 0（接触即将在 $t = t_i + \Delta t_i$ 分离）

如果法向加速度 $(a_i)_n$ 为0（图14.2），物体之间保持接触，方程（14.4）可使用任何非负接触力 $(F_i)_n$。如图14.3所示，当法向加速度 $(a_i)_n$ 为负时，会产生问题。此时，物体在接触点加速向彼此靠近，这表示它们即将互穿。应当施加足够强大的正接触力 $(F_i)_n$，使得负法向加速度为0。很显然，我们需要担心的接触点是具有负法向加速度的点。

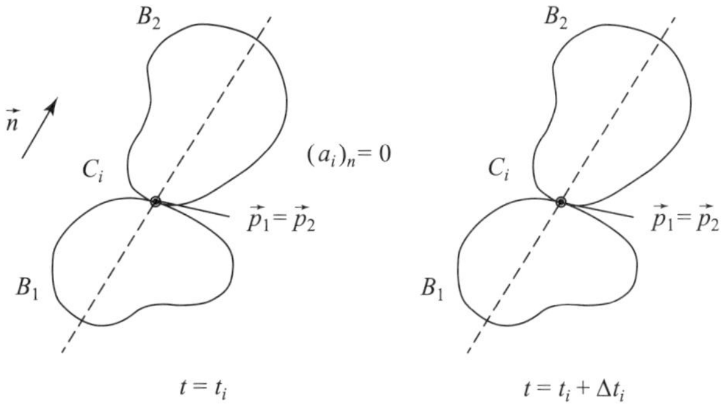

图 14.2　沿着接触法线方向的相对加速度分量 $(a_i)_n$ 为 0，则接触力可以是任何非负值（物体保持接触）

如上所述，Dantzig算法的主要原理是确保在每个新的接触点都存在非互穿条件，同时在已经求解的接触点保持这些条件。例如，在第一个实例，算法忽略所有接触点，仅保留一个①。这种方法的效果与将所有接触点设置为0，并对方程（14.3）和方程（14.4）求解得

① 与对接触点进行求解的次序无关。

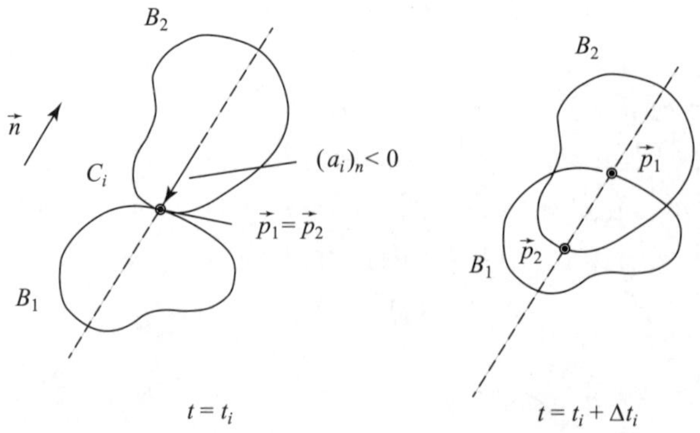

图 14.3　沿着接触法线方向的相对加速度分量 $(\boldsymbol{a}_i)_n$ 为负，则接触力应当足够大，使之减少为 0，以避免互穿

出仅仅一个接触点的效果相同，即，求出：

$$(a_1)_n = ((a_{11})_n (F_1)_n + (b_1)_n) \geqslant 0$$

$$(F_1)_n (a_1)_n = (F_1)_n ((a_{11})_n (F_1)_n + (b_1)_n) = 0 \tag{14.5}$$

$$(F_1)_n \geqslant 0$$

对于此接触点，算法检测法向加速度 $(a_1)_n$ 为正还是 0 或负。如果是后者，则对接触力 $(F_1)_n$ 进行必要的调整，以避免接触物体在接触点互穿。在算法的第一个点结束时，接触力向量的中间值为：

$$\vec{F} = ((F_1)_n,\ 0,\ 0,\ \cdots,\ 0)^{\mathrm{T}}$$

其中，

$$(F_1)_n \geqslant 0$$

在第二个实例，算法计算接触力 $(F_2)_n$，以便法向加速度 $(a_2)_n$ 为非负。这应当是在不背离第一个实例中已经求出的接触点、沿着接触点法线方向的非互穿条件的情况下进行的。因此，在第二点，方程（14.3）和方程（14.4）被约简为：

$$\begin{pmatrix} (a_1)_n \\ (a_2)_n \end{pmatrix} = \left(\begin{pmatrix} (a_{11})_n & (a_{12})_n \\ (a_{21})_n & (a_{22})_n \end{pmatrix} \begin{pmatrix} (F_1)_n \\ (F_2)_n \end{pmatrix} + \begin{pmatrix} (b_1)_n \\ (b_2)_n \end{pmatrix} \right) \geqslant \begin{pmatrix} 0 \\ 0 \end{pmatrix}$$

$$\begin{pmatrix} (F_1)_n \\ (F_2)_n \end{pmatrix}^t \left(\begin{pmatrix} (a_{11})_n & (a_{12})_n \\ (a_{21})_n & (a_{22})_n \end{pmatrix} \begin{pmatrix} f_1 \\ f_2 \end{pmatrix} + \begin{pmatrix} (b_1)_n \\ (b_2)_n \end{pmatrix} \right) = \begin{pmatrix} 0 \\ 0 \end{pmatrix}$$

$$\begin{pmatrix} (F_1)_n \\ (F_2)_n \end{pmatrix} \geqslant \begin{pmatrix} 0 \\ 0 \end{pmatrix}$$

根据上述方程可知，很显然，随着 $(F_2)_n$ 的变化，$(a_2)_n$ 和 $(a_1)_n$ 的值也随之发生变化，因此需要将接触力 $(F_1)_n$ 更新 $\Delta(F_1)_n$，以便执行方程（14.5）的非互穿条件。

总之，在实例 m，接触力 $(F_m)_n$ 增加 $\Delta(F_m)_n$，对于在实例 $(m-1)$ 中已经计算的 $i \in \{1,\ 2,\ \cdots,\ (m-1)\}$，则要求接触力 $(F_i)_n$ 的值更新 $\Delta(F_i)_n$。这种更新对于保持这些接触点的非互穿条件必不可少。在以下段落中，我们将更详细地介绍如何切实保持非互穿条件。

令 $\Delta\vec{F}$ 和 $\Delta\vec{a}$ 为在实例 m 计算的作用力和加速度向量的增量，即：

$$\Delta\vec{F} = (\Delta(F_1)_n,\ \Delta(F_2)_n,\ \cdots,\ \Delta(F_m)_n)^{\mathrm{T}}$$

$$\Delta\vec{a} = (\Delta(a_1)_n, \Delta(a_2)_n, \cdots, \Delta(a_m)_n)$$

则更新的作用力和加速度向量由以下方程得到：

$$\vec{F}_{\text{new}} = \vec{F} + \Delta\vec{F}$$
$$\vec{a}_{\text{new}} = \vec{a} + \Delta\vec{a} \tag{14.6}$$

将方程（14.3）代入方程（14.6），得到：

$$\begin{aligned}\Delta\vec{a} &= \vec{a}_{\text{new}} - \vec{a}\\ &= (\boldsymbol{A}\vec{F}_{\text{new}} + \vec{b}) - (\boldsymbol{A}\vec{F} + \vec{b})\\ &= (\boldsymbol{A}(\vec{F} + \Delta\vec{F}) + b) - (\boldsymbol{A}\vec{F} + \vec{b})\\ &= \boldsymbol{A}\Delta\vec{F}\end{aligned} \tag{14.7}$$

因此，随着我们将 $(F_m)_n$ 增加 $\Delta(F_m)_n$，部分 $(a_i)_n$ 和 $(F_j)_n$ 将根据方程（14.7）增加或减少，具体取决于矩阵 $\boldsymbol{A}$ 的系数值。很显然，当与接触点 C_m 相关的调整背离了一个或多个接触点 C_i 的非互穿条件时［其中 $i \in \{1, 2, \cdots, (m-1)\}$］，则会发生问题。

正如方程（14.4）所述，当碰撞作用力 $(F_1)_n$ 为 0，且 $(a_1)_n > 0$ 时［我们需要保持条件 $(F_1)_n = 0$］，或者相对加速度 $(a_i)_n$ 为 0，$(F_1)_n \geqslant 0$［我们需要保持条件 $(a_i)_n = 0$］时，接触点 C_i 实现非互穿条件。因此，只有两种方法可以背离接触点 C_i 的非互穿条件。

（1）如果 $(F_i)_n = 0$，且 $(F_m)_n$ 增加 $\Delta(F_m)_n$，则 $(a_i)_n$ 为负值。

（2）如果 $(a_i)_n = 0$，且 $(F_m)_n$ 增加 $\Delta(F_m)_n$，则 $(F_i)_n$ 为负值。

如果 $(F_i)_n = 0$，接触点 C_i 实现非互穿条件，则我们需要检测在每次增加 $(F_m)_n$ 之后，条件（1）是否仍然有效。另外，如果 $(a_i)_n = 0$，接触点实现非互穿条件，则我们需要检测条件（2）是否仍然有效。换言之，我们需要跟踪接触点属于哪种情况（接触力为 0 或是加速度为 0），以便确定需要验证哪个条件。使用以下方法，即可有效实现上述验证。

在实例 m 的开始，我们将接触点细分为两组。第一组，称为 ZA（加速度为 0），包含当 $(a_i)_n = 0$ 时所有接触点 C_i 的下标，其中 $i < m$。由于已经对实例 $(m-1)$ 进行了求解，ZA 中的每个接触点的接触力将确保实现 $(F_i)_n \geqslant 0$，即：

$$\text{ZA} = \{(1 \leqslant i < m): (a_i)_n = 0 \text{ 且 } (F_i)_n \geqslant 0\}$$

第二组，称为 ZF（作用力为 0），包含当 $(F_i)_n = 0$ 时所有接触点 C_i 的下标，其中 $i < m$。同样地，由于已经对实例 $(m-1)$ 进行了求解，这些接触点的法向加速度将确保实现 $(a_i)_n > 0$，即：

$$\text{ZA} = \{(1 \leqslant i < m): (F_i)_n = 0 \text{ 且 } (a_i)_n > 0\}$$

由于我们将 $(F_m)_n$ 增加 $\Delta(F_m)_n$，算法尝试对所有 $i \in \text{ZA}$ 保持 $(a_i)_n = 0$，对所有 $j \in \text{ZF}$ 保持 $(F_j)_n = 0$，同时使用方程（14.7）更新接触力和法向加速度。我们的思路是对所有 $i \in \text{ZA}$ 设置 $\Delta(a_i)_n = 0$，使得 $(a_i)_n$ 保持相同，然后对 $j \in \text{ZF}$ 设置 $\Delta(F_j)_n = 0$，使得 $(F_j)_n$ 保持相同，最后对 $i \in \text{ZA}$，用方程（14.7）求出未知的 $\Delta(F_i)_n$。如果在对方程（14.7）求解时，发现当 $i \in \text{ZA}$ 时，部分 $(F_i)_n$ 减少为 0，则我们临时停止计算，将接触点 C_i 从 ZA 移至 ZF。这样一来，可以避免 $(F_i)_n$ 进一步减少，最终变成负值。另外，如果我们发现当 $i \in \text{ZF}$ 时部分 $(a_i)_n$ 减少为 0，则我们临时停止计算，将接触点 C_i 从 ZF 移至 ZA，避免 $(a_i)_n$ 变成负值。在这两种情况下，根据 ZA 和 ZF 组的接触点下标更新情况，重新排列方程（14.7），并继续计算，直到 $(F_m)_n$ 足够大，使得 $(a_m)_n = 0$。图 14.4 是有限状态机器表示法，表示在对方程（14.7）求解时，接触点 C_i 可能出现的组别变化。

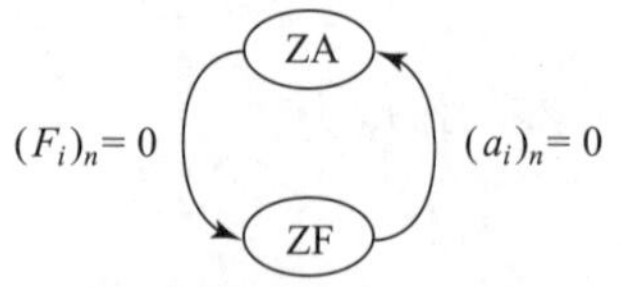

图 14.4　在对方程（14.7）进行求解的任意时刻，接触点 C_i 可能是 ZA 和 ZF 两种状态之一（箭头表示可能的移动方向，以及为了触发移动而需要满足的条件）

让我们详细介绍当 $i \in \text{ZA}$ 时，如何用方程（14.7）求出未知的 $\Delta(F_i)_n$。由于接触点的编号次序无关紧要，假设 $\text{ZA}=\{1, 2, \cdots, k\}$，$\text{ZF}=\{(k+1), (k+2), \cdots, (m-1)\}$ 且 $(a_m)_n<0$①，则可以分块矩阵 $\boldsymbol{A}$ 和增量向量 $\Delta\vec{F}$，使得第一个 k 列对应 ZA 的接触点，剩下的列对应 ZF 的接触点。这样一来，我们得到：

$$\boldsymbol{A}=\begin{pmatrix}\boldsymbol{A}_{11} & \boldsymbol{A}_{12} & \vec{v}_1 \\ \boldsymbol{A}_{12}{}^t & \boldsymbol{A}_{22} & \vec{v}_2 \\ \vec{v}_1^{\,t} & \vec{v}_2^{\,t} & c\end{pmatrix} \tag{14.8}$$

和

$$\Delta\vec{F}=\begin{pmatrix}\vec{x} \\ \vec{0} \\ \Delta(F_m)_n\end{pmatrix} \tag{14.9}$$

其中，$\boldsymbol{A}_{11}\in IR^{k\times k}$ 和 $\boldsymbol{A}_{22}\in IR^{(m-1-k)\times(m-1-k)}$ 是对称方阵，$\vec{v}_1\in IR^k$，和 $\vec{v}_2\in IR^{(m-1-k)}$，为向量；$c$ 为标量；$\vec{x}\in IR^k$ 为我们想要确定的未知的接触力增量。将方程（14.8）和方程（14.9）代入方程（14.7），得到：

$$\Delta\vec{a}=\boldsymbol{A}\Delta\vec{F}=\boldsymbol{A}\begin{pmatrix}\vec{x} \\ \vec{0} \\ \Delta(F_m)_n\end{pmatrix}=\begin{pmatrix}\boldsymbol{A}_{11}\vec{x}+\vec{v}_1\Delta(F_m)_n \\ \boldsymbol{A}_{12}^t\vec{x}+\vec{v}_2\Delta(F_m)_n \\ \vec{v}_1^{\,t}\vec{x}+c\Delta(F_m)_n\end{pmatrix} \tag{14.10}$$

接下来，我们可以按照排列 $\Delta\vec{F}$ 的方法重新排列 $\Delta\vec{a}$，也就是

$$\Delta\vec{a}=\begin{pmatrix}\vec{0} \\ \vec{\boldsymbol{\omega}}\end{pmatrix} \tag{14.11}$$

其中，$\vec{0}\in IR^{k\times k}$。合并方程（14.10）和方程（14.11），得到：

$$\boldsymbol{A}_{11}\vec{x}+\vec{v}_1\Delta(F_m)_n=\vec{0}$$

即对于未知的接触力增量 $\vec{x}$，我们需要对以下线性方程组进行求解：

$$\boldsymbol{A}_{11}\vec{x}=-\vec{v}_1\Delta(F_m)_n \tag{14.12}$$

由于我们事先不知道应使用哪个增量 $\Delta(F_m)_n$ 才能将 $(a_m)_n$ 增加至 0，因此我们首先求解 $\Delta(F_m)_n=1$。接下来，计算最小的正标量 s，并调整上述解，使得当我们将 $\vec{F}$ 增加 $s\Delta\vec{F}$ 时，我们得到 $(a_m)_n=0$ 或在 ZA 和 ZF 之间移动的某个接触点。换言之，在不背离剩余接触点的非互穿条件下，标量 s 用于限制 $(F_m)_n$ 的增加程度。

在计算标量 s 的时候，有三种情形需要考虑。如果 $\Delta(a_m)_n>0$，则接触点 C_m 的法向加速度正在增加。因为我们想要把 $(a_m)_n<0$ 增加到变成 0，因此，允许且不满足 $(a_m)_n>0$ 的最大步长 s 为：

$$s=-\frac{(a_m)_n}{\Delta(a_m)_n} \tag{14.13}$$

当 $\Delta(F_i)_n<0\,(i\in\text{ZA})$ 时出现第二种情形，即接触点 C_i 的接触力正在减少。由于我们希

① 如果 $(a_m)_n\geqslant 0$，则我们可以设置 $(F_m)_n=0$，立刻对实例 m 进行求解。

望执行 $(F_i)_n \geqslant 0(i \in \mathrm{ZA})$，因此，允许且不会使 $(F_i)_n$ 变为负值的最大步长 s 为：

$$s \leqslant -\frac{(F_i)_n}{\Delta(F_i)_n},\ \forall i \in \mathrm{ZA}，其中\ \Delta(F_i)_n < 0 \tag{14.14}$$

第三种，也是最后一种情形，发生在当 $\Delta(a_i)_n < 0(i \in \mathrm{ZF})$ 时，也就是，当接触点 C_i 的法向加速度正在减少时。由于我们希望执行 $(a_i)_n > 0(i \in \mathrm{ZA})$，因此，允许且不会使 $(a_i)_n$ 变为负值的最大步长 s 为：

$$s \leqslant -\frac{(a_i)_n}{\Delta(a_i)_n},\ \forall i \in \mathrm{ZF}，其中\ \Delta(a_i)_n < 0 \tag{14.15}$$

我们的目标是选择满足方程（14.13）~方程（14.15）的最小 s。在确定 s 之后，我们用

$$\vec{F}_{\mathrm{new}} = \vec{F} + (s\Delta\vec{F})$$
$$\vec{a}_{\mathrm{new}} = \vec{a} + (s\Delta\vec{a})$$

来更新 $\vec{F}$ 和 $\vec{a}$。

如果根据方程（14.13）得出最小 s，则在更新之后，$(a_m)_n = 0$，且在接触点 C_m 的非互穿条件都已经满足。此时，接触点 C_m 被移至 ZA，该算法的第 m 个实例已经计算完毕。

但是，如果根据方程（14.14）得出最小 s，则存在一个接触点 $C_i(i \in \mathrm{ZA})$，该接触点的作用力 $(F_i)_n$ 在实现 $(a_m)_n = 0$ 条件之前就已经减小为 0。此时，我们需要将下标 i 从 ZA 移至 ZF，以避免作用力变成负值。接下来，更新矩阵 $\boldsymbol{A}$ 的分块，将移动的接触点考虑在内，算法将循环返回并继续增加 $(F_m)_n$，直至 $(a_m)_n = 0$。

如果根据方程（14.15）得出最小 s，则进行相似的更新。此时，存在一个接触点 $C_i(i \in \mathrm{ZF})$，该接触点的加速度 $(a_i)_n$ 在实现 $(a_m)_n = 0$ 条件之前就已经减小为 0。此时，我们需要将下标 i 从 ZF 移至 ZA，以避免加速度变成负值。同样地，接下来，更新矩阵 $\boldsymbol{A}$ 的分块，将移动的接触点考虑在内，算法将循环返回并继续增加 $(F_m)_n$，直至 $(a_m)_n = 0$。

终止条件

在上一节描述的无摩擦算法中，有两种可能会失效的关键性假设，也就是说，它们能够影响是否有解。第一种关键性假设是，由方程（14.12）定义的线性系统存在解 $\vec{x}$，其中，$\Delta(F_m)_n = 1$，也就是说，以下方程有解：

$$\boldsymbol{A}_{11}\vec{x} = -\vec{v}_1 \tag{14.16}$$

幸运的是，可以看出，对于 ZA 和 ZF 中的所有下标集合而言，向量 $\vec{v}_1$ 始终存在于 $\boldsymbol{A}_{11}$ 的列空间中。因此，方程（14.16）的线性系统处于良好状态，确保始终存在解 $\vec{x}$。

第二种关键性假设是，$(F_m)_n$ 的增加还将引起 $(a_m)_n$ 的增加，增量为正值，使得 $(a_m)_n$ 最终将达到所需的 0 值。如果我们将 $(s\Delta\vec{F})$ 代回至方程（14.10），我们得到 $(a_m)_n$ 的增加值如下：

$$s((\vec{v}_1)^{\mathrm{T}}\vec{x} + c) = s\Delta(a_m)_n$$

此时可以看出，如果 $\boldsymbol{A}$ 正定，则 $((\vec{v}_1)^{\mathrm{T}}\vec{x} + c)$ 和步长 s 始终为正。这样一来，也就是说，在每个时步结束时，$(a_m)_n$ 将始终增加，增加量为正值，可确保算法在有限的时步之后终止。

感兴趣的读者可以参阅第 14.4 节，查看更多参考文献，了解含有这两种假设的证实过程。

14.3 Baraff 算法：摩擦情形

Baraff 针对摩擦情形，对 Dantzig 算法进行延伸，处理方法与无摩擦情形的法向条件相同。同样，我们的思路是增量计算方程（14.3）和方程（14.4）所定义的问题实例的中间解，其中，在点 i，该算法在不背离实例 $(i-1)$ 的 $(i-1)$ 个接触点的非互穿条件的情况下，计算第 i 个接触点的接触力。每个接触点要满足的实际摩擦条件取决于接触是静态接触还是动态接触。

在摩擦情形中，接触力具有法向分量和切向分量，后者是由接触点所施加的摩擦力引起的。很显然，法向和切向的接触力分量之间的关系取决于所使用的接触模型。

在本书中，我们采用库仑摩擦模型来关联切向和法向接触力分量。更具体地说，我们使用定向摩擦模型来计算切向接触力①。令 $\vec{F}_i$ 为与接触点 C_i 相关的接触力，即：

$$\vec{F}_i = ((F_i)_n,\ (F_i)_t,\ (F_i)_k)^{\mathrm{T}}$$

使用定向摩擦模型，以及

$$(F_i)_t = \mu_t (F_i)_n$$
$$(F_i)_k = \mu_k (F_i)_n$$

计算沿着法线方向的接触力分量获得切平面的接触力分量，其中 μ_t 和 μ_k 分别是沿着切平面方向 $\vec{t}$ 和 $\vec{k}$ 的摩擦系数。

请注意，定向摩擦模型是一种通用的广泛使用的模型，它使用仅仅一个全向摩擦系数 μ 将切向力和法向力关联在一起，如下所示：

$$(F_i)_{tk} = \mu (F_i)_n \tag{14.17}$$

在方程（14.17）中，$(F_i)_{tk}$ 项表示切平面的净接触力分量，由以下方程得到：

$$(F_i)_{tk} = \sqrt{(F_i)_t^2 + (F_i)_k^2}$$

例如，如果摩擦是各向同性的，即与方向无关，对于角度 ϕ，我们可以写出：

$$\mu_t = \mu\cos\phi$$
$$\mu_k = \mu\sin\phi$$

因此，

$$\begin{aligned}(F_i)_{tk} &= \sqrt{(F_i)_t^2 + (F_i)_k^2} \\ &= \sqrt{\mu^2 (F_i)_n^2 \cos\phi^2 + \mu^2 (F_i)_n^2 \sin\phi^2} \\ &= \mu (F_i)_n\end{aligned}$$

该结果与方程（14.17）全向摩擦模型获得的结果一致。使用定向摩擦模型的主要优点在于，当接触物体在碰撞点不滑动（静态摩擦）时需要执行的非线性方程：

$$|(F_i)_{tk}| = \sqrt{(F_i)_t^2 + (F_i)_k^2} \leqslant \mu (F_i)_n$$

可以被替换为两个线性方程：

$$|(F_i)_t| \leqslant \mu_t (F_i)_n$$
$$|(F_i)_k| \leqslant \mu_k (F_i)_n$$

---

① 也就是第 3 章和第 4 章所使用的相同模型。

这与摩擦是各向同性时的非线性方程是相同的，更重要的是，可以独立求解。

在库仑摩擦模型中，法向和切向接触力分量的关联方式取决于接触是静态的还是动态的。如果沿着切平面的净相对速度为0或小于阈值，则接触为静态接触。否则，接触为动态接触。无论是何种情况，对于 m 个同时接触而言，系统内的接触力和相对加速度向量分量可以表示为：

$$\vec{a}=((a_1)_n,\ (a_1)_t,\ (a_1)_k,\ \cdots,\ (a_m)_n,\ (a_m)_t,\ (a_m)_k)^{\mathrm{T}} \tag{14.18}$$

$$\vec{F}=((F_1)_n,\ (F_1)_t,\ (F_1)_k,\ \cdots,\ (F_m)_n,\ (F_m)_t,\ (F_m)_k)^{\mathrm{T}} \tag{14.19}$$

即不再忽视切向接触力分量，就如同在无摩擦情形中一样［参见方程（14.5）］。因此，摩擦接触力计算要求对以下系统进行求解［这与方程（14.3）所示的相同，此处重复仅为了方便］：

$$\vec{a}=\boldsymbol{A}\vec{F}+\vec{b}==\begin{pmatrix}\boldsymbol{A}_{11} & \boldsymbol{A}_{12} & \boldsymbol{A}_{13} & \cdots & \boldsymbol{A}_{1m}\\ \boldsymbol{A}_{12}{}^{t} & \boldsymbol{A}_{22} & \boldsymbol{A}_{23} & \cdots & \boldsymbol{A}_{2m}\\ \boldsymbol{A}_{13}{}^{t} & \boldsymbol{A}_{23}{}^{t} & \boldsymbol{A}_{33} & \cdots & \boldsymbol{A}_{3m}\\ \cdots & \cdots & \cdots & \cdots & \cdots\\ \boldsymbol{A}_{1m}{}^{t} & \boldsymbol{A}_{2m}{}^{t} & \boldsymbol{A}_{3m}{}^{t} & \cdots & \boldsymbol{A}_{mm}\end{pmatrix}\vec{F}+\begin{pmatrix}b_1\\ b_2\\ b_3\\ \vdots\\ b_m\end{pmatrix} \tag{14.20}$$

其中，$\vec{a}$ 和$\vec{F}$由方程（14.18）和方程（14.19）得出，每个矩阵 $\boldsymbol{A}_{ij}$都是 3×3 矩阵，将接触点 C_i 的相对加速度与接触点 C_j 的接触力相关联。很显然，根据方程（14.20）可知，接触力分量的增量

$$\Delta\vec{F}=(\Delta(F_1)_n,\ \Delta(F_1)_t,\ \Delta(F_1)_k,\ \cdots,\ \Delta(F_m)_n,\ \Delta(F_m)_t,\ \Delta(F_m)_k)^{\mathrm{T}}$$

将引起以下方程：

$$\Delta\vec{a}=\boldsymbol{A}\Delta\vec{F} \tag{14.21}$$

所得出的加速度分量

$$\vec{a}=(\Delta(a_1)_n,\ \Delta(a_1)_t,\ \Delta(a_1)_k,\ \cdots,\ \Delta(a_m)_n,\ \Delta(a_m)_t,\ \Delta(a_m)_k)^{\mathrm{T}}$$

发生变化。

问题在于，根据矩阵 $\boldsymbol{A}$ 的系数值，在第 m 次迭代中接触点 C_m 的法向接触力分量的增量 $\Delta(F_m)_n$ 可能增加或减少前几次迭代中已经求解的其他接触点的接触力和加速度分量。不仅如此，接触点 C_m 的切向作用力分量增量 $\Delta(F_m)_t$ 或 $\Delta(F_m)_k$ 不仅可能影响前一次接触点 $(m-1)$ 已经确定的法向和摩擦条件，而且还可能增加或减少与接触点 C_m 相关的法向分量 $(F_m)_n$ 和 $(a_m)_n$。另一个重要的问题在于，由于我们使用库仑摩擦模型，切向接触力分量以及它们的增量是作为法向作用力分量及其增量的函数进行计算的。这样一来，我们需要首先对接触点 C_m 的法向条件进行求解，然后在执行刚刚得到的法向条件的同时，求出摩擦条件。

因此，在第 m 次迭代中执行法向和摩擦条件是一个两步的过程。我们首先需要对接触点 C_m 的法向条件进行求解，并假设 $\Delta(F_m)_t$ 和 $\Delta(F_m)_k$ 为 0，同时保持前一个接触点 $(m-1)$ 的法向和摩擦条件。接下来，我们需要调整 $\Delta(F_m)_t$ 和 $\Delta(F_m)_k$，确保沿着切平面方向$\vec{t}$和 $\vec{k}$ 的摩擦条件，同时保持前一个接触点 $(m-1)$ 的法向和摩擦条件，以及接触点 C_m 的法向条件。在第 m 个迭代结束时，我们已经确保所有 m 个接触点的法向和摩擦条件。

在以下章节中，我们将针对静态和动态摩擦采用这种求解方法，研究每种情形的终止条件。

14.3.1 静态摩擦条件

对于静态摩擦，法向和切向接触力分量之间的关系取决于相对切向加速度的值。令 $\vec{a}_i$ 和$\vec{F}_i$ 分别是接触点 C_i 的相对加速度和接触力，即

$$\vec{a}_i = ((a_i)_n, (a_i)_n, (a_i)_n)^T$$
$$\vec{F}_i = ((F_i)_n, (F_i)_n, (F_i)_n)^T$$

如果相对切向加速度为0，则接触力的切向分量被限制在与法向分量值成比例的范围内。由于我们使用定向摩擦模型，该条件转换为确保：

$$\begin{aligned} |(F_i)_t| &\leqslant \mu_t (F_i)_n, \ (a_i)_t = 0 \\ |(F_i)_k| &\leqslant \mu_k (F_i)_n, \ (a_i)_k = 0 \end{aligned} \tag{14.22}$$

而不是确保考虑各向异性摩擦模型时出现的常用条件：

$$|(F_i)_t^2 + (F_i)_k^2| \leqslant \mu (F_i)_n$$

请注意，方程组（14.22）的系数 μ_t 和 μ_k 分别是沿着切平面方向$\vec{t}$和 $\vec{k}$ 的静态摩擦系数。另外，如果相对切向加速度不是0，

$$|(F_i)_t| = \mu_t (F_i)_n, \ (a_i)_t \neq 0$$
$$|(F_i)_k| = \mu_k (F_i)_n, \ (a_i)_k \neq 0$$

则接触力的切向分量最大，且与相对切向加速度的方向相反。也就是说，接触力和相对加速度必须符号相反：

$$(F_i)_t (a_i)_t < 0$$
$$(F_i)_k (a_i)_k < 0$$

因此，每个接触点 C_i 需要确保的静态摩擦条件为

$$\begin{aligned} |(F_i)_t| &\leqslant \mu_t (F_i)_n \\ (a_i)_t (F_i)_t &\leqslant 0 \\ (a_i)_t (\mu_t (F_i)_n - |(F_i)_t|) &= 0 \end{aligned} \tag{14.23}$$

和

$$\begin{aligned} |(F_i)_k| &\leqslant \mu_k (F_i)_n \\ (a_i)_k (F_i)_k &\leqslant 0 \\ (a_i)_k (\mu_k (F_i)_n - |(F_i)_k|) &= 0 \end{aligned} \tag{14.24}$$

方程组（14.23）和方程组（14.24）的最后一个条件确保当 $(a_i)_t \neq 0$ 和 $(a_i)_k \neq 0$ 时，$(F_i)_t$ 和 $(F_i)_k$ 分别具有最大的 $\mu_t (F_i)_n$ 和 $\mu_k (F_i)_n$。

如上所述，确保静态摩擦条件的方法非常接近于用来确保法向条件的方法。在无摩擦情况下，我们创建两组下标，即 ZA 和 ZF，并用它们来分块接触力和加速度向量 $\Delta\vec{F}$和 $\Delta\vec{a}$，使得第一行的接触点下标来自 ZA，下一行的接触点下标来自 ZF，最后一行是与接触点 C_m 相关的 $\Delta(F_m)_n$ 和 $\Delta(a_m)_n$。分块之后，

$$\Delta\vec{F} = \begin{pmatrix} \vec{x} \\ \vec{0} \\ \Delta(F_m)_n \end{pmatrix}, \ \Delta\vec{a} = \begin{pmatrix} \vec{0} \\ \vec{y} \\ \Delta(a_m)_n \end{pmatrix} \tag{14.25}$$

其中，$\vec{F}$ 和 $\vec{a}$ 的关系如下：

$$\Delta\vec{a}=\boldsymbol{A}\Delta\vec{F} \tag{14.26}$$

接下来，令 $\Delta(F_m)_n=1$，对方程（14.26）子系统以下形式的方程进行求解，得出$\vec{x}$：

$$\boldsymbol{A}_{11}\vec{x}=-\vec{v}_1$$

也就是说，求出作用力增量 $\Delta(F_i)_n$（其中，$i\in ZA$）［如何根据方程（14.26）构建子系统的详细信息，可参见第 14.2 节］。将$\vec{x}$和 $\Delta(F_m)_n=1$ 代回至方程（14.25），得出 $\Delta\vec{F}$ 的所有分量，并再次使用方程（14.26）求出 $\Delta\vec{a}$ 的所有分量。最后，计算待用于

$$\vec{a}=\vec{a}+s\Delta\vec{a}$$
$$\vec{F}=\vec{F}+s\Delta\vec{F}$$

的最小标量 s，无论是满足接触点 C_m 的法向条件，或是需要修改下标集 ZA 或 ZF，在这两种情况下，我们都需要回送，并根据更新后的小组重新分块向量 $\Delta\vec{F}$和 $\Delta\vec{a}$，求出更新的系统。

按照在无摩擦情形中求出法向条件的相同原理，我们应创建 8 个小组，用于管理接触点的下标。前两个组与无摩擦情形相同，即 ZA_n（零法向加速度）和 ZF_n（零法向接触力）。这两个小组用于确保静态接触的法向条件。

接下来的三个组为 ZA_t，$\mathrm{Max}F_t$ 和 $\mathrm{Min}F_t$。根据这三个组，我们可以根据沿着切平面方向$\vec{t}$的静态摩擦条件，对接触点进行分类。ZA_t（零加速度）组用于追踪沿着$\vec{t}$具有零切线加速度的接触点，即：

$$ZA_t=\{(1\leqslant i\leqslant m):(a_i)_t=0\text{ 以及 }|(F_i)_t|\leqslant\mu_t(F_i)_n\} \tag{14.27}$$

其中，$\mathrm{Max}F_t$（最大摩擦力）和 $\mathrm{Min}F_t$（最小摩擦力）组用于追踪在$\vec{t}$方向上具有非零切向加速度的接触点，即：

$$\begin{aligned}\mathrm{Max}F_t&=\{(1\leqslant i\leqslant m):(a_i)_t<0\text{ 以及 }(F_i)_t=\mu_t(F_i)_n\}\\ \mathrm{Min}F_t&=\{(1\leqslant i\leqslant m):(a_i)_t<0\text{ 以及 }(F_i)_t=-\mu_t(F_i)_n\}\end{aligned} \tag{14.28}$$

请注意，接触力分量 $(F_i)_n$ 始终为非负。最后三组为 ZA_k，$\mathrm{Max}F_k$ 和 $\mathrm{Min}F_k$。根据这三组，我们可以根据沿着切平面方向 $\vec{k}$ 的静态摩擦条件，对接触点进行分类。它们的定义类似于 ZA_t，$\mathrm{Max}F_t$ 和 $\mathrm{Min}F_t$，即：

$$\begin{aligned}ZA_k&=\{(1\leqslant i\leqslant m):(a_i)_k=0\text{ 和 }|(F_i)_k|\leqslant\mu_k(F_i)_n\}\\ \mathrm{Max}F_k&=\{(1\leqslant i\leqslant m):(a_i)_k<0\text{ 和 }(F_i)_k=\mu_k(F_i)_n\}\\ \mathrm{Min}F_k&=\{(1\leqslant i\leqslant m):(a_i)_k>0\text{ 和 }(F_i)_k=-\mu_k(F_i)_n\}\end{aligned} \tag{14.29}$$

接下来介绍在第 m 次迭代中如何使用这 8 个小组，确保满足在第 $(m-1)$ 次迭代已经求解的所有其他 $(m-1)$ 个接触点的法向和静态摩擦条件。在该算法的任意时刻，每个接触点 C_i 的下标 i 出现在上述 8 个小组中的 3 个之中。更具体地说，我们通过如下设置，确保接触点 $C_i(i\leqslant m)$ 的法向条件：

（1）$i\in ZA_n$，若 $(a_i)_n=0$ 且 $(F_i)_n\geqslant 0$，或者

（2）$i\in ZF_n$，若 $(f_i)_n=0$ 且$(a_i)_n\geqslant 0$。

通过如下设置，确保沿着切平面方向$\vec{t}$的静态摩擦条件：

（1）$i\in ZA_t$，若 $(a_i)_t=0$ 且 $-\mu_t(F_i)_n\leqslant(F_i)_t\leqslant\mu_t(F_i)_n$，或者

（2）$i\in \mathrm{Min}F_t$，若 $(F_i)_t=-\mu_t(F_i)_n$ 且 $(a_i)_t>0$，或者

（3）$i\in \mathrm{Min}F_t$，若 $(F_i)_t=\mu_t(F_i)_n$ 且 $(a_i)_t<0$。

最后，通过如下设置，确保沿着切平面方向 $\vec{k}$ 的静态摩擦条件：

（1）$i \in ZA_k$，若 $(a_i)_k = 0$ 且 $-\mu_t(F_i)_n \leqslant (F_i)_k \leqslant \mu_t(F_i)_n$，或者

（2）$i \in MinF_k$，若 $(F_i)_k = -\mu_t(F_i)_n$ 且 $(a_i)_k > 0$，或者

（3）$i \in MaxF_k$，若 $(F_i)_k = \mu_t(F_i)_n$ 且 $(a_i)_k < 0$。

第 m 次迭代的第一步是确保 C_m 的法向条件。可以分块向量 $\Delta\vec{F}$ 和 $\Delta\vec{a}$，使得第一行的接触点下标来自 ZA_n，下一行的接触点下标来自 ZF_n，最后一行是与接触点 C_m 相关的 $\Delta\vec{F}_m$ 和 $\Delta\vec{a}_m$。分块之后，

$$\Delta\vec{F} = \begin{pmatrix} \vec{x} \\ \vec{0} \\ \Delta(F_m)_n \\ \Delta(F_m)_t \\ \Delta(F_m)_k \end{pmatrix},\quad \Delta\vec{a} = \begin{pmatrix} \vec{0} \\ \vec{y} \\ \Delta(a_m)_n \\ \Delta(a_m)_t \\ \Delta(a_m)_k \end{pmatrix} \tag{14.30}$$

其中，$\vec{F}$ 和 $\vec{a}$ 的关系如方程（14.26）所示。请注意，方程（14.30）的 $\vec{x}$ 和 $\vec{y}$ 的形式如下：

$$\vec{x} = (\Delta(F_1)_n,\ \Delta(F_1)_t,\ \Delta(F_1)_k,\ \cdots,\ \Delta(F_j)_n,\ \Delta(F_j)_t,\ \Delta(F_j)_k)^T$$

$$\vec{y} = (\Delta(a_{j+1})_n,\ \Delta(a_{j+1})_t,\ \Delta(a_{j+1})_k,\ \cdots,\ \Delta(a_{m-1})_n,\ \Delta(a_{m-1})_t,\ \Delta(a_{m-1})_k)^T$$

并假设 $ZA_n = \{1,\ 2,\ \cdots,\ j\}$ 且 $ZF_n = \{(j+1),\ (j+2),\ \cdots,\ (m-1)\}$。由于我们首先确保法向条件，我们设置：

$$\forall i\ \Delta(F_i)_t = \Delta(F_i)_k = 0$$
$$\forall i\ \Delta(a_i)_t = \Delta(a_i)_k = 0$$
$$\Delta(F_m)_n = 1$$
$$\Delta(F_m)_t = 0$$
$$\Delta(F_m)_k = 0$$

并对方程（14.30）形式的子系统进行求解，得出 $\vec{x}$，即作用力增量 $\Delta(F_i)_n (i \in ZA_n)$。定义子系统的矩阵 $\boldsymbol{A}_{11}$ 和向量 $\vec{v}_1$ 的构建方法与第 14.2 节所述的构建方法一致。在计算出 $\vec{x}$ 后，我们将值代回至 $\Delta\vec{F}$，并再次使用方程（14.26）求出 $\Delta\vec{a}$ 的所有分量。最后，我们计算待用于

$$\vec{a} = \vec{a} + s\Delta\vec{a}$$
$$\vec{F} = \vec{F} + s\Delta\vec{F}$$

的最小标量 s，无论是满足接触点 C_m 的法向条件，还是需要修改下标集 ZA_n 或 ZF_n，在这两种情况下，我们都需要回送，并根据更新后的小组重新分块向量 $\Delta\vec{F}$ 和 $\Delta\vec{a}$，求解更新的系统。标量 s 的确定方法如下：

（1）若 $i \in ZA_n$ 且 $\Delta(F_i)_n < 0$，则：

$$s \leqslant -\frac{(F_i)_n}{\Delta(F_i)_n} \tag{14.31}$$

（2）若 $i \in ZF_n$ 且 $\Delta(a_i)_n < 0$，则：

$$s \leqslant -\frac{(a_i)_n}{\Delta(a_i)_n} \tag{14.32}$$

（3）只要 $(a_m)_n < 0$，我们希望使其变成 0，以便满足接触点 C_m 的法向条件。因此，如果 $\Delta(a_m)_n > 0$，则：

$$s \leqslant -\frac{(a_m)_n}{\Delta(a_m)_n} \tag{14.33}$$

如果最小标量 s 是由方程（14.33）得出的，则在接触点 C_m 确定法向条件。如果是由方程（14.32）得出的，则需要将相关下标 i 从 ZF_n 移至 ZA_n。最后，如果标量 s 是由方程（14.31）得出的，则需要将相关下标 i 从 ZA_n 移至 ZF_n。请注意，在修改下标集的两种情况下，我们都需要回送并重新分块作用力和加速度向量，直至满足方程（14.33）。

在求出接触点 C_m 的法向条件之后，接下来要求出静态摩擦条件。如果在确保接触点 C_m 的法向条件为 0 后得到接触力分量 $(F_m)_n$，则通过设置 $(F_m)_t=(F_m)_k=0$，满足静态摩擦条件。至此，第 m 次迭代的相关计算已经结束。同样地，如果 $m\in ZA_n$，即在确保法向条件之后 $(a_m)_n=0$，则设置 $(F_m)_t=(F_m)_k=0$ 也能够确保静态摩擦条件，这是因为：

$$(F_m)_t=0<\mu_t(F_m)_n$$
$$(F_m)_k=0<\mu_k(F_m)_n$$

如果不满足上述任何条件，则当 $(a_m)_t$ 或 $(a_m)_k$ 为负时，我们使用与求出法向条件的求解方法相同的方式，求出静态摩擦条件。这种求解方法首先对方程（14.26）进行分块，使得第一行对应零加速度增量，下一行对应零作用力增量，在设置

$$\begin{aligned}
&\forall i\in \mathrm{Max}F_t,\ \Delta(F_i)_t=\mu_t\Delta(F_i)_n\\
&\forall i\in \mathrm{Min}F_t,\ \Delta(F_i)_t=-\mu_t\Delta(F_i)_n\\
&\forall i\in \mathrm{Max}F_k,\ \Delta(F_i)_k=\mu_k\Delta(F_i)_n\\
&\forall i\in \mathrm{Min}F_k,\ \Delta(F_i)_k=-\mu_k\Delta(F_i)_n\\
&\forall i\in ZA_t,\ \Delta(a_i)_t=0\\
&\forall i\in ZA_k,\ \Delta(a_i)_k=0\\
&\Delta(F_m)_n=1
\end{aligned}\tag{14.34}$$

之后，进行分块。

根据以下条件设置分量 $\Delta(F_m)_t$ 和 $\Delta(F_m)_k$[①]：

$$\begin{aligned}
&\text{如果}(a_m)_t<0,\ \text{则}\Delta(F_m)_t=\mu_t\overbrace{\Delta(F_m)_n}^{1}=\mu_t,\\
&\text{如果}(a_m)_t>0,\ \text{则}\Delta(F_m)_t=-\mu_t\overbrace{\Delta(F_m)_n}^{1}=-\mu_t,\\
&\text{如果}(a_m)_k<0,\ \text{则}\Delta(F_m)_k=\mu_k\overbrace{\Delta(F_m)_n}^{1}=\mu_k\\
&\text{如果}(a_m)_k>0,\ \text{则}\Delta(F_m)_k=-\mu_k\overbrace{\Delta(F_m)_n}^{1}=-\mu_k,
\end{aligned}\tag{14.35}$$

在完成方程组（14.34）和方程组（14.35）描述的分配之后，我们将原来的系统进行分块，使得：

（1）第一行是原始系统中加速度为 0 的行。

（2）下一行是原始系统中作用力为 0 的行。

（3）最后三行对应于接触点 C_m 定义的法向和切向方程。

请注意，方程（14.26）定义的原始系统的分布方法使得每个接触对应于系统的三个连

① 请注意，如果 $(a_m)_t=0$，则通过设置 $(F_m)_t=0$，即可立即满足静态摩擦条件。如果 $(a_m)_k=0$，这也适用于 $(F_m)_k$。

续行，一个是法线接触方向，两个是切向接触方向。在执行上述分块之后，情况可能发生变化。换言之，待求解系统不是按照接触点的三个对应方程始终保持在一起的形式（也就是连续分布在系统中）进行分块，而是按照分配给它们的哪些行具有零作用力或零加速度而进行分块。分块结果参见方程组（14.30）。

另外值得一提的是，当 $\Delta(F_i)_t = \pm\mu_t\Delta(F_i)_t$ 和 $i \notin ZF_n[\Delta(F_i)_n \neq 0]$ 时，我们需要将这一行与对应于 $\Delta(F_i)_n$ 的行合并。接下来，代入变量

$$\Delta(q_i)_n = (1 \pm \mu_t)\Delta(F_i)_n$$

对系统求解，得出 $\Delta(q_i)_n$，并使用它的值来计算 $\Delta(F_i)_n$ 和 $\Delta(F_i)_t$。这同样适用于 $\Delta(F_i)_k$。

在根据方程组（14.30）分块系统之后，我们对与零加速度增量相关的行所在的子系统进行求解。这样便可得到完整的向量 $\Delta\vec{F}$，然后可将其再次代回至方程（14.26），计算出 $\Delta\vec{a}$。最后，计算待用于

$$\vec{a} = \vec{a} + s\Delta\vec{a}$$
$$\vec{F} = \vec{F} + s\Delta\vec{F}$$

的最小标量 s，使得无论是满足接触点 C_m 的静态摩擦条件，还是需要修改下标集，在这两种情况下，我们都需要回送，并根据更新后的小组重新分块向量 $\Delta\vec{F}$ 和 $\Delta\vec{a}$，求解更新的系统。通过以下方法确定最小标量 $s \geqslant 0$：

（1）若 $i \in ZA_n$ 且 $\Delta(F_i)_n < 0$，则：

$$s \leqslant -\frac{(F_i)_n}{\Delta(F_i)_n} \tag{14.36}$$

（2）若 $i \in ZF_n$ 且 $\Delta(a_i)_n < 0$，则：

$$s \leqslant -\frac{(a_i)_n}{\Delta(a_i)_n} \tag{14.37}$$

（3）若 $i \in ZA_t$ 且 $\Delta(a_i)_t \neq 0$，则我们设置：

$$s = 0 \tag{14.38}$$

（4）若 $i \in \mathrm{Max}F_t$ 且 $\Delta(a_i)_t < 0$，则：

$$s \leqslant -\frac{(a_i)_t}{\Delta(a_i)_t} \tag{14.39}$$

（5）若 $i \in \mathrm{Min}F_t$ 且 $\Delta(a_i)_t > 0$，则：

$$s \leqslant -\frac{(a_i)_t}{\Delta(a_i)_t} \tag{14.40}$$

（6）若 $i \in ZA_k$ 且 $\Delta(a_i)_k \neq 0$，则我们设置：

$$s = 0 \tag{14.41}$$

（7）若 $i \in \mathrm{Max}F_k$ 且 $\Delta(a_i)_k < 0$，则：

$$s \leqslant -\frac{(a_i)_k}{\Delta(a_i)_k} \tag{14.42}$$

（8）若 $i \in \mathrm{Min}F_k$ 且 $\Delta(a_i)_k > 0$，则：

$$s \leqslant -\frac{(a_i)_k}{\Delta(a_i)_k} \tag{14.43}$$

（9）若 $i = m$，则：

①若 $(a_m)_t>0$ 且 $\Delta(a_m)_t<0$，则：

$$s\leqslant-\frac{(a_m)_t}{\Delta(a_m)_t}\tag{14.44}$$

②若 $(a_m)_t<0$ 且 $\Delta(a_m)_t>0$，则：

$$s\leqslant-\frac{(a_m)_t}{\Delta(a_m)_t}\tag{14.45}$$

③若 $(a_m)_t<0$ 且 $\Delta(F_m)_t\neq0$，则：

$$s\leqslant-\frac{(\mu_t(F_m)_n-(F_m)_t)}{\Delta(F_m)_t}\tag{14.46}$$

④若 $(a_m)_k>0$ 且 $\Delta(a_m)_k<0$，则：

$$s\leqslant-\frac{(a_m)_k}{\Delta(a_m)_k}\tag{14.47}$$

⑤若 $(a_m)_k<0$ 且 $\Delta(a_m)_k>0$，则：

$$s\leqslant-\frac{(a_m)_k}{\Delta(a_m)_k}\tag{14.48}$$

⑥若 $(a_m)_k=0$ 且 $\Delta(F_m)_k\neq0$，则：

$$s\leqslant\frac{(\mu_k(F_m)_n-(F_m)_k)}{\Delta(F_m)_k}\tag{14.49}$$

如果最小标量 s 是由方程（14.44）~方程（14.49）中一个得出的，则至少在一个切向上满足静态摩擦条件。我们快速测试并确定它们在两个方向上是否都满足静态摩擦条件，若是，则第 m 次迭代已经完成。但是，如果最小标量 s 来自其他任何方程，则我们需要相应地更新各个小组，回送并重新分块系统，并再次求解。在执行更新时，还有以下情形需要考虑：

（1）若最小标量 s 来自方程（14.36），则将相关下标 i 从 ZA_n 移至 ZF_n。

（2）若最小标量 s 来自方程（14.37），则将相关下标 i 从 ZF_n 移至 ZA_n。

（3）若最小标量 s 来自方程（14.38），则将相关下标 i 从 ZA_t 移至 $MaxF_t$ ［若 $\Delta(a_i)_t<0$］。否则，就移至 $MinF_t$。

（4）若最小标量 s 来自方程（14.39），则将相关下标 i 从 $MaxF_t$ 移至 ZA_t。

（5）若最小标量 s 来自方程（14.40），则将相关下标 i 从 $MinF_t$ 移至 ZA_t。

（6）若最小标量 s 来自方程（14.41），则将相关下标 i 从 ZA_k 移至 $MaxF_k$ ［若 $\Delta(a_i)_t<0$］。否则，就移至 $MinF_k$。

（7）若最小标量 s 来自方程（14.42），则将相关下标 i 从 $MaxF_k$ 移至 ZA_k。

（8）若最小标量 s 来自方程（14.43），则将相关下标 i 从 $MinF_k$ 移至 ZA_k。

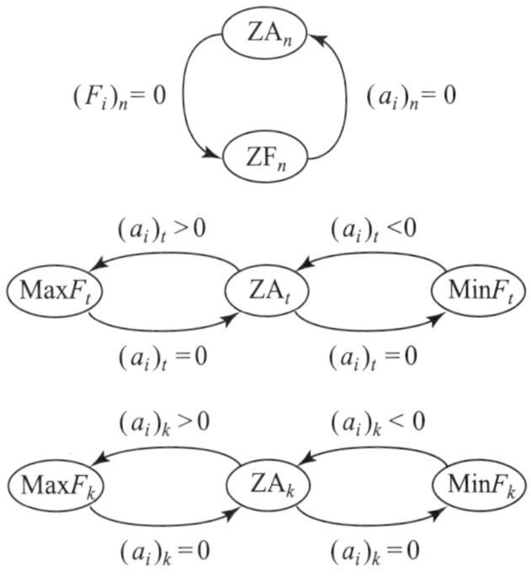

图 14.5　在方程（14.26）求解过程中的任意时刻，接触点 C_i 可能在 8 个可能的状态中出现 3 次（这些箭头表示可能的移动方向，以及需要满足并触发移动的条件）

图 14.5 所示是下标集之间可能出现的状态变换。

14.3.2 动态摩擦

当接触点 C_i 的相对切向速度不是 0 时，出现动态摩擦。此时，切向接触力分量的大小始终是最大的，即：

$$
\begin{aligned}
(F_i)_t &= \pm\mu_t\,(F_i)_n \\
(F_i)_k &= \pm\mu_k\,(F_i)_n
\end{aligned}
\tag{14.50}
$$

选择方程（14.50）的符号，使得接触力指向与切向速度相反的方向，即：

$$
\begin{aligned}
\text{sign}((F_i)_t) &= -\text{sign}\,((\vec{v}_r)_i\cdot\vec{t}) \\
\text{sign}\,((F_i)_k) &= -\text{sign}\,((\vec{v}_r)_i\cdot\vec{k})
\end{aligned}
$$

其中，$(\vec{v}_r)_i$ 表示接触点 i 的相对切向速度。

由于动态接触力分量的大小是固定的，并且与法向接触力分量呈线性比例，我们可以将方程（14.26）中与接触点 C_i 相关的三行进行合并，并替代变量

$$\Delta\,(q_i)_n=(1\pm\mu_t\pm\mu_k)\Delta\,(F_i)_n$$

对系统进行求解，得出 $\Delta\,(q_i)_n$，然后使用它的值来计算 $\Delta\,(F_i)_n$，$\Delta\,(F_i)_t$ 和 $\Delta\,(F_i)_k$。换言之，我们可以使用第 14.3.1 节提出的用于静态摩擦情形的相同算法，执行接触点 C_m 的动态摩擦条件。

在第 m 次迭代中，我们进行变量替换，计算相应的 $\Delta\vec{F}$，可对包含 C_m 在内的所有接触点执行法向条件。这样一来，使用方程组（14.50）计算切向接触力分量。最后，对以下小组分配下标 m。

（1）若 $(a_m)_n=0$，则将 m 添加至 ZA_n。

（2）若 $(F_m)_n=0$，则将 m 添加至 ZF_n。

（3）若 $(a_m)_t=0$，则将 m 添加至 ZA_t。

（4）若 $(a_m)_t\neq0$，且 $\text{sign}\,(F_m)_t>0$，则将 m 添加至 $\text{Max}F_t$，否则，添加至 $\text{Min}F_t$。

（5）若 $(a_m)_k=0$，则将 m 添加至 ZA_k。

（6）若 $(a_m)_k\neq0$，且 $\text{sign}\,(F_m)_k>0$，则将 m 添加至 $\text{Max}F_k$，否则，添加至 $\text{Min}F_k$。

14.3.3 终止条件

除了确保存在正的标量 s，我们之前讨论过的关于无摩擦情形的终止条件仍然适用于静态摩擦情形。可以看出，对于无摩擦情形，存在正标量 $s>0$ 可确保该算法始终有收敛，并将最终终止。但是，在静态摩擦情形中，有可能标量 s 为 0。

考虑当接触点 C_i 最初分配至 ZA_n 的情形，在一些时步 $s\Delta(F_i)_n$ 之后，$(F_i)_n$ 减小为 0。此时，算法临时停止，将下标 i 从 ZA_n 移至 ZF_n，并调整矩阵 $\boldsymbol{A}$ 的对应列。接下来，算法继续进行下一次迭代，我们可能发现 $(a_i)_n$ 立即变成负值。同样地，算法临时停止，将下标 i 从 ZF_n 移至 ZA_n，并调整矩阵 $\boldsymbol{A}$ 的对应列。很显然，算法陷入一个无限循环中，下标 i 在 ZA_n 和 ZF_n 之间来回移动。

在程序执行过程中，可通过追踪下标 i 刚从前一个时步移动后到达的新下标集（若有），检测到大小为 0 的时步，如前述时步。如果下标 i 被移动到的下标集与其在前一个时步的下标集一样，则表示接触点 C_i 在震荡。应对方法是临时放弃确保接触点 C_i 的法向和静态条

件，从而在算法执行过程中，推迟确保 C_i 的这些条件。这种方法的基本原理在于，当算法返回至接触点 C_i 时，已经确保有了更多接触，构成回路的条件可能不再是该问题的当前条件。遗憾的是，最重要的一点是无法证明在考虑静态摩擦时算法始终会终止。

在动态摩擦情形中，由于系统矩阵 $\boldsymbol{A}$ 不再是对称的，可能是不确定的，情况将会变得更糟糕。此时，用于确保在无摩擦情形中有解的多个特性不再适用。可能有一种情况，即法向作用力分量 $(F_i)_n$ 或切向作用力分量 $(F_i)_t$ 和 $(F_i)_k$ 将无限增加，而不是使得 $(a_i)_n$，$(a_i)_t$ 或 $(a_i)_k$ 变成 0。还有一种可能的情形，即接触力分量的增加可能不会引起下标集 ZA_n，ZF_n，ZA_t，$\mathrm{Max}F_t$，$\mathrm{Min}F_t$，ZA_k，$\mathrm{Max}F_k$ 或 $\mathrm{Min}F_k$ 变化。

就实施而言，这些情形对应于找到无限标量① $s=\infty$。应对这个问题的方法在于将生成无限标量 s 的所有接触点 C_i 视为碰撞，并使用第 3 章和第 4 章介绍的多个碰撞方法来进行求解。简言之，我们首先对所有接触进行求解，然后将生成无限标量 s 的剩余接触视为碰撞。

14.4 推荐参考读物

确定广义 LCP 问题有解，这是一个 NP 难题，因为求解本身就是一个 NP 完全问题。但是，有时矩阵 $\boldsymbol{A}$ 的系数会有一些特殊情形，使得 LCP 问题变成凸问题，也就是说，存在一个解，并且可以按照最坏情况下的指数级时间复杂度，在多项式时间内完成实际计算。Cottle 等［CPS92］详细介绍了这种情形。

在做无摩擦接触力计算时，矩阵 $\boldsymbol{A}$ 是对称的半正定矩阵，向量 $\vec{b}$ 位于矩阵 $\boldsymbol{A}$ 的列空间。幸运的是，这种情形可以使用多项式时间算法，如 Cottle 等［CD68］介绍的 Dantzig 算法。Baraff［Bar94，Bar93］对 Dantzig 算法基于轴的方法进行了改良，以同时应对静态和动态摩擦。在动态摩擦情形中，矩阵 $\boldsymbol{A}$ 不是对称的，可能是不确定的，可能不一定能找到解。如果找不到解，则 Baraff 算法能够检测到这种情形，指出哪些接触应被视作碰撞，从而解决不一致性。

当向量 $\vec{b}$ 位于矩阵 $\boldsymbol{A}$ 的列空间之外时，也可能发生其他不一致问题。当接触区域的几何形状表达出不可满足的系统运动约束条件时，就意味着发生这种情形。对于用户可定义的配置，如果有部分物体是通过关节连接到其他物体的，则可借助更为复杂的方法，并结合使用这种情形来检查存在的不一致情形。由于大部分用户可以自由将关节连接到他们认为合适的物体，因此，如果关节连接的选择稍有不慎，便可能发生不一致情形。

在通常情况下，使用标准高斯消元法可以对方程（14.16）定义的线性系统进行求解，这个方法可参见线性代数和矩阵理论的相关书籍，如 Strang［Str91］、Golub 等［GL96］和 Horn 等［HJ91］。但是，由于线性系统连续调用的行与列与前一次调用时的行与列不同，如果我们使用的方法能够考虑到这一点，效率将大大提高。这种方法将增量地更新在前一个时步中计算得到的矩阵 $\boldsymbol{A}$ 的 LU 分解，而不是从头计算分解。这样做的效果是将计算成本从 $O(n^3)$ 减少为 $O(n^2)$。Gill 等［GMSW87］详细探讨了在一般稀疏矩阵中保持 LU 因子的增量因子分解方法。

接触力计算的另一个常见方程将该问题视作二次规划问题（QP），即：

① 在计算 s 之前，我们首先将其初始化为∞，使得我们在迭代结束时检测到 $s=\infty$ 是否成立。

$$\min_f (\boldsymbol{f}^{\mathrm{T}}\boldsymbol{A}f - \boldsymbol{b}^{\mathrm{T}}f)$$

受限于

$$\begin{Bmatrix} \boldsymbol{A}f \geqslant b \\ f \geqslant 0 \end{Bmatrix}$$

Lötstedt [Löt84] 首次提出这种方法，它是对库仑摩擦模型的简化，可避免非线性约束条件：

$$|(f_i)_F| = \sqrt{(f_i)_{F_x}^2 + (f_i)_{F_y}^2} \leqslant \mu\ (f_i)_N$$

此时，LCP 问题转换为 LQP 优化问题。Gill 等 [GM78] 和 Lawson 等 [LH74] 介绍了一些数值稳定方法，可用于求解 LQP 问题。

最后，第 14.2 节和第 14.3.3 节介绍的终止条件可参见 Baraff [Bar94]。

参考文献

[Bar93] Baraff, D.: Issues in computing contact forces for non-penetrating rigid bodies. Algorithmica 10, 292 – 352 (1993).

[Bar94] Baraff, D.: Fast contact force computation for non-penetrating rigid bodies. Comput. Graph. (Proc. SIGGRAPH) 28, 24 – 29 (1994).

[CD68] Cottle, R. W., Dantzig, G. B.: Complementary pivot theory of mathematical programming. Linear Algebra Appl. 1, 103 – 125 (1968).

[CPS92] Cottle, R. W., Pang, J. – S., Stone, R. E.: The linear complementarity problem. Academic Press, San Diego (1992).

[GL96] Golub, G. H., Van Loan, C. F.: Matrix computations. Johns Hopkins University Press, Baltimore (1996).

[GM78] Gill, P. E., Murray, W.: Numerically stable methods for quadratic programming. J. Math. Program. 14, 349 – 372 (1978).

[GMSW87] Gill, P. E., Murray, W., Saunders, M. A., Wright, M. H.: Maintaining LU factors of a general sparse matrix. Linear Algebra Appl. 88/89, 239 – 270 (1987).

[HJ91] Horn, R. A., Johnson, C. R.: Matrix analysis. Cambridge University Press, Cambridge (1991).

[LH74] Lawson, C. L., Hanson, R. J.: Solving least squares problems. Prentice – Hall, NewYork (1974).

[Löt84] Lötstedt, P.: Numerical simulation of time – dependent contact friction problems in rigid – body mechanics. SIAM J. Sci. Stat. Comput. 5 (2), 370 – 393 (1984).

[Str91] Strang, G.: Linear algebra and its applications. Academic Press, San Diego (1991).